吉林审定玉米品种

SSR
指纹图谱

北京市农林科学院玉米研究中心
吉林省种子管理总站　组织编写

王凤格　班秀丽　杨　扬　易红梅　黄庭君　编著

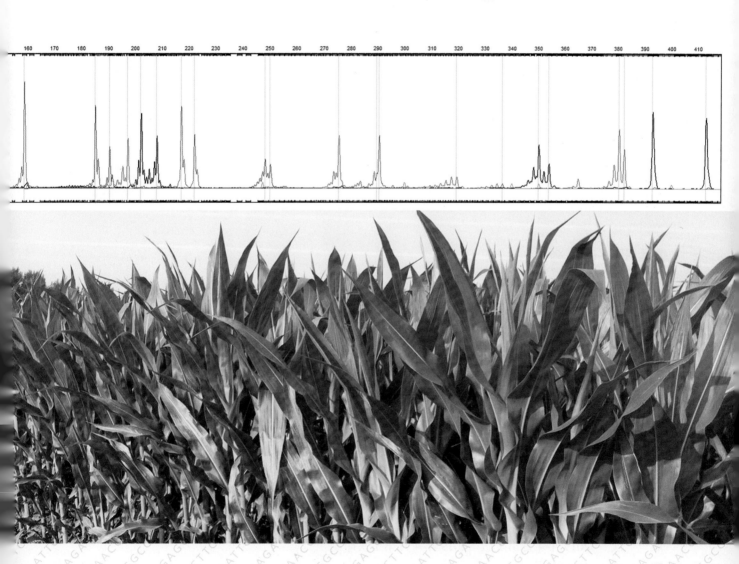

中国农业科学技术出版社

图书在版编目（CIP）数据

吉林审定玉米品种 SSR 指纹图谱／王凤格等编著. —北京：中国农业科学技术出版社，2019. 4
ISBN 978-7-5116-4085-7

Ⅰ. ①吉…　　Ⅱ. ①王…　　Ⅲ. ①玉米-品种-基因组-鉴定-吉林-图谱　　Ⅳ. ①S513. 035. 1-64

中国版本图书馆 CIP 数据核字（2019）第 052432 号

责任编辑　　姚　欢
责任校对　　贾海霞

出 版 者　　中国农业科学技术出版社
　　　　　　北京市中关村南大街 12 号　　邮编：100081
电　　话　　（010）82106636（编辑室）　　（010）82109702（发行部）
　　　　　　（010）82109709（读者服务部）
传　　真　　（010）82106631
网　　址　　http://www.castp.cn
经 销 者　　各地新华书店
印 刷 者　　北京富泰印刷有限责任公司
开　　本　　889 mm×1 194 mm　　1/16
印　　张　　35
字　　数　　700 千字
版　　次　　2019 年 4 月第 1 版　　2019 年 4 月第 1 次印刷
定　　价　　160.00 元

◄━━◆ 版权所有·翻印必究 ◆━━►

《吉林审定玉米品种 SSR 指纹图谱》
编著委员会

主 编 著：王凤格　班秀丽　杨　扬　易红梅　黄庭君

副主编著：陈　艳　邱　军　任　洁　栾　奕　王　璐
　　　　　晋　芳　王　蕊　张力科　葛建镕　江　彬

编著人员：刘亚维　于　铁　田红丽　高玉倩　孔德巍
　　　　　刘文彬　黄　卓　宋瑞连　于　维　于博洋
　　　　　张江斌

《吉林审定玉米品种 SSR 指纹图谱》
编著委员会

前　　言

　　吉林省位于中国东北地区的中部，幅员面积 18.74 万平方公里，是著名的"黑土地之乡"，农业生产条件得天独厚，是中国重要商品粮生产基地，享誉世界的"黄金玉米带"。吉林省是粮食大省，同时也是玉米用种大省，2017 年全省粮食作物播种面积 5543.97 千公顷，其中玉米播种面积 4164.01 千公顷。

　　《吉林省玉米审定品种 SSR 指纹图谱》分两部分，第一部分汇集了农业部征集的 290 个吉林审定玉米品种的 40 个 SSR 核心引物位点的完整指纹图谱；第二部分介绍了吉林审定的 349 个玉米品种的品种来源、特征特性、抗逆特性、品质表现、产量表现、栽培技术要点和适宜种植地区等信息。本书对吉林玉米品种的真实性鉴定和纯度鉴定工作具有重要的指导意义和参考价值，是从事玉米种子质量检测、品种管理、品种选育、农业科研教学等人员的工具书籍。

　　本书编辑过程中得到农业部种子管理局、全国农业技术推广服务中心等单位的大力支持，在此表示诚挚的感谢。由于时间仓促，难免有遗漏和不足之处，敬请专家和读者批评指正。

编著委员会

2019 年 2 月 18 日

本书内容及使用方式

一、正文部分提供吉林省审定品种 SSR 指纹图谱和审定公告

第一部分，吉林省审定品种图谱按审定年份（从小到大）、审定号（从小到大）顺序整理，每个审定品种提供 40 个 SSR 核心引物位点的指纹图谱。读者可在真实性鉴定中将其作为对照样品的参考指纹，也可利用该图谱筛选纯度检测的双亲互补型候选引物。第二部分，吉林省审定品种的审定公告信息按审定年份（从小到大）、审定号（从小到大）顺序整理，每个审定品种提供审定编号、选育单位、品种来源、特征特性、产量表现、栽培技术要点和适宜种植地区等重要信息。

二、附录一至附录三提供与指纹图谱制作相关的引物、品种名称索引信息

附录一、二为 SSR 引物基本信息，包括引物序列信息和实验中采用的多色荧光电泳组合（Panel）信息。附录三为品种名称索引部分将正文部分涉及的吉林审定品种 SSR 指纹图谱按品种名称拼音顺序建立索引，以方便品种指纹图谱查询。

三、SSR 指纹图谱使用方式

本书提供的玉米品种 SSR 指纹图谱对开展玉米真实性鉴定和纯度鉴定具有重要参考价值。不同的检验目的和检测平台使用指纹图谱的方式略有调整。

1. 在真实性鉴定中使用

如果使用荧光毛细管电泳检测平台，如 ABI3730XL、ABI3500、ABI3130 等仪器，建议采用与本指纹图谱构建时完全相同的 Panel、BIN 以及引物荧光染料。对于其它品牌仪器，由于采用的凝胶、引物荧光染料及分子量标准不同，在具体试验时，每块板上加入 1~2 份参照样品进行不同检测平台间系统误差的校正，但注意等位变异的命名应与本指纹图谱保持一致，获得的指纹就可以与本书提供的标准指纹图谱进行比较。

如果使用变性垂直板 PAGE 电泳检测平台，最好将待测样品和对照样品在同一电泳板上直接进行成对比较。对于经常使用的对照样品，如郑单 958 等，可预先将对照样品与标准样品指纹图谱比对核实一致后，就可以用该对照样品代替标准样品在 PAGE 电泳中使用。

2. 在纯度鉴定中使用

如果待测品种在本书中已提供 DNA 指纹图谱，可根据该品种 40 对核心引物的 DNA 指纹图谱和数据信息，先剔除掉单峰（纯合带型）的引物位点及表现为高低峰（两条谱带高度差异较大）、多峰（两条以上的谱带）等异常峰型的引物位点，后挑选出具有双峰（杂合带型）的引物位点作为纯度鉴

定候选引物。

如果使用普通变性 PAGE 凝胶电泳检测平台或荧光毛细管电泳检测平台进行纯度检测，则上述候选引物都可以使用；如果使用琼脂糖凝胶电泳或非变性凝胶电泳等分辨率较低的电泳检测平台进行纯度检测，则在上述候选引物中进一步挑选出两个谱带的片段大小相差较大的引物。利用入选引物对待测杂交种小样本进行初检（杂交种取 20 粒），判断其纯度问题是由于自交苗、回交苗、其它类型杂株还是遗传不稳定造成的，并进一步确定该样品的纯度鉴定引物对其大样本进行鉴定。

目　　录

3

4

14

15

16

第一部分 SSR 指纹图谱

第一部分 SSR 植物图鉴

赤早5　（审定编号：吉审玉2010001；种质库编号：S1G00392）

P01:325/325　P02:241/241　P03:254/271　P04:348/380　P05:289/314

P06:361/361　P07:411/411　P08:364/402　P09:289/289　P10:262/292

P11:165/172　P12:265/265　P13:208/208　P14:173/173　P15:231/231

P16:217/217　P17:393/393　P18:278/278　P19:219/222　P20:175/178

P21:154/154　P22:191/232　P23:253/266　P24:225/232　P25:165/193

P26:232/233　P27:271/297　P28:191/191　P29:274/279　P30:126/126

P31:263/278　P32:234/251　P33:207/244　P34:156/174　P35:183/183

P36:207/219　P37:185/196　P38:261/275　P39:306/309　P40:307/310

3

P01:322/325　P02:241/241　P03:248/284　P04:352/361　P05:288/291
P06:341/343　P07:411/424　P08:382/382　P09:275/319　P10:260/290
P11:181/191　P12:269/281　P13:208/208　P14:169/173　P15:235/237
P16:212/217　P17:393/413　P18:278/278　P19:222/257　P20:178/185
P21:154/154　P22:184/211　P23:245/253　P24:233/238　P25:165/179
P26:232/232　P27:271/271　P28:197/197　P29:276/276　P30:126/126
P31:263/299　P32:226/234　P33:205/215　P34:170/174　P35:183/188
P36:204/215　P37:206/214　P38:275/275　P39:301/324　P40:283/332

波玉3 （审定编号：吉审玉2010003；种质库编号：S1G00966）

P01:350/350	P02:240/240	P03:238/250	P04:358/358	P05:291/302
P06:336/362	P07:411/411	P08:364/382	P09:279/319	P10:262/288
P11:183/201	P12:265/265	P13:208/208	P14:150/173	P15:237/237
P16:217/217	P17:408/413	P18:278/278	P19:222/222	P20:178/190
P21:154/170	P22:215/215	P23:253/267	P24:222/233	P25:165/165
P26:232/232	P27:271/294	P28:197/197	P29:276/279	P30:126/144
P31:263/278	P32:234/234	P33:215/244	P34:170/170	P35:180/183
P36:204/215	P37:197/214	P38:261/275	P39:309/312	P40:310/332

5

柳单301 （审定编号：吉审玉2010005；种质库编号：S1G05486）

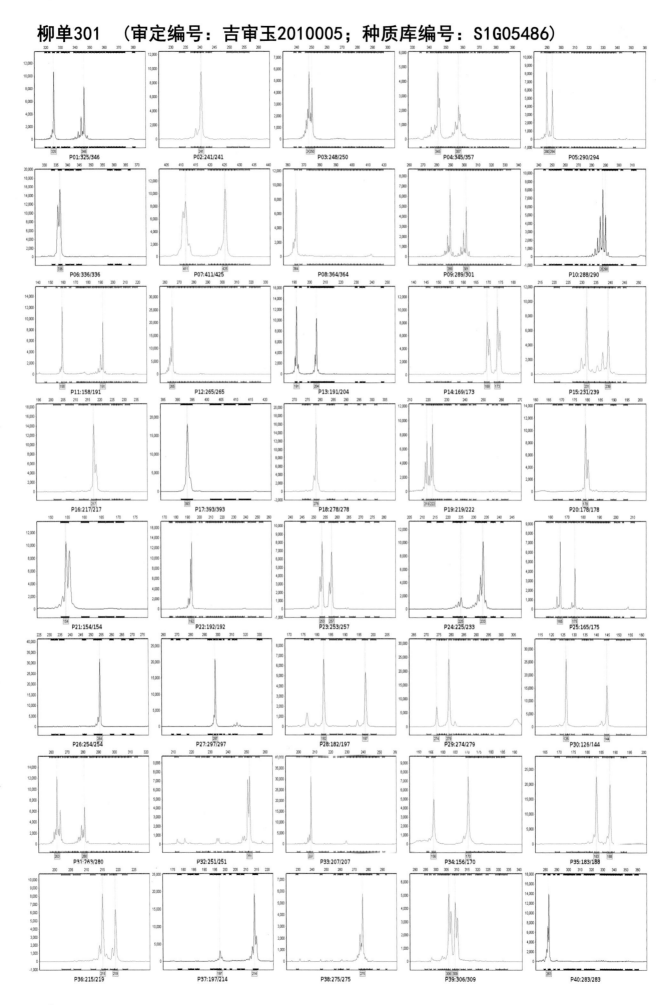

华鸿39　（审定编号：吉审玉2010006；种质库编号：S1G02845）

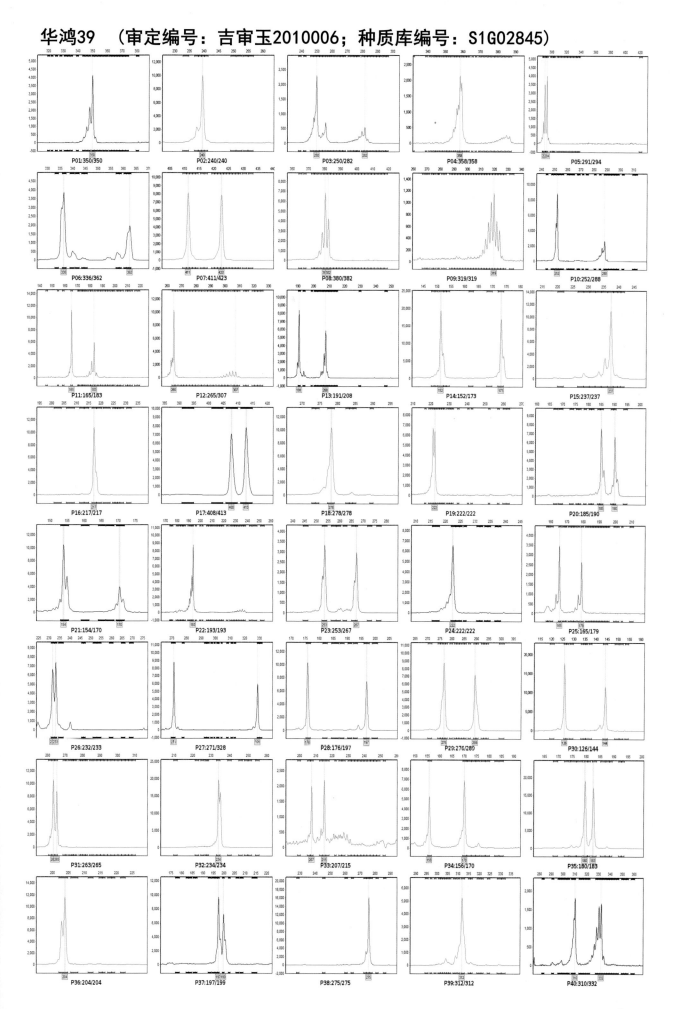

吉单503　（审定编号：吉审玉2010009；种质库编号：S1G00967）

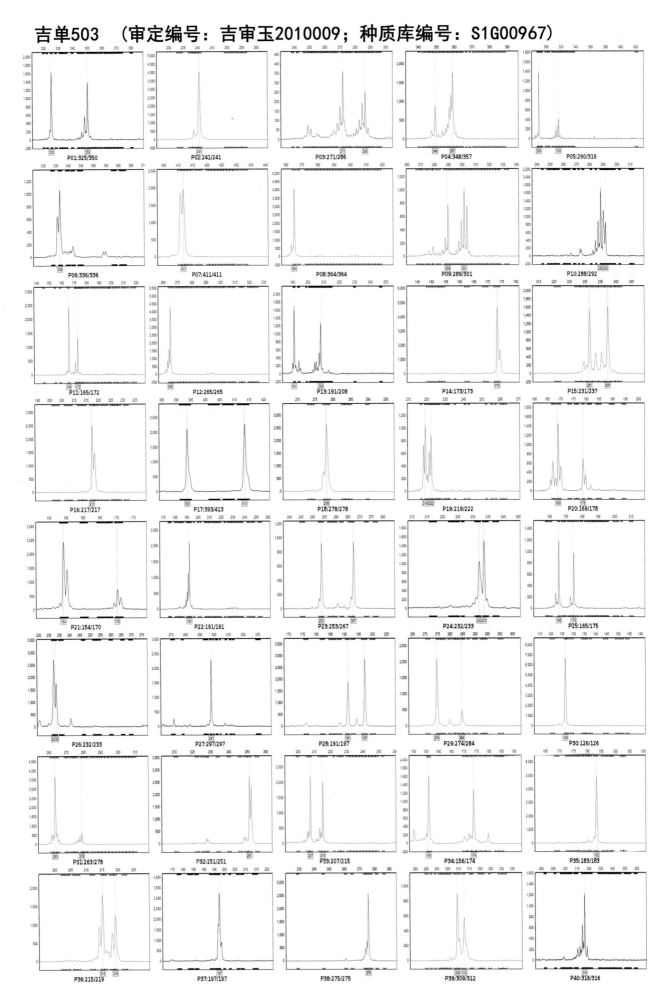

宏育415 （审定编号：吉审玉2010011；种质库编号：S1G00968）

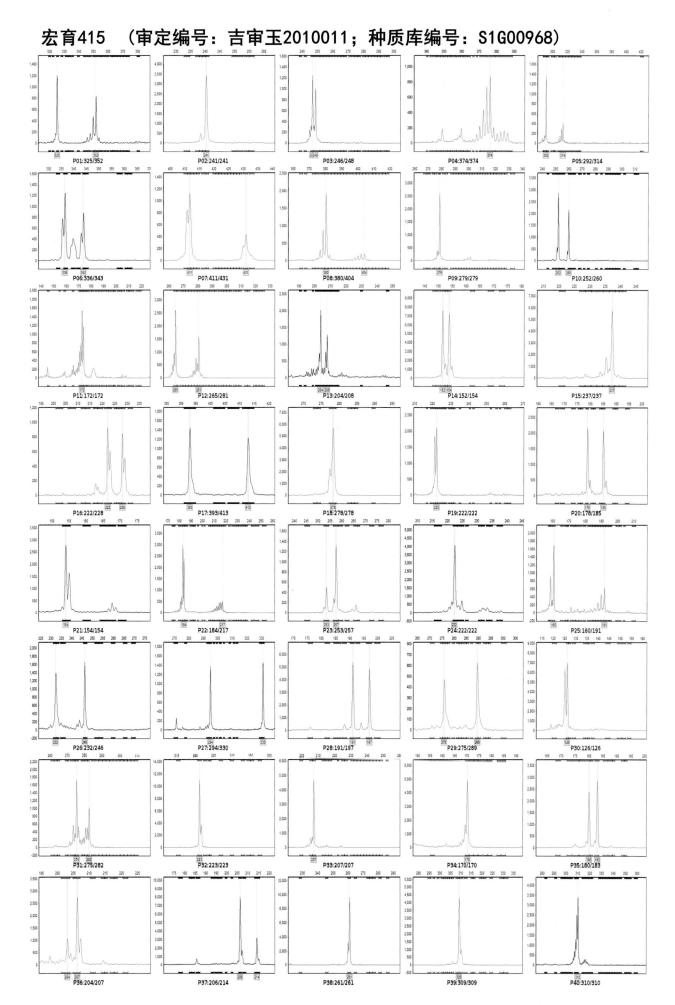

9

宏育416　（审定编号：吉审玉2010012；种质库编号：S1G00969）

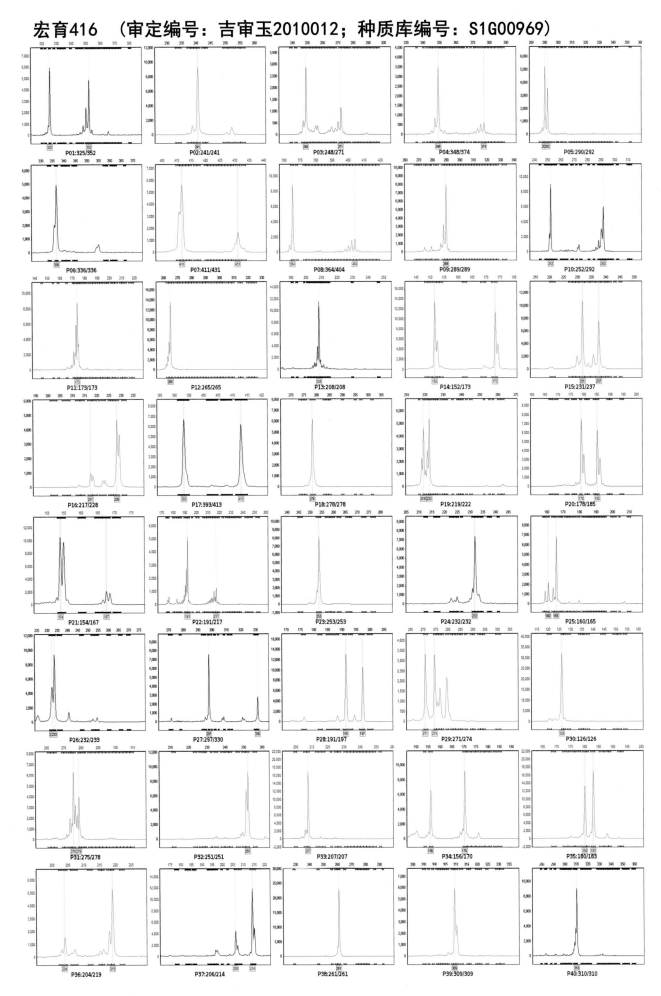

吉东38 （审定编号：吉审玉2010013；种质库编号：S1G00970）

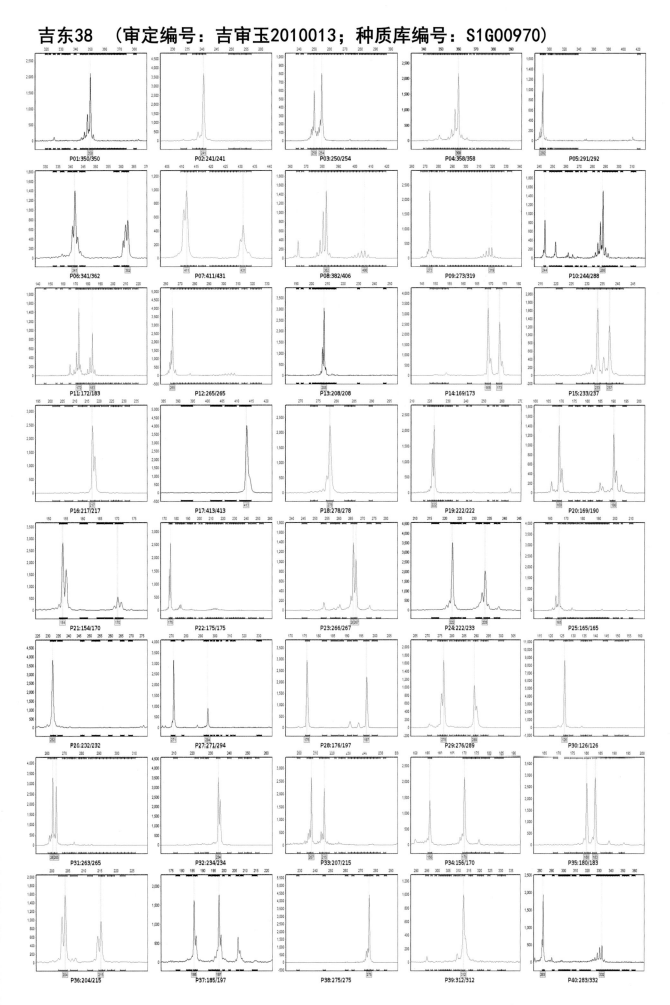

11

省原85 （审定编号：吉审玉2010015；种质库编号：S1G00971）

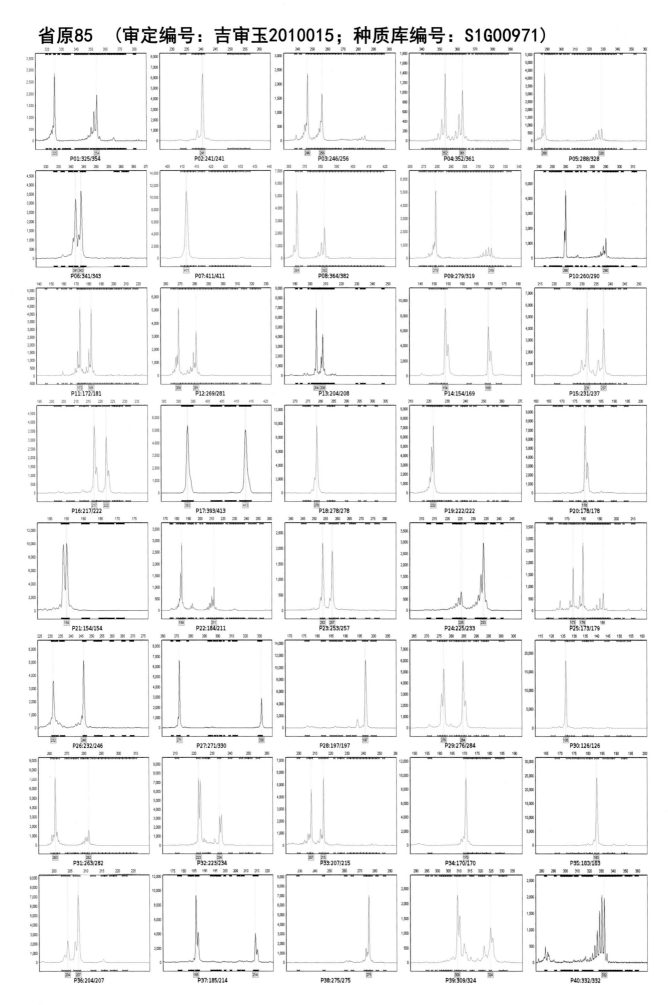

P01:325/354　P02:241/241　P03:246/256　P04:352/361　P05:288/328
P06:341/343　P07:411/411　P08:364/382　P09:279/319　P10:260/290
P11:172/181　P12:269/281　P13:204/208　P14:154/169　P15:231/237
P16:217/222　P17:393/413　P18:278/278　P19:222/222　P20:178/178
P21:154/154　P22:184/211　P23:253/257　P24:225/233　P25:173/179
P26:232/246　P27:271/330　P28:197/197　P29:276/284　P30:126/126
P31:263/282　P32:223/234　P33:207/215　P34:170/170　P35:103/103
P36:204/207　P37:185/214　P38:275/275　P39:309/324　P40:332/332

12

吉科玉12 （审定编号：吉审玉2010016；种质库编号：S1G00972）

P01:350/362　P02:241/241　P03:284/286　P04:358/361　P05:302/302

P06:343/361　P07:411/420　P08:364/380　P09:301/321　P10:252/260

P11:173/197　P12:265/277　P13:202/207　P14:150/154　P15:221/233

P16:212/228　P17:393/413　P18:278/284　P19:222/222　P20:185/185

P21:154/170　P22:176/176　P23:253/262　P24:222/238　P25:165/173

P26:232/246　P27:284/294　P28:176/197　P29:275/279　P30:126/144

P31:278/284　P32:234/234　P33:215/215　P34:170/174　P35:175/183

P36:204/215　P37:185/197　P38:261/275　P39:309/312　P40:310/310

13

吉平1　（审定编号：吉审玉2010017；种质库编号：S1G00973）

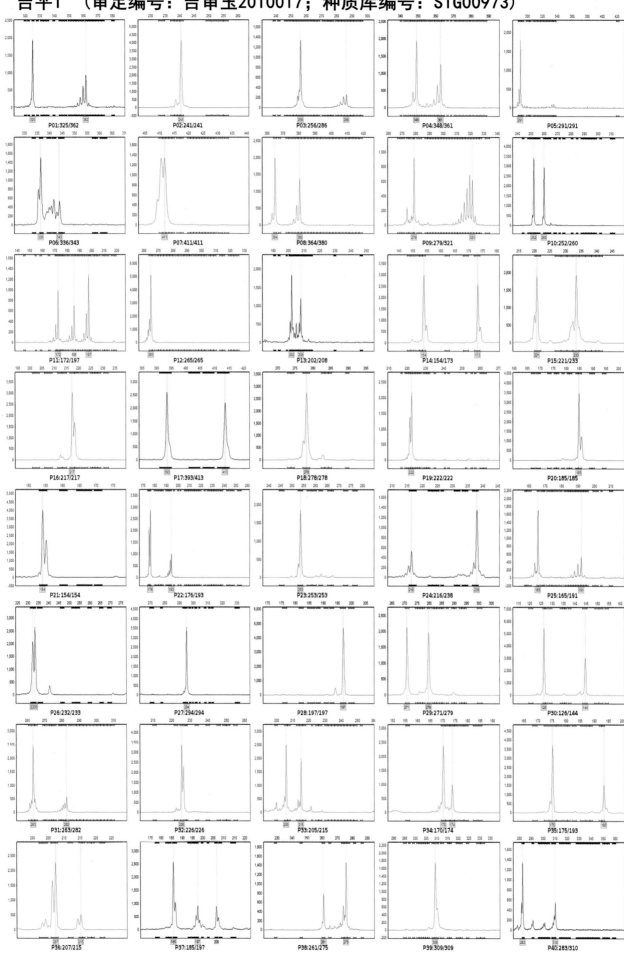

P01:325/362　P02:241/241　P03:256/286　P04:348/361　P05:291/291
P06:336/343　P07:411/411　P08:364/380　P09:279/321　P10:252/260
P11:172/197　P12:265/265　P13:202/208　P14:154/173　P15:221/233
P16:217/217　P17:393/413　P18:278/278　P19:222/222　P20:185/185
P21:154/154　P22:176/193　P23:253/253　P24:216/238　P25:165/191
P26:232/233　P27:294/294　P28:197/197　P29:271/279　P30:126/144
P31:263/282　P32:226/226　P33:205/215　P34:170/174　P95:175/193
P36:207/215　P37:185/197　P38:261/275　P39:309/309　P40:283/310

华旗255 （审定编号：吉审玉2010018；种质库编号：S1G02309）

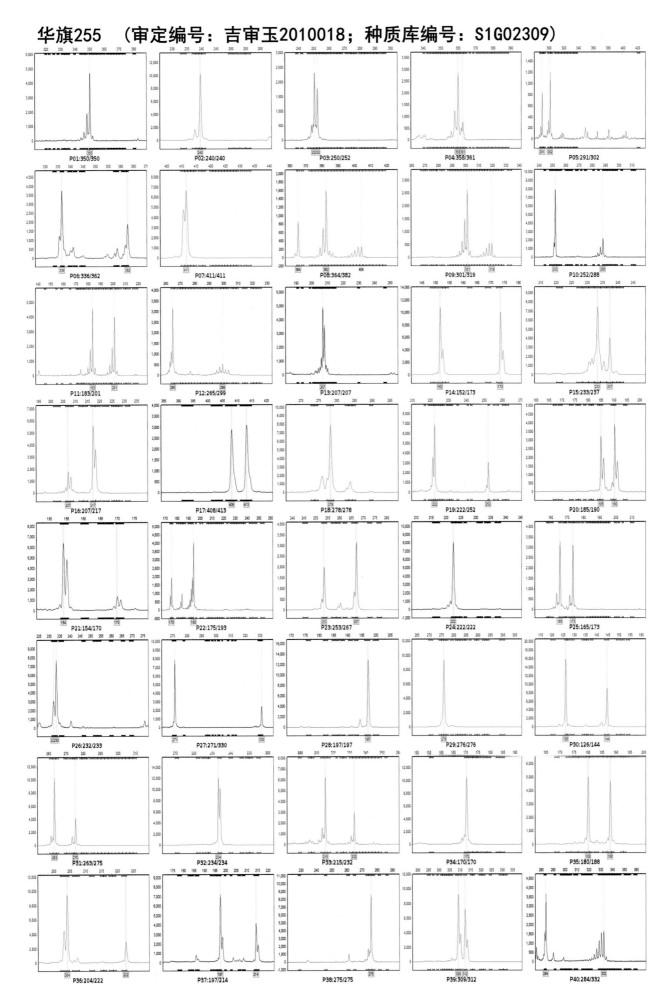

P01:350/350　P02:240/240　P03:250/252　P04:358/361　P05:291/302

P06:336/362　P07:411/411　P08:364/382　P09:301/319　P10:252/288

P11:183/201　P12:265/299　P13:207/207　P14:152/173　P15:233/237

P16:207/217　P17:408/413　P18:278/278　P19:222/252　P20:185/190

P21:154/170　P22:175/193　P23:253/267　P24:222/222　P25:165/173

P26:232/233　P27:271/330　P28:197/197　P29:276/276　P30:126/144

P31:263/275　P32:234/234　P33:215/232　P34:170/170　P35:180/188

P36:204/222　P37:197/214　P38:275/275　P39:309/312　P40:284/332

P01:325/354　P02:241/241　P03:248/250　P04:348/361　P05:291/291
P06:362/362　P07:411/411　P08:364/380　P09:275/323　P10:248/268
P11:183/197　P12:277/305　P13:202/208　P14:154/173　P15:221/233
P16:217/222　P17:393/413　P18:278/278　P19:222/222　P20:178/185
P21:154/154　P22:180/184　P23:266/266　P24:225/238　P25:173/173
P26:232/233　P27:328/328　P28:176/176　P29:277/277　P30:134/144
P31:263/270　P32:228/228　P33:205/215　P34:170/174　P35:189/193
P36:204/207　P37:185/206　P38:261/261　P39:304/304　P40:310/310

恒宇619 （审定编号：吉审玉2010020；种质库编号：S1G00976）

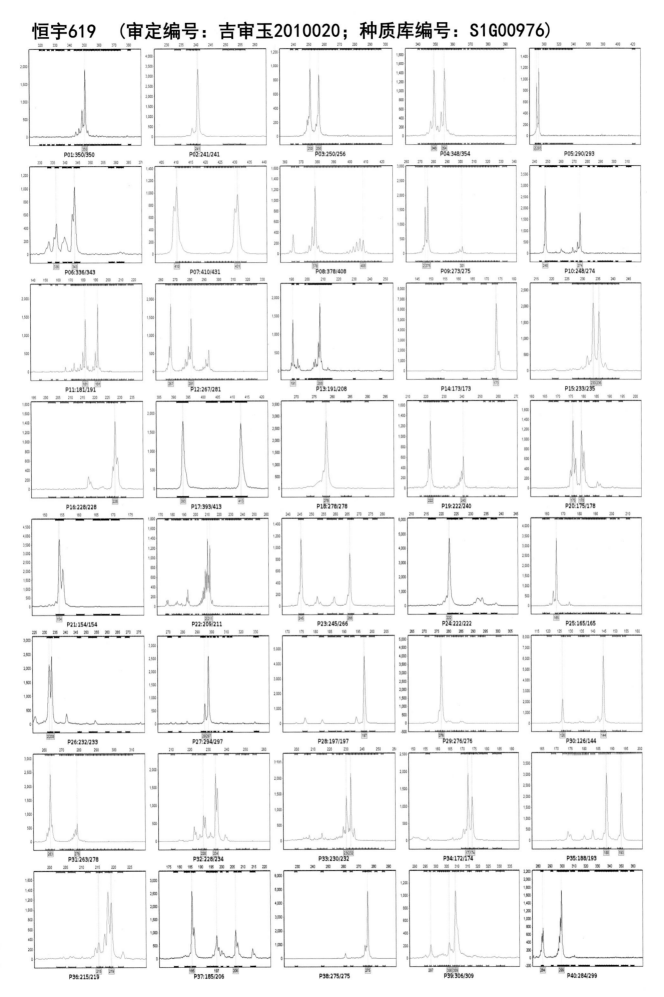

P01:350/350　P02:241/241　P03:250/256　P04:348/354　P05:290/293

P06:336/343　P07:410/431　P08:378/408　P09:273/275　P10:248/274

P11:181/191　P12:267/281　P13:191/208　P14:173/173　P15:233/235

P16:228/228　P17:399/413　P18:278/278　P19:222/240　P20:175/178

P21:154/154　P22:209/211　P23:245/266　P24:222/222　P25:165/165

P26:232/233　P27:294/297　P28:197/197　P29:276/276　P30:126/144

P31:263/278　P32:228/234　P33:230/232　P34:172/174　P35:188/193

P36:215/219　P37:185/206　P38:275/275　P39:306/309　P40:284/299

通单248 （审定编号：吉审玉2010021；种质库编号：S1G00977）

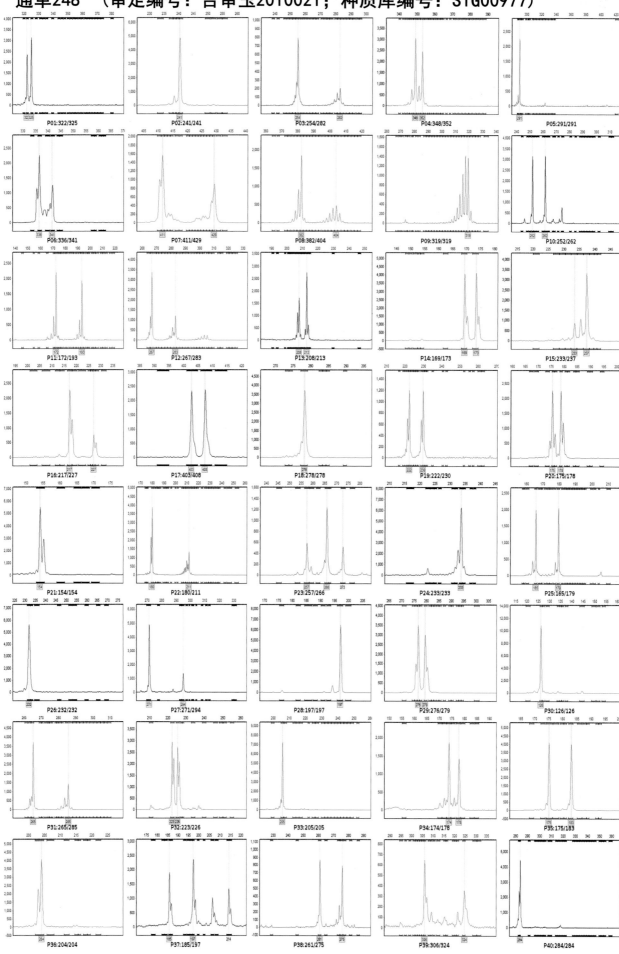

18

强盛16 （审定编号：吉审玉2010022；种质库编号：S1G01008）

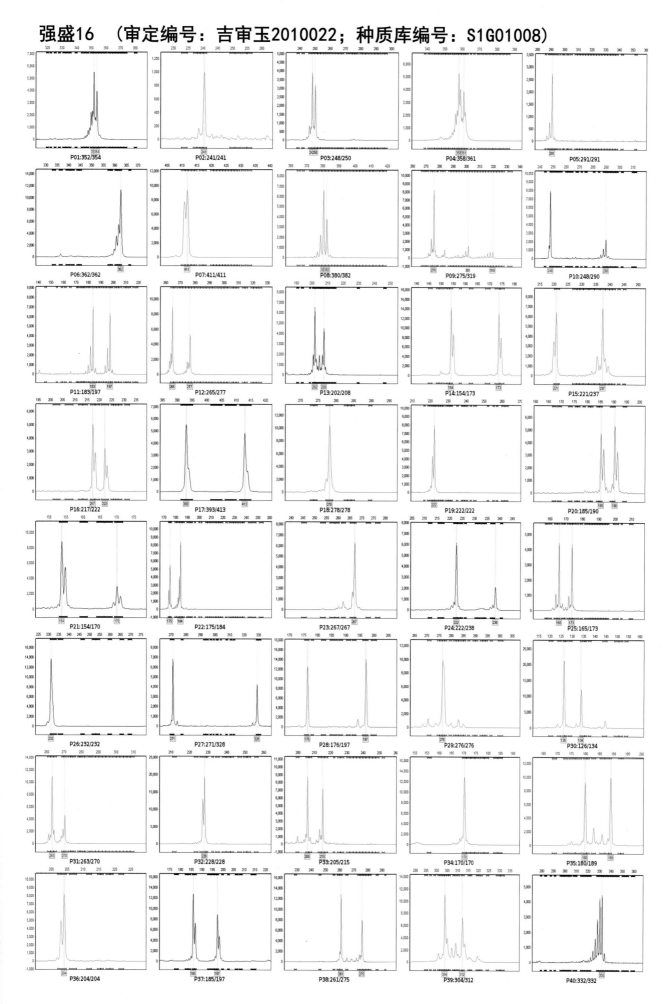

P01:352/354 P02:241/241 P03:248/250 P04:358/361 P05:291/291
P06:362/362 P07:411/411 P08:380/382 P09:275/319 P10:248/290
P11:183/197 P12:265/277 P13:202/208 P14:154/173 P15:221/237
P16:217/222 P17:393/413 P18:278/278 P19:222/222 P20:185/190
P21:154/170 P22:175/184 P23:267/267 P24:222/238 P25:165/173
P26:232/232 P27:271/328 P28:176/197 P29:276/276 P30:126/134
P31:263/270 P32:228/228 P33:205/215 P34:170/170 P35:180/189
P36:204/204 P37:185/197 P38:261/275 P39:304/312 P40:332/332

凤田8 （审定编号：吉审玉2010023；种质库编号：S1G00978）

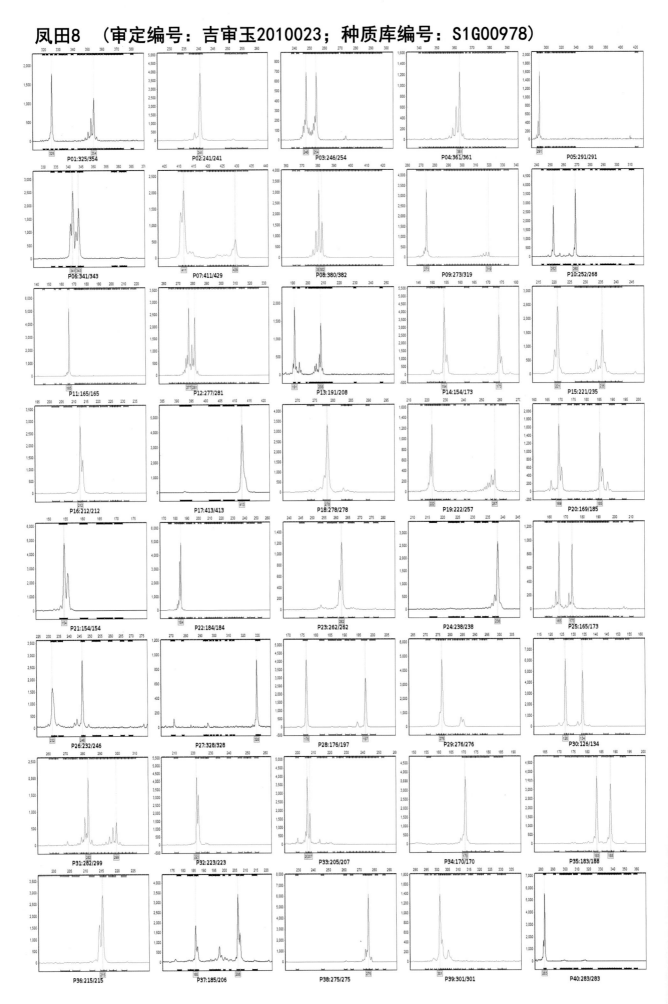

20

利民618 （审定编号：吉审玉2010025；种质库编号：S1G00979）

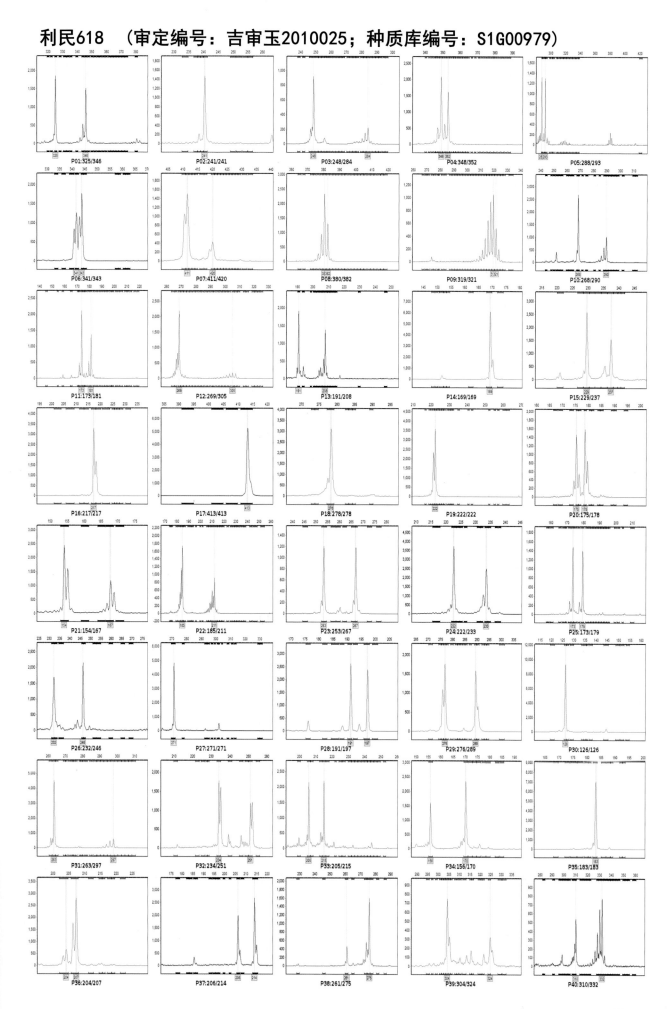

21

吉大101 （审定编号：吉审玉2010026；种质库编号：S1G00980）

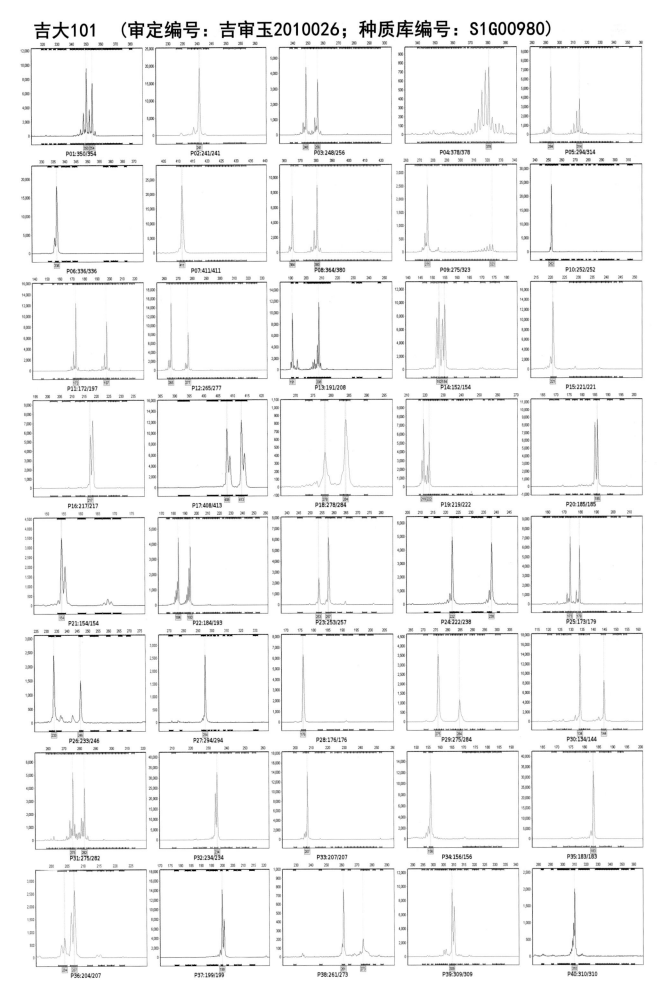

P01:350/354　P02:241/241　P03:248/256　P04:378/378　P05:294/314
P06:336/336　P07:411/411　P08:364/380　P09:275/323　P10:252/252
P11:172/197　P12:265/277　P13:191/208　P14:152/154　P15:221/221
P16:217/217　P17:408/413　P18:278/284　P19:219/222　P20:185/185
P21:154/154　P22:184/193　P23:253/257　P24:222/238　P25:173/179
P26:233/246　P27:294/294　P28:176/176　P29:275/284　P30:134/144
P31:275/282　P32:234/234　P33:207/207　P34:156/156　P35:183/183
P36:204/207　P37:199/199　P38:261/273　P39:309/309　P40:310/310

银河110 （审定编号：吉审玉2010027；种质库编号：S1G00981）

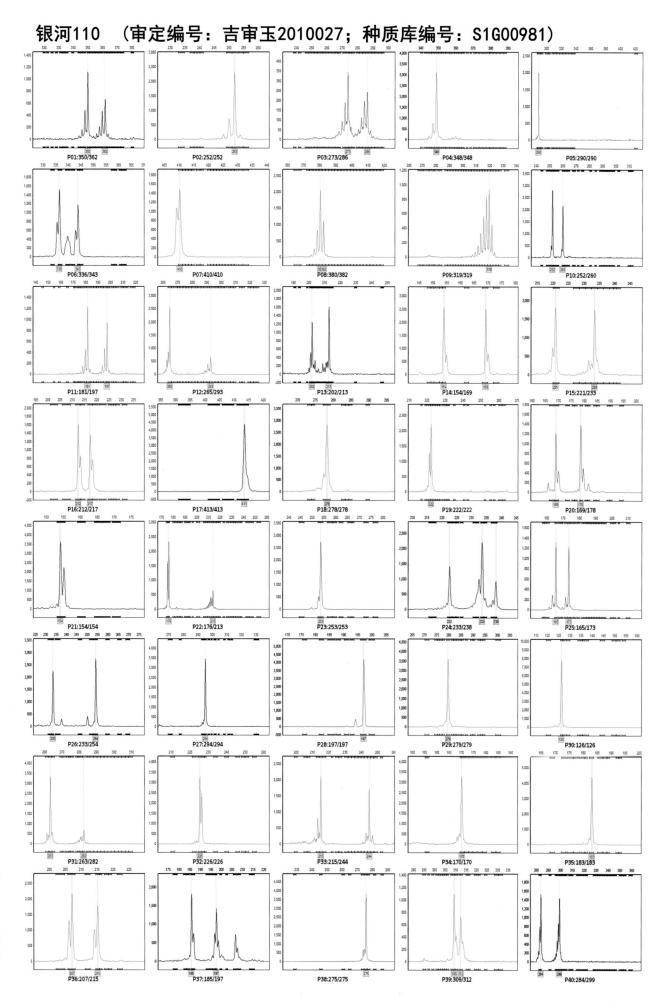

P01:350/362　P02:252/252　P03:273/286　P04:348/348　P05:290/290
P06:336/343　P07:410/410　P08:380/382　P09:319/319　P10:252/260
P11:181/197　P12:265/293　P13:202/213　P14:154/169　P15:221/233
P16:212/217　P17:413/413　P18:278/278　P19:222/222　P20:169/178
P21:154/154　P22:176/213　P23:253/253　P24:233/238　P25:165/173
P26:233/254　P27:294/294　P28:197/197　P29:279/279　P30:126/126
P31:263/282　P32:226/226　P33:215/244　P34:170/170　P35:183/183
P36:207/215　P37:185/197　P38:275/275　P39:309/312　P40:284/299

吉农大709 （审定编号：吉审玉2010028；种质库编号：S1G00982）

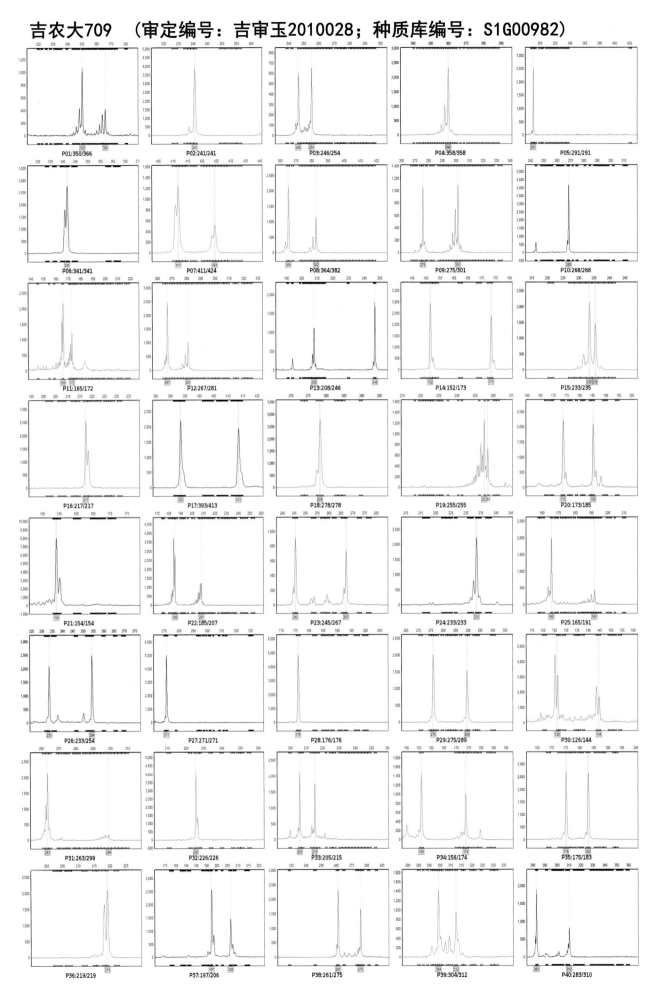

东裕108 （审定编号：吉审玉2010029；种质库编号：S1G00059）

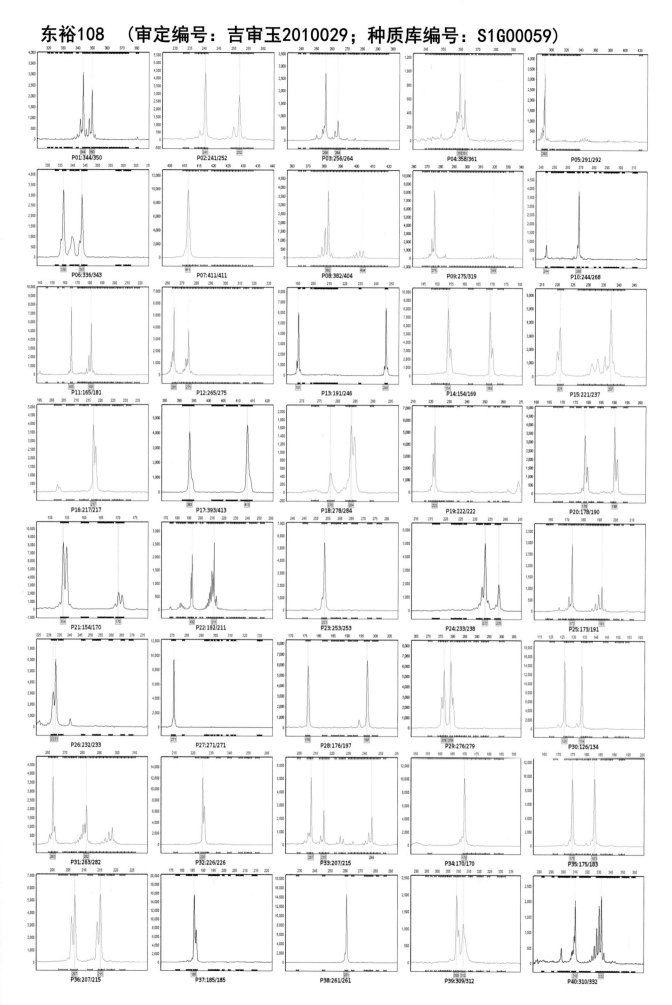

信玉9 （审定编号：吉审玉2010030；种质库编号：S1G00983）

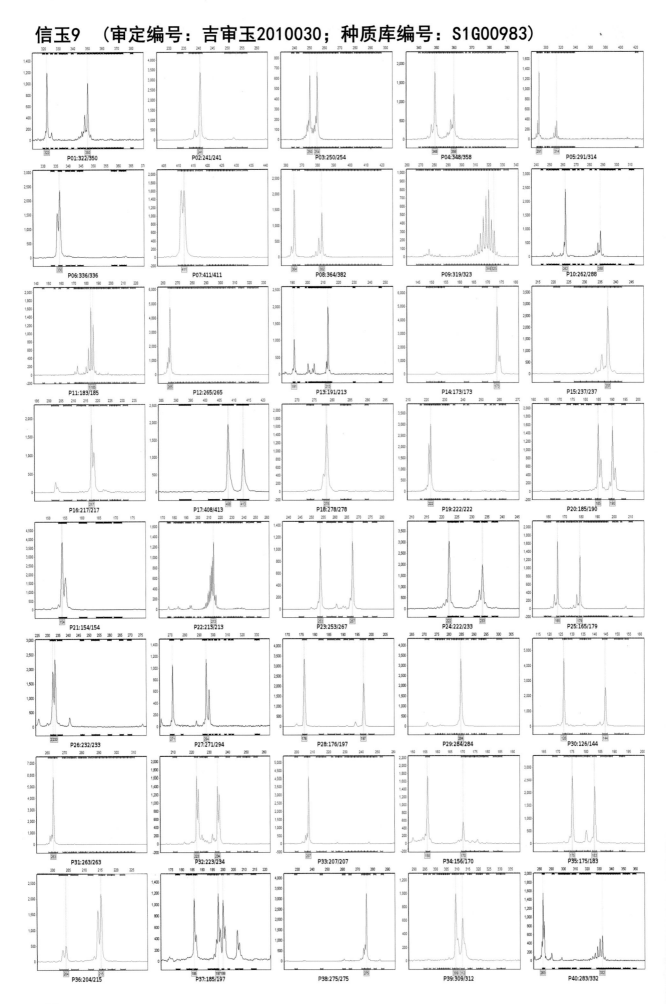

26

佳玉538　（审定编号：吉审玉2010031；种质库编号：S1G00984）

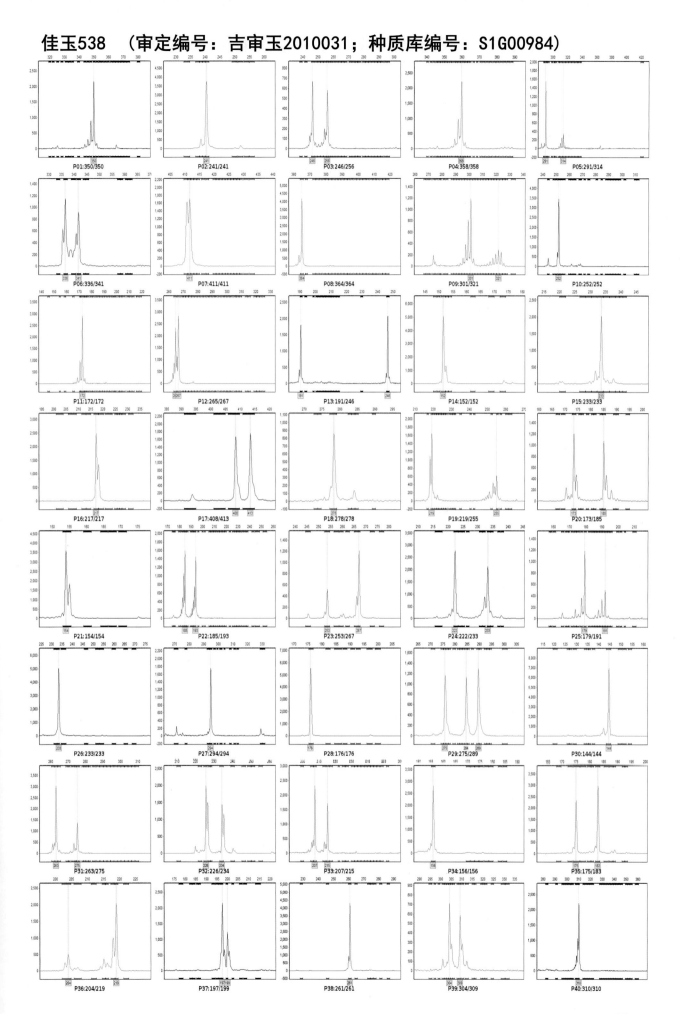

九单100 （审定编号：吉审玉2010032；种质库编号：S1G00985）

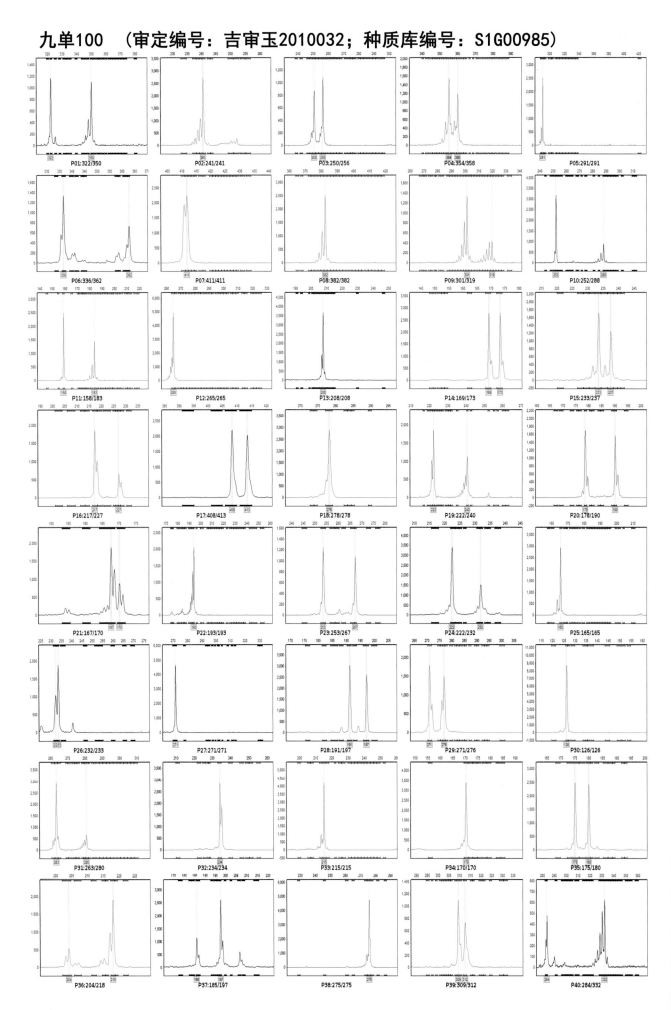

28

巍丰6 （审定编号：吉审玉2010033；种质库编号：S1G00986）

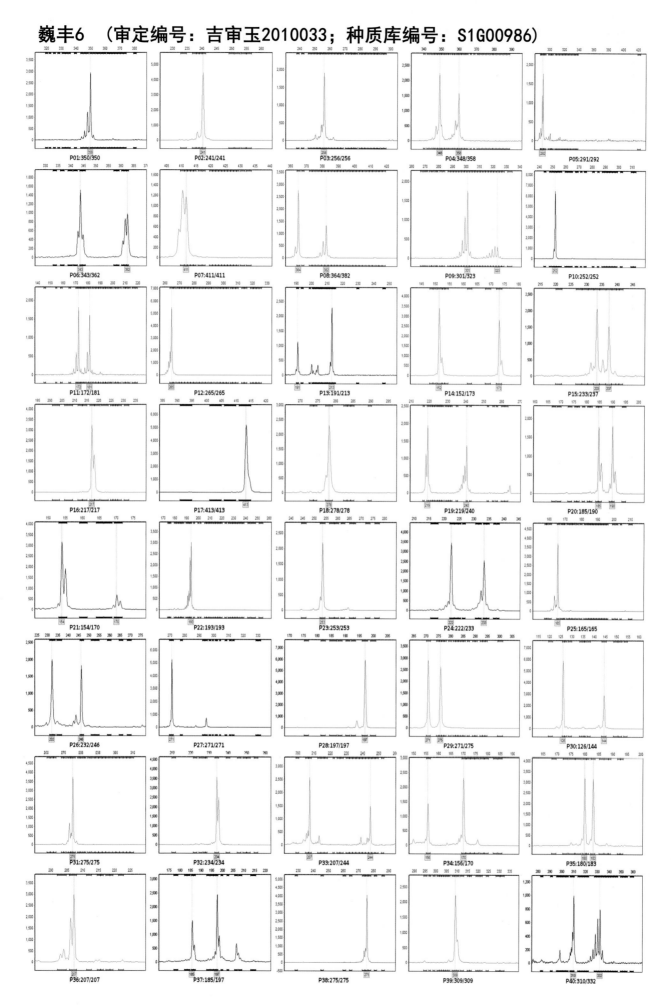

29

吉单50　（审定编号：吉审玉2010035；种质库编号：S1G03386）

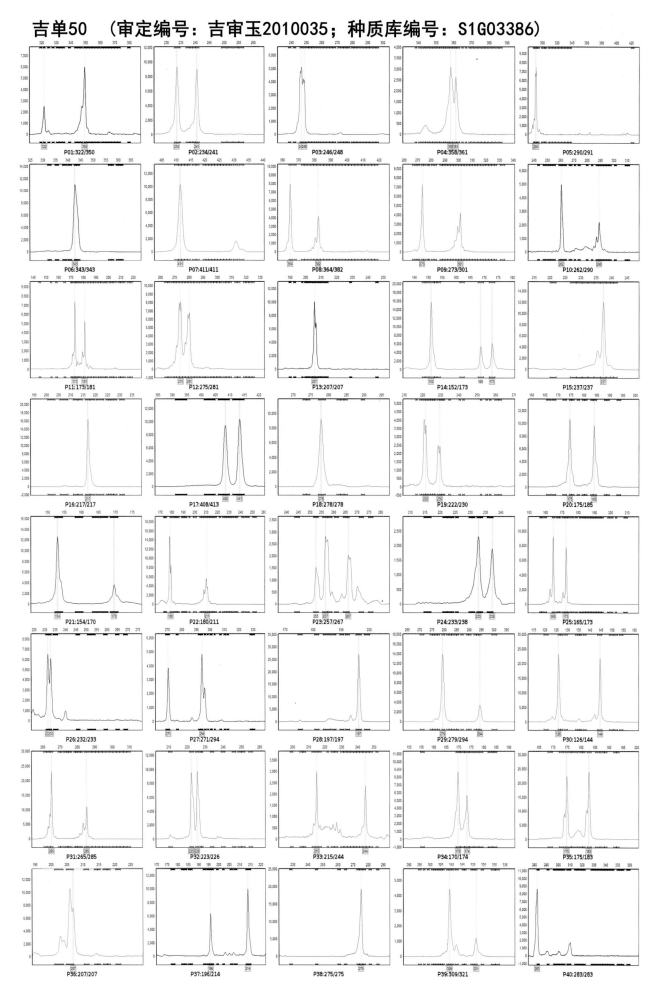

利合16　（审定编号：吉审玉2010036；种质库编号：S1G00734）

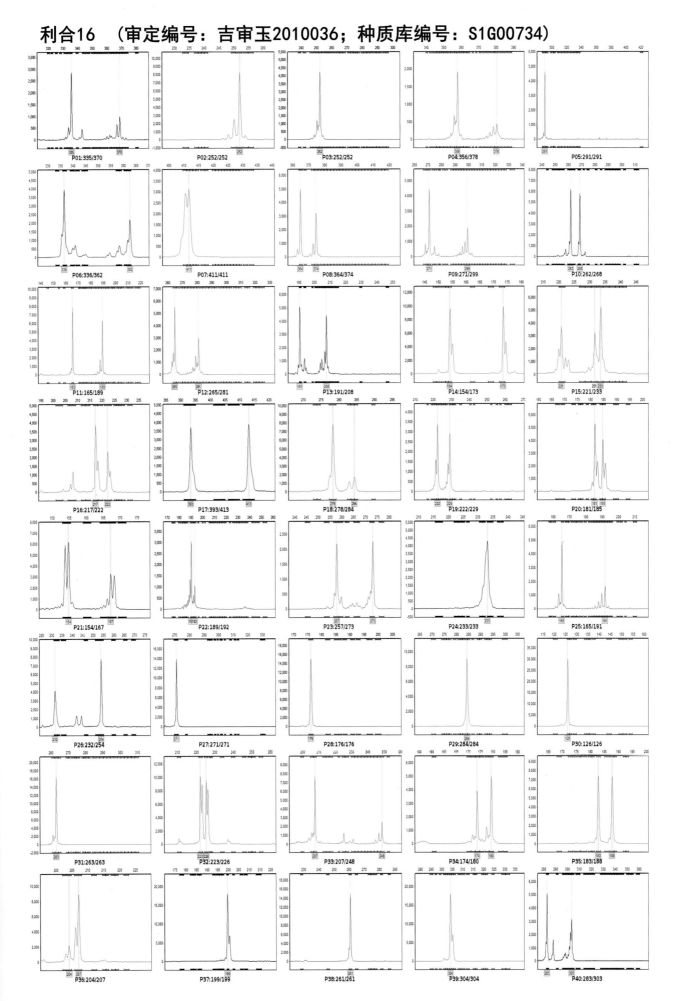

華旗338 （審定編号：吉審玉2010037；種質庫編号：S1G02310）

P01:344/350 P02:241/241 P03:250/254 P04:358/358 P05:294/314
P06:336/362 P07:411/411 P08:382/404 P09:273/273 P10:252/268
P11:165/172 P12:265/293 P13:207/207 P14:154/173 P15:221/237
P16:217/228 P17:408/413 P18:278/284 P19:219/222 P20:185/190
P21:154/154 P22:193/193 P23:253/267 P24:222/222 P25:165/173
P26:232/254 P27:271/294 P28:176/197 P29:275/279 P30:126/144
P31:263/275 P32:234/234 P33:207/215 P34:170/170 P35:180/183
P36:204/215 P37:199/206 P38:275/275 P39:309/309 P40:283/332

吉平8 （审定编号：吉审玉2010038；种质库编号：S1G00989）

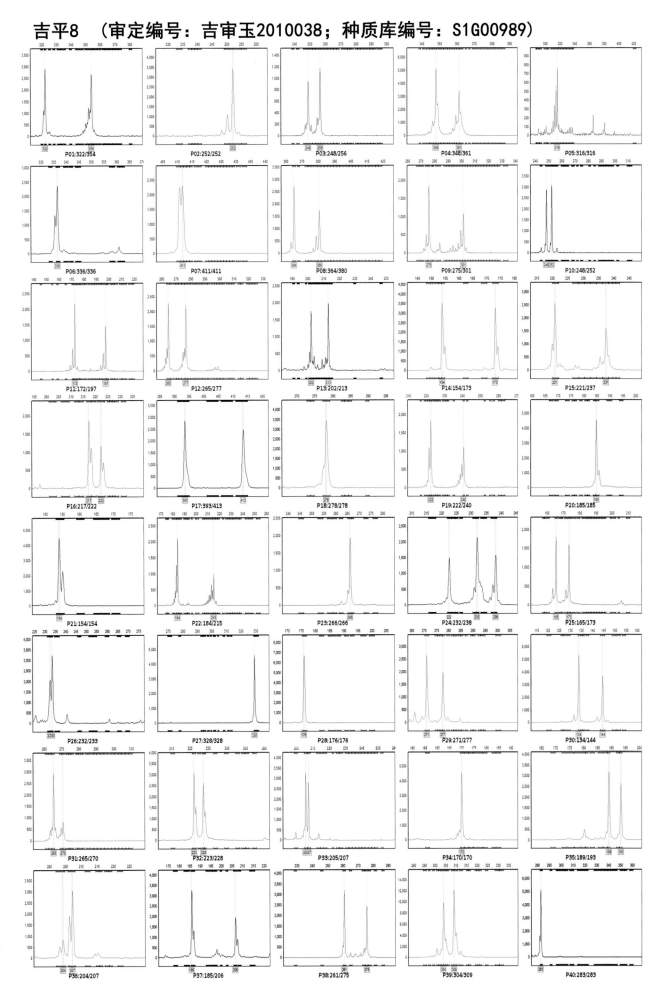

迪锋128 （审定编号：吉审玉2010039；种质库编号：S1G00990）

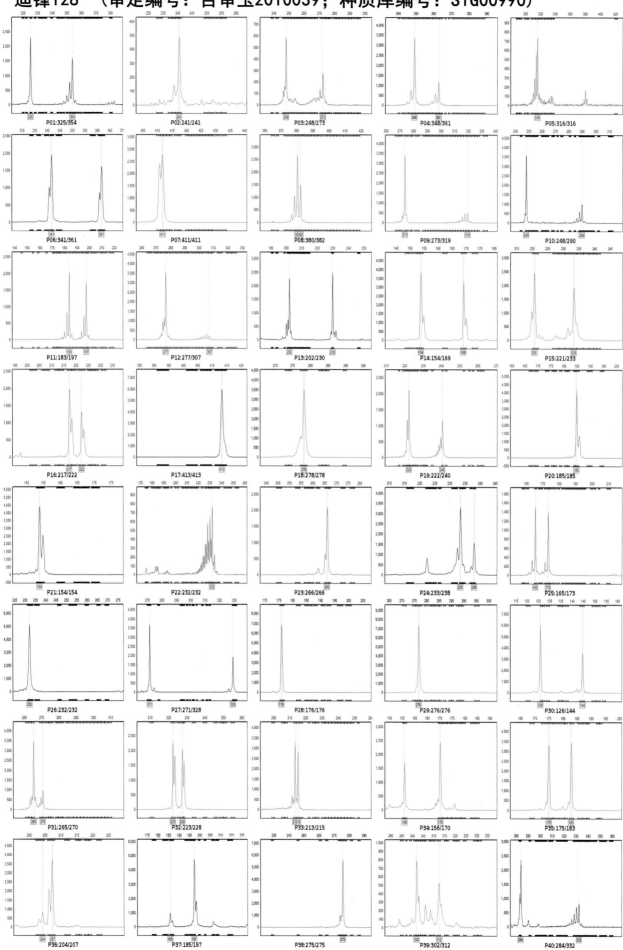

长大19 （审定编号：吉审玉2010041；种质库编号：S1G00991）

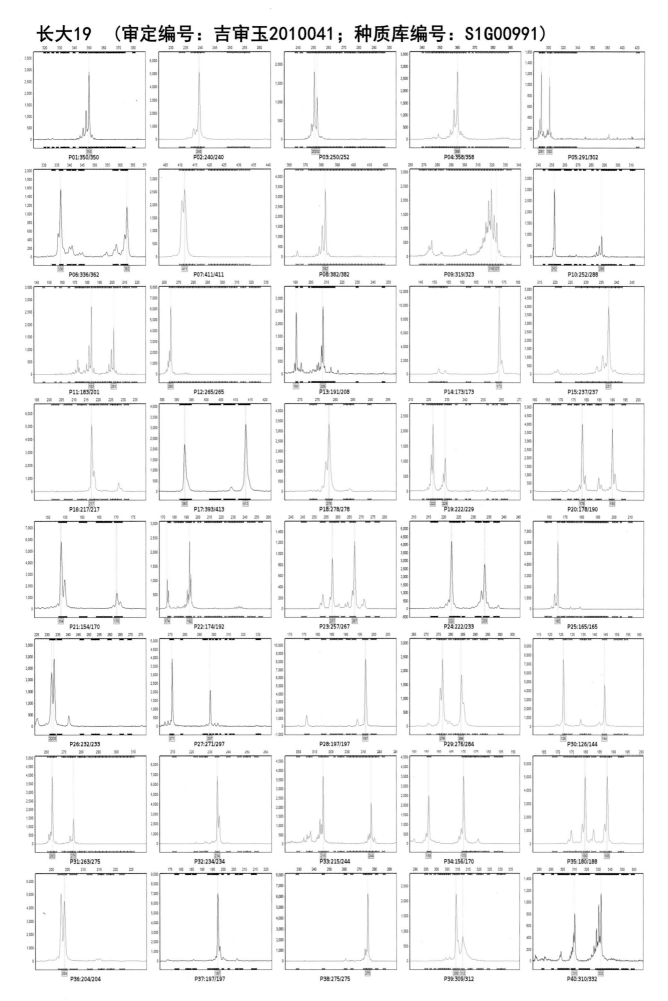

P01:350/350 P02:240/240 P03:250/252 P04:358/358 P05:291/302
P06:336/362 P07:411/411 P08:382/382 P09:319/323 P10:252/288
P11:183/201 P12:265/265 P13:191/208 P14:173/173 P15:237/237
P16:217/217 P17:393/413 P18:278/278 P19:222/229 P20:178/190
P21:154/170 P22:174/192 P23:257/267 P24:222/233 P25:165/165
P26:232/233 P27:271/297 P28:197/197 P29:276/284 P30:126/144
P31:263/275 P32:234/234 P33:215/244 P34:156/170 P35:180/188
P36:204/204 P37:197/197 P38:275/275 P39:309/312 P40:310/332

P01:322/322　P02:241/241　P03:248/256　P04:348/361　P05:291/336

P06:336/336　P07:411/411　P08:364/380　P09:273/275　P10:248/252

P11:172/197　P12:277/299　P13:202/213　P14:154/173　P15:221/237

P16:222/222　P17:393/413　P18:278/278　P19:222/240　P20:185/185

P21:154/154　P22:184/193　P23:266/266　P24:233/238　P25:165/173

P26:233/233　P27:328/328　P28:176/176　P29:271/276　P30:134/144

P31:263/270　P32:223/228　P33:205/207　P34:170/170　P35:183/189

P36:204/215　P37:185/206　P38:261/275　P39:304/309　P40:283/283

绿糯9934 （审定编号：吉审玉2010043；种质库编号：S1G00992）

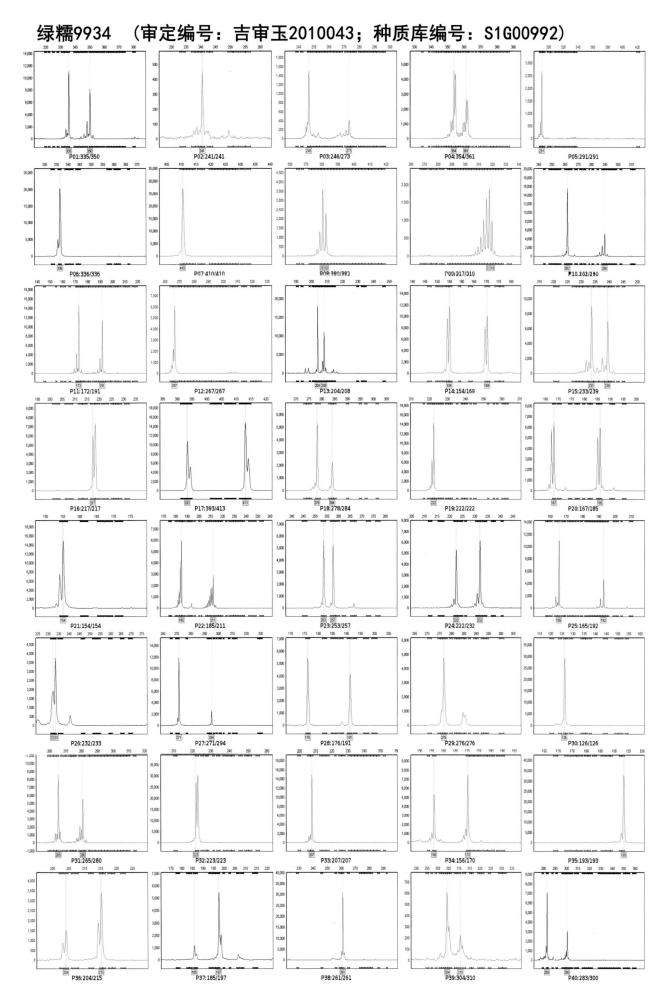

H600 （审定编号：吉审玉2010045；种质库编号：S1G00993）

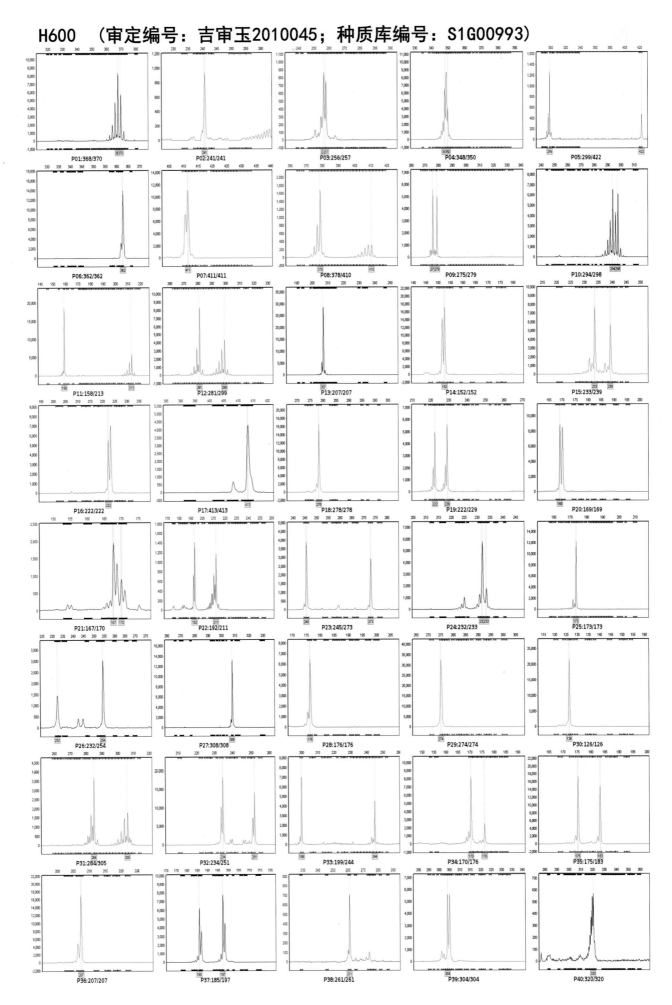

嫩单13　（审定编号：吉审玉2011002；种质库编号：S1G01790）

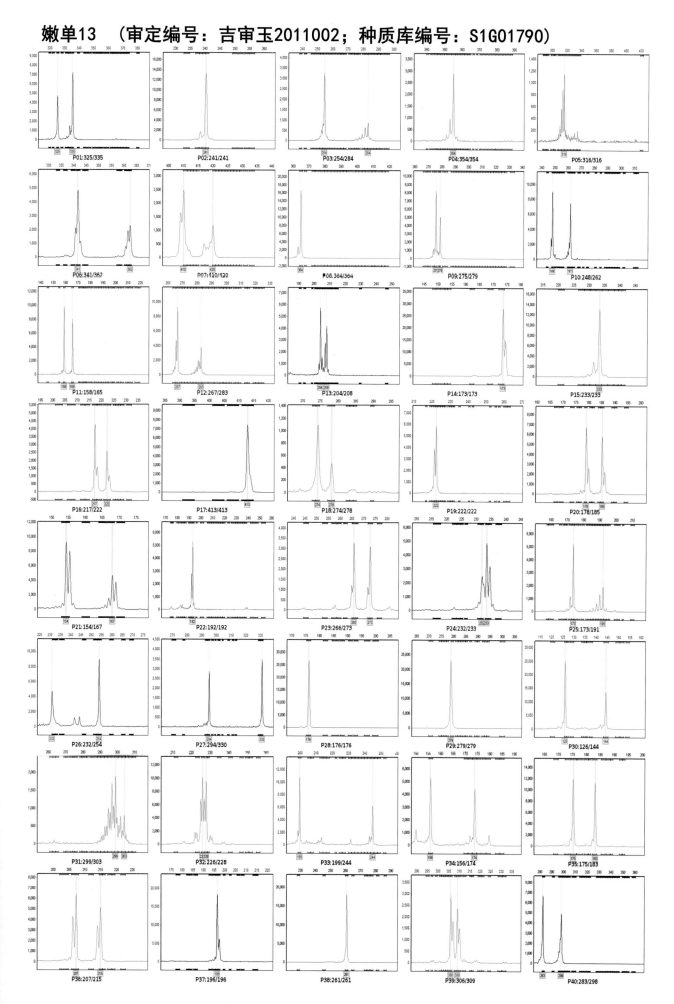

嫩单14 （审定编号：吉审玉2011003；种质库编号：S1G01791）

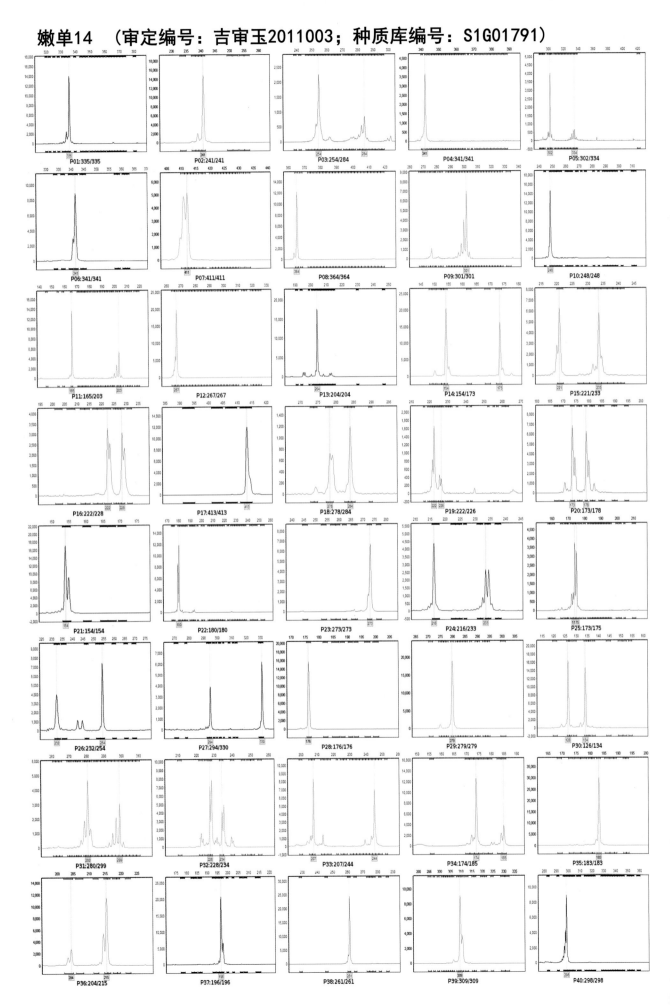

40

东农252 （审定编号：吉审玉2011005；种质库编号：S1G01702）

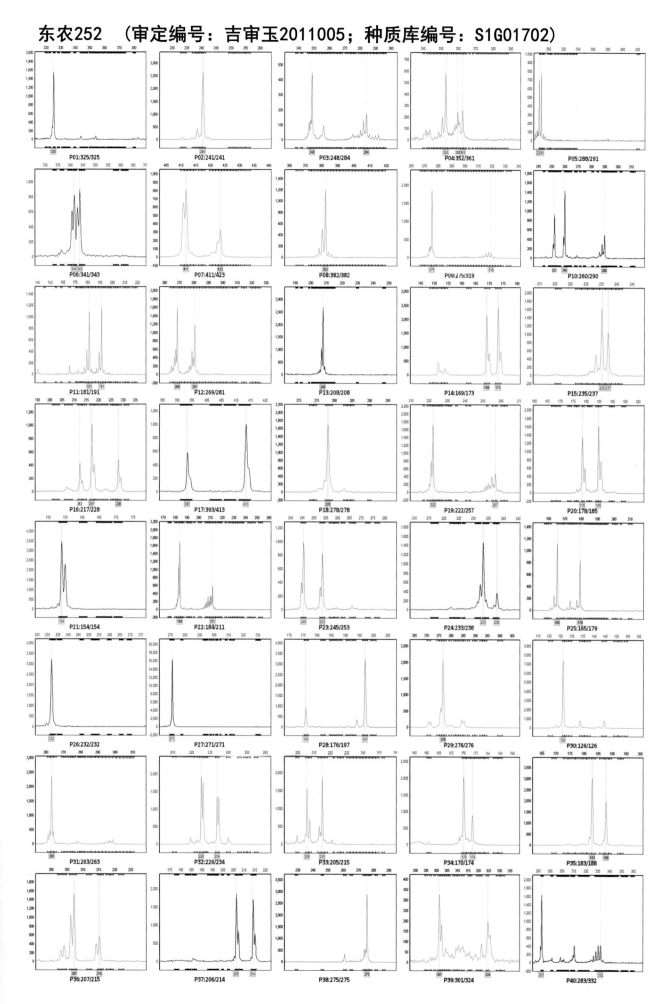

南北79 （审定编号：吉审玉2011006；种质库编号：S1G03136）

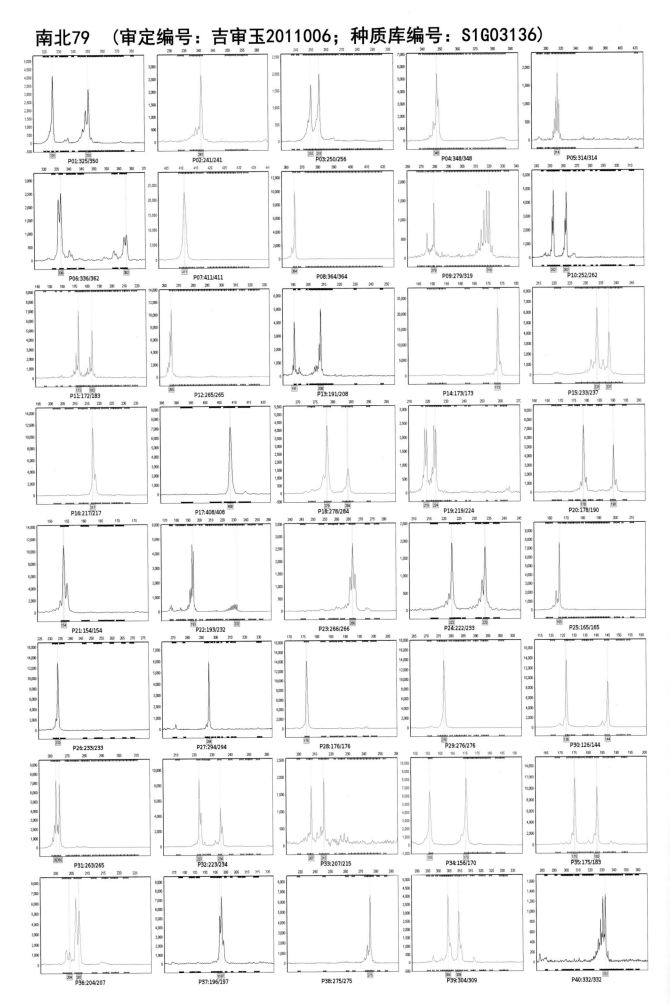

君达6 （审定编号：吉审玉2011007；种质库编号：S1G03137）

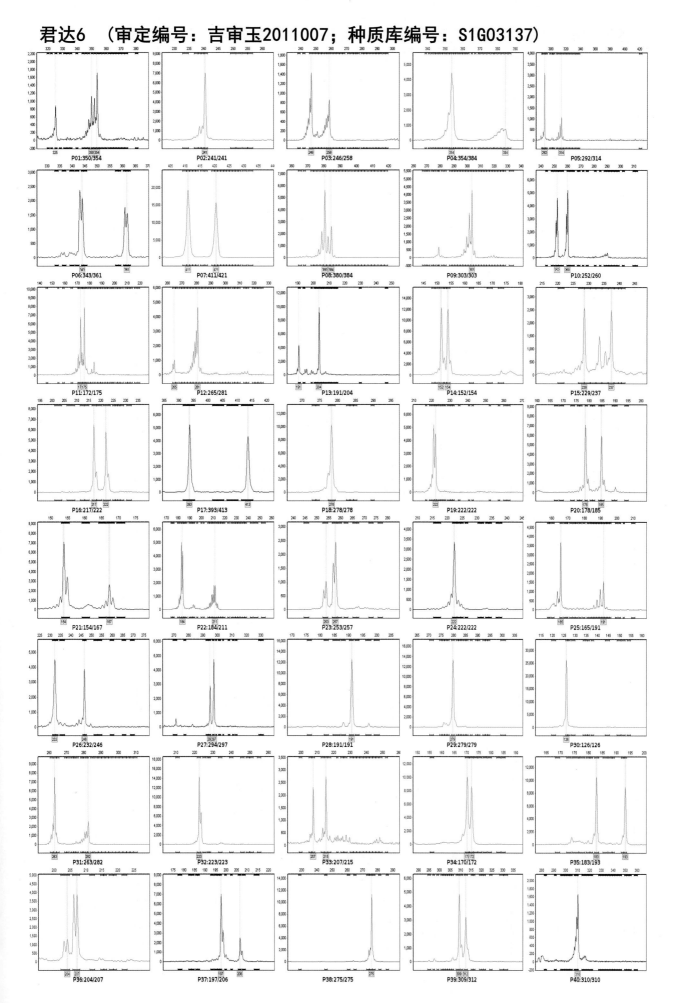

43

吉德359　（审定编号：吉审玉2011008；种质库编号：S1G03138）

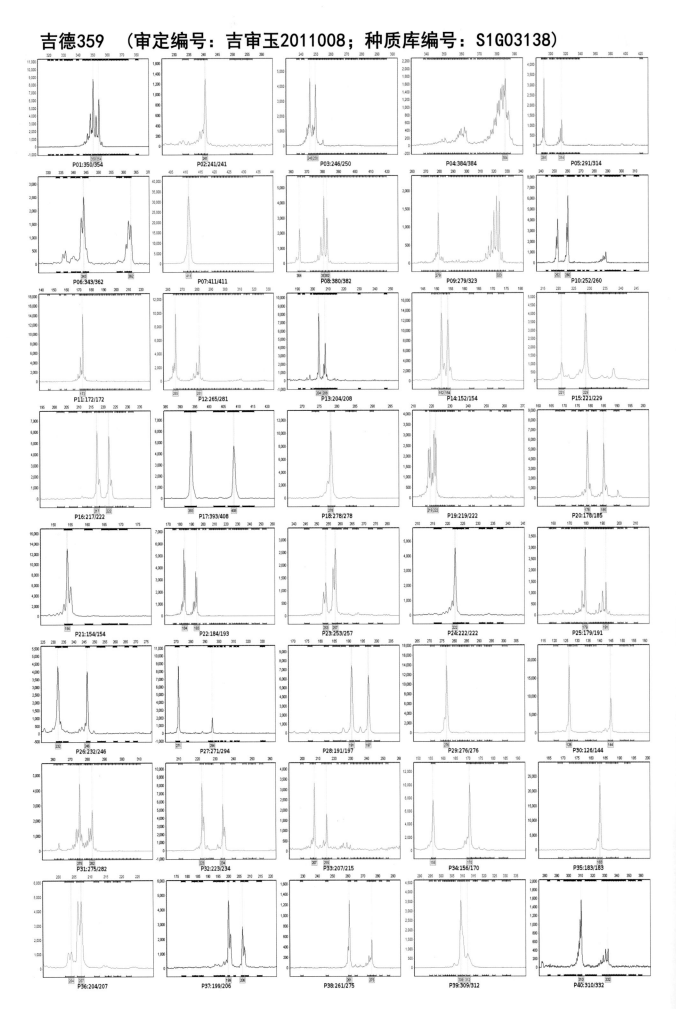

凤田29 （审定编号：吉审玉2011009；种质库编号：S1G03139）

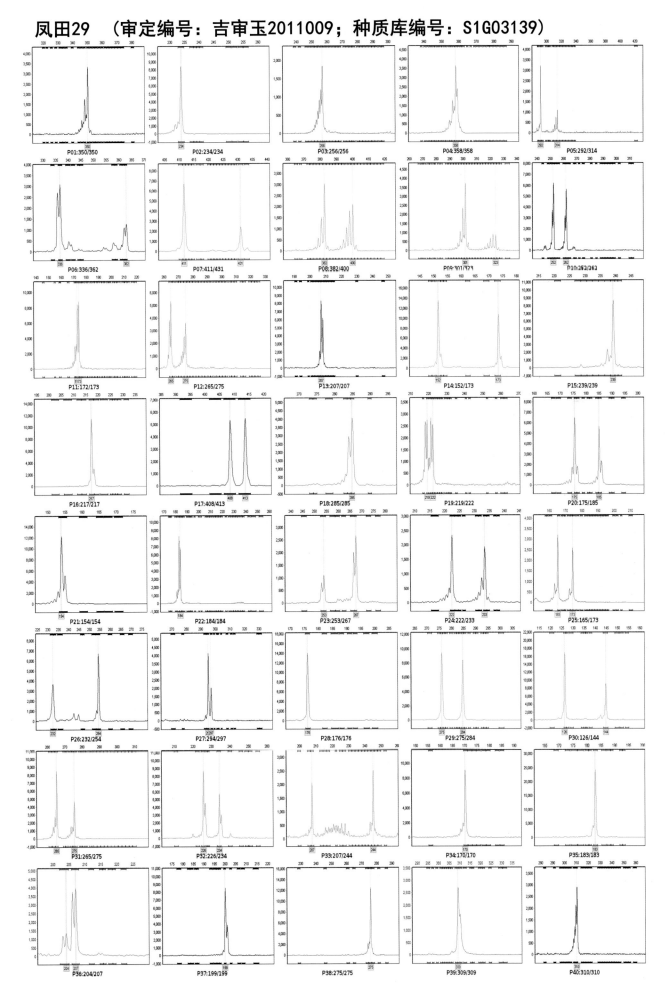

吉单33 （审定编号：吉审玉2011010；种质库编号：S1G03140）

P01:346/354　P02:241/252　P03:254/254　P04:348/348　P05:291/305
P06:343/362　P07:410/424　P08:382/382　P09:279/321　P10:260/268
P11:165/185　P12:265/293　P13:191/213　P14:154/169　P15:237/237
P16:217/217　P17:393/413　P18:278/278　P19:222/222　P20:178/178
P21:154/154　P22:184/211　P23:253/257　P24:222/222　P25:165/191
P26:232/233　P27:271/271　P28:197/197　P29:276/276　P30:126/126
P31:263/263　P32:223/223　P33:207/215　P34:170/170　P35:175/188
P36:204/207　P37:197/206　P38:275/275　P39:309/312　P40:332/332

46

亨达802 （审定编号：吉审玉2011011；种质库编号：S1G04186）

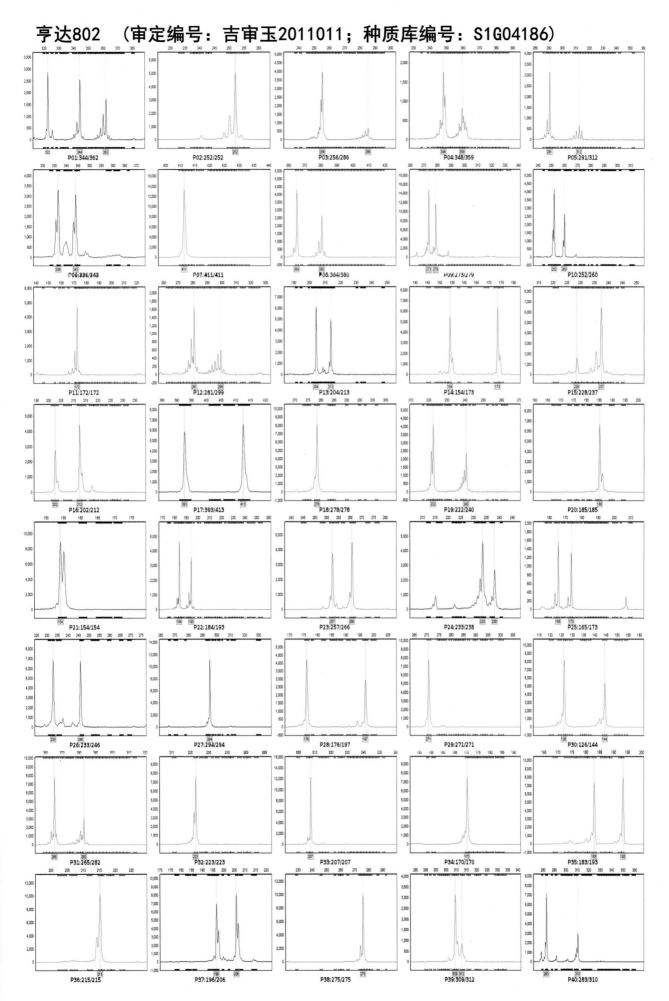

47

天农九　（审定编号：吉审玉2011012；种质库编号：S1G00017）

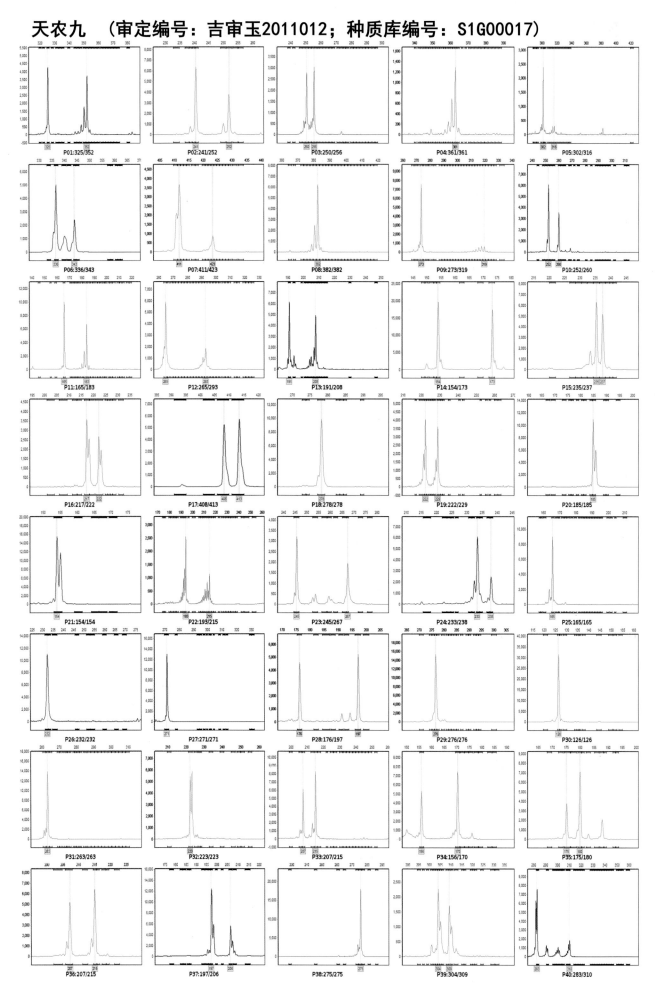

P01:325/352　P02:241/252　P03:250/256　P04:361/361　P05:302/316
P06:336/343　P07:411/423　P08:382/382　P09:273/319　P10:252/260
P11:165/183　P12:265/293　P13:191/208　P14:154/173　P15:235/237
P16:217/222　P17:408/413　P18:278/278　P19:222/229　P20:185/185
P21:154/154　P22:193/215　P23:245/267　P24:233/238　P25:165/165
P26:232/232　P27:271/271　P28:176/197　P29:276/276　P30:126/126
P31:263/263　P32:223/223　P33:207/215　P34:156/170　P35:175/180
P36:207/215　P37:197/206　P38:275/275　P39:304/309　P40:283/310

穗育75 （审定编号：吉审玉2011013；种质库编号：S1G03142）

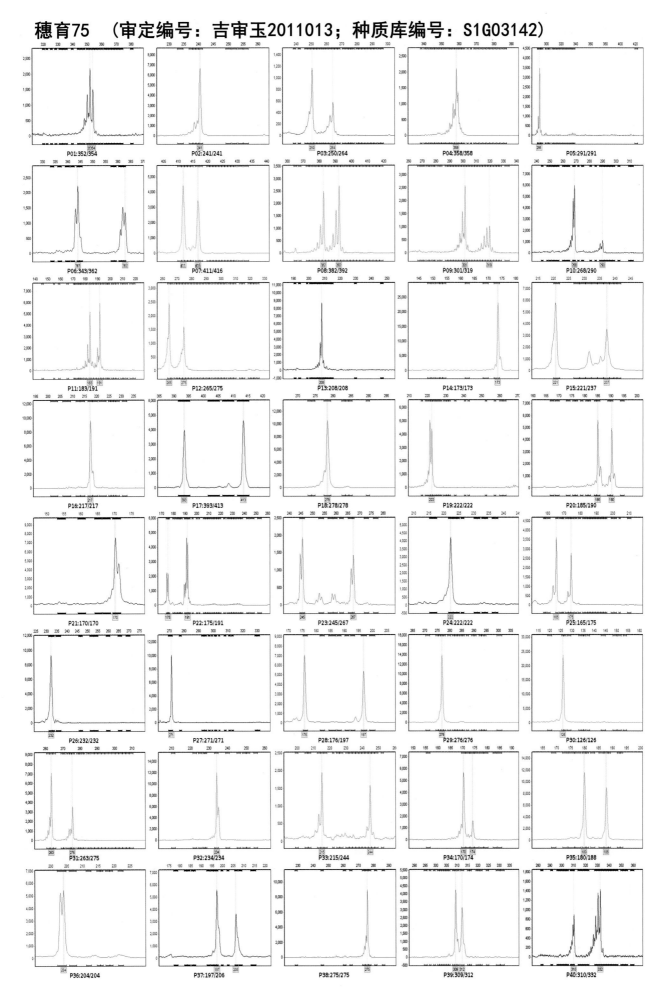

P01:352/354 P02:241/241 P03:250/264 P04:358/358 P05:291/291
P06:343/362 P07:411/416 P08:382/392 P09:301/319 P10:268/290
P11:183/191 P12:265/275 P13:208/208 P14:173/173 P15:221/237
P16:217/217 P17:393/413 P18:278/278 P19:222/222 P20:185/190
P21:170/170 P22:175/191 P23:245/267 P24:222/222 P25:165/175
P26:232/232 P27:271/271 P28:176/197 P29:276/276 P30:126/126
P31:263/275 P32:234/234 P33:215/244 P34:170/174 P35:180/188
P36:204/204 P37:197/206 P38:275/275 P39:309/312 P40:310/332

先正达408 （审定编号：吉审玉2011015；种质库编号：S1G00429）

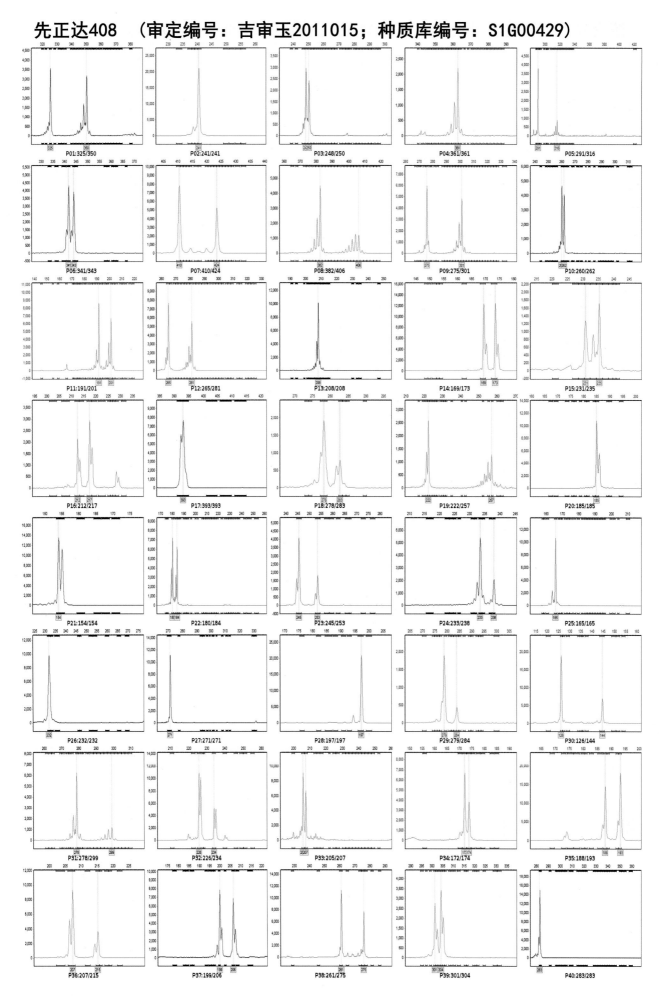

P01:325/350　P02:241/241　P03:248/250　P04:361/361　P05:291/316
P06:341/343　P07:410/424　P08:382/406　P09:275/301　P10:260/262
P11:191/201　P12:265/281　P13:208/208　P14:169/173　P15:231/235
P16:212/217　P17:393/393　P18:278/283　P19:222/257　P20:185/185
P21:154/154　P22:180/184　P23:245/253　P24:233/238　P25:165/165
P26:232/232　P27:271/271　P28:197/197　P29:279/284　P30:126/144
P31:278/299　P32:226/234　P33:205/207　P34:172/174　P35:188/193
P36:207/215　P37:199/206　P38:261/275　P39:301/304　P40:283/283

50

东金6 （审定编号：吉审玉2011016；种质库编号：S1G03387）

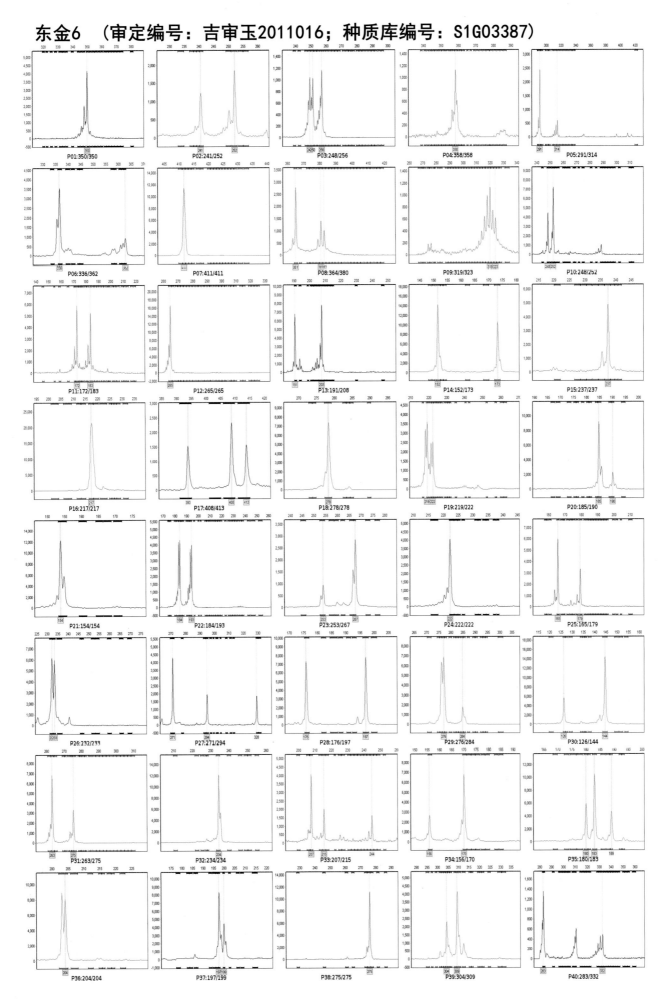

先玉716 （审定编号：吉审玉2011017；种质库编号：S1G03144）

P01:350/352 P02:241/241 P03:250/284 P04:354/354 P05:291/316

P06:336/341 P07:410/431 P08:382/404 P09:301/301 P10:268/290

P11:183/185 P12:265/265 P13:191/208 P14:154/173 P15:237/237

P16:227/227 P17:413/413 P18:278/278 P19:222/229 P20:185/185

P21:154/167 P22:175/230 P23:266/266 P24:216/222 P25:165/171

P26:232/233 P27:330/330 P28:197/197 P29:275/275 P30:126/126

P31:265/278 P32:223/234 P33:207/215 P34:156/170 P35:180/183

P36:204/219 P37:197/199 P38:261/275 P39:309/312 P40:310/332

52

稷秾108 （审定编号：吉审玉2016026；种质库编号：S1G04344）

P01:350/352 P02:241/241 P03:250/256 P04:358/358 P05:290/314
P06:336/362 P07:411/411 P08:364/382 P09:319/319 P10:252/288
P11:172/183 P12:265/265 P13:191/208 P14:152/173 P15:228/237
P16:217/217 P17:408/413 P18:278/284 P19:219/222 P20:185/190
P21:154/170 P22:193/193 P23:253/267 P24:222/222 P25:165/179
P26:232/233 P27:271/294 P28:176/197 P29:276/284 P30:126/144
P31:263/275 P32:234/234 P33:207/215 P34:156/170 P35:180/183
P36:204/204 P37:197/199 P38:275/275 P39:309/312 P40:310/332

远科107　（审定编号：吉审玉2016027；种质库编号：S1G05258）

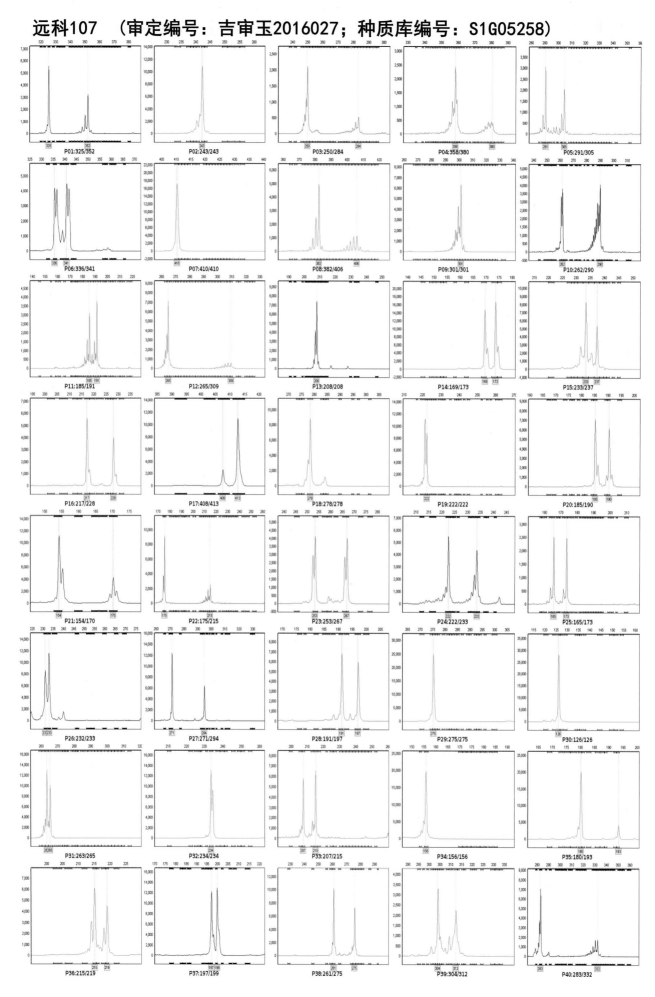

244

军育288 （审定编号：吉审玉2016028；种质库编号：S1G05259）

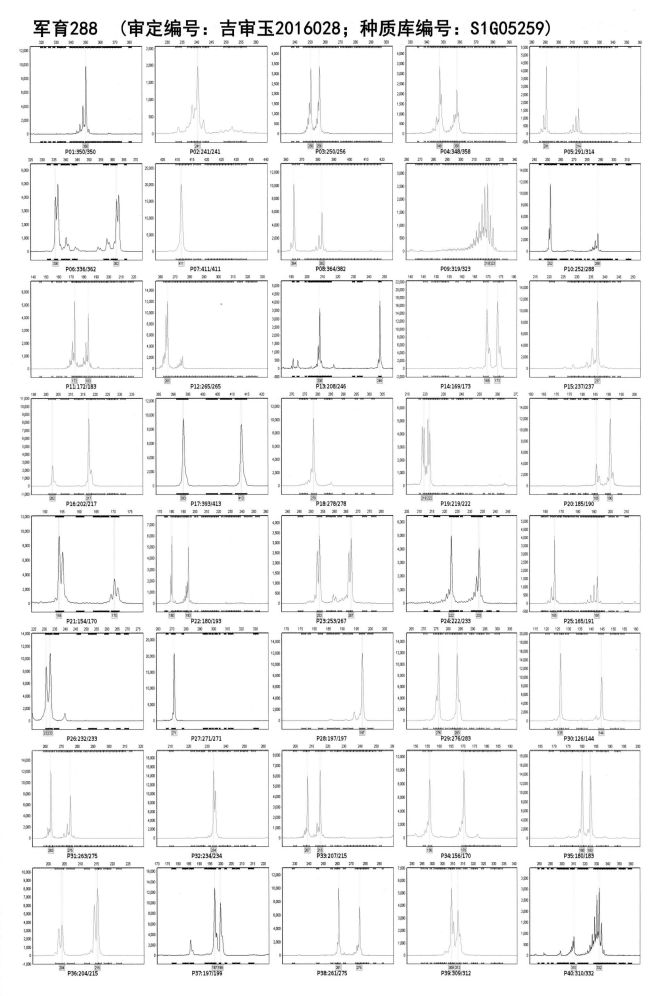

P01:350/350　P02:241/241　P03:250/256　P04:348/358　P05:291/314
P06:336/362　P07:411/411　P08:364/382　P09:319/323　P10:252/288
P11:172/183　P12:265/265　P13:208/246　P14:169/173　P15:237/237
P16:202/217　P17:393/413　P18:278/278　P19:219/222　P20:185/190
P21:154/170　P22:180/193　P23:253/267　P24:222/233　P25:165/191
P26:232/233　P27:271/271　P28:197/197　P29:276/283　P30:126/144
P31:263/275　P32:234/234　P33:207/215　P34:156/170　P35:180/183
P36:204/215　P37:197/199　P38:261/275　P39:309/312　P40:310/332

福莱818 （审定编号：吉审玉2016029；种质库编号：S1G05260）

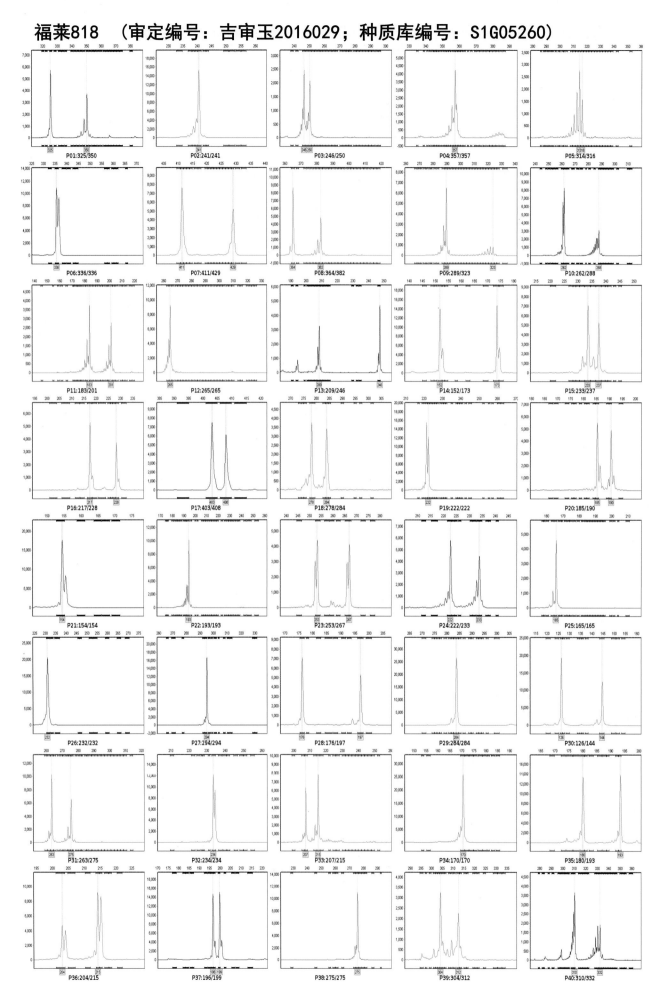

和育189 （审定编号：吉审玉2016030；种质库编号：S1G05261）

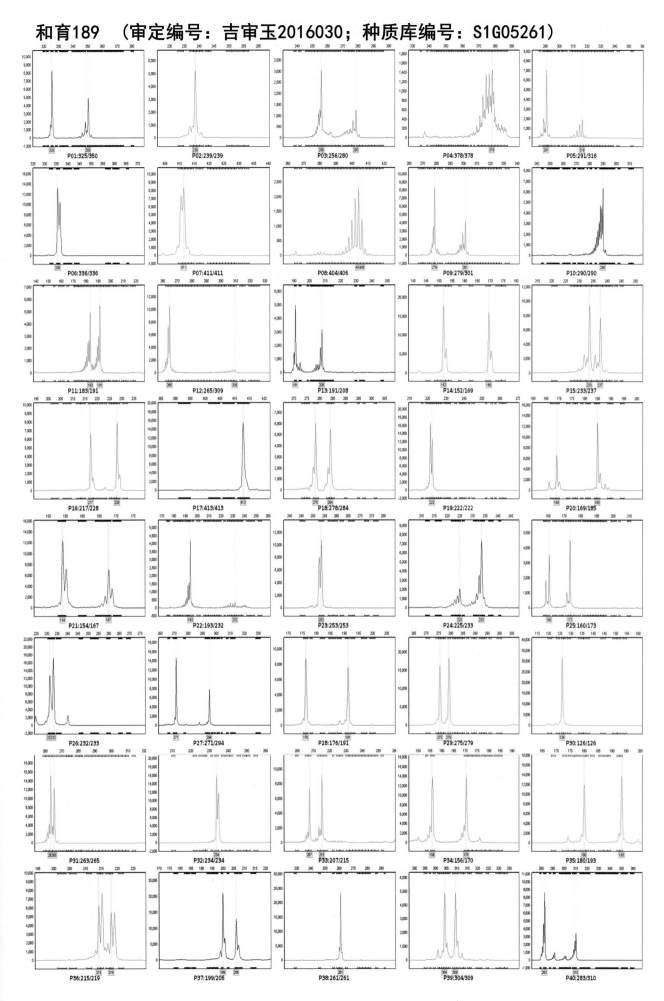

247

宏硕313 （审定编号：吉审玉2016031；种质库编号：S1G05262）

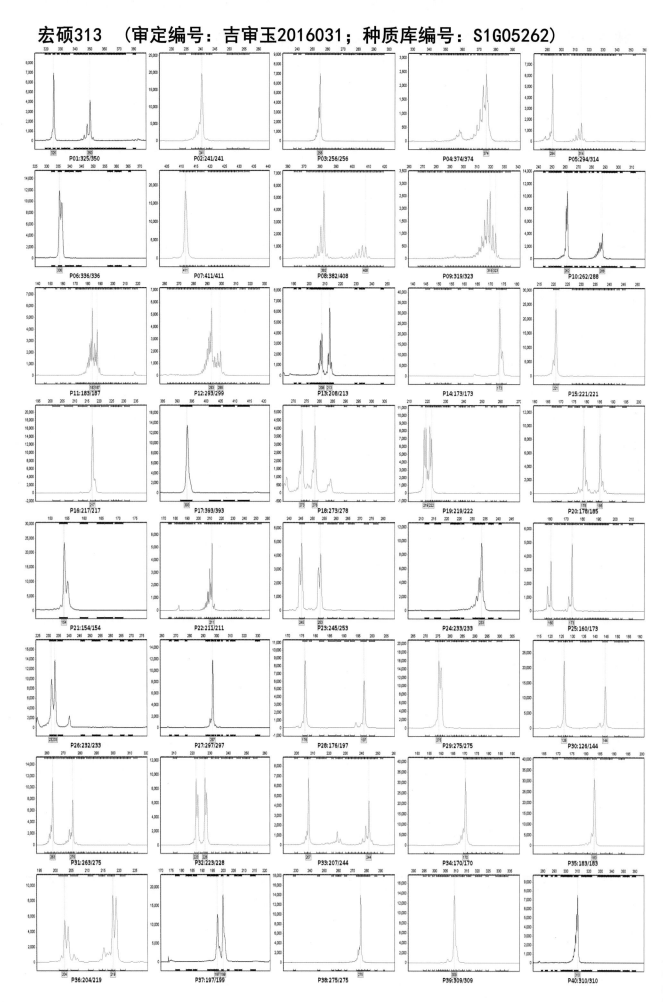

248

德禹101 （审定编号：吉审玉2016032；种质库编号：S1G05263）

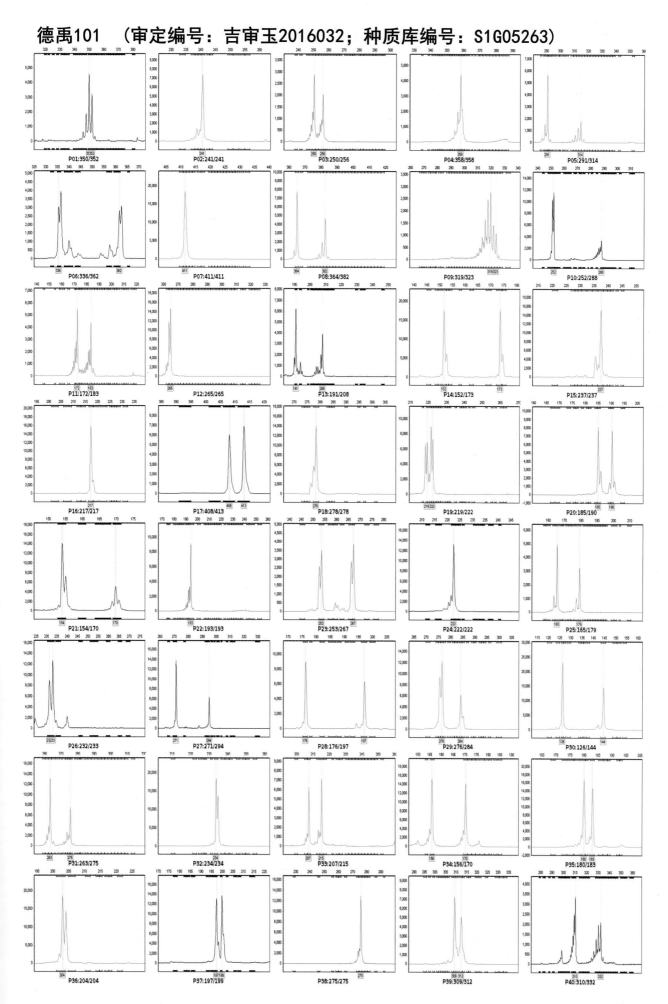

P01:350/352　P02:241/241　P03:250/256　P04:358/358　P05:291/314

P06:336/362　P07:411/411　P08:364/382　P09:319/323　P10:252/288

P11:172/183　P12:265/265　P13:191/208　P14:152/173　P15:237/237

P16:217/217　P17:408/413　P18:278/278　P19:219/222　P20:185/190

P21:154/170　P22:193/193　P23:253/267　P24:222/222　P25:165/179

P26:232/233　P27:271/294　P28:176/197　P29:276/284　P30:126/144

P31:263/275　P32:234/234　P33:207/215　P34:156/170　P35:180/183

P36:204/204　P37:197/199　P38:275/275　P39:309/312　P40:310/332

平安998 （审定编号：吉审玉2016033；种质库编号：S1G05264）

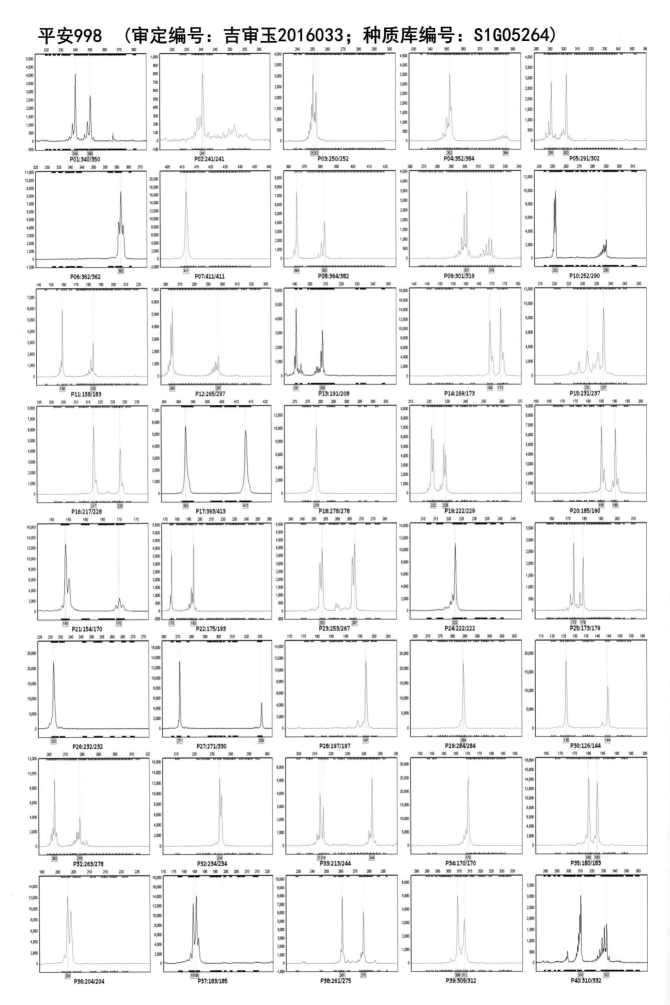

正泰3号 　（审定编号：吉审玉2016035；种质库编号：S1G05265）

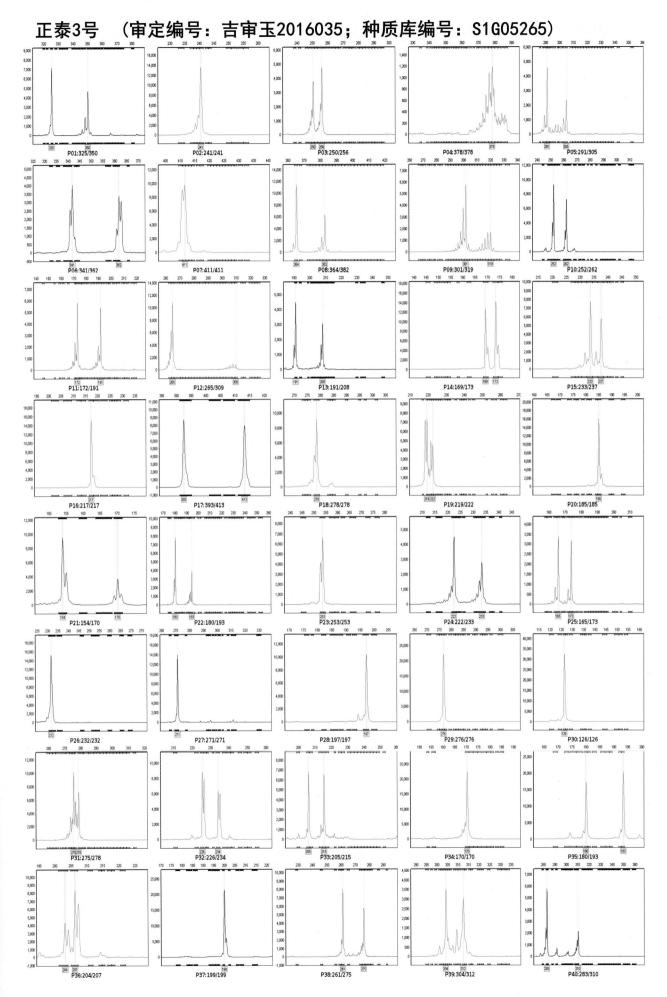

251

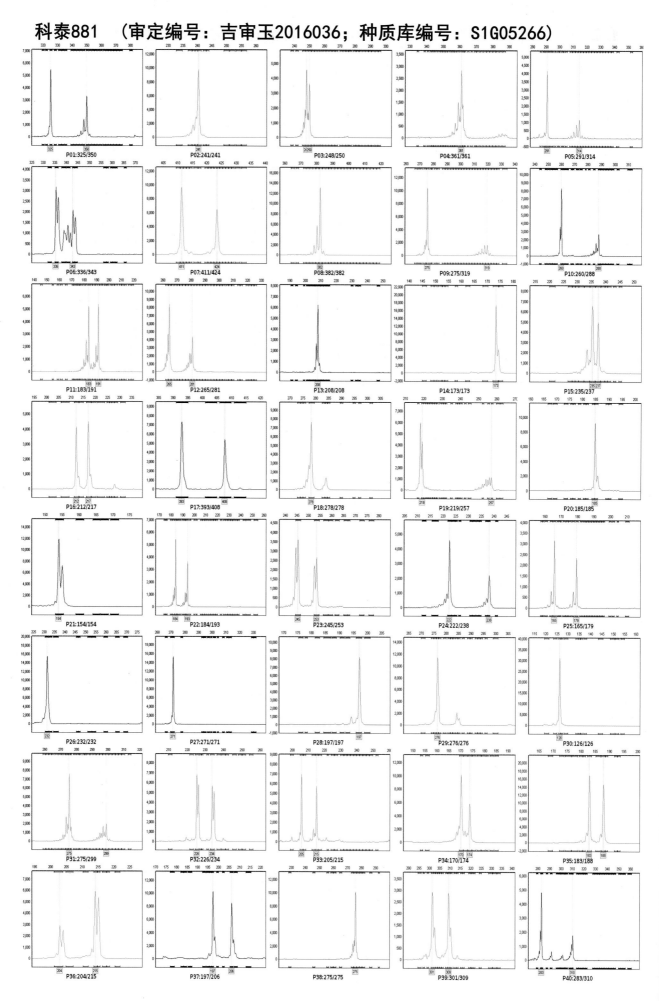

博泰737 （审定编号：吉审玉2016037；种质库编号：S1G05267）

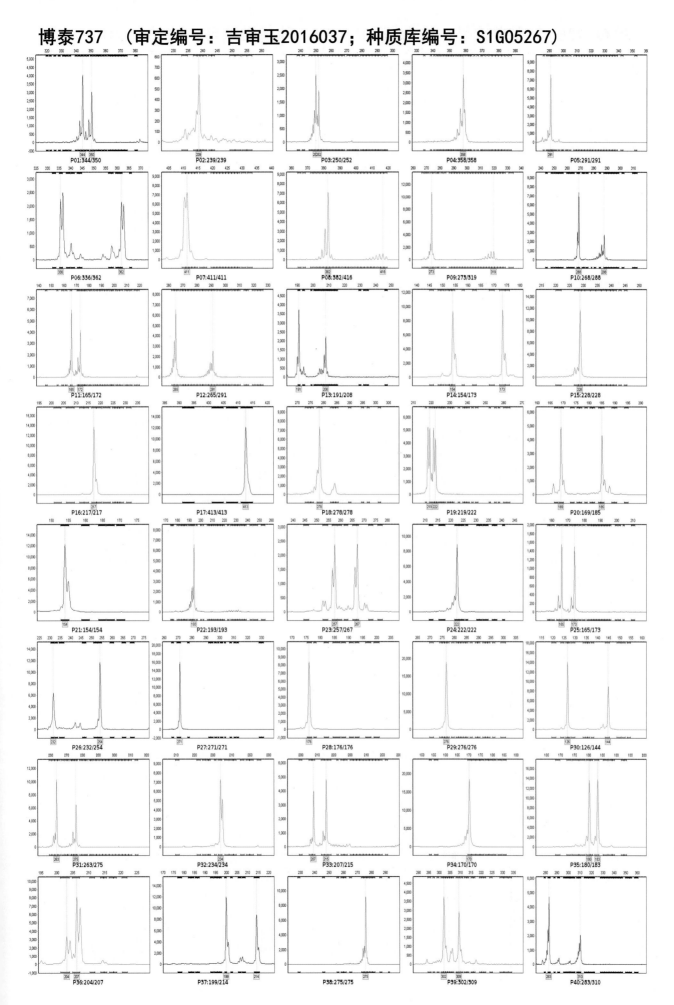

稷穄1205　（审定编号：吉审玉2016038；种质库编号：S1G05268）

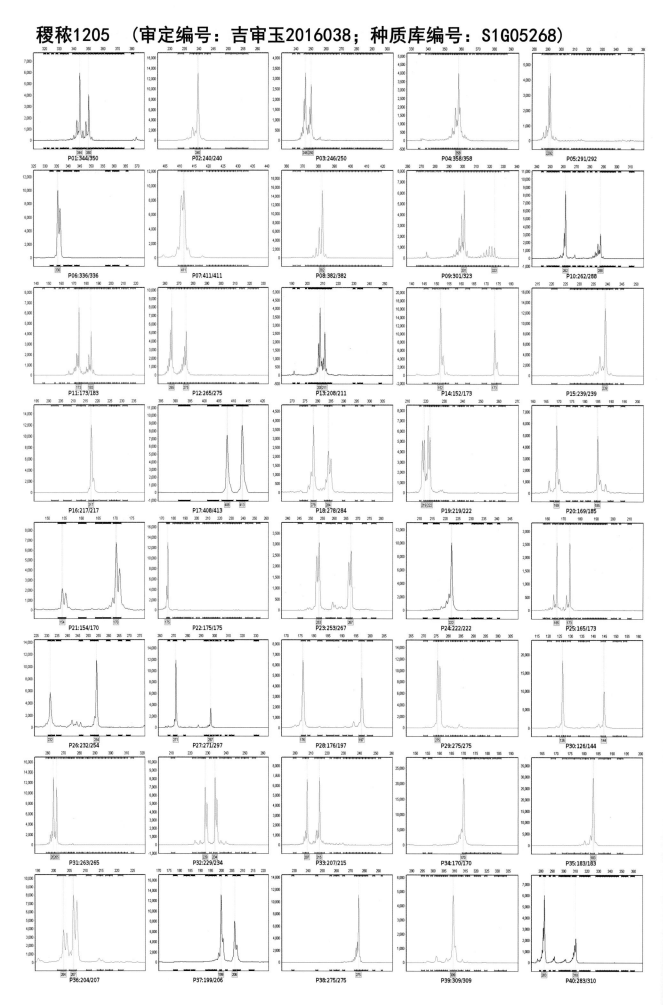

254

优迪919 （审定编号：吉审玉2016039；种质库编号：S1G04453）

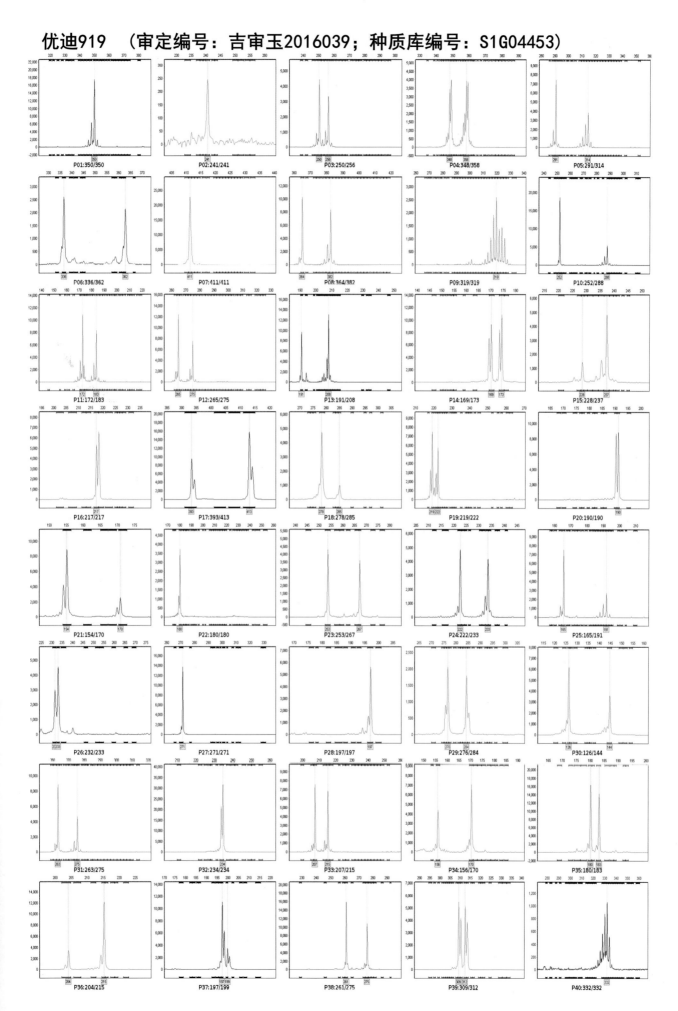

科泰928 （审定编号：吉审玉2016041；种质库编号：S1G05269）

P01:325/352　P02:252/252　P03:250/256　P04:361/386　P05:305/314
P06:336/343　P07:411/424　P08:382/382　P09:273/317　P10:260/288
P11:165/183　P12:265/293　P13:191/208　P14:154/173　P15:235/237
P16:217/217　P17:393/408　P18:278/278　P19:219/222　P20:185/185
P21:154/154　P22:193/215　P23:245/253　P24:222/238　P25:165/179
P26:232/232　P27:271/271　P28:176/197　P29:276/276　P30:126/126
P31:263/275　P32:234/234　P33:207/215　P34:170/170　P35:183/188
P36:204/207　P37:197/206　P38:275/275　P39:301/309　P40:283/332

256

吉农玉387 （审定编号：吉审玉2016043；种质库编号：S1G05270）

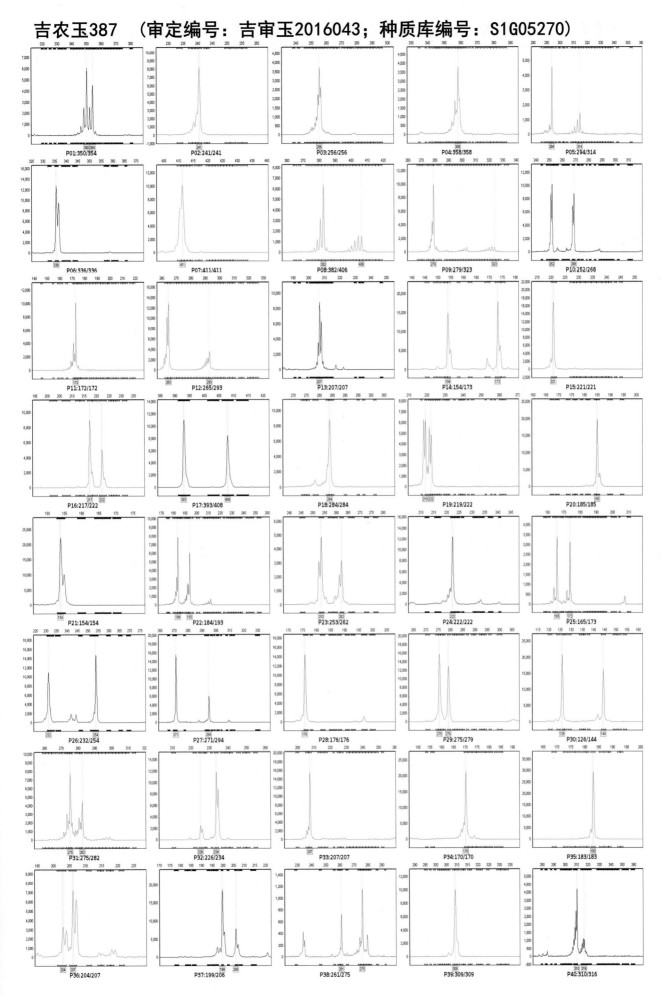

禾育9 （审定编号：吉审玉2016045；种质库编号：S1G05271）

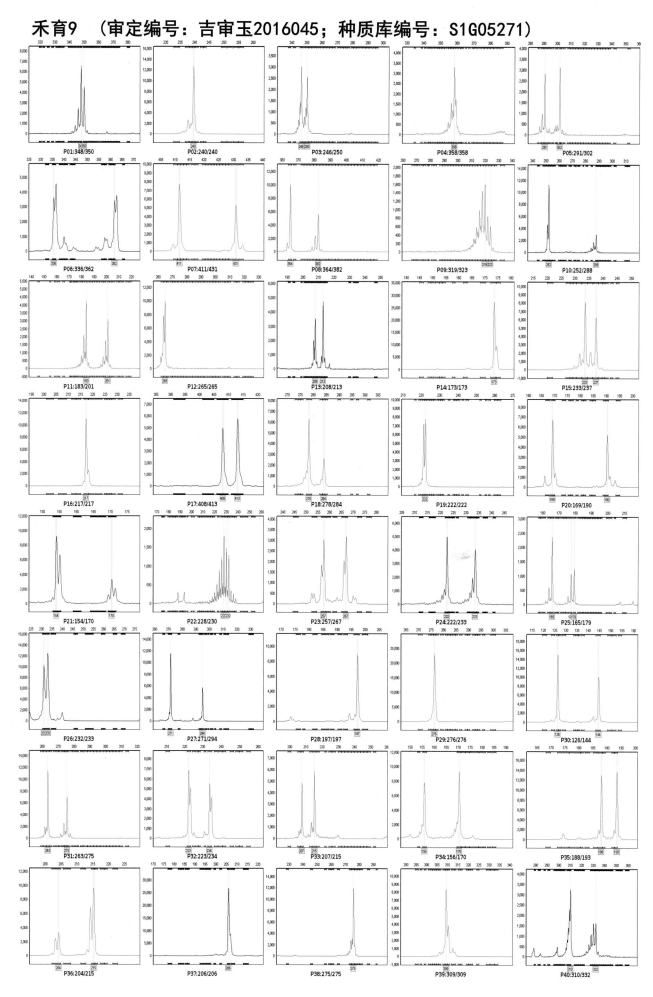

258

吉农大778 　（审定编号：吉审玉2016046；种质库编号：S1G05272）

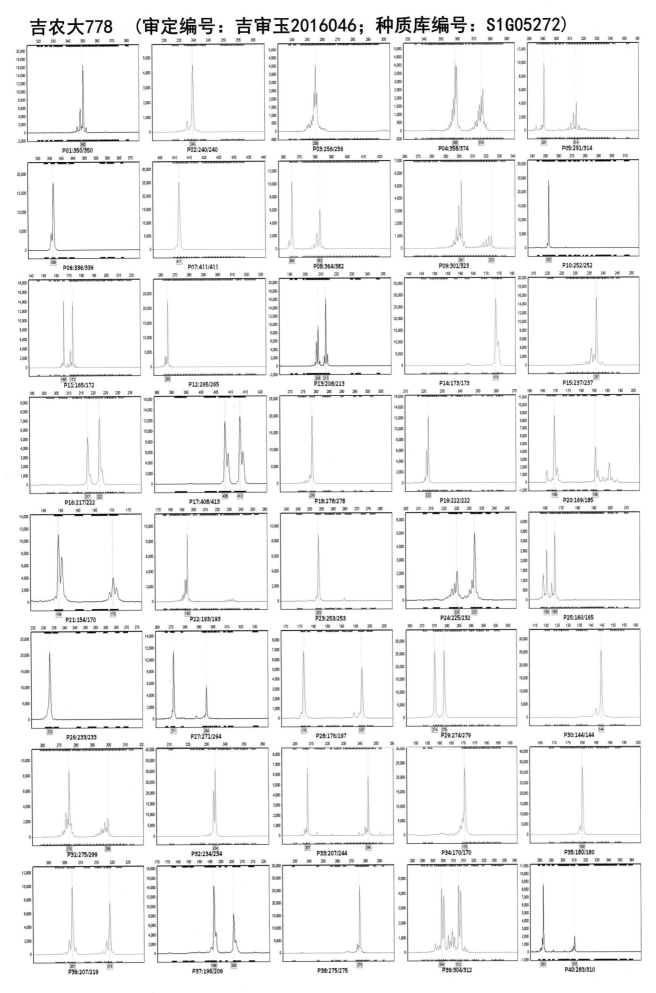

259

天龙华玉117 （审定编号：吉审玉2016047；种质库编号：S1G05273）

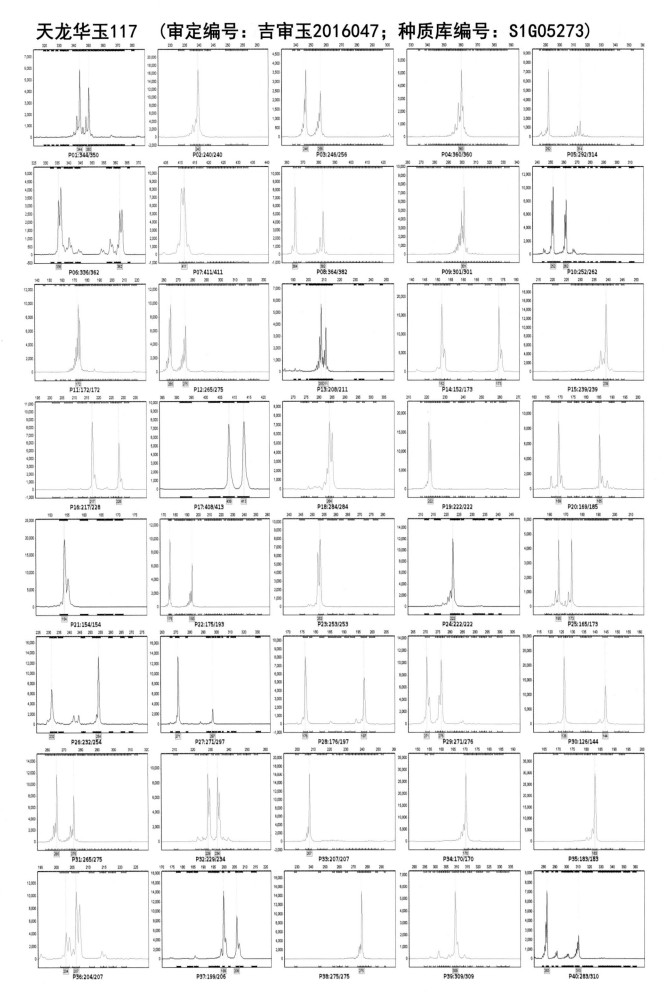

260

金庆8 （审定编号：吉审玉2016048；种质库编号：S1G05274）

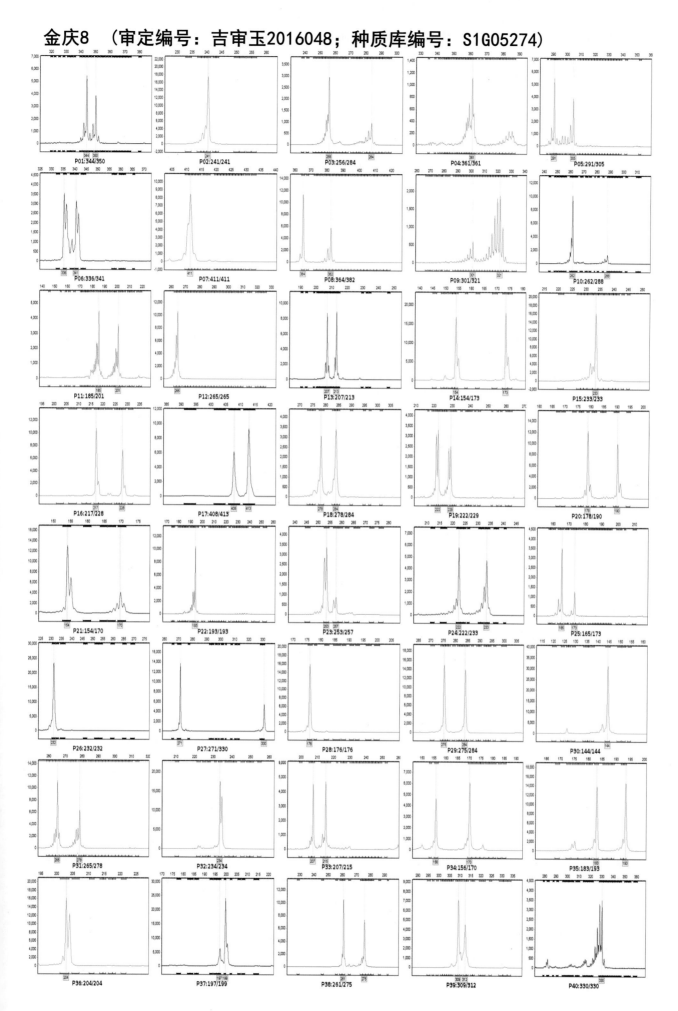

P01:344/350　P02:252/252　P03:256/256　P04:358/386　P05:291/305
P06:336/362　P07:411/411　P08:364/384　P09:273/323　P10:268/292
P11:165/183　P12:265/265　P13:191/208　P14:154/173　P15:237/237
P16:217/217　P17:408/413　P18:284/284　P19:219/222　P20:169/185
P21:154/170　P22:193/215　P23:253/267　P24:222/222　P25:173/179
P26:232/254　P27:271/271　P28:176/197　P29:275/275　P30:126/144
P31:263/275　P32:234/234　P33:207/215　P34:156/170　P35:183/193
P36:204/207　P37:197/199　P38:261/275　P39:309/309　P40:299/310

美联6500　（审定编号：吉审玉2016050；种质库编号：S1G05276）

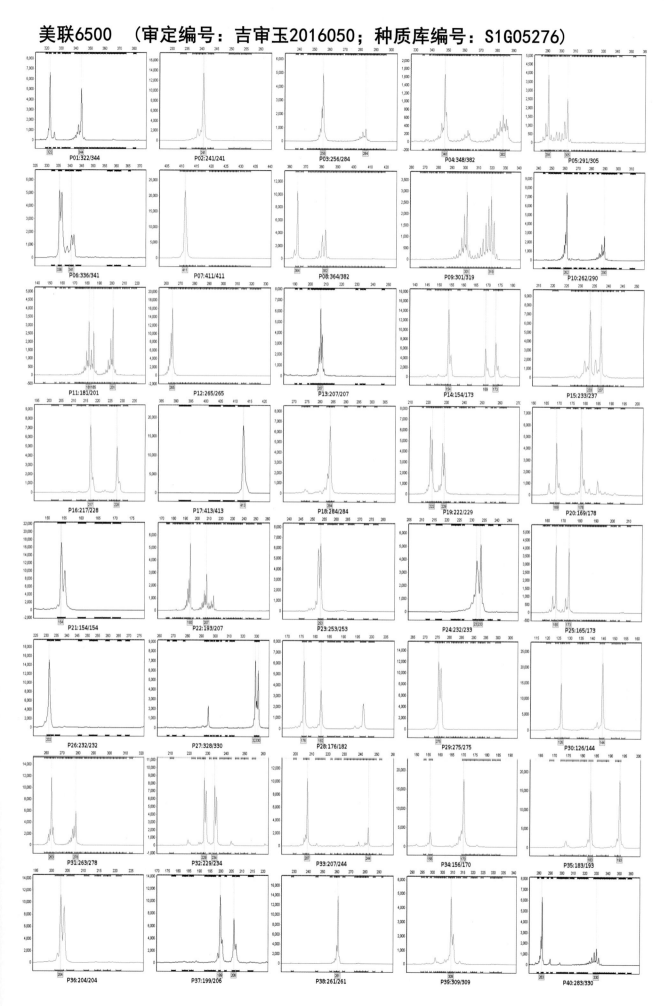

P01:344/350 P02:241/241 P03:256/256 P04:358/358 P05:291/336
P06:336/362 P07:411/411 P08:382/404 P09:273/323 P10:268/288
P11:183/197 P12:265/293 P13:202/208 P14:154/173 P15:221/237
P16:217/228 P17:408/413 P18:278/284 P19:219/222 P20:185/185
P21:154/154 P22:193/232 P23:262/267 P24:222/238 P25:165/173
P26:232/246 P27:271/294 P28:176/197 P29:275/279 P30:126/144
P31:275/282 P32:234/234 P33:207/215 P34:170/170 P35:183/188
P36:204/215 P37:197/206 P38:261/275 P39:309/312 P40:310/316

宏途757 （审定编号：吉审玉2016052；种质库编号：S1G05278）

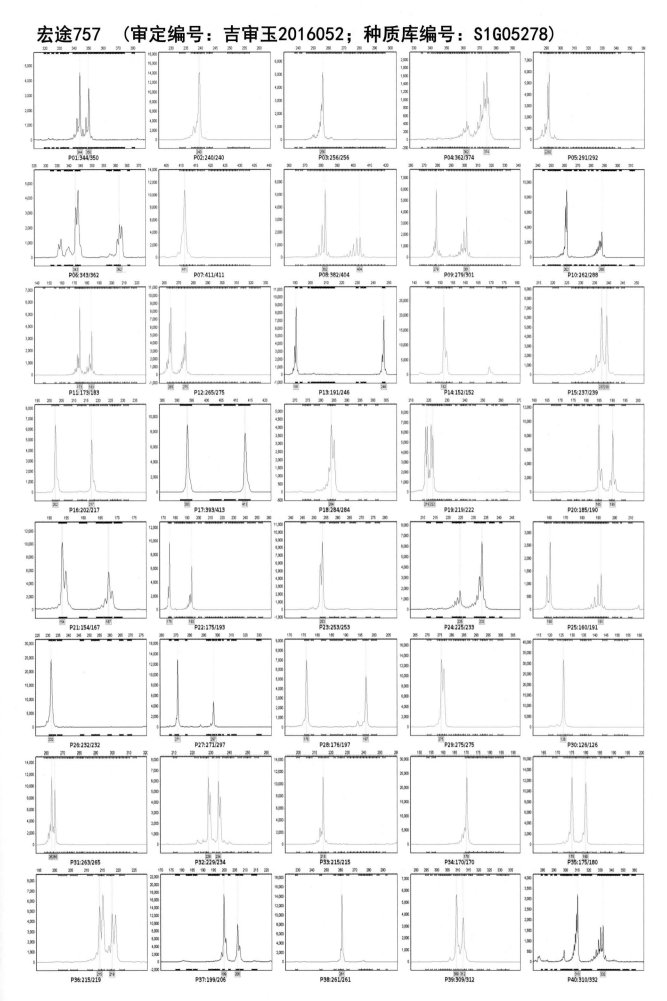

265

先玉1225 （审定编号：吉审玉2016053；种质库编号：S1G04817）

P01:350/354　P02:240/240　P03:250/286　P04:358/358　P05:291/302

P06:336/341　P07:410/431　P08:364/382　P09:279/301　P10:252/290

P11:185/201　P12:265/315　P13:191/208　P14:150/173　P15:233/237

P16:217/228　P17:393/413　P18:278/278　P19:222/222　P20:178/190

P21:154/170　P22:175/217　P23:253/267　P24:222/233　P25:165/165

P26:232/232　P27:271/330　P28:197/197　P29:275/275　P30:126/144

P31:263/275　P32:234/234　P33:207/215　P34:156/170　P35:180/188

P36:204/219　P37:185/197　P38:275/275　P39:312/312　P40:310/332

266

吉龙2号 （审定编号：吉审玉2016055；种质库编号：S1G04333）

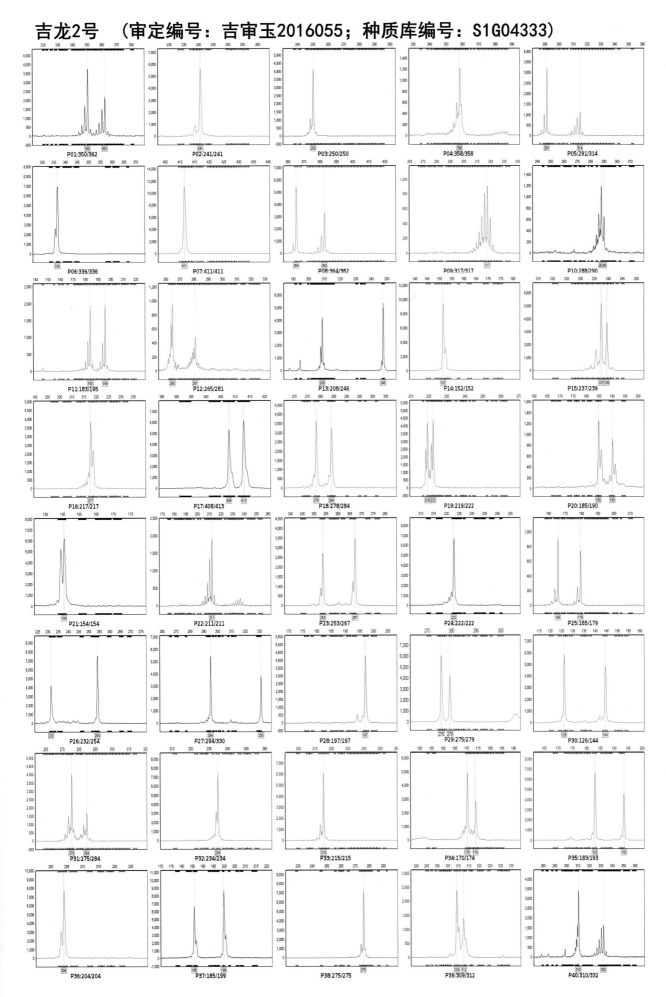

翔玉211 （审定编号：吉审玉2016056；种质库编号：S1G05279）

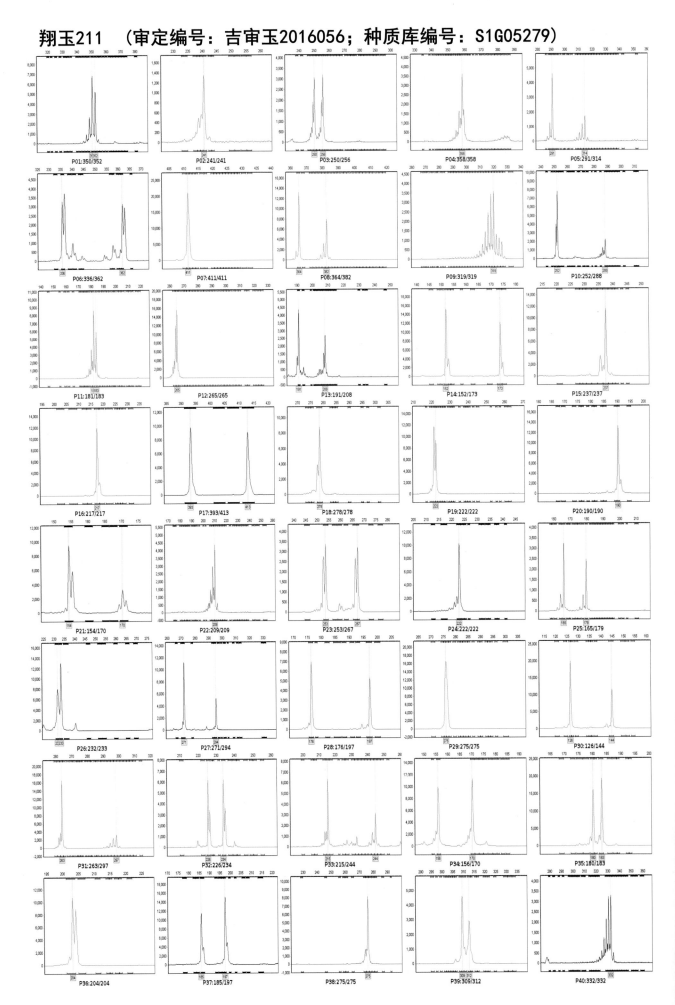

宏强717 （审定编号：吉审玉2016057；种质库编号：S1G05280）

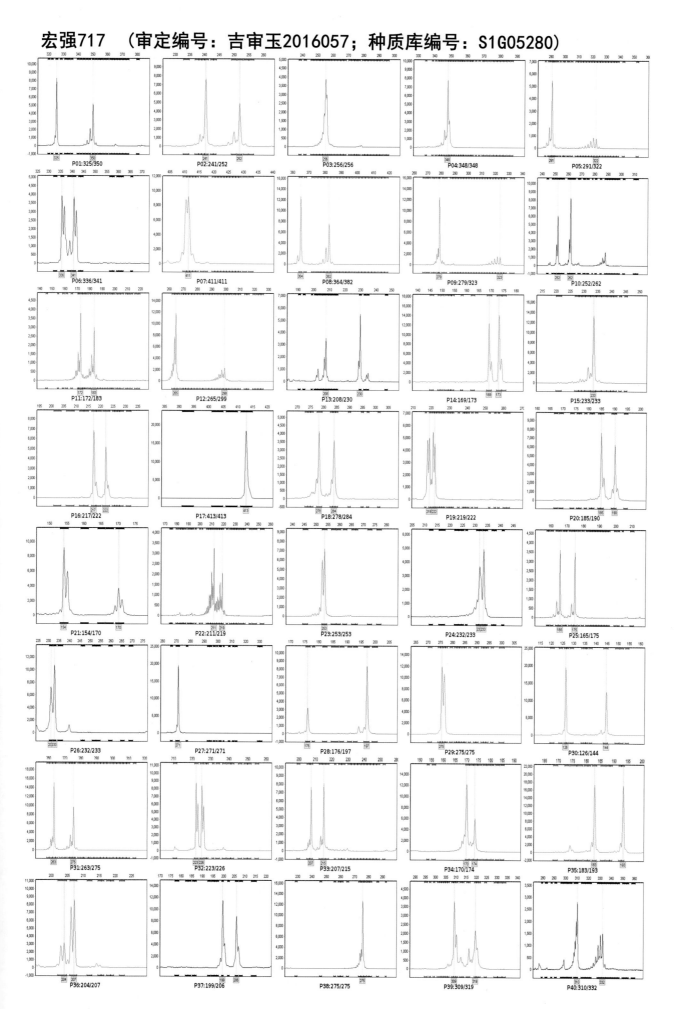

269

宏兴528　（审定编号：吉审玉2016058；种质库编号：S1G05281）

P01:350/350　P02:241/241　P03:250/252　P04:358/358　P05:291/302
P06:362/362　P07:411/411　P08:364/382　P09:301/319　P10:252/288
P11:158/183　P12:265/297　P13:191/213　P14:169/173　P15:237/237
P16:217/228　P17:393/413　P18:278/278　P19:222/229　P20:185/190
P21:154/170　P22:193/193　P23:253/267　P24:222/222　P25:165/179
P26:232/232　P27:271/330　P28:197/197　P29:276/284　P30:126/144
P31:263/278　P32:234/234　P33:215/244　P34:170/170　P35:183/193
P36:204/204　P37:185/206　P38:261/275　P39:309/309　P40:310/332

金梁199 （审定编号：吉审玉2016059；种质库编号：S1G05282）

P01:350/352 P02:240/240 P03:246/246 P04:357/357 P05:291/292
P06:336/361 P07:411/431 P08:364/408 P09:289/301 P10:262/262
P11:158/183 P12:265/275 P13:208/230 P14:152/169 P15:233/237
P16:217/228 P17:393/413 P18:278/278 P19:222/222 P20:175/185
P21:154/170 P22:175/184 P23:257/267 P24:233/233 P25:165/173
P26:232/254 P27:271/330 P28:176/197 P29:284/294 P30:126/144
P31:263/278 P32:226/226 P33:215/244 P34:170/170 P35:180/188
P36:207/215 P37:185/196 P38:261/261 P39:304/309 P40:310/332

271

亨达366 （审定编号：吉审玉2016060；种质库编号：S1G05283）

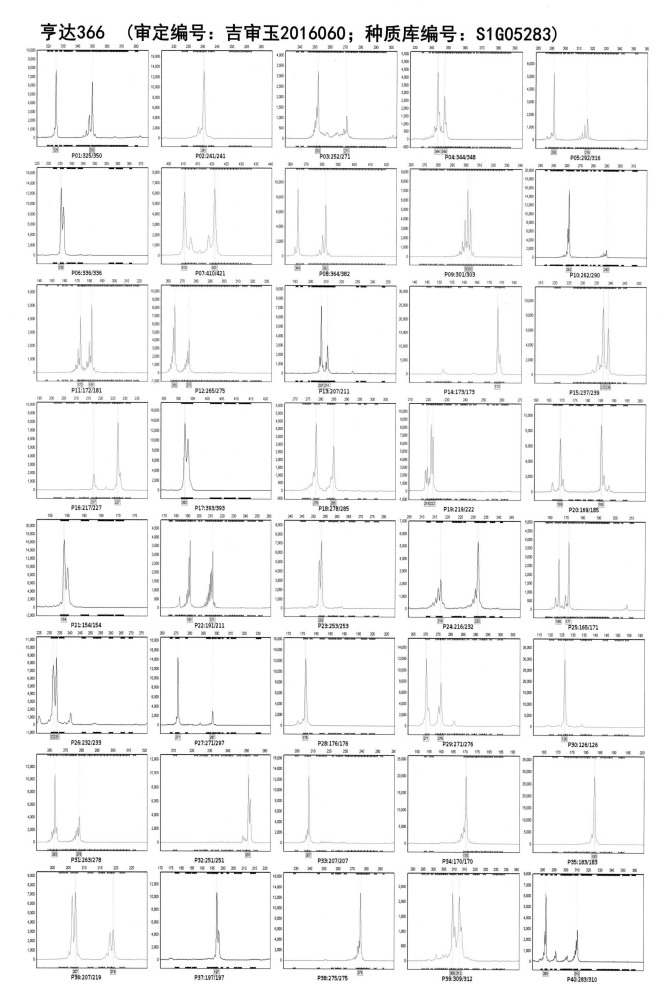

豫禾358 （审定编号：吉审玉2016061；种质库编号：S1G05284）

P01:350/350 P02:240/240 P03:250/252 P04:358/386 P05:291/302
P06:362/362 P07:411/411 P08:364/404 P09:301/319 P10:252/288
P11:158/165 P12:265/297 P13:208/208 P14:169/173 P15:237/237
P16:217/228 P17:393/413 P18:278/278 P19:222/229 P20:185/190
P21:154/170 P22:193/193 P23:257/267 P24:222/233 P25:165/165
P26:232/232 P27:271/330 P28:176/197 P29:279/284 P30:126/144
P31:275/278 P32:234/234 P33:207/244 P34:170/170 P35:183/188
P36:204/204 P37:185/206 P38:261/275 P39:309/312 P40:310/332

273

奥邦A6　（审定编号：吉审玉2016062；种质库编号：S1G05285）

P01:350/362　P02:240/240　P03:250/252　P04:358/358　P05:291/302

P06:336/361　P07:411/411　P08:364/382　P09:301/319　P10:252/290

P11:158/195　P12:265/281　P13:208/246　P14:152/169　P15:237/239

P16:217/228　P17:408/413　P18:278/284　P19:222/229　P20:185/190

P21:154/154　P22:193/211　P23:253/267　P24:222/233　P25:165/165

P26:232/254　P27:330/330　P28:197/197　P29:279/284　P30:126/144

P31:278/284　P32:234/234　P33:215/244　P34:170/174　P35:188/193

P36:204/204　P37:185/199　P38:275/275　P39:309/312　P40:310/332

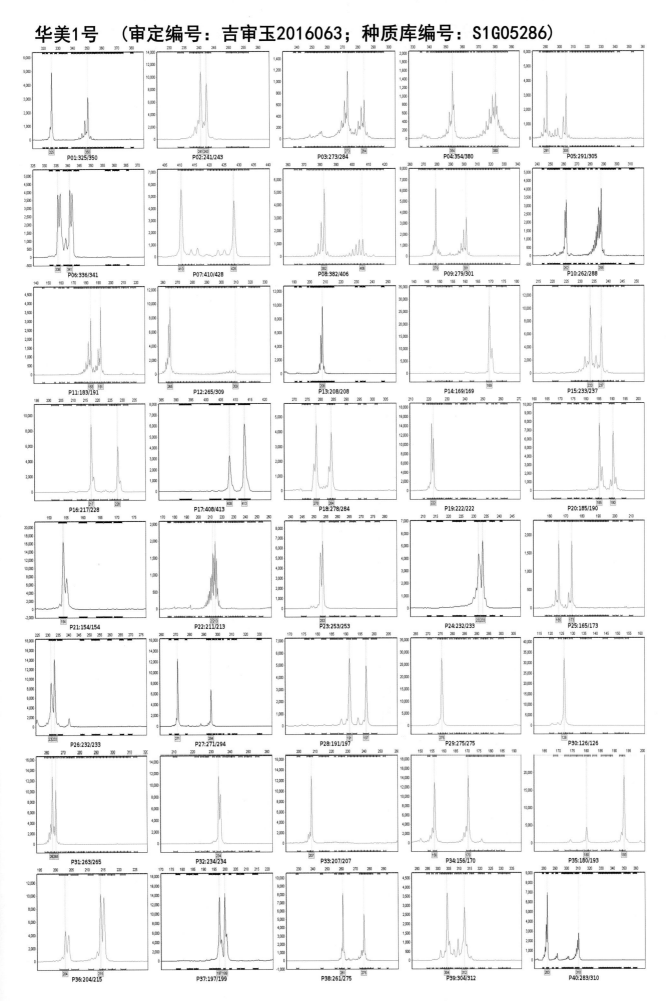

P01:325/350　P02:241/243　P03:273/284　P04:354/380　P05:291/305
P06:336/341　P07:410/428　P08:382/406　P09:279/301　P10:262/288
P11:183/191　P12:265/309　P13:208/208　P14:169/169　P15:233/237
P16:217/228　P17:408/413　P18:278/284　P19:222/222　P20:185/190
P21:154/154　P22:211/213　P23:253/253　P24:232/233　P25:165/173
P26:232/233　P27:271/294　P28:191/197　P29:275/275　P30:126/126
P31:263/265　P32:234/234　P33:207/207　P34:156/170　P35:180/193
P36:204/215　P37:197/199　P38:261/275　P39:304/312　P40:283/310

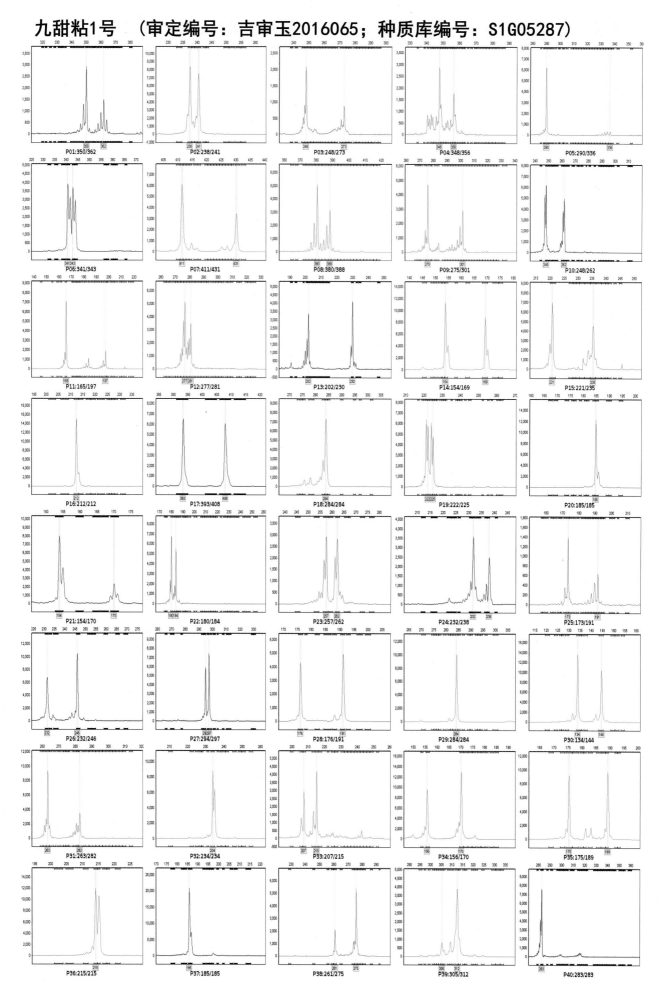

春糯9 （审定编号：吉审玉2016066；种质库编号：S1G05288）

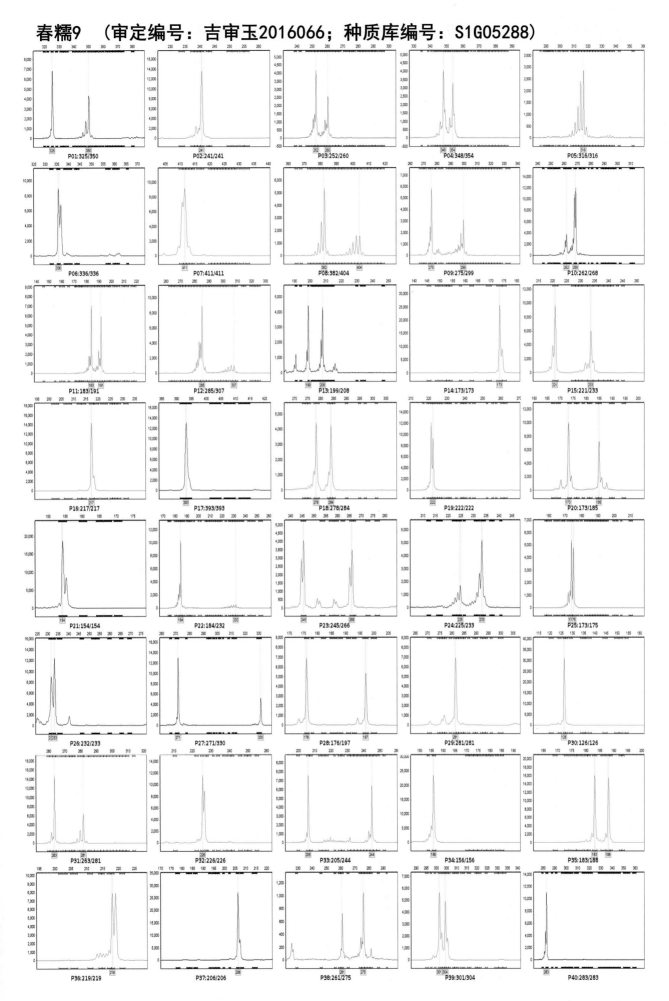

P01:325/350　P02:241/241　P03:252/260　P04:348/354　P05:316/316

P06:336/336　P07:411/411　P08:382/404　P09:275/299　P10:262/268

P11:183/191　P12:285/307　P13:199/208　P14:173/173　P15:221/233

P16:217/217　P17:393/393　P18:278/284　P19:222/222　P20:173/185

P21:154/154　P22:184/232　P23:245/266　P24:225/233　P25:173/175

P26:232/233　P27:271/330　P28:176/197　P29:281/281　P30:126/126

P31:263/281　P32:226/226　P33:205/244　P34:156/156　P35:183/188

P36:219/219　P37:206/206　P38:261/275　P39:301/304　P40:283/283

龙垦糯1号 （审定编号：吉审玉2016067；种质库编号：S1G05289）

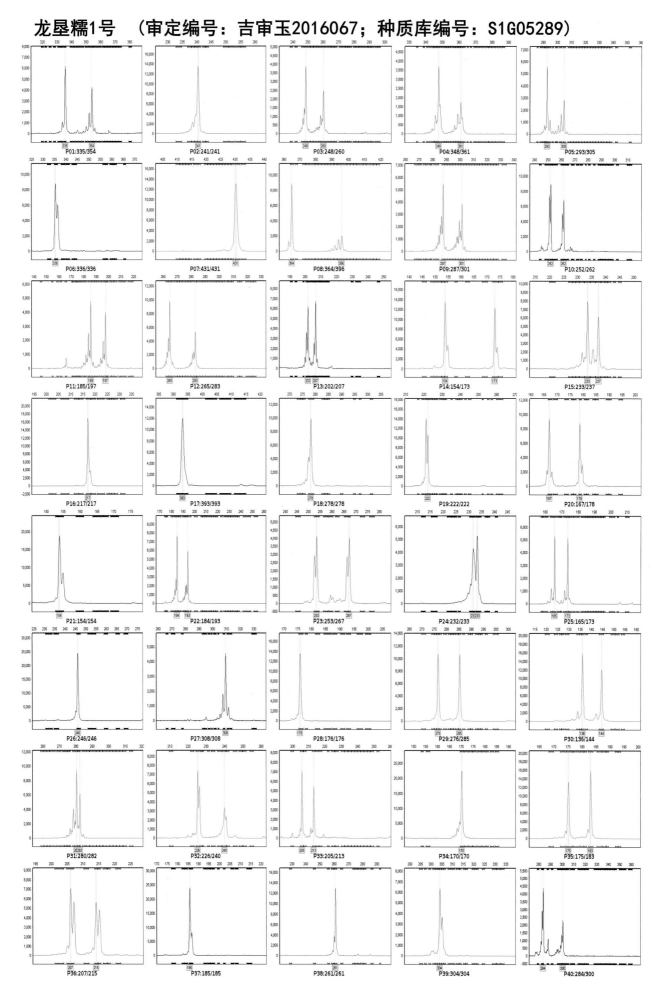

278

金珠58　（审定编号：吉审玉20170009；种质库编号：S1G05697）

P01:325/325　P02:241/241　P03:256/271　P04:348/348　P05:291/316

P06:341/341　P07:411/411　P08:364/380　P09:279/319　P10:268/290

P11:165/172　P12:265/281　P13:208/213　P14:173/173　P15:229/233

P16:217/217　P17:393/413　P18:278/278　P19:219/219　P20:178/185

P21:154/154　P22:185/191　P23:253/253　P24:233/233　P25:165/165

P26:233/246　P27:297/301　P28:191/191　P29:276/276　P30:126/144

P31:285/299　P32:223/251　P33:205/205　P34:156/170　P35:183/183

P36:204/219　P37:197/206　P38:261/261　P39:309/309　P40:283/310

天龙华玉669 （审定编号：吉审玉20170025；种质库编号：S1G05698）

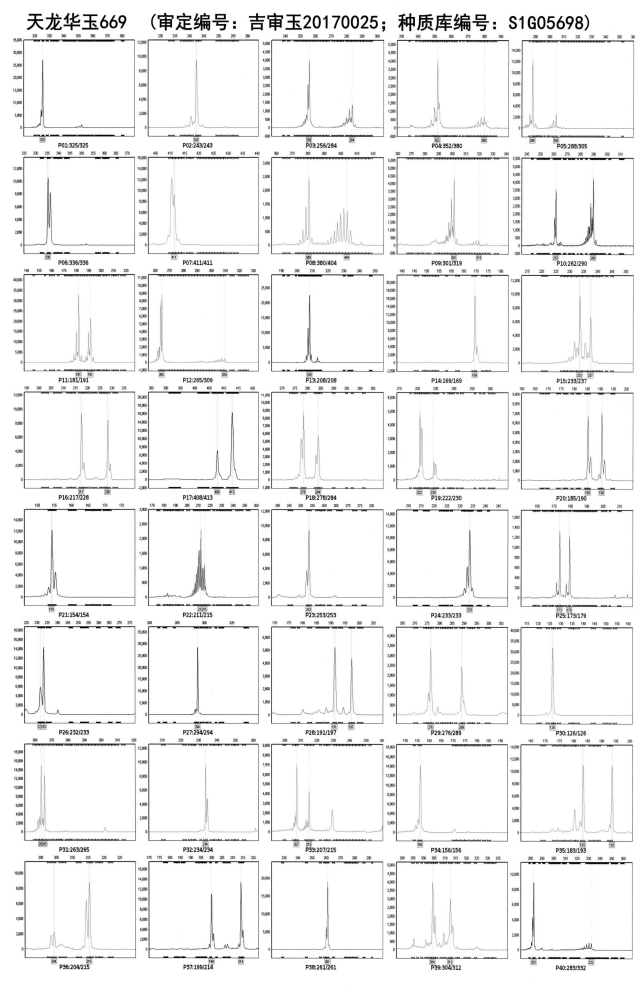

280

福源1号 （审定编号：吉审玉20170035；种质库编号：S1G05699）

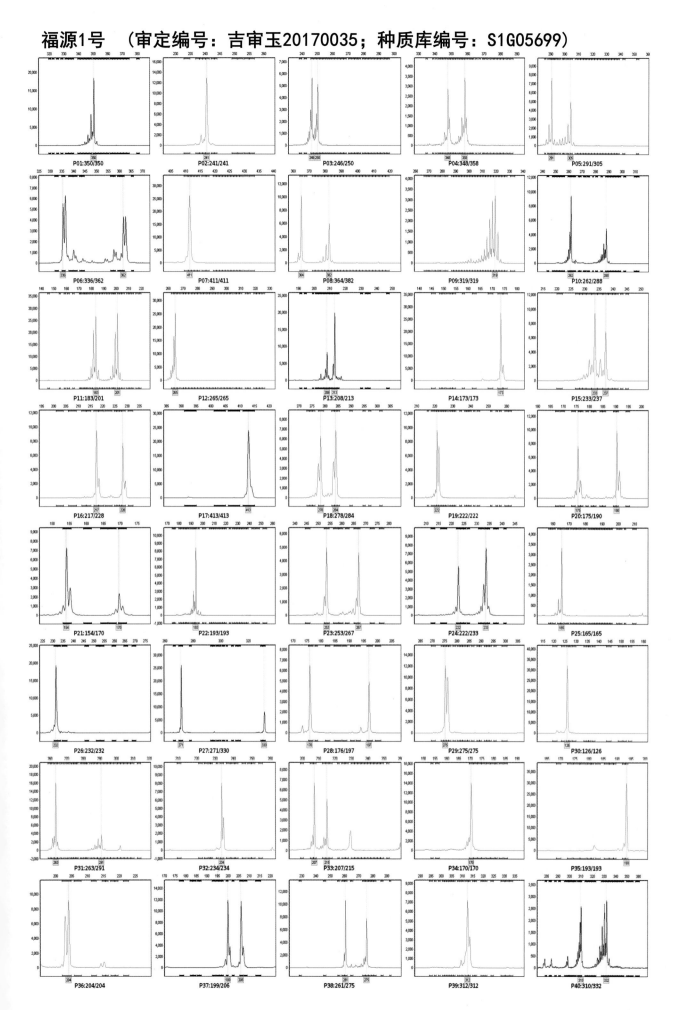

吉甜15 （审定编号：吉审玉20170055；种质库编号：S1G05700）

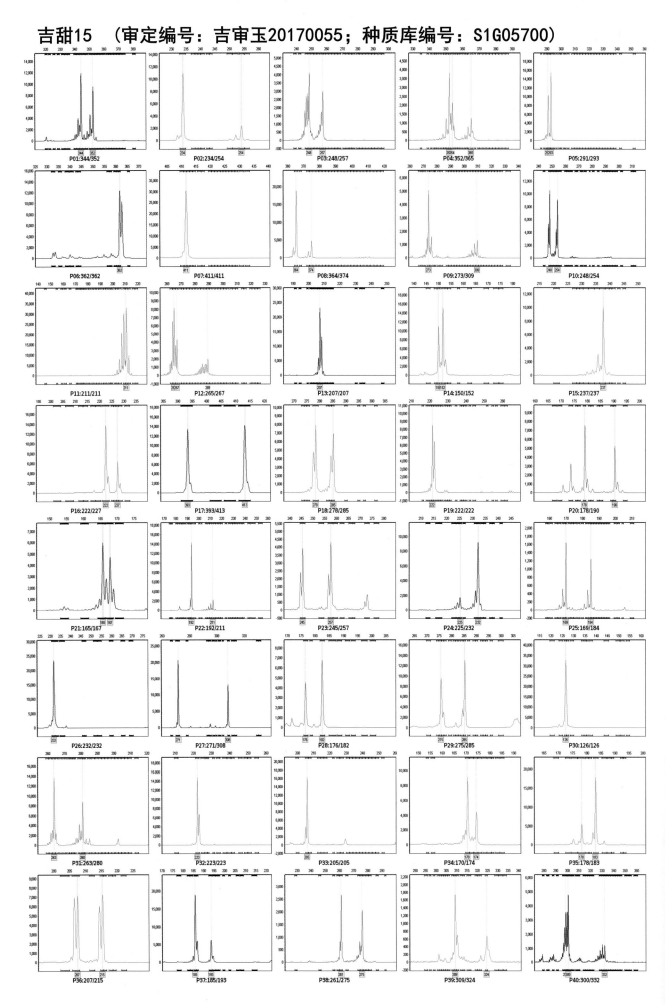

282

吉农糯111 （审定编号：吉审玉20170056；种质库编号：S1G05701）

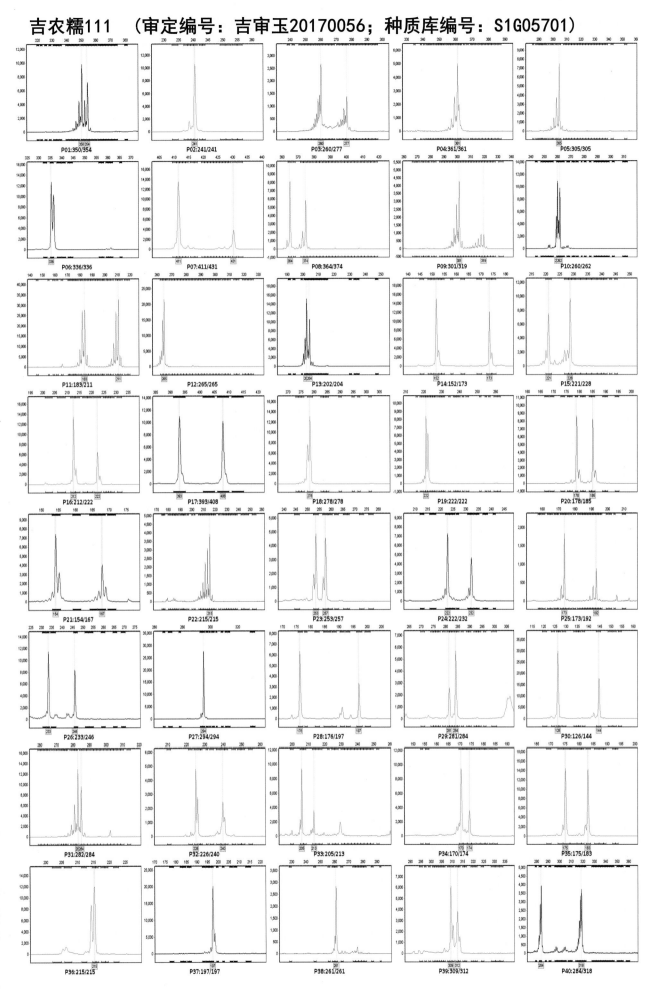

吉糯13　（审定编号：吉审玉20170058；种质库编号：S1G05702）

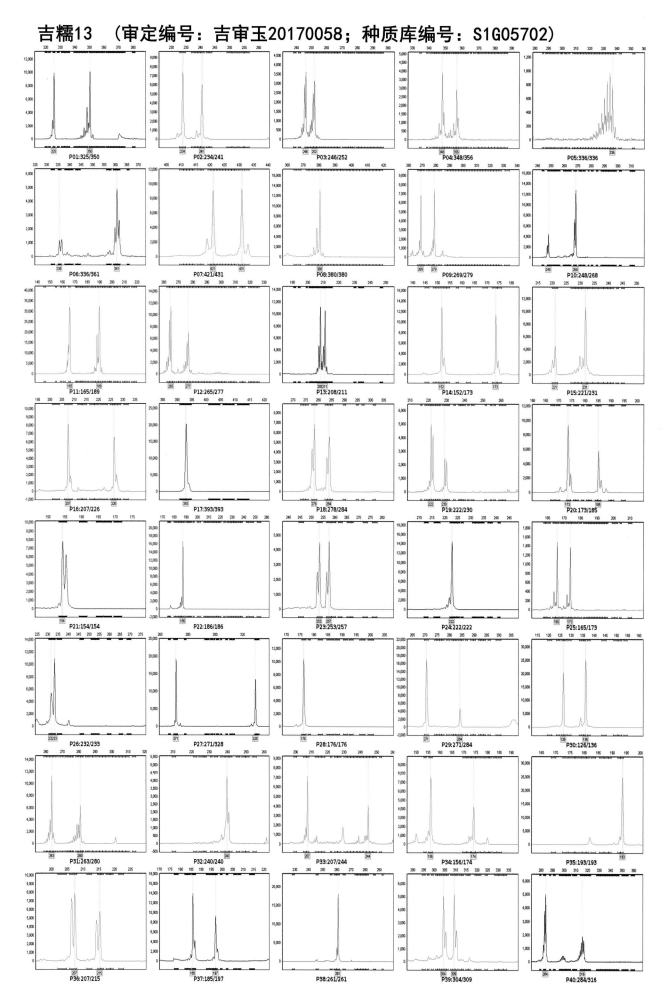

284

绿糯9 （审定编号：吉审玉20170059；种质库编号：S1G05703）

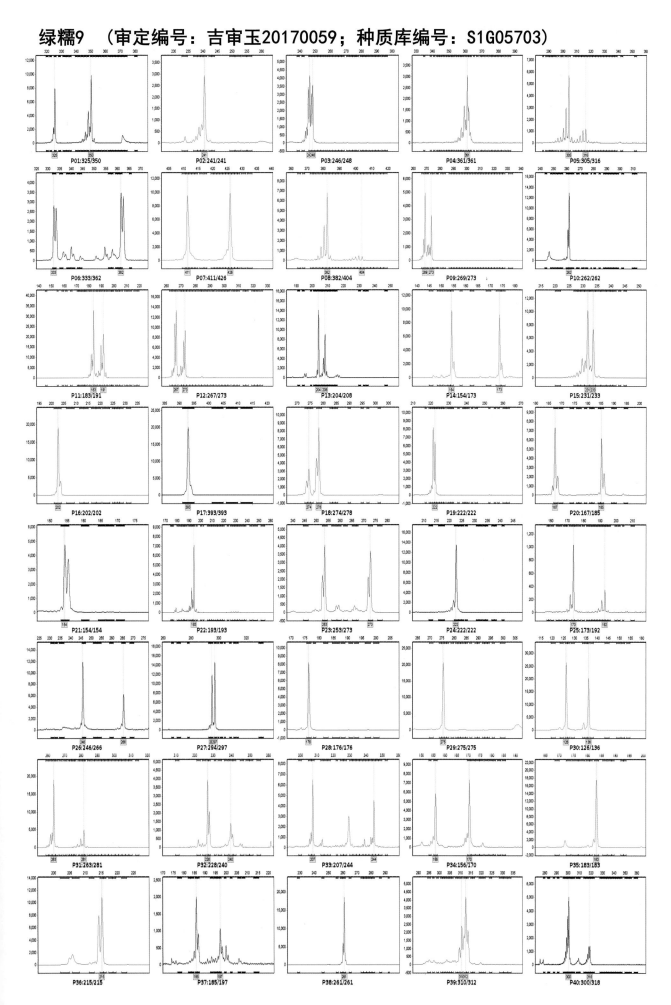

吉农糯16号 （审定编号：吉审玉20170060；种质库编号：S1G05704）

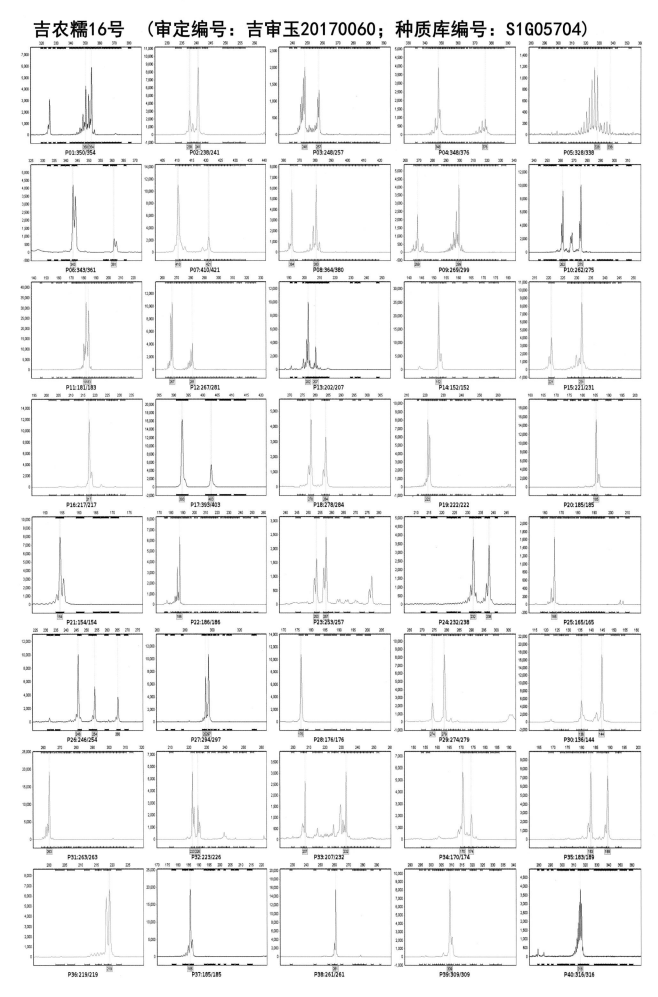

吉农糯24号 （审定编号：吉审玉20170061；种质库编号：S1G05705）

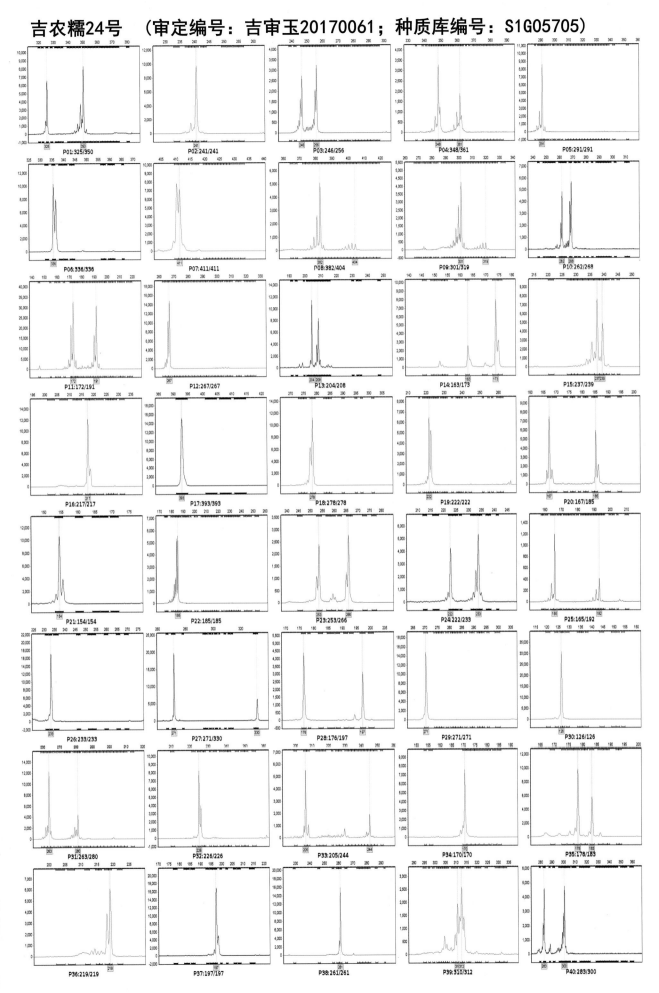

吉农大糯603 （审定编号：吉审玉20170062；种质库编号：S1G05706）

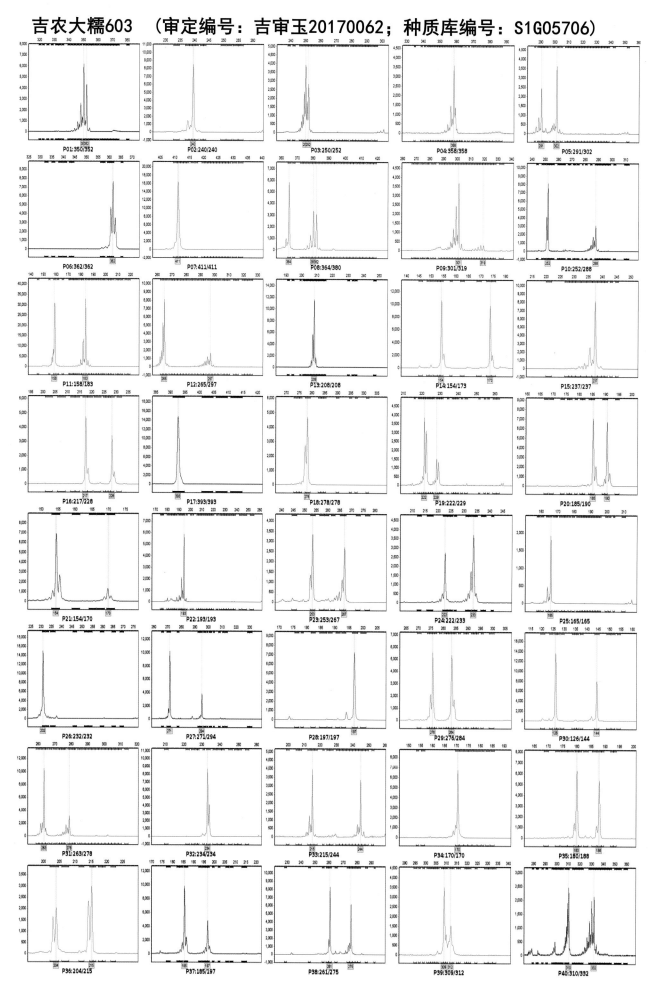

绿糯6 （审定编号：吉审玉20170063；种质库编号：S1G05707）

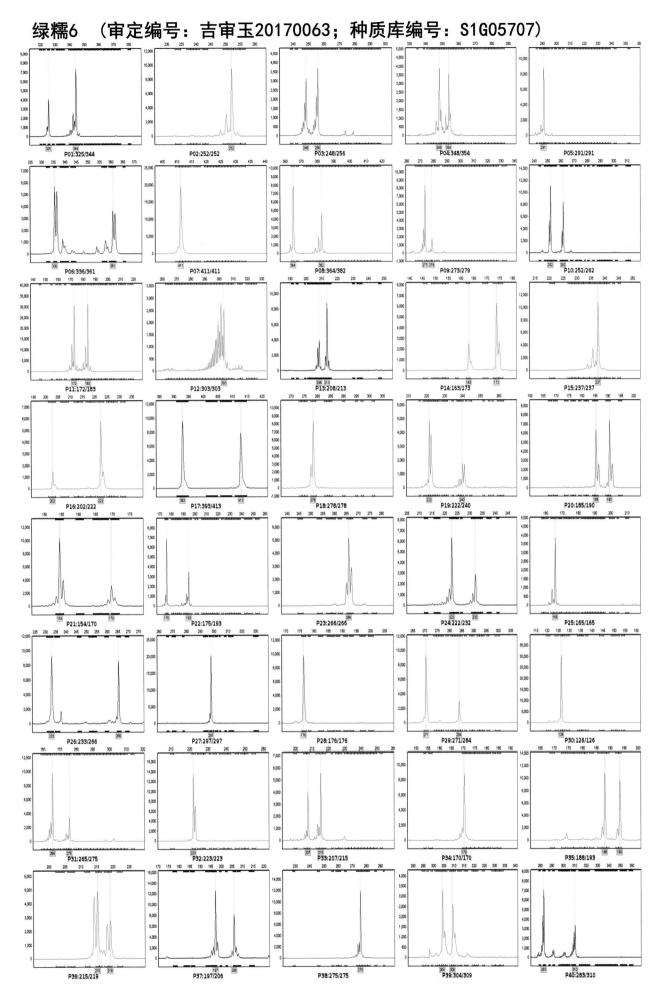

富民985　（审定编号：吉审玉20176001；种质库编号：S1G05708）

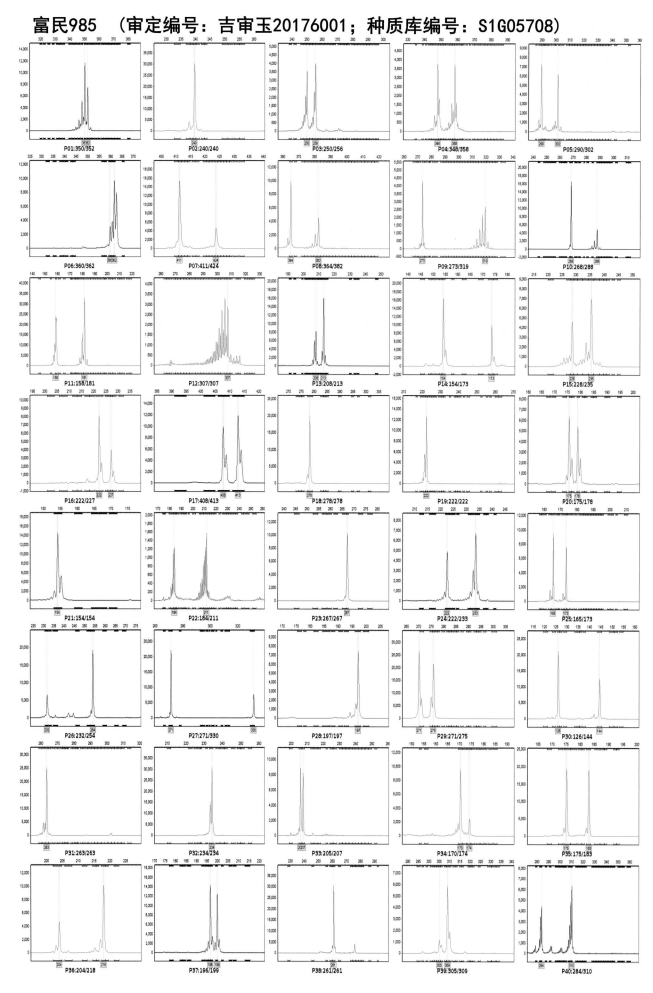

吉单96 （审定编号：吉审玉20176002；种质库编号：S1G05709）

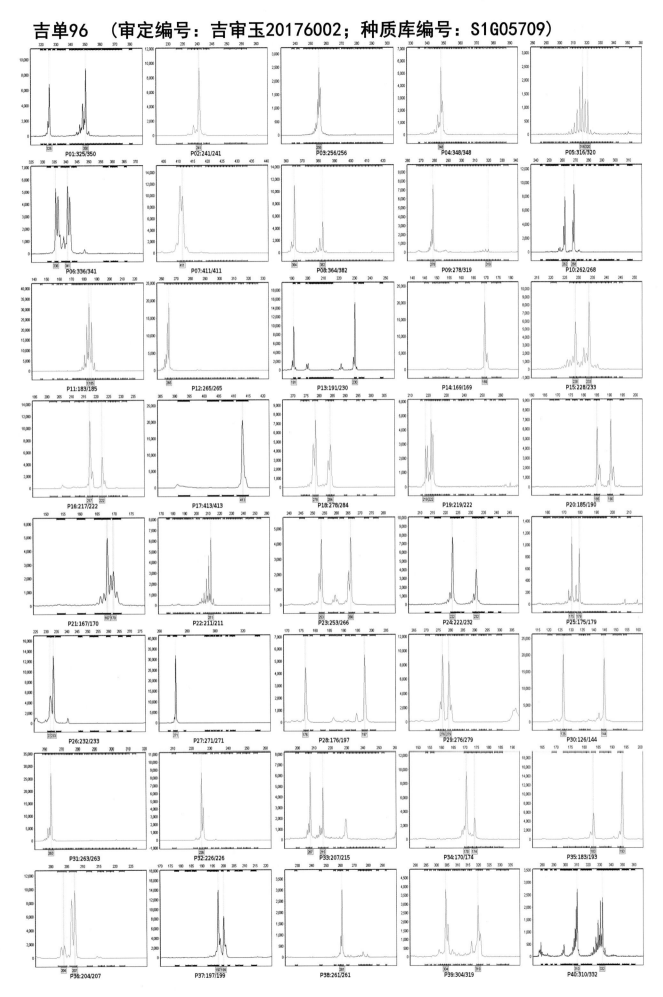

P01:325/350　P02:241/241　P03:256/256　P04:348/348　P05:316/320
P06:336/341　P07:411/411　P08:364/382　P09:278/319　P10:262/268
P11:183/185　P12:265/265　P13:191/230　P14:169/169　P15:228/233
P16:217/222　P17:413/413　P18:278/284　P19:219/222　P20:185/190
P21:167/170　P22:211/211　P23:253/266　P24:222/232　P25:175/179
P26:232/233　P27:271/271　P28:176/197　P29:276/279　P30:126/144
P31:263/263　P32:226/226　P33:207/215　P34:170/174　P35:183/193
P36:204/207　P37:197/199　P38:261/261　P39:304/319　P40:310/332

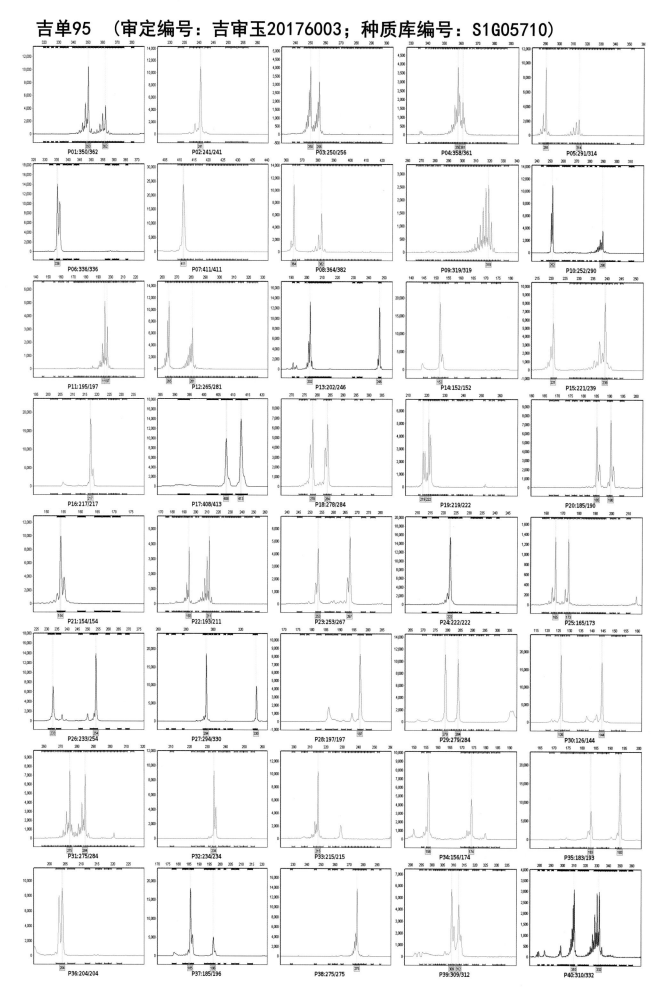

第二部分 品种审定公告

赤早 5

审定编号：吉审玉 2010001

引入单位：白山市种子管理站

品种来源：K10×87 黄 12

特征特性：种子黄色，马齿型，百粒重 36.5 克。幼苗绿色，叶鞘紫色，叶缘紫色。株高 286 厘米，穗位 104 厘米，株型平展，叶片平展，成株叶片 18～19 片，花药黄色，花丝黄色。果穗长筒型，穗长 20.7 厘米，穗行数 16 行，穗轴红色，单穗粒重 229.8 克，秃尖 1.0 厘米。籽粒黄色，半马齿型，百粒重 38.1 克。籽粒含粗蛋白质 9.01%，粗脂肪 4.48%，粗淀粉 75.39%，赖氨酸 0.28%，容重 748 克/升。人工接种抗病（虫）害鉴定，中抗丝黑穗病，高抗茎腐病，抗大斑病，中抗弯孢菌叶斑病，中抗玉米螟虫。早熟品种。出苗至成熟 116 天，比白山 7 晚熟 1 天，需≥10℃积温 2230℃左右。

产量表现：2008 年区域试验平均公顷产量 9689.2 千克，比对照品种白山 7 增产 17.5%；2009 年区域试验平均公顷产量 9370.0 千克，比对照品种白山 7 增产 10.6%；两年区域试验平均公顷产量 9541.9 千克，比对照品种增产 14.2%。2009 年生产试验平均公顷产量 9090.9 千克，比对照品种白山 7 增产 10.8%。

栽培技术要点：（1）播期：一般 5 月上旬播种。（2）密度：一般公顷保苗 5.25 万株。（3）施肥：施足农家肥，底肥一般施用氮磷钾复合肥 300 千克/公顷，种肥一般施用磷酸二铵 150 千克/公顷，追肥一般施用尿素 400 千克/公顷。（4）制种技术：制种时，父、母本错期播种，1/2 父本先播，生根见芽后另外 1/2 父本与母本同播，父、母本行比 1∶4，父、母本种植密度为 6.0 万株/公顷。

适宜种植地区：吉林省东部玉米早熟区。

绿育 4118

审定编号：吉审玉 2010002

选育单位：公主岭市绿育农业科学研究所

品种来源：L02×L07

特征特性：种子黄色，硬粒型，百粒重 30.5 克。幼苗绿色，叶鞘紫色。株高 294 厘米，穗位 108 厘米，株型半平展，成株叶片 19 片，花药粉色，花丝红色。果穗长筒型，穗长 22.8 厘米，穗行数 12～14 行，穗轴红色，单穗粒重 215.6 克，秃尖 0.9 厘米。籽粒黄色，半硬粒型，百粒重 38.7 克。籽粒含粗蛋白质 10.26%，粗脂肪 4.31%，粗淀粉 74.04%，赖氨酸 0.31%，容重 747 克/升。人工接种抗病（虫）害鉴定，中抗丝黑穗病，中抗茎腐病，高抗大斑病，抗弯孢菌叶斑病，抗玉米螟虫。早熟品种。出苗至成熟 115 天，熟期与白山 7 相同，需≥10℃积温 2200℃左右。

产量表现： 2008 年区域试验平均公顷产量 10480.8 千克，比对照品种白山 7 增产 13.5%；2009 年区域试验平均公顷产量 9527.7 千克，比对照品种白山 7 增产 12.4%；两年区域试验平均公顷产量 10040.9 千克，比对照品种增产 13.0%。2009 年生产试验平均公顷产量 9076.3 千克，比对照品种白山 7 增产 10.6%。

栽培技术要点：（1）播期：一般 4 月下旬至 5 月上旬播种。（2）密度：一般公顷保苗 5.0 万～5.5 万株。（3）施肥：施足农家肥，底肥一般施用复合肥 500 千克/公顷，追肥一般施用尿素 250 千克/公顷。（4）制种技术：制种时，父、母本同期播种，父、母本行比 1：5，父、母本种植密度为 6.0 万株/公顷。

适宜种植地区： 吉林省东部玉米早熟区。

波玉 3

审定编号： 吉审玉 2010003

选育单位： 侯波

品种来源： A234（吉 901×495 为基础材料）为母本，以外引系 K10 为父本杂交选育而成。

特征特性： 种子黄色，半硬粒型，百粒重 30.9 克。幼苗绿色，叶鞘紫色，叶缘紫色。株高 283 厘米，穗位 97 厘米，株型半紧凑，穗位下叶片平展，穗位上叶片上举，成株叶片 19 片，花药黄色，花丝黄色。果穗长筒型，穗长 21.7 厘米，穗行数 14～16 行，穗轴红色，单穗粒重 240.1 克，秃尖 1.3 厘米。籽粒黄色，马齿型，百粒重 40.9 克。籽粒含粗蛋白质 9.66%，粗脂肪 4.87%，粗淀粉 73.24%，赖氨酸 0.28%，容重 761 克/升。人工接种抗病（虫）害鉴定，抗丝黑穗病，高抗茎腐病，抗大斑病，高抗弯孢菌叶斑病，抗玉米螟虫。早熟品种。出苗至成熟 116 天，比白山 7 晚熟 1 天，需≥10℃积温 2230℃左右。

产量表现： 2008 年区域试验平均公顷产量 10320.2 千克，比对照品种白山 7 增产 11.8%；2009 年区域试验平均公顷产量 9855.5 千克，比对照品种白山 7 增产 16.3%；两年区域试验平均公顷产量 10105.7 千克，比对照品种白山 7 增产 13.8%。2009 年生产试验平均公顷产量 9009.7 千克，比对照品种白山 7 增产 9.8%。

栽培技术要点：（1）播期：一般 4 月下旬至 5 月上旬播种。（2）密度：一般公顷保苗 5.0 万株。（3）施肥：施足农家肥，底肥一般施用磷酸二铵 150～200 千克/公顷、硫酸钾 100～150 千克/公顷、尿素 50～100 千克/公顷，追肥一般施用尿素 300 千克/公顷。（4）制种技术：制种时，父、母本错期播种，先播母本，待母本种子发芽后再播父本，父、母本行比 1：5，父、母本种植密度为 6.0 万株/公顷。

适宜种植地区： 吉林省东部玉米早熟区。

柳单 301

审定编号： 吉审玉 2010005

选育单位： 柳河县吉星育种实验站

品种来源： K10-2（以 K10 变异株为基础材料经 6 代自交选育而成）为母本，以自选系 F302（吉 818×系 14 为基础材料）为父本杂交选育而成。

特征特性： 种子黄色，半马齿型，百粒重 36.0 克。幼苗浓绿色，叶鞘紫色。株高 289 厘米，穗位 123 厘米，株型平展，成株叶片 19 片，花药黄色，花丝浅粉色。果穗长筒型，穗长 19.3 厘米，穗行数 14～16 行，穗轴红色，单穗粒重 203.6 克。籽粒黄色，马齿型，百粒重 36.8 克。籽粒含粗蛋白质 10.94%，粗脂肪 4.45%，粗淀粉 71.78%，赖氨酸 0.32%，容重 734 克/升。人工接种抗病（虫）害鉴定，抗丝黑穗病，高抗茎腐病，抗大斑病，高抗弯孢菌叶斑病，中抗玉米螟虫。早熟品种。出苗至成熟 116 天，比白山 7 晚熟 1 天，需≥10℃积温 2230℃左右。

产量表现： 2008 年区域试验平均公顷产量 10385.5 千克，比对照品种白山 7 增产 12.5%；2009 年区域试验平均公顷产量 9251.1 千克，比对照品种白山 7 增产 9.2%；两年区域试验平均公顷产量 9861.9 千克，比对照品种增产 11.0%。2009 年生产试验平均公顷产量 9187.4 千克，比对照品种白山 7 增产 12%。

栽培技术要点：（1）播期：一般 4 月下旬至 5 月上旬播种。（2）密度：一般公顷保苗 5.5 万株。（3）施肥：施足农家肥，底肥一般施用三元复合肥 750 千克/公顷，追肥一般施用尿素 375 千克/公顷。（4）制种技术：制种时，父、母本错期播种，1/2 父本先播，生根见芽后另外 1/2 父本与母本同播，父、母本行比 1∶5，父、母本种植密度为 6.0 万株/公顷。

适宜种植地区： 吉林省东部玉米早熟区。

华鸿 39

审定编号： 吉审玉 2010006

选育单位： 吉林华邦王义农业科技有限公司

品种来源： E02×J022

特征特性： 种子黄橙色，半马齿型，百粒重 35.7 克。幼苗浓绿色，叶鞘紫色，叶缘绿色。株高 248 厘米，穗位 109 厘米，株型紧凑，叶片上冲，成株叶片 19 片，花药黄色，花丝深红色。果穗筒型，穗长 17.7 厘米，穗行数 16～18 行，穗轴红色，单穗粒重 212.5 克，秃尖 0.5 厘米。籽粒黄色，马齿型，百粒重 35.1 克。籽粒含粗蛋白质 11.38%，粗脂肪 4.54%，粗淀粉 72.37%，赖氨酸 0.29%，容重 776 克/升。抗逆性：人工接种抗病（虫）害鉴定，感丝黑穗病，抗茎腐病，抗大斑病，抗弯孢菌叶斑病，抗玉米螟虫。早熟品种。出苗至成熟 115 天，熟期与白山 7 相同，需 ≥10℃积温 2200℃左右。

产量表现： 2008 年区域试验平均公顷产量 10400.1 千克，比对照品种白山 7 增产 12.6%；2009 年区域试验平均公顷产量 9409.4 千克，比对照品种白山 7 增产 11.1%；两年区域试验平均公顷产量 9942.9 千克，比对照品种增产 11.9%。2009 年生产试验平均公顷产量 9004.7 千克，比对照品种白山 7 增产 9.8%。

栽培技术要点：（1）播期：一般 5 月初播种，选择中等肥力以上地块种植。（2）密度：一般公顷保苗 5.0 万～5.5 万株。（3）施肥：施足农家肥，种肥一般施用磷酸二铵 150～200 千克/公顷，硫酸钾 100～150 千克/公顷，尿素 50～100 千克/公顷，追肥一般施用尿素 300 千克/公顷左右。（4）制种技术：制种时，父、母本同期播种，父、母本行比为 1∶6，种植密度为 6.0 万株/公顷。（5）其他：注意防治玉米螟虫。

适宜种植地区： 吉林省东部玉米早熟区。

绥玉 10

审定编号： 吉审玉 2010007

选育单位： 黑龙江省农业科学院绥化分院

品种来源： 绥系 701×绥系 601

特征特性： 种子橙黄色，硬粒型，百粒重 23.0 克。幼苗绿色，叶鞘浅紫色，叶缘绿色。株高 269 厘米，穗位 109 厘米，株型平展，叶片平展，成株叶片 19 片，花药黄色，花丝黄色。果穗圆柱型，穗长 20.3 厘米，穗行数 14～16 行，穗轴红色，单穗粒重 217.2 克，秃尖 0.5 厘米。籽粒黄色，偏马齿型，百粒重 35.7 克。籽粒含粗蛋白质 9.81%，粗脂肪 4.26%，粗淀粉 74.44%，赖氨酸 0.29%，容重 772 克/升。人工接种抗病（虫）害鉴定，抗丝黑穗病，高抗茎腐病，抗大斑病，抗弯孢菌叶斑病，抗玉米螟虫。早熟品种。出苗至成熟 115 天，熟期与白山 7 相同，需 ≥10℃积温 2200℃左右。

产量表现： 2008 年区域试验平均公顷产量 9996.6 千克，比对照品种白山 7 增产 8.3%；2009 年区域试验平均公顷产量 9444.2 千克，比对照品种白山 7 增产 11.5%；两年区域试验平均公顷产量 9741.6 千克，比对照品种增产 9.7%。2009 年生产试验平均公顷产量 8913.1 千克，比对照品种白山 7 增产 8.6%。

栽培技术要点：（1）播期：一般 4 月下旬至 5 月上旬播种。（2）密度：一般公顷保苗 4.5 万～5.0 万株。（3）施肥：施足农家肥，底肥一般施用复合肥 750 千克/公顷，种肥一般施用磷酸二铵 100 千克/公顷，追肥一般施用尿素 300 千克/公顷。（4）制种技术：制种时，父、母本同期播种，父、母本行比 1∶6，父、母本种植密度为 6.0 万株/公顷。

适宜种植地区：吉林省东部玉米早熟区。

吉单 612

审定编号：吉审玉 2010008

选育单位：吉林省农业科学院玉米所

品种来源：吉 D687×吉 D1132

特征特性：种子黄色，马齿型，百粒重 29.0 克。幼苗浅绿色，叶鞘紫色，叶缘绿色。株高 297 厘米，穗位 117 厘米，株型半紧凑，叶片半收敛，成株叶片 19 片，花药粉色，花丝粉色。果穗长筒型，穗长 20.1 厘米，穗行数 14 行，穗轴红色，单穗粒重 215.5 克，秃尖 0.2 厘米。籽粒黄色，马齿型，百粒重 38.1 克。籽粒含粗蛋白质 10.21%，粗脂肪 3.56%，粗淀粉 72.70%，赖氨酸 0.30%，容重 774 克/升。人工接种抗病（虫）害鉴定，抗丝黑穗病、高抗茎腐病、抗大斑病、抗弯孢菌叶斑病、抗玉米螟虫。早熟品种。出苗至成熟 116 天，比白山 7 晚熟 1 天，需≥10℃积温 2230℃左右。

产量表现：2008 年区域试验平均公顷产量 9722.6 千克，比对照品种白山 7 增产 5.3%；2009 年区域试验平均公顷产量 9327.3 千克，比对照品种白山 7 增产 10.1%；两年区域试验平均公顷产量 9540.2 千克，比对照品种增产 7.4%。2009 年生产试验平均公顷产量 8482.6 千克，比对照品种白山 7 增产 3.4%。

栽培技术要点：（1）播期：一般 4 月下旬至 5 月上旬播种。（2）密度：一般公顷保苗 5.5 万株。（3）施肥：施足农家肥，底肥一般施用玉米专用肥 500～600 千克/公顷，种肥一般施用磷酸二铵 150～200 千克/公顷，硫酸钾 100～150 千克/公顷，追肥尿素 300 千克/公顷。（4）制种技术：制种时，父、母本同期播种，父、母本行比 1：6，父、母本种植密度为 6.5 万株/公顷。

适宜种植地区：吉林省东部玉米早熟区。

吉单 503

审定编号：吉审玉 2010009

选育单位：吉林省农业科学院玉米所

品种来源：吉 V007×K10

特征特性：种子橘红色，半硬粒型，百粒重 29.0 克。幼苗浓绿色，叶鞘紫色，叶缘紫红色。株高 329 厘米，穗位 135 厘米，株型收敛，成株叶片 18～19 片，花药紫色，花丝粉色。果穗长筒型，穗长 21.2 厘米，穗行数 12～14 行，穗轴红色，单穗粒重 209.3 克，秃尖 0.7 厘米。籽粒黄色，马齿型，百粒重 39.3 克。籽粒含粗蛋白质 9.61%，粗脂肪 4.08%，粗淀粉 71.24%，赖氨酸 0.31%，容重 730 克/升。人工接种抗病（虫）害鉴定，抗丝黑穗病，抗茎腐病，中抗大斑病，抗弯孢菌叶斑病，抗玉米螟虫。生育日数：早熟品种。出苗至成熟 117 天，比白山 7 晚熟 2 天，需≥10℃积温 2260℃左右。

产量表现： 2008 年区域试验平均公顷产量 9618.4 千克，比对照品种白山 7 增产 4.2%；2009 年区域试验平均公顷产量 9715.2 千克，比对照品种白山 7 增产 14.7%；两年区域试验平均公顷产量 9663.1 千克，比对照品种增产 8.8%。2009 年生产试验平均公顷产量 8811.3 千克，比对照品种白山 7 增产 7.4%。

栽培技术要点：（1）播期：一般 4 月下旬至 5 月上旬播种。（2）密度：一般公顷保苗 5.5 万株。（3）施肥：施足农家肥，底肥一般施用磷酸二铵 200 千克/公顷，种肥一般施用尿素 30 千克/公顷，追肥一般施用尿素 400 千克/公顷。（4）制种技术：制种时，父、母本错期播种，在母本芽长 2 厘米播种 2/3 父本，其余 1/3 父本在母本出苗时播种。父、母本行比 1：5，父、母本种植密度为 6.0 万株/公顷。

适宜种植地区： 吉林省东部玉米早熟区。

延单 23

审定编号： 吉审玉 2010010

选育单位： 延边农业科学研究院

品种来源： 延海 151×延 T4

特征特性： 种子金黄色，硬粒型，百粒重 36.2 克。幼苗绿色，叶鞘紫色，叶缘紫色。株高 248 厘米，穗位 75 厘米，株型平展，叶片平展，成株叶片 19 片，花药黄色，花丝深红色。果穗长柱型，穗长 21.4 厘米，穗行数 12～14 行，穗轴白色，单穗粒重 215.6 克，秃尖 0.8 厘米。籽粒黄色，半马齿型，百粒重 39.3 克。籽粒含粗蛋白质 11.36%，粗脂肪 4.31%，粗淀粉 72.73%，赖氨酸 0.32%，容重 756 克/升。人工接种抗病（虫）害鉴定，感丝黑穗病，高抗茎腐病，抗大斑病，抗弯孢菌叶斑病，高抗玉米螟虫。早熟品种。出苗至成熟 116 天，比白山 7 晚熟 1 天，需≥10℃积温 2230℃左右。

产量表现： 2008 年区域试验平均公顷产量 10119.2 千克，比对照品种白山 7 增产 9.6%；2009 年区域试验平均公顷产量 9158.9 千克，比对照品种白山 7 增产 8.1%；两年区域试验平均公顷产量 9676.0 千克，比对照品种增产 8.9%。2009 年生产试验平均公顷产量 9187.7 千克，比对照品种白山 7 增产 12.0%。

栽培技术要点：（1）播期：一般 4 月下旬至 5 月上旬播种。（2）密度：一般公顷保苗 5.5 万株。（3）施肥：

施足农家肥，底肥一般施用玉米复合肥 400 千克/公顷，种肥一般施用磷酸二铵 150 千克/公顷，追肥一般施用尿素 350 千克/公顷。（4）制种技术：制种时，父、母本同时播种，父、母本行比 1∶4，父、母本种植密度为 6.0 万株/公顷。（5）其他：注意防治玉米丝黑穗病。

适宜种植地区：吉林省东部玉米早熟区。

宏育 415

审定编号：吉审玉 2010011

选育单位：吉林市宏业种子有限公司

品种来源：HY288×W9813

特征特性：种子黄色，马齿型，百粒重 29.0 克。幼苗绿色，叶鞘紫色，叶缘紫色。株高 318 厘米，穗位 121 厘米，株型平展，叶片平展，成株叶片 18～19 片，花药紫色，花丝黄色。果穗筒型，穗长 20.5 厘米，穗行数 14～16 行，穗轴红色，单穗粒重 245.1 克，秃尖 0.5 厘米。籽粒黄色，半马齿型，百粒重 39.6 克。籽粒含粗蛋白质 10.20%，粗脂肪 5.23%，粗淀粉 70.76%，赖氨酸 0.28%，容重 742 克/升。人工接种抗病（虫）害鉴定，抗丝黑穗病，高抗茎腐病，抗大斑病，抗弯孢菌叶斑病，抗玉米螟虫。中早熟品种。出苗至成熟 122 天，熟期与吉单 27 相同，需≥10℃积温 2450℃左右。

产量表现：2008 年区域试验平均公顷产量 11411.5 千克，比对照品种吉单 27 增产 11.4%；2009 年区域试验平均公顷产量 10350.3 千克，比对照品种吉单 27 增产 9.9%；两年区域试验平均公顷产量 10792.5 千克，比对照品种增产 10.5%。2009 年生产试验平均公顷产量 10573.3 千克，比对照品种吉单 27 增产 13.8%。

栽培技术要点：（1）播期：一般 4 月下旬至 5 月上旬播种。（2）密度：一般公顷保苗 5.5 万株。（3）施肥：施足农家肥，底肥一般施用复合肥 750 千克/公顷，种肥一般施用磷酸二铵 100 千克/公顷，追肥一般施用尿素 300 千克/公顷。（4）制种技术：制种时，父、母本同期播种，父本覆膜，父、母本行比 1∶6，父本种植密度为 6.0 万株/公顷，母本种植密度为 5.5 万株/公顷。

适宜种植地区：吉林省东部玉米中早熟区。

宏育 416

审定编号：吉审玉 2010012

选育单位：吉林市宏业种子有限公司

品种来源： K10×W9813

特征特性： 种子黄色，硬粒型，百粒重 28.0 克。幼苗绿色，叶鞘紫色，叶缘紫色。株高 332 厘米，穗位 121 厘米，株型半紧凑，叶片较上举，成株叶片 18～19 片，花药紫色，花丝黄色。果穗锥型，穗长 20.8 厘米，穗行数 14～16 行，穗轴紫色，单穗粒重 241.0 克，秃尖 0.5 厘米。籽粒黄色，半马齿型，百粒重 36.7 克。籽粒含粗蛋白质 10.31%，粗脂肪 4.78%，粗淀粉 70.04%，赖氨酸 0.28%，容重 750 克/升。人工接种抗病（虫）害鉴定，抗丝黑穗病，高抗茎腐病，抗大斑病，高抗弯孢菌叶斑病，抗玉米螟虫。中早熟品种。出苗至成熟 122 天，熟期与吉单 27 相同，需≥10℃积温 2450℃左右。

产量表现： 2008 年区域试验平均公顷产量 11303.8 千克，比对照品种吉单 27 增产 10.4%；2009 年区域试验平均公顷产量 10514.1 千克，比对照品种吉单 27 增产 11.6%；两年区域试验平均公顷产量 10843.1 千克，比对照品种增产 11.1%。2009 年生产试验平均公顷产量 10279.0 千克，比对照品种吉单 27 增产 10.7%。

栽培技术要点： （1）播期：一般 4 月下旬至 5 月上旬播种。（2）密度：一般公顷保苗 5.5 万株。（3）施肥：施足农家肥，底肥一般施用复合肥 750 千克/公顷，种肥一般施用磷酸二铵 100 千克/公顷，追肥一般施用尿素 300 千克/公顷。（4）制种技术：制种时，父、母本同期播种，父本覆膜，父、母本行比 1：6，父、母本种植密度为 6.0 万株/公顷。

适宜种植地区： 吉林省东部玉米中早熟区。

吉东 38

审定编号： 吉审玉 2010013

选育单位： 吉林省吉东种业有限责任公司

品种来源： D82×D01

特征特性： 籽粒黄色，马齿型，百粒重 28.2 克。幼苗绿色，叶鞘浅紫色，株型紧凑，株高 304 厘米，穗位 122 厘米，雄穗分枝多，花药紫色，花丝黄色。果穗长筒型，穗长 20.1 厘米，穗粗 5.4 厘米，穗行数 16～18 行，穗轴红色，出籽率 82.9%。籽粒黄色，马齿型，百粒重 44.0 克。籽粒含粗蛋白质 10.97%，粗脂肪 4.59%，粗淀粉 71.04%，赖氨酸 0.27%，容重 751 克/升。人工接种抗病（虫）害鉴定，抗丝黑穗病，感茎腐病，中抗大斑病，抗弯孢菌叶斑病，高抗玉米螟虫。中早熟品种。出苗至成熟 122 天，熟期与吉单 27 相同，需≥10℃积温 2450℃左右。

产量表现： 2008 年区域试验平均公顷产量 10910.2 千克，比对照品种吉单 27 增产 6.5%；2009 年区域试验平均公顷产量 10606.4 千克，比对照品种吉单 27 号增产 12.6%；两年区域试验平均公顷产量 10733.0 千克，比对照品种增产 9.9%。2009 年生产试验平均公顷产量 10337.3 千克，比对照品种吉单 27 号增产 11.3%。

栽培技术要点：（1）播期：一般 4 月中旬至 5 月上旬播种。（2）密度：一般公顷保苗 5.0 万～5.5 万株。（3）施肥：以农家肥 3.0 万千克/公顷作基肥，硫酸钾和磷酸二铵各 150 千克/公顷做种肥，于大喇叭口期追施尿素 400 千克/公顷左右，播种时，一次深施玉米专用肥 750 千克/公顷。（4）制种技术：先播父本 50%，待一期父本萌动时播余下父本及其母本。母本种植密度为 6.0 万株/公顷，父本种植密度为 4.5 万株/公顷。（5）其他：茎腐病重发区慎用。

适宜种植地区：吉林省东部玉米中早熟区。

省原 85

审定编号：吉审玉 2010015

选育单位：吉林省省原种业有限公司

品种来源：4278×8923

特征特性：种子金黄色，硬粒型，百粒重 36.0 克。幼苗绿色，叶鞘绿色，叶缘绿色。株高 311 厘米，穗位 133 厘米，株型半紧凑，成株叶片 21 片，花药黄色，花丝绿色。果穗长筒型，穗长 19.4 厘米，穗行数 14～16 行，穗轴白色，单穗粒重 237.1 克，秃尖 0.7 厘米。籽粒黄色，半硬粒型，百粒重 40.1 克。籽粒含粗蛋白质 10.99%，粗脂肪 4.53%，粗淀粉 71.64%，赖氨酸 0.30%，容重 730 克/升。人工接种抗病（虫）害鉴定，中抗丝黑穗病，高抗茎腐病，中抗大斑病，抗弯孢菌叶斑病，中抗玉米螟虫。中早熟品种。出苗至成熟 122 天，熟期与吉单 27 相同，需≥10℃积温 2450℃左右。

产量表现：2008 年区域试验平均公顷产量 10987.2 千克，比对照品种吉单 27 增产 7.3%；2009 年区域试验平均公顷产量 10268.8 千克，比对照品种吉单 27 增产 9.0%；两年区域试验平均公顷产量 10568.1 千克，比对照品种增产 8.3%。2009 年生产试验平均公顷产量 9991.9 千克，比对照品种吉单 27 增产 7.6%。

栽培技术要点：（1）播期：一般 4 月下旬至 5 月上旬播种。（2）密度：一般公顷保苗 5.0 万株。（3）施肥：施足农家肥，底肥一般施用尿素 100 千克/公顷、磷酸二铵 200 千克/公顷、种肥一般施用复合肥 200 千克/公顷，追肥一般施用硝酸铵 300 千克/公顷。（4）制种技术：制种时，父、母本错期播种，母本先播，母本播后第四天播第一期父本，第七天播第二期父本，父、母本行比 1：5，父、母本种植密度为 6.0 万株/公顷。

适宜种植地区：吉林省东部玉米中早熟区。

吉科玉 12

审定编号：吉审玉 2010016

选育单位：吉林农业科技学院

品种来源：N503×N853

特征特性：种子黄色，硬粒型，百粒重 30.0 克。幼苗浓绿色，叶鞘紫色，叶缘紫色。株高 292 厘米，穗位 116 厘米，株型半紧凑，叶片半紧凑，成株叶片 20 片，花药黄色，花丝黄绿色。果穗长筒型，穗长 19.4 厘米，穗行数 18～20 行，穗轴白色，单穗粒重 253.2 克，秃尖 0.5 厘米。籽粒黄色，半硬粒型，百粒重 41.9 克。籽粒含粗蛋白质 10.88%，粗脂肪 4.40%，粗淀粉 73.73%，赖氨酸 0.27%，容重 760 克/升。人工接种抗病（虫）害，感丝黑穗病，中抗茎腐病，中抗大斑病，感弯孢菌叶斑病，感玉米螟虫。中熟品种。出苗至成熟 126 天，熟期与吉单 261 相同，需≥10℃积温 2600℃左右。

产量表现：2008 年区域试验平均公顷产量 11180.2 千克，比对照品种吉单 261 增产 6.4%；2009 年区域试验平均公顷产量 10392.9 千克，比对照品种吉单 261 增产 8.5%；两年区域试验平均公顷产量 10786.6 千克，比对照品种增产 7.4%。2009 年生产试验平均公顷产量 11050.2 千克，比对照品种吉单 261 增产 8.4%。

栽培技术要点：（1）播期：一般 4 月下旬至 5 月上旬播种。（2）密度：一般公顷保苗 5.5 万株。（3）施肥：施足农家肥，公顷深施玉米复合肥 500 千克。追肥一般施用尿素 200 千克/公顷。（4）制种技术：制种时，父、母本同期播种，父、母本行比 1∶6，父、母本种植密度为 6.0 万～6.5 万株/公顷。（5）其他：注意防治玉米螟虫及玉米丝黑穗病，弯孢菌叶斑病重发区慎用。

适宜种植地区：吉林省玉米中熟区。

吉平 1

审定编号：吉审玉 2010017

选育单位：吉林省平安农业科学院

品种来源：PA25062×PA3-72

特征特性：种子黄色，硬粒型，百粒重 35.0 克。幼苗绿色，叶鞘紫色，叶缘紫色。株高 293 厘米，穗位 113 厘米，株型平展，叶片平展，成株叶片 23 片，花药黄色，花丝粉色。果穗长筒型，穗长 22.1 厘米，穗行数 12～14 行，穗轴红色，单穗粒重 234.4 克，秃尖 0.4 厘米。籽粒黄色，半马齿型，百粒重 38.7 克。籽粒含粗蛋白质 11.19%，粗脂肪 4.66%，粗淀粉 74.11%，赖氨酸 0.30%，容重 722 克/升。人工接种抗病（虫）害鉴定，感丝黑穗病，高抗茎腐病，抗大斑病，感弯孢菌叶斑病、中抗玉米螟虫。中熟品种。出苗至成熟 127 天，比吉单 261 晚熟 1 天，需≥10℃积温 2630℃左右。

产量表现： 2008 年区域试验平均公顷产量 11270.0 千克，比对照品种吉单 261 增产 7.2%；2009 年区域试验平均公顷产量 10406.5 千克，比对照品种吉单 261 增产 8.6%；两年区域试验平均公顷产量 10838.3 千克，比对照品种增产 7.9%。2009 年生产试验平均公顷产量 11061.3 千克，比对照品种吉单 261 增产 8.5%。

栽培技术要点：（1）播期：一般 4 月下旬至 5 月上旬播种。（2）密度：一般公顷保苗约 5.5 万株。（3）施肥：施足农家肥，底肥一般施用磷酸二铵 150 千克/公顷，种肥一般施用硫酸钾 100 千克/公顷、尿素 50 千克/公顷，追肥一般施用尿素 400 千克/公顷。（4）制种技术：制种时，父、母本同期播种，父、母本行比 1：5，父、母本种植密度为 6.0 万株/公顷。（5）其他：注意防治玉米丝黑穗病，叶斑病重发区慎用。

适宜种植地区： 吉林省玉米中熟区。

华旗 255

审定编号： 吉审玉 2010018

选育单位： 吉林华旗农业科技有限公司

品种来源： E020×J016

特征特性： 种子黄橙色，半马齿型，百粒重 36.0 克。幼苗浓绿色，叶鞘紫色，叶缘绿色。株高 307 厘米，穗位 134 厘米，株型紧凑，叶片上冲，成株叶片 19 片，花药黄色，花丝浅红色。果穗筒型，穗长 19.5 厘米，穗行数 16～18 行，穗轴红色，单穗粒重 244.8 克，秃尖 0.5 厘米。籽粒性状：籽粒黄色，马齿型，百粒重 39.6 克。籽粒含粗蛋白质 9.52%，粗脂肪 4.87%，粗淀粉 75.24%，赖氨酸 0.27%，容重 722 克/升。人工接种抗病（虫）害鉴定，感丝黑穗病，高抗茎腐病，中抗大斑病，中抗弯孢菌叶斑病，感玉米螟虫。中熟品种。出苗至成熟 126 天，熟期与吉单 261 相同，需≥10℃积温 2600℃左右。

产量表现： 2008 年区域试验平均公顷产量 11803.6 千克，比对照品种吉单 261 增产 12.3%；2009 年区域试验平均公顷产量 10697.1 千克，比对照品种吉单 261 增产 11.6%；两年区域试验平均公顷产量 11250.4 千克，比对照品种增产 12.0%。2009 年生产试验平均公顷产量 11408.4 千克，比对照品种吉单 261 增产 11.9%。

栽培技术要点：（1）播期：一般 5 月初播种，选择中等肥力以上地块种植。（2）密度：一般公顷保苗 5.0 万～5.5 万株。（3）施肥：施足农家肥，种肥一般施用磷酸二铵 150～200 千克/公顷，硫酸钾 100～150 千克/公顷，尿素 50～100 千克/公顷，追肥一般施用尿素 300 千克/公顷左右。（4）制种技术：制种时，父、母本同期播种，行比为 1：6，如为延长父本的散粉期，当母本种子露白时，补种 1/4 父本，父、母本种植密度为 6.0

万株/公顷。（5）其他：注意防治玉米螟虫及玉米丝黑穗病。

适宜种植地区：吉林省玉米中熟区。

金园 50

审定编号：吉审玉 2010019

选育单位：吉林省长岭县金园种苗有限责任公司

品种来源：J2×Y71

特征特性：种子橘黄色，半马齿型，百粒重 31.2 克。植株性状：幼苗绿色，叶鞘紫色，叶缘紫色。株高 285 厘米，穗位 122 厘米，株型紧凑，叶片上冲，成株叶片 21 片，花药黄色，花丝红色。果穗长筒型，穗长 21.8 厘米，穗行数 16 行，穗轴红色，单穗粒重 261.7 克，秃尖 0.5 厘米。籽粒黄色，马齿型，百粒重 41.5 克。籽粒含粗蛋白质 9.37%，粗脂肪 3.68%，粗淀粉 74.08%，赖氨酸 0.28%，容重 716 克/升。人工接种抗病（虫）害鉴定，中抗丝黑穗病，中抗茎腐病，感大斑病，感弯孢菌叶斑病，中抗玉米螟虫。中熟品种。出苗至成熟 126 天，熟期与吉单 261 相同，需≥10℃积温 2600℃左右。

产量表现：2008 年区域试验平均公顷产量 11570.4 千克，比对照品种吉单 261 增产 10.1%；2009 年区域试验平均公顷产量 11687.7 千克，比对照品种吉单 261 增产 10.6%；两年区域试验平均公顷产量 11629.1 千克，比对照品种增产 10.3%。2009 年生产试验平均公顷产量 11329.7 千克，比对照品种吉单 261 增产 11.1%。

栽培技术要点：（1）播期：一般 4 月下旬至 5 月上旬播种。（2）密度：一般公顷保苗 5.5 万株。（3）施肥：施足农家肥，底肥一般施用磷酸二铵 150～200 千克/公顷、硫酸钾 100～150 千克/公顷，尿素 50～100 千克/公顷，追肥一般施用尿素 300 千克/公顷。（4）制种技术：制种时，父、母本错期播种，1/2 父本与母本同播，生根见芽后播另外 1/2 父本，父、母本行比 1∶5，父、母本种植密度为 6.0 万株/公顷。（5）其他：叶斑病重发区慎用。

适宜种植地区：吉林省玉米中熟区。

恒宇 619

审定编号：吉审玉 2010020

选育单位：徐桂芳

品种来源：原 92×2530-2

特征特性：种子橙红色，半硬粒型，百粒重 31.5 克。幼苗浓绿色，叶鞘紫色，叶缘紫色。株高 279 厘米，穗位 109 厘米，株型半紧凑，穗位下叶片平展，穗位上叶片上举，成株叶片 21 片，花药黄色，花丝粉色。果穗长锥型，穗长 21.4 厘米，穗行数 14～16 行，穗轴红色，单穗粒重 252.8 克，秃尖 0.2 厘米。籽粒黄色，马齿型，百粒重 42.4 克。籽粒含粗蛋白质 8.27%，粗脂肪 4.00%，粗淀粉 75.14%，赖氨酸 0.27%，容重 711 克/升。人工接种抗病（虫）害鉴定，抗丝黑穗病，中抗茎腐病，感大斑病，感弯孢菌叶斑病，感玉米螟虫。中熟品种。出苗至成熟 125 天，比吉单 261 早熟 1 天，需≥10℃积温 2570℃左右。

产量表现：2008 年区域试验平均公顷产量 11556.1 千克，比对照品种吉单 261 增产 10.0%；2009 年区域试验平均公顷产量 11748.7 千克，比对照品种吉单 261 增产 11.2%；两年区域试验平均公顷产量 11652.4 千克，比对照品种吉单 261 增产 10.6%。2009 年生产试验平均公顷产量 11365.9 千克，比对照品种吉单 261 增产 11.5%。

栽培技术要点：（1）播期：一般 4 月下旬至 5 月上旬播种。（2）密度：一般公顷保苗 5.0 万株。（3）施肥：施足农家肥，底肥一般施用磷酸二铵 150～200 千克/公顷、硫酸钾 100 千克/公顷，尿素 100～150 千克/公顷，追肥一般施用尿素 300 千克/公顷。（4）制种技术：制种时，父、母本同期播种，父、母本行比 1∶5，父、母本种植密度为 6.0 万株/公顷。（5）其他：注意防治玉米螟虫，叶斑病重发区慎用。

适宜种植地区：吉林省玉米中熟区。

通单 248

审定编号：吉审玉 2010021

选育单位：通化市农业科学研究院

品种来源：通 1643×通 1922

特征特性：种子橙红色，马齿型，百粒重 29.2 克。幼苗绿色，叶鞘紫色，叶缘紫色。株高 317 厘米，穗位 140 厘米，株型半紧凑，成株叶片 21 片，花药黄色，花丝黄色。果穗筒型，穗长 19.7 厘米，穗行数 16～18 行，穗轴红色，单穗粒重 247.3 克。籽粒橙黄色，马齿型，百粒重 36.7 克。籽粒含粗蛋白质 9.76%，粗脂肪 4.48%，粗淀粉 74.6%，赖氨酸 0.26%，容重 758 克/升。人工接种抗病（虫）害鉴定，中抗丝黑穗病，感茎腐病，中抗大斑病，感弯孢菌叶斑病，感玉米螟虫。中熟品种。出苗至成熟 126 天，熟期与吉单 261 相同，需≥10℃积温 2600℃左右。

产量表现：2008 年区域试验平均公顷产量 11385.7 千克，比对照品种吉单 261 增产 8.3%；2009 年区域试验平均公顷产量 11940.3 千克，比对照品种吉单 261 增产 13.0%；两年区域试验平均公顷产量 11663.0 千克，比对照品种增产 10.7%。2009 年生产试验平均公顷产量 10982.0 千克，比对照品种吉单 261 增产 7.7%。

栽培技术要点：（1）播期：一般 4 月下旬至 5 月上旬播种。（2）密度：一般公顷保苗 5.5 万株。（3）施肥：施足农家肥，种肥一般施用磷酸二铵 150～200 千克/公顷，硫酸钾 100～150 千克/公顷，尿素 50～100 千克/公顷，追肥一般施用尿素 300 千克/公顷。（4）制种技术：制种时，父、母本同期播种，父、母本行比 1：5，父、母本种植密度为 5.5 万株/公顷左右。（5）其他：注意防治玉米螟虫，茎腐病、叶斑病重发区慎用。

适宜种植地区：吉林省玉米中熟区。

强盛 16

审定编号：吉审玉 2010022

选育单位：山西强盛种业有限公司

品种来源：728×729

特征特性：种子橘黄色，偏马齿型，百粒重 31.0 克。幼苗浓绿色，叶鞘紫色，叶缘紫色。株高 301 厘米，穗位 126 厘米，株型紧凑，叶片上冲，成株叶片 21 片，花药浅紫色，花丝粉色。果穗长筒型，穗长 20.1 厘米，穗行数 16～18 行，穗轴红色，单穗粒重 265.1 克，秃尖 0.2 厘米。籽粒橘黄色，偏马齿型，百粒重 41.6 克。籽粒含粗蛋白质 9.79%，粗脂肪 4.67%，粗淀粉 71.59%，赖氨酸 0.29%，容重 769 克/升。人工接种抗病（虫）害鉴定，感丝黑穗病，抗茎腐病，感大斑病，感弯孢菌叶斑病，感玉米螟虫。中熟品种。出苗至成熟 126 天，熟期与吉单 261 相同，需≥10℃积温 2600℃左右。

产量表现：2008 年区域试验平均公顷产量 11952.0 千克，比对照品种吉单 261 增产 13.7%；2009 年区域试验平均公顷产量 11770.9 千克，比对照品种吉单 261 增产 11.4%；两年区域试验平均公顷产量 11861.5 千克，比对照品种增产 12.6%。2009 年生产试验平均公顷产量 11472.7 千克，比对照品种吉单 261 增产 12.5%。

栽培技术要点：（1）播期：一般 4 月下旬至 5 月上旬播种。（2）密度：一般公顷保苗 5.5 万株。（3）施肥：施足农家肥，底肥一般施用玉米复合肥 500 千克/公顷，种肥一般施用磷酸二铵 100 千克/公顷，追肥一般施用尿素 300 千克/公顷。（4）制种技术：制种时，父、母本同期播种，70%父本与母本同播，7 天后播二期父本，第一期播 30%父本，父、母本行比 1：5，父、母本种植密度为 6.0 万株/公顷。（5）其他：注意防治玉米螟虫及玉米丝黑穗病，叶斑病重发区慎用。

适宜种植地区：吉林省玉米中熟区。

凤田 8

审定编号：吉审玉 2010023

选育单位：公主岭市国家科技园区丰田种业有限责任公司

品种来源：B03×B02

特征特性：种子橙黄色，近硬粒型，百粒重 37.8 克。幼苗浓绿色，叶鞘紫色，叶缘紫色。株高 290 厘米，穗位 116 厘米，株型半紧凑，叶片上冲，成株叶片 21 片，花药黄色，花丝粉红色。果穗筒型，穗长 22.0 厘米，穗行数 14～16 行，穗轴红色，单穗粒重 256.7 克，秃尖 0.5 厘米。籽粒橙黄色，半硬粒型，百粒重 44.9 克。籽粒含粗蛋白质 9.71%，粗脂肪 3.57%，粗淀粉 73.83%，赖氨酸 0.27%，容重 722 克/升。人工接种抗病（虫）害鉴定，感丝黑穗病，中抗茎腐病，中抗大斑病，感弯孢菌叶斑病，感玉米螟虫。中熟品种。出苗至成熟 126 天，熟期与吉单 261 相同，需≥10℃积温 2600℃左右。

产量表现：2008 年区域试验平均公顷产量 11365.3 千克，比对照品种吉单 261 增产 8.1%；2009 年区域试验平均公顷产量 11743.1 千克，比对照品种吉单 261 增产 11.1%；两年区域试验平均公顷产量 11554.2 千克，比对照品种增产 9.6%。2009 年生产试验平均公顷产量 11141.8 千克，比对照品种吉单 261 增产 9.3%。

栽培技术要点：（1）播期：一般 4 月下旬至 5 月上旬播种。（2）密度：一般公顷保苗 5.5 万株。（3）施肥：施足农家肥，底肥一般施用玉米复合肥 400 千克/公顷，种肥一般施用磷酸二铵 200 千克/公顷，追肥一般施用尿素 200 千克/公顷。（4）制种技术：制种时，父、母本同期播种，父、母本行比 1∶5，父、母本种植密度为 6.0 万株/公顷。（5）其他：注意防治玉米螟虫及玉米丝黑穗病，弯孢菌叶斑病重发区慎用。

适宜种植地区：吉林省玉米中熟区。

利民 618

审定编号：吉审玉 2010025

选育单位：吉林省松原市利民种业有限责任公司

品种来源：本竖 6－3·7922×L9834

特征特性：种子黄色，硬粒型，百粒重 37.0 克。幼苗浓绿色，叶鞘紫色，叶缘紫色。株高 294 厘米，穗位 133 厘米，株型半紧凑，叶片上冲，成株叶片 21 片，花药黄色，花丝绿色。果穗长筒型，穗长 20.4 厘米，穗行数 16～18 行，穗轴白色，单穗粒重 238.1 克，秃尖 1.1 厘米。籽粒黄色，半马齿型，百粒重 38.4 克。籽粒含粗蛋白质 10.06%，粗脂肪 3.77%，粗淀粉 73.12%，赖氨酸 0.30%，容重 740 克/升。人工接种抗病（虫）

害鉴定，抗丝黑穗病，高抗茎腐病，中抗大斑病，中抗弯孢菌叶斑病，中抗玉米螟虫。晚熟品种。出苗至成熟 129～130 天，个别试点比郑单 958 略晚，需≥10℃积温 2750℃左右。

产量表现： 2008 年区域试验平均公顷产量 12370.2 千克，比对照品种农大 364 增产 12.3%；2009 年区域试验平均公顷产量 11395.2 千克，比对照品种郑单 958 增产 10.9%。2009 年生产试验平均公顷产量 10785.2 千克，比对照品种郑单 958 增产 9.1%。

栽培技术要点：（1）播期：一般 4 月下旬至 5 月上旬播种。（2）密度：一般公顷保苗 5.0 万株。（3）施肥：施足农家肥，底肥一般施用磷酸二铵 300 千克/公顷，种肥一般施用磷酸二铵 50 千克/公顷，追肥一般施用尿素 350 千克/公顷。（4）制种技术：制种时，父、母本错期播种，1/2 父本先播，一叶一心时 1/2 父本与母本同播，父、母本行比 1：5，父、母本种植密度为 6.0 万株/公顷。

适宜种植地区： 吉林省玉米晚熟区。

吉大 101

审定编号： 吉审玉 2010026
选育单位： 吉林大学植物科学学院
品种来源： M251×P125
特征特性： 种子黄色，马齿型，百粒重 28.5 克。幼苗浓绿色，叶鞘紫色，叶缘紫色。株高 278 厘米，穗位 113 厘米，下部叶片平展，上部叶片上竖，成株叶片 20 片，花药黄色，花丝绿色。果穗长筒型，穗长 21.5 厘米，穗行数 18～20 行，穗轴红色，单穗粒重 236.0 克，出籽率 82.3%。籽粒黄色，马齿型，百粒重 38.5 克。籽粒含粗蛋白质 9.94%，粗脂肪 4.85%，粗淀粉 72.29%，赖氨酸 0.30%，容重 765 克/升。人工接种抗病（虫）害鉴定，抗丝黑穗病，中抗茎腐病，抗大斑病，中抗弯孢菌叶斑病，中抗灰斑病，中抗玉米螟虫。晚熟品种。出苗至成熟 129～130 天，个别试点比郑单 958 略晚，需≥10℃积温 2750℃左右。

产量表现： 2008 年区域试验平均公顷产量 11883.2 千克，比对照品种农大 364 增产 6.3%；2009 年区域试验平均公顷产量 11497.3 千克，比对照品种郑单 958 增产 11.9%。2009 年生产试验平均公顷产量 11109.5 千克，比对照品种郑单 958 增产 8.1%。

栽培技术要点：（1）播期：一般 4 月中、下旬播种，选择中等肥力以上地块种植。（2）密度：清种公顷保苗 5.0 万株。（3）施肥：施足农家肥，底肥一般施用玉米专用肥 150 千克/公顷，种肥一般施用复合肥 120 千克/公顷，大喇叭口期追肥一般施用尿素 400 千克/公顷。（4）制种技术：制种时，父、母本同期播种，父、母本行比 1：5，父、母本种植密度为 6.0 万株/公顷。

适宜种植地区：吉林省玉米晚熟区。

银河 110

审定编号：吉审玉 2010027

选育单位：吉林银河种业科技有限公司

品种来源：8358×54309

特征特性：种子橙色，半马齿型，百粒重 36.5 克。幼苗浓绿色，叶鞘紫色，叶缘紫色。株高 305 厘米，穗位 139 厘米，株型紧凑，叶片上冲，成株叶片 17 片，花药紫色，花丝微红色。果穗长筒型，穗长 22.1 厘米，穗行数 16～18 行，穗轴红色，单穗粒重 245.3 克，秃尖 0.6 厘米。籽粒黄色，马齿型，百粒重 36.9 克。籽粒含粗蛋白质 10.32%，粗脂肪 4.64%，粗淀粉 71.76%，赖氨酸 0.29%，容重 732 克/升。人工接种抗病（虫）害鉴定，高抗丝黑穗病，抗茎腐病，感大斑病，中抗弯孢菌叶斑病，感玉米螟虫。晚熟品种。出苗至成熟 129～130 天，个别试点比郑单 958 略晚，需≥10℃积温 2750℃左右。

产量表现：2008 年区域试验平均公顷产量 12433.2 千克，比对照品种农大 364 增产 11.2%；2009 年区域试验平均公顷产量 11618.7 千克，比对照品种郑单 958 增产 13.1%。2009 年生产试验平均公顷产量 10626.3 千克，比对照品种郑单 958 增产 7.5%。

栽培技术要点：（1）播期：4 月中、下旬播种，选择中等肥力以上地块种植。（2）密度：清种公顷保苗 5.25 万株。（3）施肥：底肥施用磷酸二铵 225 千克/公顷、尿素 50 千克/公顷；追肥施用尿素 400～500 千克/公顷。（4）制种技术：制种时，父、母本同期播种，父、母本行比 1∶5，父、母本种植密度为 6.0 万株/公顷。（5）其他：注意防治玉米螟虫，大斑病重发区慎用。

适宜种植地区：吉林省玉米晚熟区。

吉农大 709

审定编号：吉审玉 2010028

选育单位：吉林农大科茂种业有限责任公司

品种来源：Km13×Km106

特征特性：种子浅红色，半马型，百粒重 36.0 克。幼苗浓绿色，叶鞘紫色，叶缘紫色。株高 303 厘米，穗位 143 厘米，株型半紧凑，叶片半上冲，成株叶片 19 片，花药黄色，花丝浅红色。果穗长筒型，穗长 21.2

厘米，穗行数 16 行，穗轴红色，单穗粒重 247.2 克，秃尖 0.5 厘米。籽粒黄色，半硬粒型，百粒重 41.6 克。籽粒含粗蛋白质 10.28%，粗脂肪 3.29%，粗淀粉 72.21%，赖氨酸 0.30%，容重 756 克/升。人工接种抗病（虫）害鉴定，抗丝黑穗病，感茎腐病，中抗大斑病，感弯孢菌叶斑病，感玉米螟虫。晚熟品种。出苗至成熟 129～130 天，个别试点比郑单 958 略晚，需≥10℃积温 2750℃左右。

产量表现： 2008 年区域试验平均公顷产量 12437.2 千克，比对照品种农大 364 增产 11.2%；2009 年区域试验平均公顷产量 10991.7 千克，比对照品种郑单 958 增产 7.0%。2009 年生产试验平均公顷产量 10637.9 千克，比对照品种郑单 958 增产 7.6%。

栽培技术要点：（1）播期：一般 4 月下旬播种。（2）密度：一般公顷保苗 5.5 万株。（3）施肥：施足农家肥，底肥一般施用玉米复合肥 350 千克/公顷，追肥一般施用尿素 300 千克/公顷。（4）制种技术：制种时，父、母本同期播种，父、母本行比 1∶5，父、母本种植密度为 7.0 万株/公顷。（5）其他：注意防治玉米螟虫。茎腐病、弯孢菌叶斑病重发区慎用。

适宜种植地区： 吉林省玉米晚熟区。

东裕 108

审定编号： 吉审玉 2010029

选育单位： 沈阳东玉种业有限公司

品种来源： P2237×K3841

特征特性： 种子橙黄色，半硬粒型，百粒重 35.0 克。幼苗浓绿色，叶鞘紫色，叶缘紫色。株高 295 厘米，穗位 126 厘米，株型紧凑，叶片上冲，成株叶片 20～21 片，花药绿色，花丝浅紫色。果穗锥型，穗长 21.6 厘米，穗行数 16～18 行，穗轴白色，单穗粒重 223.1 克，秃尖 0.9 厘米。籽粒黄色，半马齿型，百粒重 39.0 克。籽粒含粗蛋白质 10.91%，粗脂肪 3.07%，粗淀粉 73.12%，赖氨酸 0.32%，容重 776 克/升。人工接种抗病（虫）害鉴定，感丝黑穗病，高抗茎腐病，感大斑病，中抗弯孢菌叶斑病，中抗玉米螟虫。晚熟品种。出苗至成熟 129～130 天，个别试点比郑单 958 略晚，需≥10℃积温 2750℃左右。

产量表现： 2008 年区域试验平均公顷产量 12298.6 千克，比对照品种农大 364 增产 10.0%；2009 年区域试验平均公顷产量 11316.7 千克，比对照品种郑单 958 增产 10.1%。2009 年生产试验平均公顷产量 10895.5 千克，比对照品种郑单 958 增产 10.3%。

栽培技术要点：（1）播期：一般 4 月下旬至 5 月上旬播种。（2）密度：一般公顷保苗 5.5 万株。（3）施肥：农家肥一般施用 15000 千克/公顷，种肥一般施氮磷钾复合肥 150 千克/公顷，追肥一般施用尿素 300 千克/

公顷。（4）制种技术：制种时，父、母本错期播种，先播1/2父本，4天后播母本，再过4天播另外1/2父本，父、母本行比1：5，父、母本种植密度为6.0万株/公顷。（5）其他：注意防治玉米丝黑穗病。大斑病重发区慎用。

适宜种植地区： 吉林省玉米晚熟区。

信玉 9

审定编号： 吉审玉 2010030

选育单位： 吉林省诺美信种业有限公司

品种来源： Y5808×673

特征特性： 种子黄色，偏硬粒型，百粒重 37.0 克。幼苗浓绿色，叶鞘紫色，叶缘紫色。株高 269 厘米，穗位 112 厘米，株型半紧凑，叶片半紧凑，成株叶片 19 片，花药深紫色，花丝黄色。果穗近筒型，穗长 20.9 厘米，穗行数 16～18 行，穗轴红色，单穗粒重 227.3 克，秃尖 0.8 厘米。籽粒金黄色，马齿型，百粒重 39.7 克。籽粒含粗蛋白质 10.04%，粗脂肪 4.42%，粗淀粉 73.83%，赖氨酸 0.30%，容重 752 克/升。人工接种抗病（虫）害鉴定，感丝黑穗病，感茎腐病，中抗大斑病，感弯孢菌叶斑病，感玉米螟虫。晚熟品种。出苗至成熟 129～130 天，个别试点比郑单 958 略晚，需≥10℃积温 2750℃左右。

产量表现： 2008 年区域试验平均公顷产量 12493.0 千克，比对照品种农大 364 增产 11.7%；2009 年区域试验平均公顷产量 11184.1 千克，比对照品种郑单 958 增产 8.8%。2009 年生产试验平均公顷产量 10910.4 千克，比对照品种郑单 958 增产 10.4%。

栽培技术要点：（1）播期：一般 4 月下旬播种。（2）密度：一般公顷保苗 5.5 万株。（3）施肥：施足农家肥，底肥一般施用氮磷钾比例为 15：15：15 的复合肥 350 千克/公顷，追肥一般施用尿素 300 千克/公顷。（4）制种技术：制种时，父、母本同期播种，父、母本行比 1：6，父、母本种植密度为 7.0 万株/公顷。（5）其他：注意防治玉米螟虫及玉米丝黑穗病。茎腐病、弯孢菌叶斑病重发区慎用。

适宜种植地区： 吉林省玉米晚熟区。

佳玉 538

审定编号： 吉审玉 2010031

选育单位： 北京禾佳源农业科技开发有限公司

品种来源：Me12×XH3

特征特性：种子黄色，中间型，百粒重 34.0 克。幼苗绿色，叶鞘浅紫色，叶缘绿色。株高 257 厘米，穗位 104 厘米，株型较紧凑，叶片较紧凑，成株叶片 21 片，花药黄色，花丝红色。果穗筒型，穗长 19.8 厘米，穗行数 16 行，穗轴红色，单穗粒重 234.6 克，秃尖 0.3 厘米。籽粒黄色，半马齿型，百粒重 42.7 克。籽粒含粗蛋白质 10.43%，粗脂肪 4.75%，粗淀粉 72.77%，赖氨酸 0.29%，容重 726 克/升。人工接种抗病（虫）害鉴定，抗丝黑穗病，中抗茎腐病，中抗大斑病，感弯孢菌叶斑病，感玉米螟虫。中晚熟品种。出苗至成熟 128 天，比郑单 958 早熟 1 天，需≥10℃积温 2670℃左右。

产量表现：2007 年区域试验平均公顷产量 10321.2 千克，比对照品种平全 13 增产 6.1%；2008 年区域试验平均公顷产量 12440.2 千克，比对照品种平全 13 增产 9.7%；两年区域试验平均公顷产量 11436.5 千克，比对照品种增产 8.1%。2008 年生产试验平均公顷产量 10689.7 千克，比对照品种平全 13 增产 5.0%。

栽培技术要点：（1）播期：一般 4 月中、下旬播种，选择中等肥力以上地块种植。（2）密度：清种公顷保苗 6.0 万株，间种公顷保苗 6.5 万株。（3）施肥：施足农家肥，底肥一般施用 150 千克/公顷玉米专用肥，种肥一般施用复合肥 120 千克/公顷，大喇叭口期追肥一般施用尿素 400 千克/公顷。（4）制种技术：制种时，父、母本错期播种，母本先播 5 天后再播父本，父、母本行比 1：4，父、母本种植密度为 6.5 万株/公顷。（5）其他：注意防治玉米螟虫。弯孢菌叶斑病重发区慎用。

适宜种植地区：吉林省玉米中晚熟区。

九单 100

审定编号：吉审玉 2010032

选育单位：吉林市农业科学院

品种来源：5071×5498

特征特性：种子橙红色，半硬粒型，百粒重 36.4 克。幼苗浓绿色，叶鞘紫色，叶缘紫色。株高 284 厘米，穗位 109 厘米，株型紧凑，叶片上举，成株叶片 20 片，花药黄色，花丝粉色。果穗长筒型，穗长 19.4 厘米，穗行数 18 行，穗轴红色，单穗粒重 220.3 克，秃尖 1.0 厘米。籽粒黄色，半硬粒型，百粒重 36.8 克。籽粒含粗蛋白质 10.19%，粗脂肪 3.05%，粗淀粉 74.88%，赖氨酸 0.29%，容重 775 克/升。人工接种抗病（虫）害鉴定，感丝黑穗病，高抗茎腐病，感大斑病，感弯孢菌叶斑病，感玉米螟虫。中晚熟耐密品种。出苗至成熟 128 天，比郑单 958 早熟 1 天，需≥10℃积温 2670℃左右。

产量表现：2008 年区域试验平均公顷产量 12431.0 千克，比对照品种平全 13 增产 9.6%；2009 年区域试验平均公顷产量 12246.3 千克，比对照品种郑单 958 增产 10.2%。2009 年生产试验平均公顷产量 10737.5 千克，比对照品种郑单 958 增产 6.3%。

栽培技术要点：（1）播期：一般 4 月下旬至 5 月上旬播种。（2）密度：一般公顷保苗 5.5 万～6.0 万株。（3）施肥：底肥一般施用玉米专用肥 200 千克/公顷，种肥一般施用磷酸二铵 150 千克/公顷，大喇叭口期追肥一般施用尿素 400 千克/公顷。（4）制种技术：制种时，父、母本同期播种，父、母本行比 1：5，父、母本种植密度为 6.5 万株/公顷。（5）其他：注意防治玉米螟虫及玉米丝黑穗病。叶斑病重发区慎用。

适宜种植地区：吉林省玉米中晚熟区。

巍丰 6

审定编号：吉审玉 2010033

选育单位：公主岭市巍峰种业公司

品种来源：W412×J71

特征特性：种子橙红色，半硬粒型，百粒重 36.7 克。幼苗浓绿色，叶鞘紫色，叶缘紫色。株高 279 厘米，穗位 112 厘米，株型紧凑，叶片上举，成株叶片 20 片，花药黄色，花丝粉色。果穗长筒型，穗长 20.9 厘米，穗行数 14～16 行，穗轴红色，单穗粒重 226.2 克，秃尖 0.8 厘米。籽粒黄色，半硬粒型，百粒重 35.6 克。籽粒含粗蛋白质 8.55%，粗脂肪 3.75%，粗淀粉 75.11%，赖氨酸 0.31%，容重 781 克/升。人工接种抗病（虫）害鉴定，感丝黑穗病，抗茎腐病，中抗大斑病，感弯孢菌叶斑病，感玉米螟虫。中晚熟耐密品种。出苗至成熟 128 天，比郑单 958 早熟 1 天，需≥10℃积温 2670℃左右。

产量表现：2008 年区域试验平均公顷产量 12209.1 千克，比对照品种平全 13 增产 7.6%；2009 年区域试验平均公顷产量 12054.5 千克，比对照品种郑单 958 增产 8.5%。2009 年生产试验平均公顷产量 10657.6 千克，比对照品种郑单 958 增产 5.6%。

栽培技术要点：（1）播期：一般 4 月下旬至 5 月上旬播种。（2）密度：一般公顷保苗 5.5 万～6.0 万株。（3）施肥：底肥一般施用玉米专用肥 200 千克/公顷，种肥一般施用磷酸二铵 150 千克/公顷，大喇叭口期追肥一般施用尿素 400 千克/公顷。（4）制种技术：制种时，父、母本同期播种，父、母本行比 1：4，父、母本种植密度为 6.5 万株/公顷。（5）其他：注意防治玉米螟虫及玉米丝黑穗病。弯孢菌叶斑病重发区慎用。

适宜种植地区：吉林省玉米中晚熟区。

吉单 50

审定编号： 吉审玉 2010035

选育单位： 吉林省农业科学院玉米所

品种来源： 吉 A5001×吉 A5002

特征特性： 种子黄色，半马齿型，百粒重 30.0 克。幼苗浓绿色，叶鞘紫色，叶缘浅紫色。株高 293 厘米，穗位 132 厘米，株型半收敛，成株叶片 22 片，花药红色，花丝浅绿色。果穗筒型，穗长 18.2 厘米，穗行数 16 行，穗轴白色，单穗粒重 213.6 克，秃尖 0.6 厘米。籽粒黄色，半马齿型，百粒重 37.3 克。籽粒含粗蛋白质 9.51%，粗脂肪 4.31%，粗淀粉 72.6%，赖氨酸 0.32%，容重 754 克/升。人工接种抗病（虫）害鉴定：感丝黑穗病，感弯孢菌叶斑病，中抗大斑病，高抗茎腐病，感玉米螟虫。中晚熟耐密品种。出苗至成熟 129 天，熟期与郑单 958 相同，需≥10℃积温 2700℃左右。

产量表现： 2008 年区域试验平均公顷产量 12034.3 千克，比对照品种郑单 958 增产 10.4%；2009 年区域试验平均公顷产量 12325.7 千克，比对照品种郑单 958 增产 10.9%；两年区域试验平均公顷产量 12161.8 千克，比对照品种增产 10.6%。2009 年生产试验平均公顷产量 11235.3 千克，比对照品种郑单 958 增产 11.3%。

栽培技术要点：（1）播期：一般 4 月下旬播种，选择中等肥力以上地块种植。（2）密度：清种公顷保苗 6.0 万株左右。（3）施肥：施足农家肥，种肥一般施用磷酸二铵 150～200 千克/公顷，硫酸钾 100～150 千克/公顷，尿素 50～100 千克/公顷，追肥一般施用尿素 300 千克/公顷左右。（4）制种技术：制种时，父本比母本晚播 2～3 天，父、母本行比为 1：5，父、母本种植密度为 6.0 万株/公顷。（5）其他：注意防治玉米螟虫及玉米丝黑穗病。弯孢菌叶斑病重发区慎用。

适宜种植地区： 吉林省玉米中晚熟区。

利合 16

审定编号： 吉审玉 2010036

选育单位： 山西利马格兰特种谷物研发有限公司

品种来源： AGMN2×CZH201

特征特性： 种子浅黄色，半马齿型，百粒重 23.4 克。幼苗绿色，叶鞘紫色，叶缘紫色。株高 311 厘米，穗位 139 厘米，株型半紧凑，成株叶片 21 片，花药黄色，花丝粉色。果穗筒型，穗长 17.5 厘米，穗行数 16～18 行，穗轴红色，单穗粒重 210.9 克，秃尖 0.30 厘米。籽粒外观为黄、白色，马齿型，百粒重 30.4 克。籽粒含粗蛋白质 11.18%，粗脂肪 3.99%，粗淀粉 70.1%，赖氨酸 0.36%，容重 700 克/升。人工接种抗病（虫）害鉴定，中抗丝黑穗病，中抗茎腐病，感大斑病，中抗弯孢菌叶斑病，感玉米螟虫。中晚熟耐密品种。出苗至成熟 129 天，熟期与郑单 958 相同，需≥10℃积温 2700℃左右。该品种为饲料专用品种。

产量表现： 2008 年区域试验平均公顷产量 11945.8 千克，比对照品种郑单 958 增产 9.6%；2009 年区域试验平均公顷产量 12253.6 千克，比对照品种郑单 958 增产 10.3%；两年区域试验平均公顷产量 12080.5 千克，比对照品种增产 9.9%。2009 年生产试验平均公顷产量 11011.6 千克，比对照品种郑单 958 增产 9.1%。

栽培技术要点：（1）播期：一般 4 月下旬至 5 月上旬播种。（2）密度：一般公顷保苗 6.0 万株。（3）施肥：施足农家肥，底肥一般施用玉米复合肥 200 千克/公顷，种肥一般施用磷酸二铵 200 千克/公顷，追肥一般施用尿素 350 千克/公顷。（4）制种技术：制种时，父、母本错期播种，1/2 父本先播，芽露出地面 1 厘米后另外 1/2 父本与母本同播，父、母本行比 1：5，父、母本种植密度为 6.0 万株/公顷。（5）其他：注意防治玉米螟虫。大斑病重发区慎用。

适宜种植地区： 吉林省玉米中晚熟区。

华旗 338

审定编号： 吉审玉 2010037

选育单位： 吉林华旗农业科技有限公司

品种来源： E022×J023

特征特性： 种子黄橙色，半马齿型，百粒重 35.0 克。幼苗浓绿色，叶鞘紫色，叶缘绿色。株高 273 厘米，穗位 119 厘米，株型紧凑，叶片上冲，成株叶片 19 片左右，花药黄色，花丝黄绿色。果穗性状：果穗筒型，穗长 18.9 厘米，穗行数 16～18 行，穗轴红色，单穗粒重 218.2 克，秃尖 0.8 厘米。籽粒黄色，马齿型，百粒重 33.5 克。籽粒含粗蛋白质 9.04%，粗脂肪 4.19%，粗淀粉 74.57%，赖氨酸 0.29%，容重 760 克/升。抗逆性：人工接种抗病（虫）害鉴定，感丝黑穗病，抗茎腐病，感大斑病，感弯孢菌叶斑病，感玉米螟虫。中晚熟耐密品种。出苗至成熟 129 天，熟期与郑单 958 相同，需≥10℃积温 2700℃左右。

产量表现： 2008 年区域试验平均公顷产量 11948.1 千克，比对照品种郑单 958 增产 9.6%；2009 年区域试验平均公顷产量 12123.2 千克，比对照品种郑单 958 增产 9.1%；两年区域试验平均公顷产量 12024.7 千克，比对照品种郑单 958 增产 9.40%。2009 年生产试验平均公顷产量 11108.2 千克，比对照品种郑单 958 增产 10.0%。

栽培技术要点：（1）播期：一般 5 月初播种，选择中等肥力以上地块种植。（2）密度：一般公顷保苗 5.5 万株左右。（3）施肥：施足农家肥，种肥一般施用磷酸二铵 150～200 千克/公顷，硫酸钾 100～150 千克/公顷，尿素 50～100 千克/公顷，追肥一般尿素 300 千克/公顷左右。（4）制种技术：制种时，父、母本同期播种，行比为 1：6，父、母本种植密度为 6.0 万株/公顷，如为延长父本的散粉期，当母本种子露白时，可补种 1/4 父本。（5）其他：注意防治玉米螟虫及玉米丝黑穗病。叶斑病重发区慎用。

适宜种植地区：吉林省玉米中晚熟区。

吉平 8

审定编号：吉审玉 2010038

选育单位：武威市农业技术推广中心、武威甘鑫种业有限公司、吉林省平安种业有限责任公司

品种来源：武 6127×昌 7-2

特征特性：种子橙红色，硬粒型，百粒重 36.0 克。幼苗绿色，叶鞘紫色，叶缘紫色。株高 273 厘米，穗位 124 厘米，株型收敛，叶片收敛，成株叶片 23 片，花药黄色，花丝粉色。果穗长筒型，穗长 18.4 厘米，穗行数 16 行，穗轴白色，单穗粒重 213.9 克，秃尖 0.4 厘米。籽粒黄色，半硬粒型，百粒重 35.9 克。籽粒含粗蛋白质 9.80%，粗脂肪 4.32%，粗淀粉 73.15%，赖氨酸 0.31%，容重 771 克/升。人工接种抗病（虫）害鉴定，抗丝黑穗病，抗茎腐病，感大斑病，感弯孢菌叶斑病、感玉米螟虫。中晚熟耐密品种。出苗至成熟 128 天，比郑单 958 早熟 1 天，需≥10℃积温 2670℃左右。

产量表现：2008 年区域试验平均公顷产量 12124.7 千克，比对照品种郑单 958 增产 11.2%；2009 年区域试验平均公顷产量 12017.4 千克，比对照品种郑单 958 增产 8.2%；两年区域试验平均公顷产量 12077.8 千克，比对照品种增产 9.9%。2009 年生产试验平均公顷产量 10975.9 千克，比对照品种郑单 958 增产 8.7%。

栽培技术要点：（1）播期：一般 4 月下旬至 5 月上旬播种。（2）密度：一般公顷保苗约 5.5 万株。（3）施肥：施足农家肥，底肥一般施用磷酸二铵 150 千克/公顷，种肥一般施用硫酸钾 100 千克/公顷、尿素 50 千克/公顷，追肥一般施用尿素 400 千克/公顷。（4）制种技术：制种时，父、母本同期播种，父、母本行比 1：5，父、母本种植密度为 6.0 万株/公顷。（5）其他：注意防治玉米螟虫，叶斑病重发区慎用。

适宜种植地区：吉林省玉米中晚熟区。

迪锋 128

审定编号：吉审玉 2010039

选育单位：吉林省金庆种业有限公司

品种来源：Z013×Z991

特征特性：种子黄色，半马齿型，百粒重 28.7 克。幼苗绿色，叶鞘紫色，叶缘绿色。株高 277 厘米，穗位 111 厘米，株型较紧凑，成株叶片 20 片，花药粉色，花丝粉红色。果穗筒型，穗长 19.2 厘米，穗行数 16～18 行，穗轴红色，单穗粒重 205.3 克，秃尖 0.7 厘米。籽粒黄色，半马齿型，百粒重 36.8 克。籽粒含粗蛋白质 10.08%，粗脂肪 4.08%，粗淀粉 73.01%，赖氨酸 0.32%，容重 764 克/升。人工接种抗病（虫）害鉴定：中抗丝黑穗病，高抗茎腐病，中抗大斑病，中抗弯孢菌叶斑病、感玉米螟虫。中晚熟耐密品种。出苗至成熟 127 天，比郑单 958 早熟 2 天，需≥10℃积温 2630℃左右。

产量表现：2008 年区域试验平均公顷产量 11809.0 千克，比对照品种郑单 958 增产 8.3%；2009 年区域试验平均公顷产量 12146.0 千克，比对照品种郑单 958 增产 11.0%；两年区域试验平均公顷产量 11956.4 千克，比对照品种增产 9.5%。2009 年生产试验平均公顷产量 11051.8 千克，比对照品种郑单 958 增产 9.5%。

栽培技术要点：（1）播期：一般 4 月下旬播种。（2）密度：清种公顷保苗 6.0 万株。（3）施肥：施足农家肥，底肥一般施用玉米复合肥 350 千克/公顷，种肥一般施用磷酸二铵 120 千克/公顷，追肥一般施用尿素 350 千克/公顷。（4）制种技术：制种时，父、母本同期播种，父、母本行比 1∶5，父、母本种植密度为 6.0 万～6.5 万株/公顷。（5）其他：注意防治玉米螟虫。

适宜种植地区：吉林省玉米中晚熟区。

长大 19

审定编号：吉审玉 2010041

选育单位：吉林省大发农资有限公司

品种来源：P288×P291

特征特性：种子黄色，马齿型，百粒重 30.0 克。幼苗浓绿色，叶鞘紫色，叶缘紫色。株高 293 厘米，穗位 112 厘米，株型半紧凑，成株叶片 21 片，花药紫色，花丝粉色。果穗长筒型，穗长 18.4 厘米，穗行数 16～18 行，穗轴红色，单穗粒重 219.9 克，秃尖 0.5 厘米。籽粒黄色，马齿型，百粒重 36.0 克。籽粒含粗蛋白质 10.04%，粗脂肪 3.58%，粗淀粉 73.38%，赖氨酸 0.31%，容重 740 克/升。人工接种抗病（虫）害鉴定，中抗丝黑穗病，抗茎腐病，中抗大斑病，感弯孢菌叶斑病，感玉米螟虫。中晚熟耐密品种。出苗至成熟 129 天，熟期与郑单 958 相同，需≥10℃积温 2700℃左右。

产量表现：2008 年区域试验平均公顷产量 12053.8 千克，比对照品种郑单 958 增产 10.6%；2009 年区域试验平均公顷产量 12436.1 千克，比对照品种郑单 958 增产 13.6%；两年区域试验平均公顷产量 12221.1 千克，比对照品种增产 11.9%。2009 年生产试验平均公顷产量 11377.6 千克，比对照品种郑单 958 增产 12.7%。

栽培技术要点：（1）播期：一般 4 月下旬至 5 月上旬播种，选择中等肥力以上地块种植。（2）密度：清种公顷保苗 5.5 万～6.0 万株。（3）施肥：施足农家肥，底肥一般施用有机肥 35000 千克/公顷，种肥一般施用磷酸二铵 150 千克/公顷，追肥一般施用尿素 400 千克/公顷。（4）制种技术：制种时，父、母本错期播种，1/2 父本先播，生根见芽后另外 1/2 父本与母本同播，父、母本行比 1：5，父、母本种植密度为 6.0 万株/公顷。（5）其他：注意防治玉米螟虫，弯孢菌叶斑病重发区慎用。

适宜种植地区：吉林省玉米中晚熟区。

联创 1

审定编号：吉审玉 2010042

选育单位：北京联创种业有限公司

品种来源：CT06×CT202

特征特性：种子黄色，硬粒型，百粒重 35.0 克。幼苗中绿色，叶鞘浅紫色，叶缘绿色。株高 280 厘米，穗位 135 厘米，株型紧凑，叶片上冲，成株叶片 20 片，花药浅紫色，花丝浅紫到紫色。果穗中间型，穗长 18.3 厘米，穗行数 16～18 行，穗轴红色，单穗粒重 212.0 克，秃尖 0.4 厘米。籽粒黄色，半马齿型，百粒重 35.6 克。籽粒含粗蛋白质 9.77%，粗脂肪 5.0%，粗淀粉 71.78%，赖氨酸 0.28%，容重 742 克/升。人工接种抗病（虫）害鉴定，中抗丝黑穗病，抗茎腐病，抗大斑病，感弯孢菌叶斑病，感玉米螟虫。中晚熟耐密品种。出苗至成熟 128 天，比郑单 958 早熟 1 天，需≥10℃积温 2670℃左右。

产量表现：2007 年区域试验平均公顷产量 10894.5 千克，比对照品种郑单 958 增产 6.1%；2008 年区域试验平均公顷产量 12100.9 千克，比对照品种郑单 958 增产 11.0%；两年区域试验平均公顷产量 11533.2 千克，比对照品种增产 8.7%。2008 年生产试验平均公顷产量 11178.8 千克，比对照品种郑单 958 增产 10.5%。

栽培技术要点：（1）播期：一般 4 月中、下旬播种。（2）密度：一般公顷保苗 5.5 万株。（3）施肥：施足农家肥，底肥一般施用磷酸二铵 150 千克/公顷、硫酸钾 150 千克/公顷，种肥一般施用磷酸二铵 150 千克/公顷，追肥一般施用尿素 400 千克/公顷。（4）制种技术：制种时，父、母本错期播种，第一期父本（2/3）比母本晚播 5 天，第二期父本（1/3）在母本播后 10 天播种。父、母本行比 1：4～6，父、母本种植密度为 7.0 万株/公顷。（5）其他：注意防治玉米螟虫，弯孢菌叶斑病重发区慎用。

适宜种植地区：吉林省玉米中晚熟区。

绿糯 9934

审定编号：吉审玉 2010043

选育单位：公主岭市绿育农业科学研究所

品种来源：L178×L145

特征特性：种子黄色，硬粒型，百粒重 29.0 克。幼苗绿色，叶鞘紫色。株高 258 厘米，穗位 103 厘米，株型半平展，成株叶片 21 片，花药黄色，花丝绿色。果穗筒型，穗长 21.7 厘米，穗行数 16～20 行，穗轴白色，单穗粒重 202.4 克，秃尖 0.3 厘米。籽粒黄色，半硬粒型，百粒重 36.5 克。籽粒粗淀粉含量 63.69%，支链淀粉/粗淀粉 99.54%，容重 756 克/升。人工接种抗病（虫）害鉴定，感丝黑穗病，抗茎腐病，中抗弯孢菌叶斑病，感大斑病，感玉米螟虫。中熟品种。出苗至成熟 125 天，需≥10℃积温 2570℃左右。

产量表现：2008 年区域试验平均公顷产量 8972.2 千克，比对照品种春糯 5 号增产 17.9%；2009 年区域试验平均公顷产量 10030.9 千克，比对照品种春糯 5 号增产 12.2%；两年区域试验平均公顷产量 9501.6 千克，比对照品种增产 14.8%。

栽培技术要点：（1）播期：一般 4 月下旬至 5 月上旬播种。（2）密度：一般公顷保苗 5.0 万～5.5 万株。（3）施肥：施足农家肥，底肥一般施用复合肥 500 千克/公顷，追肥一般施用尿素 250 千克/公顷。（4）制种技术：制种时，父、母本同期播种，父、母本行比为 1∶5，父、母本种植密度为 6.0 万株/公顷。（5）其他：注意防治玉米螟虫及玉米丝黑穗病，大斑病重发区慎用。

适宜种植地区：吉林省玉米中熟区。

H600

审定编号：吉审玉 2010045

引入单位：吉林祥裕食品有限公司

品种来源：2006 年吉林祥裕食品有限公司从阿根廷博收种子公司引进的超甜玉米品种。

特征特性：种子黄色，皱缩型，百粒重 15.0 克。幼苗、叶鞘均为深绿色，株高 210 厘米，穗位 50 厘米，花药黄色，花粉量大，花丝绿色，自身花期协调，苞叶长短松紧适中。果穗性状：果穗长锥形，穗尖部圆顶，穗长 22 厘米，穗粗 5.5 厘米，穗行数 14～18 行，行粒数 39～43 粒，穗轴白色。籽粒淡黄色，排列整齐，饱满有光泽，出籽率 63.9%～66.8%，百粒重 38.5 克。籽粒还原糖含量 7.01%，可溶性总糖含量 19.62%，皮渣率 6.38%，感官及蒸煮品质 2 级。抗逆性：人工接种抗病（虫）害鉴定，中抗丝黑穗病，感抗茎腐病，中抗大斑病，感弯孢菌叶斑病，感玉米螟虫；感灰斑病。从播种到鲜穗采收为 85 天，需≥10℃积温 1900℃左右。

产量表现： 2008 年区域试验平均公顷产量为 12264.7 千克，比对照吉甜 6 号增产 13.3%，2009 年区域试验平均公顷产量为 12506.4 千克，比对照品种吉甜 6 号增产 11.4%；两年区域试验平均公顷产量为 12385.55 千克，比对照品种吉甜 6 号增产 12.3%。

栽培技术要点： （1）播期：一般 4 月下旬至 5 月上旬播种，选择中等肥力以上地块种植。（2）密度：清种公顷保苗 4.5 万株。（3）施肥：施足农家肥，种肥一般施用磷酸二铵 150～200 千克/公顷，硫酸钾 100～150 千克/公顷，尿素 50～100 千克/公顷，追肥一般施用尿素 300 千克/公顷左右。（4）其他：注意防治玉米螟虫、玉米丝黑穗病，大斑病，茎腐病、叶斑病重发区慎用。（5）病虫害防治方法：①防治玉米苗期病、虫害和丝黑穗病：使用满适金和戊唑醇进行种子包衣。即：100 千克种子使用 200 毫升满适金和 100 毫升戊唑醇。②防治大斑病：发病初期使用德国巴斯夫公司生产的凯润药剂进行防治。即：使用 25%凯润乳油 1000 倍液进行叶面喷施。③防治玉米螟：在花期至吐丝期使用 10%天王星乳油 3000 倍液进行整株喷施，每次施药间隔 7 天，一般应防治 3 次。

适宜种植地区： 吉林省大部分地区均可种植。

伊单 9

审定编号： 吉审玉 2011001
选育单位： 吉林省稷秾种业有限责任公司
品种来源： 1009×旬 M17
特征特性： 种子橙红色，半硬粒型，百粒重 32.7 克。幼苗浓绿色，叶鞘紫色，叶缘紫色。株高 266 厘米，穗位 96 厘米，株型半紧凑，叶片半收敛，成株叶片 20 片，花药粉色，花丝粉色。果穗长筒型，穗长 19.6 厘米，穗行数 12～14 行，穗轴红色，单穗粒重 194.4 克，秃尖 0.5 厘米。籽粒黄色，马齿型，百粒重 38.1 克。籽粒含粗蛋白质 11.45%，粗脂肪 4.35%，粗淀粉 70.75%，赖氨酸 0.27%，容重 766 克/升。人工接种抗病（虫）害鉴定，抗丝黑穗病，感茎腐病，高抗大斑病，中抗弯孢菌叶斑病，抗玉米螟虫。极早熟品种。出苗至成熟 113 天，熟期与对照源玉 3 相同，需≥10℃积温 2150℃左右。

产量表现： 2009 年区域试验平均公顷产量 9217.2 千克，比对照品种源玉 3 增产 11.9%，2010 年区域试验平均公顷产量 8861.4 千克，比对照增产 9.3%；两年区域试验平均公顷产量 9039.3 千克，比对照增产 10.6%。2010 年生产试验平均公顷产量 8073.9 千克，比对照增产 2.8%。

栽培技术要点： （1）播期：一般 4 月下旬至 5 月上旬播种。（2）密度：一般公顷保苗 5.25 万株。（3）施肥：施足农家肥，底肥一般施用磷酸二铵 100～150 千克/公顷，硫酸钾 100～150 千克/公顷，尿素 50～100 千克/公顷，种肥一般施用磷酸二铵 20 千克/公顷，追肥一般施用尿素 300～400 千克/公顷。（4）制种技术：制种时，父、母本错期播种，先播母本，待母本出苗两叶一心时再播父本，父、母本行比 1：6，父、母本种植密度为 6.0 万株/公顷。（5）其他：茎腐病重发区慎用。

适宜种植地区：吉林省白山、延边、吉林东部山区玉米极早熟区。

嫩单 13

审定编号：吉审玉 2011002

选育单位：黑龙江省农科院嫩江农科所

引入单位：延边种业有限公司

品种来源：N5×嫩系 50

特征特性：种子橙红色，中粒型，百粒重 38.0 克。幼苗第一叶鞘紫色，叶缘紫色。株高 260 厘米，穗位 90 厘米，成株叶片 15 片，花药黄色，花丝粉色。果穗长筒型，穗长 25 厘米，穗行数 14 行，穗轴粉色，穗粗 4.8 厘米。籽粒橙红色，中硬粒型，百粒重 40.0 克。籽粒含粗蛋白质 10.57%，粗脂肪 5.26%，粗淀粉 72.38%，赖氨酸 0.28%。人工接种抗病（虫）害鉴定，中抗丝黑穗病，抗茎腐病，中抗大斑病，中抗弯孢菌叶斑病，中抗玉米螟虫。早熟品种。出苗至成熟 115 天，需≥10℃积温 2200℃左右。

产量表现：2009 年生产试验平均公顷产量 9140.6 千克，比对照品种白山 7 增产 11.7%，2010 年生产试验平均公顷产量 8985.6 千克，比对照品种白山 7 增产 11.5%；两年生产试验平均公顷产量 9063.1 千克，比对照品种增产 11.6%。

栽培技术要点：（1）播期：一般 5 月上旬播种，选择中等肥力以上地块种植。（2）密度：清种公顷保苗 4.5 万株，间种公顷保苗 5.0 万株。（3）施肥：施足农家肥，种肥一般施用磷酸二铵 225 千克/公顷，硫酸锌 15 千克/公顷，有条件可加施硫酸钾 40 千克/公顷，追肥一般施用尿素 200 千克/公顷左右。（4）制种技术：制种时，父、母本错期播种，父本先播，生根见芽后再播种母本，父、母本行比 1：5，父、母本种植密度为 6.0 万株/公顷。

适宜种植地区：延边海玉 4 种植区。

嫩单 14

审定编号： 吉审玉 2011003

选育单位： 黑龙江省农科院嫩江农科所

引入单位： 延边种业有限公司

品种来源： KL3×嫩系 50

特征特性： 种子橙红色，硬粒型，百粒重 37.0 克。幼苗第一叶鞘紫色，叶缘紫色。株高 250 厘米，穗位 85 厘米，成株叶片 15 片，花药黄色，花丝粉色。果穗粗锥型，穗长 25.5 厘米，穗行数 16 行，穗轴粉色。籽粒橙红色，中硬粒型，百粒重 41.0 克。籽粒含粗蛋白质 10.06%，粗脂肪 4.63%，粗淀粉 73.24%，赖氨酸 0.32%，容重 775 克/升。人工接种抗病（虫）害鉴定，中抗丝黑穗病，抗茎腐病，抗大斑病，中抗弯孢菌叶斑病，中抗玉米螟虫。出苗至成熟 103 天，需≥10℃积温 1900～2000℃。

产量表现： 2009 年生产试验平均公顷产量 9289.0 千克，比对照品种克单 7 增产 8.9%，2010 年生产试验平均公顷产量 9403.0 千克，比对照品种克单 7 增产 7.2%；两年生产试验平均公顷产量 9346.0 千克，比对照品种增产 8.05%。

栽培技术要点：（1）播期：一般 4 月下旬播种，选择中等肥力以上地块种植。（2）密度：清种公顷保苗 5.0 万株，间种公顷保苗 5.5 万株。（3）施肥：施足农家肥，种肥一般施用磷酸二铵 225 千克/公顷，硫酸锌 15 千克/公顷，有条件可加施硫酸钾 40 千克/公顷，追肥一般施用尿素 150～225 千克/公顷。（4）制种技术：制种时，父、母本错期播种，父本先播，生根见芽后播种母本，父、母本行比 1：5，父、母本种植密度为 5.5 万株/公顷。

适宜种植地区： 延边克单 7 种植区。

东农 252

审定编号： 吉审玉 2011005

选育单位： 东北农业大学玉米所

引入单位： 图们市种业有限公司

品种来源： Km11×km12

特征特性： 种子橙红色，硬粒型，百粒重 36.0 克。幼苗浓绿色，叶鞘紫色，叶缘紫色。株高 289 厘米，穗位 118 厘米，株型平展，成株叶片 21 片，花药紫色，花丝粉色。果穗长筒型，穗长 25 厘米，穗行数 14 行，穗轴粉色，穗粗 4.8 厘米。籽粒橙红色，中硬粒型，百粒重 44.0 克。籽粒含粗蛋白质 8.48%，粗脂肪 4.42%，粗淀粉 71.98%，赖氨酸 0.26%。人工接种抗病（虫）害鉴定，中抗丝黑穗病，中抗茎腐病，中抗大斑病，中抗弯孢菌叶斑病，中抗玉米螟虫。出苗至成熟 124 天，需≥10℃积温 2500℃左右。

产量表现： 2009 年生产试验平均公顷产量 12403.4 千克，比对照品种吉单 27 增产 5.16%，2010 年生产试验平均公顷产量 12704.6 千克，比对照品种吉单 27 增产 8.07%；两年生产试验平均公顷产量 12554.0 千克，比对照品种增产 6.62%。

栽培技术要点：（1）播期：一般 4 月下旬至 5 月上旬播种，选择中等肥力以上地块种植。（2）密度：清种公顷保苗 4.5 万株，间种公顷保苗 5.0 万株。（3）施肥：施足农家肥，种肥一般施用磷酸二铵 150～200 千克/公顷，硫酸钾 100～150 千克/公顷，追肥一般施用尿素 300 千克/公顷左右。（4）制种技术：制种时，父、母本错期播种，1/2 父本先播，生根见芽后播种另外 1/2 父本和母本，父、母本行比 1：5，父、母本种植密度为 6.0 万株/公顷。

适宜种植地区： 延边四单 19 种植区。

南北 79

审定编号： 吉审玉 2011006
选育单位： 黑龙江省南北农业科技有限公司
品种来源： 江 134×北 268
特征特性： 种子黄色，硬粒型，百粒重 33.8 克。幼苗绿色，叶鞘淡紫色，叶缘紫色。株高 288 厘米，穗位 111 厘米，株型半平展，叶片平展，成株叶片 18 片，花药紫色，花丝黄色。果穗长筒型，穗长 22.2 厘米，穗行数 14～16 行，穗轴粉色，单穗粒重 233.0 克，秃尖 0.8 厘米。籽粒橙黄色，半硬粒型，百粒重 39.4 克。籽粒含粗蛋白质 10.87%，粗脂肪 4.36%，粗淀粉 72.07%，赖氨酸 0.29%，容重 782 克/升。人工接种抗病（虫）害鉴定，抗丝黑穗病，高抗茎腐病，抗大斑病，抗弯孢菌叶斑病，抗玉米螟虫。中早熟品种。出苗至成熟 121 天，熟期比对照吉单 27 早 1 天，需≥10℃积温 2350℃左右。

产量表现： 2008 年区域试验平均公顷产量 11107.0 千克，比对照品种吉单 27 增产 8.5%，2009 年区域试验平均公顷产量 10365.4 千克，比对照品种吉单 27 增产 10.0%；两年区域试验平均公顷产量 10674.4 千克，比对照品种增产 9.3%。2009 年生产试验平均公顷产量 10519.7 千克，比对照品种吉单 27 增产 13.2%。

栽培技术要点：（1）播期：一般 4 月下旬至 5 月上旬播种。（2）密度：一般公顷保苗 5.5 万株。（3）施肥：施足农家肥，底肥一般施用复合肥 750 千克/公顷，种肥一般施用磷酸二铵 100 千克/公顷，追肥一般施用尿素

300 千克/公顷。（4）制种技术：制种时，父本覆膜与母本同播，父、母本行比 1∶6，父、母本种植密度为 6.0 万株/公顷。

适宜种植地区：吉林省白山、延边、吉林东部玉米中早熟区。

君达 6

审定编号：吉审玉 2011007

选育单位：公主岭国家农业科技园区君达种业有限公司

品种来源：JD101×JD102

特征特性：种子黄色，马齿型，百粒重 29.0 克。幼苗绿色，叶鞘紫色，叶缘紫色。株高 290 厘米，穗位 99 厘米，株型紧凑，叶片上冲，成株叶片 21 片，花药黄色，花丝绿色。果穗筒型，穗长 17.3 厘米，穗行数 14～16 行，穗轴红色，单穗粒重 222.5 克，秃尖 0.9 厘米。籽粒黄色，马齿型，百粒重 40.7 克。籽粒含粗蛋白质 9.93%，粗脂肪 4.02%，粗淀粉 72.89%，赖氨酸 0.28%，容重 728 克/升。人工接种抗病（虫）害鉴定，抗丝黑穗病，中抗茎腐病，中抗大斑病，中抗弯孢菌叶斑病，抗玉米螟虫。中早熟品种。出苗至成熟 123 天，熟期与对照吉单 27 相同，需≥10℃积温 2400℃左右。

产量表现：2009 年区域试验平均公顷产量 10512.2 千克，比对照品种吉单 27 增产 11.6%，2010 年区域试验平均公顷产量 10586.9 千克，比对照增产 3.4%；两年区域试验平均公顷产量 10549.6 千克，比对照增产 7.5%。2010 年生产试验平均公顷产量 10531.4 千克，比对照增产 2.7%。

栽培技术要点：（1）播期：一般 4 月下旬至 5 月上旬播种。（2）密度：一般公顷保苗 5.0 万株。（3）施肥：施足农家肥，底肥一般施用磷酸二铵 200 千克/公顷，种肥一般施用尿素 50 千克/公顷，追肥一般施用尿素 400 千克/公顷。（4）制种技术：制种时，父、母本错期播种，1/2 父本先播，生根见芽后另外 1/2 父本与母本同播，父、母本行比 1∶5，父、母本种植密度为 6.0 万株/公顷。

适宜种植地区：吉林省白山、延边、吉林东部玉米中早熟区。

吉德 359

审定编号：吉审玉 2011008

选育单位：吉林德丰种业有限公司

品种来源：E291×T23-4

特征特性：种子黄色，马齿型，百粒重 29.1 克。幼苗深绿色，叶鞘紫色，叶缘紫色。株高 290 厘米，穗位 98 厘米，株型平展，叶片平展，成株叶片 21 片，花药黄色，花丝浅紫色。果穗长筒型，穗长 17.7 厘米，穗行数 14～16 行，穗轴红色，单穗粒重 226.1 克，秃尖 0.9 厘米。籽粒黄色，马齿粒型，百粒重 38.8 克。籽粒含粗蛋白质 10.10%，粗脂肪 4.43%，粗淀粉 72.48%，赖氨酸 0.30%，容重 726 克/升。人工接种抗病（虫）害鉴定，抗丝黑穗病，中抗茎腐病，抗大斑病，抗弯孢菌叶斑病，抗玉米螟虫。中早熟品种。出苗至成熟 123 天，熟期与对照吉单 27 相同，需≥10℃积温 2400℃左右。

产量表现：2009 年区域试验平均公顷产量 10469.4 千克，比对照品种吉单 27 增产 11.1%，2010 年区域试验平均公顷产量 10801.5 千克，比对照增产 5.5%；两年区域试验平均公顷产量 10635.5 千克，比对照增产 8.2%。2010 年生产试验平均公顷产量 10467.6 千克，比对照增产 2.0%。

栽培技术要点：（1）播期：一般 4 月下旬至 5 月上旬播种。（2）密度：一般公顷保苗约 5.5 万株。（3）施肥：施足农家肥，种肥一般施用磷酸二铵 200 千克/公顷、硫酸钾 70 千克，追肥一般施用尿素 350 千克/公顷。（4）制种技术：制种时，父、母本同期播种，父、母本行比 1：4，父、母本种植密度为 6.0 万株/公顷。

适宜种植地区：吉林省白山、延边、吉林东部玉米中早熟区。

凤田 29

审定编号：吉审玉 2011009

选育单位：公主岭国家农业科技园区丰田种业有限责任公司

品种来源：FX027×吉 853

特征特性：种子橙黄色，近硬粒型，百粒重 37.5 克。幼苗浓绿色，叶鞘紫色，叶缘紫色。株高 287 厘米，穗位 116 厘米，株型半紧凑，叶片上冲，成株叶片 21 片，花药黄色，花丝粉红色。果穗筒型，穗长 19.0 厘米，穗行数 14～16 行，穗轴红色，单穗粒重 221.2 克，秃尖 0.1 厘米。籽粒橙黄色，半马齿型，百粒重 43.7 克。籽粒含粗蛋白质 11.71%，粗脂肪 4.41%，粗淀粉 73.23%，赖氨酸 0.29%，容重 760 克/升。人工接种抗病（虫）害鉴定，抗丝黑穗病，中抗茎腐病，中抗大斑病，感弯孢菌叶斑病，抗玉米螟虫。中熟品种。出苗至成熟 127 天，熟期与对照吉单 261 相同，需≥10℃积温 2600℃左右。

产量表现：2009 年区域试验平均公顷产量 10573.6 千克，比对照品种吉单 261 增产 10.4%，2010 年区域试验平均公顷产量 10514.4 千克，比对照品种吉单 261 增产 6.7%；两年区域试验平均公顷产量 10544.0 千克，比对照品种增产 8.5%。2010 年生产试验平均公顷产量 9705.4 千克，比对照品种吉单 261 增产 6.6%。

栽培技术要点：（1）播期：一般 4 月下旬至 5 月上旬播种。（2）密度：一般公顷保苗 5.5 万株。（3）施肥：

施足农家肥，底肥一般施用玉米复合肥 400 千克/公顷，种肥一般施用磷酸二铵 200 千克/公顷，追肥一般施用尿素 200 千克/公顷。（4）制种技术：制种时，父、母本同期播种，父、母本行比 1∶5，父、母本种植密度为 7.0 万株/公顷。（5）其他：弯孢菌叶斑病重发区慎用。

适宜种植地区：吉林省玉米中熟区。

吉单 33

审定编号：吉审玉 2011010

选育单位：吉林省农业科学院玉米研究所、吉林长融高新种业有限公司

品种来源：吉 A3301×吉 A3302

特征特性：种子黄色，半马齿型，百粒重 29.0 克。幼苗绿色，叶鞘紫色，叶缘绿色。株高 286 厘米，穗位 96 厘米，株型平展，叶片平展，成株叶片 20 片，花药绿色，花丝绿色。果穗筒型，穗长 18.6 厘米，穗行数 14～18 行，穗轴白色，单穗粒重 222.2 克，秃尖 0.1 厘米。籽粒黄色，半马齿型，百粒重 38.6 克。籽粒含粗蛋白质 9.53%，粗脂肪 4.01%，粗淀粉 74.48%，赖氨酸 0.27%，容重 768 克/升。人工接种抗病（虫）害鉴定，感丝黑穗病，中抗茎腐病，抗大斑病，感弯孢菌叶斑病、中抗玉米螟虫。中熟品种。出苗至成熟 126 天，熟期比对照吉单 261 早 1 天，需≥10℃积温 2570℃左右。

产量表现：2009 年区域试验平均公顷产量 10675.9 千克，比对照品种吉单 261 增产 11.4%，2010 年区域试验平均公顷产量 10618.1 千克，比对照品种吉单 261 增产 7.7%；两年区域试验平均公顷产量 10647.0 千克，比对照品种增产 9.6%。2010 年生产试验平均公顷产量 9588.9 千克，比对照品种吉单 261 增产 5.3%。

栽培技术要点：（1）播期：一般 4 月下旬至 5 月上旬播种。（2）密度：一般公顷保苗 5.5 万株左右。（3）施肥：施足农家肥，底肥一般施用磷酸二铵 150～200 千克/公顷、硫酸钾 100～150 千克/公顷，尿素 50～100 千克/公顷，追肥一般施用尿素 300 千克/公顷。（4）制种技术：制种时，父、母本同期播种，父、母本行比 1∶5，父、母本种植密度为 6.0 万株/公顷。（5）其他：弯孢菌叶斑病重发区慎用，注意防治玉米丝黑穗病。

适宜种植地区：吉林省玉米中熟区。

亨达 802

审定编号：吉审玉 2011011

选育单位：吉林省亨达种业有限公司

品种来源：6339×G58

特征特性：种子橙黄色，半硬粒型，百粒重 31.5 克。幼苗绿色，叶鞘紫色，叶缘紫色。株高 238 厘米，穗位 92 厘米，株型平展，叶片平展，成株叶片 20 片，花药黄色，花丝粉红色。果穗粗筒型，穗长 18.6 厘米，穗行数 14 行，穗轴白色，单穗粒重 220.7 克，秃尖 1.0 厘米。籽粒黄色，马齿型，百粒重 47.8 克。籽粒含粗蛋白质 8.96%，粗脂肪 4.54%，粗淀粉 74.96%，赖氨酸 0.26%，容重 743 克/升。人工接种抗病（虫）害鉴定，抗丝黑穗病，中抗茎腐病，中抗大斑病，感弯孢菌叶斑病，中抗玉米螟虫。中熟品种。出苗至成熟 126 天，熟期比对照吉单 261 早 1 天，需≥10℃积温 2570℃左右。

产量表现：2009 年区域试验平均公顷产量 10590.5 千克，比对照品种吉单 261 增产 10.5%，2010 年区域试验平均公顷产量 10409.3 千克，比对照品种吉单 261 增产 5.6%；两年区域试验平均公顷产量 10499.9 千克，比对照品种吉单 261 增产 8.0%。2010 年生产试验平均公顷产量 9805.6 千克，比对照品种吉单 261 增产 7.7%。

栽培技术要点：（1）播期：一般 4 月下旬至 5 月上旬播种。（2）密度：一般公顷保苗 5.0 万～5.5 万株。（3）施肥：施足农家肥，底肥一般施用磷酸二铵 200 千克/公顷、硫酸钾 150 千克/公顷，追肥一般施用尿素 450 千克/公顷。（4）制种技术：制种时，父、母本同期播种，待父本拱土时补种少量父本，以延长授粉期，父、母本行比 1∶6，父、母本种植密度为 6.0 万株/公顷。（5）其他：弯孢菌叶斑病重发区慎用。

适宜种植地区：吉林省玉米中熟区。

天农九

审定编号：吉审玉 2011012

选育单位：抚顺天农种业有限公司

品种来源：T106×W08

特征特性：种子黄色，偏硬粒型，百粒重 38.0 克。幼苗绿色，叶鞘紫色，叶缘紫色。株高 277 厘米，穗位 107 厘米，株型半紧凑，叶片上冲，成株叶片 21 片，花药紫色，花丝红色。果穗筒型，穗长 19.5 厘米，穗行数 16～18 行，穗轴红色，单穗粒重 232.5 克，秃尖 0.3 厘米。籽粒黄色，偏硬粒型，百粒重 38.7 克。籽粒含粗蛋白质 10.28%，粗脂肪 4.46%，粗淀粉 74.62%，赖氨酸 0.25%，容重 774 克/升。人工接种抗病（虫）害鉴定，感丝黑穗病，中抗茎腐病，抗大斑病，感弯孢菌叶斑病，感玉米螟虫。中熟品种。出苗至成熟 126 天，熟期比对照吉单 261 早 1 天，需≥10℃积温 2570℃左右。

产量表现：2009 年区域试验平均公顷产量 11074.4 千克，比对照品种吉单 261 增产 15.6%，2010 年区域试验平均公顷产量 10301.8 千克，比对照品种吉单 261 增产 4.5%；两年区域试验平均公顷产量 10688.1 千克，比对照品种增产 10.0%。2010 年生产试验平均公顷产量 10190.5 千克，比对照品种吉单 261 增产 12.0%。

栽培技术要点：（1）播期：一般 4 月下旬至 5 月上旬播种。（2）密度：一般公顷保苗 5.0 万株。（3）施肥：施足农家肥，底肥一般施用尿素 300 千克/公顷，种肥一般施用复合肥 150 千克/公顷，追肥一般施用尿素 250 千克/公顷。（4）制种技术：制种时，父、母本同期播种，父、母本行比 1∶6，父、母本种植密度为 8.0 万株/公顷。（5）其他：弯孢菌叶斑病重发区慎用，注意防治玉米丝黑穗病及玉米螟虫。

适宜种植地区：吉林省玉米中熟区。

穗育 75

审定编号：吉审玉 2011013

选育单位：长春穗丰农业科学研究所

品种来源：PH09B-8×SF59-81

特征特性：种子橙黄色，硬粒型，百粒重 34.0 克。幼苗浓绿色，叶鞘紫色，叶缘紫色。株高 276 厘米，穗位 105 厘米，株型半紧凑，叶片半紧凑，成株叶片 21 片，花药紫色，花丝粉红色。果穗长筒型，穗长 18.9 厘米，穗行数 16 行，穗轴红色，单穗粒重 234.4 克，秃尖 0.8 厘米。籽粒橙黄色，半硬粒型，百粒重 41.2 克。籽粒含粗蛋白质 8.91%，粗脂肪 4.16%，粗淀粉 74.68%，赖氨酸 0.26%，容重 778 克/升。人工接种抗病（虫）害鉴定，感丝黑穗病，中抗茎腐病，中抗大斑病，感弯孢菌叶斑病，感玉米螟虫。中熟品种。出苗至成熟 126 天，熟期比对照吉单 261 早 1 天，需≥10℃积温 2570℃左右。

产量表现：2009 年区域试验平均公顷产量 11297.7 千克，比对照品种吉单 261 增产 6.9%，2010 年区域试验平均公顷产量 11060.7 千克，比对照品种吉单 261 增产 12.2%；两年区域试验平均公顷产量 11179.2 千克，比对照品种吉单 261 增产 9.5%。2010 年生产试验平均公顷产量 9853.8 千克，比对照品种吉单 261 增产 8.3%。

栽培技术要点：（1）播期：一般 4 月下旬至 5 月上旬播种。（2）密度：一般公顷保苗 5.0 万株。（3）施肥：施足农家肥，底肥一般施用复合肥 400 千克/公顷，种肥一般施用复合肥 150 千克/公，追肥一般施用尿素 100～200 千克/公顷。（4）制种技术：制种时，父、母本同期播种，父、母本行比 1∶5，父、母本种植密度为 7.0 万株/公顷。（5）其他：弯孢菌叶斑病重发区慎用，注意防治玉米丝黑穗病及玉米螟虫。

适宜种植地区：吉林省玉米中熟区。

先正达 408

审定编号： 吉审玉 2011015

选育单位： 先正达（中国）投资有限公司隆化分公司

品种来源： NP2034×HF903

特征特性： 种子黄色，半马齿型，百粒重 39.0 克。幼苗绿色，叶鞘紫色，叶缘紫红色。株高 282 厘米，穗位 100 厘米，株型半紧凑，叶片上冲，成株叶片 19 片，花药浅紫色，花丝紫色。果穗长筒型，穗长 21.7 厘米，穗行数 12～14 行，穗轴红色，单穗粒重 237.8 克，秃尖 0.5 厘米。籽粒黄色，半硬粒型，百粒重 43.6 克。籽粒含粗蛋白质 10.51%，粗脂肪 3.75%，粗淀粉 73.9%，赖氨酸 0.28%，容重 758 克/升。人工接种抗病（虫）害鉴定，感丝黑穗病，中抗茎腐病，抗大斑病，中抗弯孢菌叶斑病，感玉米螟虫。中熟品种。出苗至成熟 125 天，熟期比对照吉单 261 早 1 天，需≥10℃积温 2570℃左右。

产量表现： 2008 年区域试验平均公顷产量 11296.1 千克，比对照品种吉单 27 增产 10.3%，2009 年区域试验平均公顷产量 10485.8 千克，比对照品种吉单 261 增产 9.4%；两年区域试验平均公顷产量 10891.0 千克，比对照品种增产 9.9%。2009 年生产试验平均公顷产量 11179.1 千克，比对照品种吉单 261 增产 9.6%。

栽培技术要点：（1）播期：一般 4 月下旬至 5 月上旬播种。（2）密度：一般公顷保苗 6.0 万株。（3）施肥：施足农家肥，底肥一般施用磷酸二铵 300 千克/公顷或玉米专用复合肥 400 千克/公顷，追肥一般施用尿素 375 千克/公顷。（4）制种技术：制种时，父、母本错期播种。正交制种，用 NP2034 作母本，HF903 作父本，母本出苗前播父本，父、母本行比 1∶4。反交制种母本一叶一心播父本，父、母本行比 1∶6。父、母本种植密度为 7.5 万株/公顷。（5）其他：注意防治玉米丝黑穗病及玉米螟虫。

适宜种植地区： 吉林省玉米中熟区。

东金 6

审定编号： 吉审玉 2011016

选育单位： 山东金诺种业有限公司

品种来源： S125×W226

特征特性： 种子黄色，半马齿型，百粒重 33.0 克。幼苗浓绿色，叶鞘紫色，叶缘紫色。株高 310 厘米，穗位 125 厘米，株型收敛，叶片上冲，成株叶片 21 片，花药黄色，花丝粉色。果穗长筒型，穗长 18.7 厘米，穗行数 14～16 行，穗轴红色，单穗粒重 223.1 克，秃尖 0.3 厘米。籽粒橙红色，半马齿型，百粒重 40.8 克。

籽粒含粗蛋白质 10.51%，粗脂肪 4.47%，粗淀粉 73.27%，赖氨酸 0.23%，容重 761 克/升。人工接种抗病（虫）害鉴定，抗丝黑穗病，高抗茎腐病，抗大斑病，感弯孢菌叶斑病，抗玉米螟虫。中熟品种。出苗至成熟 126 天，熟期比对照吉单 261 早 1 天，需≥10℃积温 2570℃左右。

产量表现： 2009 年区域试验平均公顷产量 10272.8 千克，比对照品种吉单 261 增产 9.0%，2010 年区域试验平均公顷产量 10950.7 千克，比对照品种吉单 261 增产 11.1%；两年区域试验平均公顷产量 10555.3 千克，比对照品种增产 9.9%。2010 年生产试验平均公顷产量 9911.1 千克，比对照品种吉单 261 增产 8.9%。

栽培技术要点：（1）播期：一般 4 月下旬至 5 月上旬播种。（2）密度：一般公顷保苗 5.5 万株。（3）施肥：施足农家肥，底肥一般施用复合肥 350 千克/公顷、种肥一般施用磷酸二铵 50 千克/公顷、追肥一般施用尿素 350 千克/公顷。（4）制种技术：制种时，父、母本同期播种，父、母本行比 1：5，父、母本种植密度为 6.0 万株/公顷。（5）其他：弯孢菌叶斑病重发区慎用。

适宜种植地区： 吉林省玉米中熟区。

先玉 716

审定编号： 吉审玉 2011017

选育单位： 铁岭先锋种子研究有限公司

品种来源： PHCER×PHGC1

特征特性： 种子橙红色，半马齿型，百粒重 34.2 克。幼苗绿色，叶鞘紫色，叶缘紫色。株高 307 厘米，穗位 108 厘米，株型半紧凑，叶片轻度下披，成株叶片 20 片，花药浅紫色，花丝黄绿色。果穗中间型，穗长 21.4 厘米，穗行数 14～16 行，穗轴红色，单穗粒重 245.2 克，秃尖 0.5 厘米。籽粒黄色，马齿型，百粒重 40.2 克。籽粒含粗蛋白质 9.51%，粗脂肪 4.00%，粗淀粉 75.05%，赖氨酸 0.28%，容重 751 克/升。人工接种抗病（虫）害鉴定，感丝黑穗病，高抗茎腐病，感大斑病，抗弯孢菌叶斑病，抗玉米螟虫。中熟品种。出苗至成熟 127 天，熟期与对照吉单 261 相同，需≥10℃积温 2600℃左右。

产量表现： 2009 年区域试验平均公顷产量 11674.1 千克，比对照品种吉单 261 增产 10.5%，2010 年区域试验平均公顷产量 10695.0 千克，比对照品种吉单 261 增产 8.5%；两年区域试验平均公顷产量 11184.6 千克，比对照品种增产 9.5%。2010 年生产试验平均公顷产量 10219.0 千克，比对照品种吉单 261 增产 12.3%。

栽培技术要点：（1）播期：一般 4 月下旬至 5 月上旬播种。（2）密度：一般公顷保苗 5.25 万～6.75 万株。（3）施肥：施足农家肥，底肥一般施用复合肥 300～400 千克/公顷，种肥一般施用磷酸二铵 50～75 千克/公顷，追肥一般施用尿素 400～525 千克/公顷。（4）制种技术：制种时，父、母本错期播种，父本比母本推迟 3

天播种，父、母本行比 1：4 或者 2：6，父、母本种植密度为 7.5 万株/公顷。（5）其他：大斑病重发区慎用，注意防治玉米丝黑穗病。

适宜种植地区：吉林省玉米中熟区。

杰尼 336

审定编号：吉审玉 2011018

选育单位：吉林杰尼农业科学技术研究所

品种来源：E030×J033

特征特性：种子橙黄色，半马齿型，百粒重 36.0 克。幼苗浓绿色，叶鞘紫色，叶缘紫色。株高 290 厘米，穗位 111 厘米，株型紧凑，叶片上冲，成株叶片 19 片，花药紫色，花丝紫色。果穗筒型，穗长 19.3 厘米，穗行数 16～18 行，穗轴红色，单穗粒重 233.3 克，秃尖 0.1 厘米。籽粒黄色，半马齿型，百粒重 40.9 克。籽粒含粗蛋白质 8.80%，粗脂肪 4.89%，粗淀粉 72.97%，赖氨酸 0.29%，容重 746 克/升。人工接种抗病（虫）害鉴定，感丝黑穗病，高抗茎腐病，中抗大斑病，中抗弯孢菌叶斑病，中抗玉米螟虫。中晚熟品种。出苗至成熟 128 天，熟期比对照郑单 958 早 1 天，需≥10℃积温 2720℃左右。

产量表现：2009 年区域试验平均公顷产量 11599.7 千克，比对照品种郑单 958 增产 9.3%，2010 年区域试验平均公顷产量 10707.7 千克，比对照品种郑单 958 增产 6.8%；两年区域试验平均公顷产量 11242.9 千克，比对照品种增产 8.3%。2010 年生产试验平均公顷产量 11093.3 千克，比对照品种郑单 958 增产 6.3%。

栽培技术要点：（1）播期：一般 5 月初播种。（2）密度：一般公顷保苗 5.0 万～5.5 万株。（3）施肥：施足农家肥，种肥一般施用磷酸二铵 150～200 千克/公顷，硫酸钾 100～150 千克/公顷，尿素 50～100 千克/公顷，追肥一般施用尿素 300 千克/公顷左右。（4）制种技术：制种时，父、母本同期播种，行比 1：6，为延长父本的散粉期，当母本种子露白时，补种 1/4 父本，父、母本种植密度为 6.0 万株/公顷。（5）其他：注意防治玉米丝黑穗病。

适宜种植地区：吉林省玉米中晚熟区。

恒宇 709

审定编号：吉审玉 2011019

选育单位：吉林省恒宇种业有限责任公司

品种来源：2366×3758

特征特性：种子橙红色，硬粒型，百粒重 33.0 克。幼苗浓绿色，叶鞘紫色，叶缘紫色。株高 269 厘米，穗位 104 厘米，株型半紧凑，叶片半收敛，成株叶片 21 片，花药黄色，花丝黄色。果穗长锥型，穗长 19.1 厘米，穗行数 14～16 行，穗轴白色，单穗粒重 221.4 克，秃尖 0.3 厘米。籽粒黄色，半硬粒型，百粒重 37.8 克。籽粒含粗蛋白质 9.81%，粗脂肪 4.01%，粗淀粉 75.02%，赖氨酸 0.27%，容重 778 克/升。人工接种抗病（虫）害鉴定，抗丝黑穗病，中抗茎腐病，中抗大斑病，中抗弯孢菌叶斑病，中抗玉米螟虫。中晚熟品种。出苗至成熟 129 天，熟期与对照郑单 958 相同，需≥10℃积温 2750℃左右。

产量表现：2009 年区域试验平均公顷产量 11503.4 千克，比对照品种郑单 958 增产 8.4%，2010 年区域试验平均公顷产量 10497.8 千克，比对照品种郑单 958 增产 4.7%；两年区域试验平均公顷产量 11101.2 千克，比对照品种增产 6.9%，2010 年生产试验平均公顷产量 11208.4 千克，比对照品种郑单 958 增产 7.4%。

栽培技术要点：（1）播期：一般 4 月下旬至 5 月上旬播种。（2）密度：一般公顷保苗 5.25 万株。（3）施肥：施足农家肥，底肥一般施用磷酸二铵 100～150 千克/公顷，硫酸钾 100～150 千克/公顷，尿素 50～100 千克/公顷，种肥一般施用磷酸二铵 20 千克/公顷，追肥一般施用尿素 300～400 千克/公顷。（4）制种技术：制种时，父、母本同期播种，父、母本行比 1∶6，父、母本种植密度为 6.0 万株/公顷。

适宜种植地区：吉林省玉米中晚熟区。

吉东 54

审定编号：吉审玉 2011020

选育单位：吉林省吉东种业有限责任公司

品种来源：8228×D45

特征特性：种子黄色，硬粒型，百粒重 27.2 克。幼苗绿色，叶鞘紫色，叶缘紫色。株高 302 厘米，穗位 121 厘米，株型紧凑，叶片半紧凑，成株叶片 20 片，花药褐色，花丝浅粉色。果穗长筒型，穗长 20.7 厘米，穗粗 5.3 厘米，穗行数 16～18 行，穗轴粉色，单穗粒重 235.9 克，秃尖 0.9 厘米。籽粒黄色，马齿型，百粒重 39.9 克。籽粒含粗蛋白质 9.64%，粗脂肪 4.72%，粗淀粉 72.21%，赖氨酸 0.28%，容重 743 克/升。人工接种抗病（虫）害鉴定，中抗丝黑穗病，中抗茎腐病，中抗大斑病，中抗弯孢菌叶斑病，中抗玉米螟虫。中晚熟品种。出苗至成熟 128 天，熟期比对照郑单 958 早 1 天，需≥10℃积温 2720℃左右。

产量表现：2009 年区域试验平均公顷产量 11657.9 千克，比对照品种郑单 958 增产 9.8%，2010 年区域试验平均公顷产量 10831.2 千克，比对照品种郑单 958 增产 8.0%；两年区域试验平均公顷产量 11327.2 千克，比对照品种增产 9.1%。2010 年生产试验平均公顷产量 10734.6 千克，比对照品种郑单 958 增产 2.9%。

栽培技术要点：（1）播期：一般 4 月中下旬至 5 月初播种。（2）密度：一般公顷保苗 5.0 万～5.5 万株。（3）施肥：施足农家肥，底肥一般施用农家肥 30000 千克/公顷，种肥一般施用磷酸二铵 150 千克/公顷，追肥一般施用尿素 400 千克/公顷。（4）制种技术：制种时，父、母本错期播种，母本先播，待母本要拱土时播 1/2 父本，待一期父本刚要萌动时播余下 1/2 父本。父、母本行比 1∶6，父、母本种植密度分别为 6.0 万株/公顷和 5.0 万株/公顷。

适宜种植地区：吉林省玉米中晚熟区。

科泰 217

审定编号：吉审玉 2011021

选育单位：公主岭市科泰种业有限责任公司

品种来源：162×05327

特征特性：种子橙红色，硬粒型，百粒重 34.0 克。幼苗绿色，叶鞘紫色，叶缘绿色。株高 283 厘米，穗位 111 厘米，株型较平展，果穗下部叶片平展；上部收敛，成株叶片 21 片，花药黄色，花丝粉色。果穗长筒型，穗长 19.9 厘米，穗行数 16 行，穗轴红色，单穗粒重 221 克，秃尖 0.7 厘米。籽粒黄色，马齿型，百粒重 39.2 克。籽粒含粗蛋白质 11.99%，粗脂肪 4.40%，粗淀粉 70.03%，赖氨酸 0.30%，容重 770 克/升。人工接种抗病（虫）害鉴定，抗丝黑穗病，中抗茎腐病，中抗大斑病，感弯孢菌叶斑病，感玉米螟虫。中晚熟品种。出苗至成熟 128 天，熟期比对照郑单 958 早 1 天，需≥10℃积温 2720℃左右。

产量表现：2009 年区域试验平均公顷产量 11678.1 千克，比对照品种郑单 958 增产 10.0%，2010 年区域试验平均公顷产量 10417.4 千克，比对照品种郑单 958 增产 3.9%；两年区域试验平均公顷产量 11173.8 千克，比对照品种增产 7.6%。2010 年生产试验平均公顷产量 11008.7 千克，比对照品种郑单 958 增产 5.5%。

栽培技术要点：（1）播期：一般在 4 月中下旬播种。（2）密度：一般公顷保苗约 5.0 万株。（3）施肥：施足农家肥，底肥一般施用磷酸二铵 200 千克/公顷、硫酸钾 150 千克/公顷，追肥一般施用尿素 450 千克/公顷。（4）制种技术：制种时，父、母本同期播种，父、母本行比 1∶5，父、母本种植密度为 6.0 万株/公顷。（5）其他：弯孢菌叶斑病重发区慎用，注意防治玉米螟虫。

适宜种植地区：吉林省玉米中晚熟区。

吉农玉 898

审定编号： 吉审玉 2011022

选育单位： 吉林农业大学

品种来源： J1155×J1658

特征特性： 种子黄褐色，半马齿型，百粒重 32.0 克。幼苗绿色，叶鞘紫色，叶缘紫色。株高 288 厘米左右，穗位 120 厘米，株型紧凑，叶片上举，成株叶片 21 片，花药紫色，花丝粉色。果穗长筒型，穗长 21.7 厘米，穗行数 16～18 行，穗轴红色，单穗粒重 240 克，秃尖 1.0 厘米。籽粒黄褐色，马齿型，百粒重 34.7 克。籽粒含粗蛋白质 10.68%，粗脂肪 4.27%，粗淀粉 72.75%，赖氨酸 0.28%，容重 749 克/升。人工接种抗病（虫）害鉴定，感丝黑穗病，中抗大斑病，中抗茎腐病，抗弯孢菌叶斑病，中抗玉米螟虫。晚熟偏早品种。出苗至成熟 127～130 天，个别试点熟期比对照郑单 958 略晚，需≥10℃积温 2700～2780℃左右。

产量表现： 2009 年区域试验平均公顷产量 11264.6 千克，平均比对照品种郑单 958 增产 9.6%，2010 年区域试验平均公顷产量 11155.5 千克，平均比对照品种郑单 958 增产 9.1%；两年区域试验平均公顷产量 11219.1 千克，平均比对照品种郑单 958 增产 9.4%。2010 年生产试验平均公顷产量 10294.2 千克，平均比对照品种郑单 958 增产 6.4%。

栽培技术要点：（1）播期：一般 4 月下旬至 5 月上旬播种。（2）密度：清种公顷保苗 5.0 万～5.5 万株，间种公顷保苗 6.0 万株。（3）施肥：施足农家肥，种肥一般施用磷酸二铵 150～200 千克/公顷，硫酸钾 100～150 千克/公顷，尿素 50～100 千克/公顷，追肥一般施用尿素 300 千克/公顷左右。（4）制种技术：制种时，父、母本错期播种，父本比母本早 5～7 天播种，或父本覆膜母本正常播种，父、母本行比 1：4，母本公顷保苗 6.0 万株左右。（5）其他：注意防治玉米丝黑穗病。

适宜种植地区： 吉林省玉米晚熟区。

平安 134

审定编号： 吉审玉 2011023

选育单位： 吉林省平安农业科学院

品种来源： PA540×PA21

特征特性： 种子橙黄色，硬粒型，百粒重 32.0 克。幼苗绿色，叶鞘紫色，叶缘紫色。株高 282 厘米，穗位 122 厘米，株型半紧凑，叶片平展，成株叶片 23 片，花药黄色，花丝紫色。果穗长筒型，穗长 20.0 厘米，穗行数 16 行，穗轴红色，单穗粒重 235.8 克，秃尖 0.5 厘米。籽粒橙黄色，马齿型，百粒重 37.3 克。籽粒含粗蛋白质 9.88%，粗脂肪 3.63%，粗淀粉 73.85%，赖氨酸 0.28%，容重 776 克/升。人工接种抗病（虫）害鉴定，中抗丝黑穗病，高抗茎腐病，中抗大斑病，感弯孢菌叶斑病，感玉米螟虫。晚熟偏早品种。出苗至成熟 127～130 天，个别试点熟期比对照郑单 958 略晚，需≥10℃积温 2700～2750℃。

产量表现： 2009 年区域试验平均公顷产量 11242.0 千克，比对照品种郑单 958 增产 9.4%，2010 年区域试验平均公顷产量 10551.0 千克，比对照品种郑单 958 增产 3.2%；两年区域试验平均公顷产量 10954.1 千克，比对照品种增产 6.8%。2010 年生产试验平均公顷产量 10125.4 千克，比对照品种郑单 958 增产 4.7%。

栽培技术要点：（1）播期：一般 4 月下旬至 5 月上旬播种。（2）密度：一般公顷保苗 5.0 万～5.5 万株。（3）施肥：施足农家肥，底肥一般施用硫酸钾 100 千克/公顷、磷酸二铵 150 千克/公顷，种肥一般施用尿素 50 千克/公顷，追肥一般施用尿素 400 千克/公顷。（4）制种技术：制种时，父、母本同期播种，父、母本行比 1∶5，母本种植密度为 6.0 万株/公顷，父本种植密度为 5.0 万株/公顷。（5）其他：弯孢菌叶斑病重发区慎用，注意防治玉米螟虫。

适宜种植地区： 吉林省玉米晚熟区。

吉第 67

审定编号： 吉审玉 2011025
选育单位： 吉林省吉育种业有限公司
品种来源： D391×598
特征特性： 种子黄色，半马齿型，百粒重 33.0 克。幼苗绿色，叶鞘紫色，叶缘紫色。株高 281 厘米，穗位 105 厘米，株型紧凑，叶片上冲，成株叶片 21 片，花药黄色，花丝粉色。果穗长筒型，穗长 18.3 厘米，穗行数 16～18 行，穗轴红色，单穗粒重 218.4 克，秃尖 0.5 厘米。籽粒黄色，半马齿型，百粒重 37.5 克。籽粒含粗蛋白质 9.77%，粗脂肪 3.60%，粗淀粉 75.00%，赖氨酸 0.29%，容重 748 克/升。人工接种抗病（虫）害鉴定，中抗丝黑穗病，中抗茎腐病，抗大斑病，中抗弯孢菌叶斑病，中抗玉米螟虫。晚熟偏早品种。出苗至成熟 128 天，熟期比对照郑单 958 早 1 天，需≥10℃积温 2720℃左右。

产量表现： 2009 年区域试验平均公顷产量 11393.9 千克，比对照品种郑单 958 增产 10.9%，2010 年区域试验平均公顷产量 10944.2 千克，比对照品种郑单 958 增产 7.0%；两年区域试验平均公顷产量 11206.5 千克，比对照品种增产 9.3%。2010 年生产试验平均公顷产量 10553.6 千克，比对照品种郑单 958 增产 9.1%。

栽培技术要点：（1）播期：一般 4 月下旬至 5 月上旬播种。（2）密度：一般公顷保苗 5.0 万～5.5 万株。

（3）施肥：施足农家肥，底肥一般施用磷酸二铵 100 千克/公顷，硫酸钾 150 千克/公顷、玉米专用肥 300 千克/公顷，追肥一般施用尿素 300～400 千克/公顷。（4）制种技术：制种时，父、母本错期播种，先播母本，母本一叶一心时播父本，父、母本行比 1：6，父、母本种植密度为 6.0 万株/公顷。

适宜种植地区：吉林省玉米晚熟区。

迪卡 516

审定编号：吉审玉 2011026

选育单位：中种迪卡种子有限公司

品种来源：XL21×H2671

特征特性：种子橙黄色，半硬粒型，百粒重 36.0 克。幼苗绿色，第一叶鞘紫色，植株中部叶鞘绿色，叶缘浅紫色。株高 262 厘米，穗位 103 厘米，株型较紧凑，叶片上冲，成株叶片 20～21 片，花药浅紫色，花丝粉红色。果穗长筒型，穗长 19.6 厘米，穗行数 14～16 行，穗轴粉红色，单穗粒重 195.6 克，秃尖 0.6 厘米。籽粒黄色，半硬粒型，百粒重 38.0 克。籽粒含粗蛋白质 9.87%，粗脂肪 4.26%，粗淀粉 73.31%，赖氨酸 0.28%，容重 798 克/升。人工接种抗病（虫）害鉴定，感丝黑穗病，高抗茎腐病，感大斑病，感弯孢菌叶斑病，中抗玉米螟虫。中晚熟品种。出苗至成熟 127 天，熟期比对照郑单 958 早 2 天，需≥10℃积温 2700℃左右。

产量表现：2009 年区域试验平均公顷产量 11611.9 千克，比对照品种郑单 958 增产 4.5%，2010 年区域试验平均公顷产量 10517.7 千克，比对照品种郑单 958 增产 3.9%；两年区域试验平均公顷产量 11064.8 千克，比对照品种增产 4.2%。2010 年生产试验平均公顷产量 10700.4 千克，比对照品种郑单 958 增产 9.6%。

栽培技术要点：（1）播期：一般 4 月下旬至 5 月上旬播种。（2）密度：一般公顷保苗 6.3 万株。（3）施肥：施足农家肥，底肥一般施用农家肥 10000 千克/公顷、种肥一般施用复合肥 200～300 千克/公顷，追肥一般施用尿素 300～400 千克/公顷。（4）制种技术：制种时，父、母本错期播种，母本先播，1/2 父本于母本播种 6 天后播种，另外 1/2 父本在母本播种后 9 天播种，父、母本行比 1：4，父、母本种植密度为 6.0 万株/公顷。（5）其他：叶斑病重发区慎用，注意防治玉米丝黑穗病。

适宜种植地区：吉林省玉米中晚熟区。

金庆 707

审定编号：吉审玉 2011027

选育单位：吉林省金庆种业有限公司

品种来源：JQMX03×JQFX02

特征特性：种子橙黄色，半马齿型，百粒重 29.3 克。幼苗绿色，叶鞘紫色。株高 298 厘米，穗位 115 厘米，株型半紧凑，成株叶片 20 片，花药紫色，花丝紫色。果穗筒型，穗长 18.0 厘米，穗行数 16～18 行，穗轴红色，单穗粒重 206.1 克，秃尖 0.7 厘米。籽粒黄色，半马齿型，百粒重 36.7 克。籽粒含粗蛋白质 9.13%，粗脂肪 4.16%，粗淀粉 72.42%，赖氨酸 0.28%，容重 759 克/升。人工接种抗病（虫）害鉴定，中抗丝黑穗病，抗茎腐病，中抗大斑病，中抗弯孢菌叶斑病，感玉米螟虫。中晚熟品种。出苗至成熟 127 天，熟期比对照郑单 958 早 2 天，需≥10℃积温 2700℃左右。

产量表现：2009 年区域试验平均公顷产量 11940.0 千克，比对照品郑单 958 增产 9.1%，2010 年区域试验平均公顷产量 11251.3 千克，比对照品种郑单 958 增产 11.1%；两年区域试验平均公顷产量 11622.1 千克，比对照品种郑单 958 增产 10.0%。2010 年生产试验平均公顷产量 10659.3 千克，比对照品种郑单 958 增产 9.2%。

栽培技术要点：（1）播期：一般 4 月下旬至 5 月初播种。（2）密度：一般公顷保苗 6.0 万株。（3）施肥：施足农家肥，底肥一般施用磷酸二铵 225 千克/公顷，尿素 50 千克/公顷。追肥一般施用尿素 400 千克/公顷左右。（4）制种技术：制种时，父、母本同期播种，父、母本行比 1：5，父、母本种植密度为 7.0 万株/公顷。（5）其他：注意防治玉米螟虫。

适宜种植地区：吉林省玉米中晚熟区。

平安 188

审定编号：吉审玉 2011028

选育单位：吉林省平安农业科学院

品种来源：PA33×PA504

特征特性：种子橙红色，硬粒型，百粒重 28.0 克。幼苗绿色，叶鞘紫色，叶缘紫色。株高 286 厘米，穗位 112 厘米，株型紧凑，叶片收敛，成株叶片 23 片，花药黄色，花丝粉色。果穗长筒型，穗长 18.2 厘米，穗行数 14～16 行，穗轴红色，单穗粒重 187.3 克，秃尖 1.0 厘米。籽粒橙黄色，半硬粒型，百粒重 34.8 克。籽粒含粗蛋白质 11.07%，粗脂肪 4.38%，粗淀粉 72.16%，赖氨酸 0.27%，容重 774 克/升。人工接种抗病（虫）害鉴定，中抗丝黑穗病，中抗茎腐病，感大斑病，中抗弯孢菌叶斑病，感玉米螟虫。中晚熟品种。出苗至成熟 127 天，熟期比对照郑单 958 早 2 天，需≥10℃积温 2700℃左右。

产量表现：2009 年区域试验平均公顷产量 11876.9 千克，比对照品种郑单 958 增产 8.5%，2010 年区域试验平均公顷产量 10721.8 千克，比对照品种郑单 958 增产 5.9%；两年区域试验平均公顷产量 11343.8 千克，比对照品种增产 7.4%。2010 年生产试验平均公顷产量 10332.9 千克，比对照品种郑单 958 增产 5.8%。

栽培技术要点：（1）播期：一般 4 月下旬至 5 月上旬播种。（2）密度：一般公顷保苗 5.5 万～6.0 万株。（3）施肥：施足农家肥，底肥一般施用硫酸钾 100 千克/公顷、磷酸二铵 150 千克/公顷，种肥一般施用尿素 50 千克/公顷，追肥一般施用尿素 400 千克/公顷。（4）制种技术：制种时，父、母本同期播种，父、母本行比 1：5，母本种植密度为 6.0 万株/公顷，父本种植密度为 5.0 万株/公顷。（5）其他：大斑病重发区慎用，注意防治玉米螟虫。

适宜种植地区：吉林省玉米中晚熟区。

吉东 59

审定编号：吉审玉 2011029

选育单位：吉林省吉东种业有限责任公司

品种来源：S001×D48

特征特性：种子黄色，半硬粒型，百粒重 28.9 克。幼苗绿色，叶鞘紫色，叶缘紫色。株高 279 厘米，穗位 125 厘米，株型紧凑，叶片半紧凑，成株叶片 21 片，花药褐色，花丝浅粉色。果穗长筒型，穗长 18.7 厘米，穗行数 14～16 行，穗轴粉色，单穗粒重 204.2 克，秃尖 0.5 厘米。籽粒黄色，半马齿型，百粒重 34.2 克。籽粒含粗蛋白质 8.54%，粗脂肪 4.17%，粗淀粉 74.91%，赖氨酸 0.27%，容重 788 克/升。人工接种抗病（虫）害鉴定，感丝黑穗病，抗茎腐病，中抗大斑病，感弯孢菌叶斑病，感玉米螟虫。中晚熟品种，出苗至成熟 128 天，熟期比对照郑单 958 早 1 天，需≥10℃积温 2720℃左右。

产量表现：2009 年区域试验平均公顷产量 12212.6 千克，比对照品种郑单 958 增产 9.9%，2010 年区域试验平均公顷产量 10933.7 千克，比对照品种郑单 958 增产 8.0%；两年区域试验平均公顷产量 11622.3 千克，比对照品种增产 9.1%。2010 年生产试验平均公顷产量 10628.5 千克，比对照品种郑单 958 增产 8.8%。

栽培技术要点：（1）播期：一般 4 月中旬至 5 月初播种。（2）密度：一般公顷保苗 6.0 万株。（3）施肥：施足农家肥，底肥一般施用农家肥 30000 千克/公顷、种肥一般施用磷酸二铵 150 千克/公顷、追肥一般施用尿素 400 千克/公顷。（4）制种技术：制种时，父、母本错期播种，母本先播，待母本要拱土时播 1/2 父本，待一期父本刚要萌动时播余下 1/2 父本。父、母本行比 1：6，父、母本种植密度分别为 6.0 万株/公顷和 5.0 万株/公顷。（5）其他：弯孢菌叶斑病重发区慎用，注意防治玉米丝黑穗病及玉米螟虫。

适宜种植地区：吉林省玉米中晚熟区。

吉德 89

审定编号：吉审玉 2011030

选育单位：吉林德丰种业有限公司

品种来源：F410×F466

特征特性：种子橙黄色，马齿型，百粒重 30.0 克。幼苗绿色，叶鞘绿色，叶缘绿色。株高 276 厘米，穗位 114 厘米，株型紧凑，叶片上举，成株叶片 21 片，花药浅紫色，花丝绿色。果穗中粗筒略锥型，穗长 16.7 厘米，穗行数 16～18 行，穗轴红色，单穗粒重 202.2 克，秃尖 0.8 厘米。籽粒橙黄色，马齿型，百粒重 34.7 克。籽粒含粗蛋白质 12.13%，粗脂肪 4.57%，粗淀粉 70.35%，赖氨酸 0.30%，容重 752 克/升。人工接种抗病（虫）害鉴定，感丝黑穗病，抗茎腐病，感大斑病，中抗弯孢菌叶斑病，感玉米螟虫。中晚熟品种。出苗至成熟 127 天，熟期比对照郑单 958 早 2 天，需≥10℃积温 2700℃左右。

产量表现：2009 年区域试验平均公顷产量 12634.8 千克，比对照品种郑单 958 增产 13.7%，2010 年区域试验平均公顷产量 11151.5 千克，比对照品种郑单 958 增产 10.1%；两年区域试验平均公顷产量 11950.2 千克，比对照品种增产 12.1%。2010 年生产试验平均公顷产量 10626.1 千克，比对照品种郑单 958 增产 8.8%。

栽培技术要点：（1）播期：一般 4 月下旬至 5 月上旬播种。（2）密度：一般公顷保苗 6.0 万株。（3）施肥：施足农家肥，种肥一般施用磷酸二铵 225 千克/公顷、硫酸钾 75 千克/公顷，追肥一般施用尿素 450 千克/公顷。（4）制种技术：制种时，父、母本同期播种，父、母本行比 1∶6，父、母本种植密度为 6.0 万株/公顷。（5）其他：大斑病重发区慎用，注意防治玉米丝黑穗病及玉米螟虫。

适宜种植地区：吉林省玉米中晚熟区。

吉第 57

审定编号：吉审玉 2011031

选育单位：吉林省吉育种业有限公司

品种来源：X1822×M5107

特征特性：种子黄色，半马齿型，百粒重 32.4 克。幼苗绿色，叶鞘浅紫色，叶缘紫色。株高 286 厘米，穗位 108 厘米，株型紧凑，叶片上冲，成株叶片 20 片，花药黄色，花丝粉色。果穗长筒型，穗长 17.7 厘米，穗行数 16～18 行，穗轴红色，单穗粒重 205.2 克，秃尖 0.8 厘米。籽粒黄色，半马齿型，百粒重 36.2 克。籽粒含粗蛋白质 9.76%，粗脂肪 3.69%，粗淀粉 75.00%，赖氨酸 0.31%，容重 746 克/升。人工接种抗病（虫）

害鉴定结果，中抗丝黑穗病，中抗茎腐病，中抗大斑病，中抗弯孢菌叶斑病，中抗玉米螟虫。中晚熟品种。出苗至成熟 127 天，熟期比对照郑单 958 早 2 天，需≥10℃积温 2700℃左右。

产量表现：2009 年区域试验平均公顷产量 12320.7 千克，比对照品种郑单 958 增产 12.6%，2010 年区域试验平均公顷产量 11290.1 千克，比对照品种郑单 958 增产 11.5%；两年区域试验平均公顷产量 11845.0 千克，比对照品种增产 12.1%。2010 年生产试验平均公顷产量 10424.2 千克，比对照品种郑单 958 增产 6.7%。

栽培技术要点：（1）播期：一般 4 月下旬至 5 月上旬播种。（2）密度：一般公顷保苗 5.5 万株。（3）施肥：施足农家肥，底肥一般施用磷酸二铵 100 千克/公顷，硫酸钾 150 千克/公顷、玉米专用肥 300 千克/公顷，追肥一般施用尿素 300～400 千克/公顷。（4）制种技术：制种时，父、母本错期播种，先播母本，母本钻锥播一期父本的 50%，母本一叶一心时播二期父本的 50%，父、母本行比 1：6，父、母本种植密度为 6.0 万株/公顷。

适宜种植地区：吉林省玉米中晚熟区。

吉单 550

审定编号：吉审玉 2011032

选育单位：吉林省农业科学院玉米研究所、吉林长融高新技术种业有限公司

品种来源：吉 V079×吉 V057

特征特性：种子橙红色，马齿型，百粒重 31.0 克。幼苗绿色，叶鞘紫色，叶缘紫色。株高 297 厘米，穗位 124 厘米，株型紧凑，叶片上冲，成株叶片 21 片，花药黄色，花丝黄色。果穗锥型，穗长 17.7 厘米，穗行数 18 行，穗轴红色，单穗粒重 202.1 克，秃尖 0.8 厘米。籽粒黄色，半硬粒型，百粒重 33.7 克。籽粒含粗蛋白质 11.41%，粗脂肪 4.41%，粗淀粉 72.46%，赖氨酸 0.34%，容重 748 克/升。人工接种抗病（虫）害鉴定结果，抗丝黑穗病，高抗茎腐病，中抗大斑病，感弯孢菌叶斑病，感玉米螟虫。中晚熟品种。出苗至成熟 127 天，熟期比对照郑单 958 早 2 天，需≥10℃积温 2700℃左右。

产量表现：2009 年区域试验平均公顷产量 11695.5 千克，比对照品种郑单 958 增产 6.9%，2010 年区域试验平均公顷产量 11103.7 千克，比对照品种郑单 958 增产 9.7%；两年区域试验平均公顷产量 11422.4 千克，比对照品种增产 8.1%。2010 年生产试验平均公顷产量 10538.0 千克，比对照品种郑单 958 增产 7.9%。

栽培技术要点：（1）播期：一般 4 月下旬至 5 月上旬播种。（2）密度：一般公顷保苗 6.0 万株。（3）施肥：施足农家肥，底肥一般施用农家肥 50000 千克/公顷，种肥一般施用玉米专用肥 300 千克/公顷，追肥一般施用尿素 500 千克/公顷；或播种时，一次深施玉米复合肥 650 千克。（4）制种技术：制种时，父、母本同期播种，父、母本行比 1：6，父、母本种植密度为 6.0 万株/公顷。（5）其他：弯孢菌叶斑病重发区慎用，注意防治玉

米螟虫。

适宜种植地区：吉林省玉米中晚熟区。

吉农大 935

审定编号：吉审玉 2011033

选育单位：吉林农大科茂种业有限责任公司

品种来源：Km53×Km87

特征特性：种子性状：种子金黄色，硬粒型，百粒重 28.0 克。植株性状：幼苗浓绿色，叶鞘紫色，叶缘紫色。株高 260 厘米，穗位 101 厘米，株型半紧凑，叶片半紧凑，成株叶片 21 片，花药浅紫色，花丝浅紫色，雄穗分枝 2～4 个。果穗性状：果穗筒型，穗长 18.5 厘米，穗行数 14～18 行，穗轴红色，单穗粒重 203.7 克，秃尖 0.6 厘米。籽粒性状：籽粒黄色，半硬粒型，百粒重 33.8 克。品质分析：籽粒含粗蛋白质 10.32%，粗脂肪 3.71%，粗淀粉 74.16%，赖氨酸 0.30%，容重 794 克/升。抗逆性：人工接种抗病（虫）害鉴定，感丝黑穗病，中抗茎腐病，中抗大斑病，中抗弯孢菌叶斑病，中抗玉米螟。生育日数：中晚熟偏早品种。出苗至成熟 126 天，熟期比对照郑单 958 早 3 天，需≥10℃积温 2680℃左右。

产量表现：2009 年区域试验平均公顷产量 12088.3 千克，比对照品种郑单 958 增产 10.4%，2010 年区域试验平均公顷产量 11309.7 千克，比对照品种郑单 958 增产 10.8%；两年区域试验平均公顷产量 11728.9 千克，比对照品种增产 10.6%。2010 年生产试验平均公顷产量 10809.9 千克，比对照品种郑单 958 增产 10.7%。

栽培技术要点：（1）播期：一般 4 月下旬至 5 月上旬播种。（2）密度：一般公顷保苗 6.0 万株。（3）施肥：施足底肥，注意增施磷钾肥提苗，重施拔节肥；大喇叭口期防治玉米螟。（4）制种技术：制种时 1/2 父本与母本同播，生根见芽后播另外 1/2 父本，父、母本行比 1∶6，父、母本种植密度为 7.0 万株/公顷。（5）其他：注意防治玉米丝黑穗病。

适宜种植地区：吉林省玉米中熟—中晚熟区。

博玉 24

审定编号：吉审玉 2011035

选育单位：四平市金穗玉米研究所

品种来源：L142×L319

特征特性：种子黄色，半硬粒型，百粒重 30.0 克。幼苗绿色，叶鞘紫色，叶缘绿色，早发性好。株高 323 厘米，穗位 132 厘米，株型半收敛，叶片半收敛，成株叶片 21 片，花药浅紫色，花丝浅紫色。果穗筒型，穗长 19.8 厘米，穗粗 4.9 厘米，穗行数 16～18 行，穗轴红色，单穗粒重 212.2 克，秃尖 1.2 厘米，出籽率 80.8%。籽粒黄色，半马齿型，百粒重 35.6 克。籽粒含粗蛋白质 10.76%，粗脂肪 4.65%，粗淀粉 70.03%，赖氨酸 0.3%，容重 756 克/升。人工接种抗病（虫）害鉴定，感丝黑穗病，抗茎腐病，中抗大斑病，感弯孢菌叶斑病，中抗玉米螟虫。晚熟偏早品种。出苗至成熟 128～131 天，个别试点熟期比对照郑单 958 略晚，需≥10℃积温 2700～2800℃左右。

产量表现：2009 年区域试验平均公顷产量 12240.9 千克，比对照品种郑单 958 增产 11.8%，2010 年区域试验平均公顷产量 11352.0 千克，比对照品种郑单 958 增产 11.2%；两年区域试验平均公顷产量 11830.6 千克，比对照品种增产 11.6%。2010 年生产试验平均公顷产量 10841.9 千克，比对照品种郑单 958 增产 11.0%。

栽培技术要点：（1）播期：一般 4 月下旬至 5 月上旬播种。（2）密度：一般公顷保苗 5.5 万株。（3）施肥：施足农家肥，底肥一般施用复合肥 600 千克/公顷，种肥一般施用磷酸二铵 250 千克/公顷，追肥一般施用尿素 300 千克/公顷。（4）制种技术：制种时，父、母本同期播种，父、母本行比 1∶5，父、母本种植密度为 6.0 万株/公顷。（5）其他：弯孢菌叶斑病重发区慎用，注意防治玉米丝黑穗病。

适宜种植地区：吉林省玉米晚熟区。

翔玉 T68

审定编号：吉审玉 2011036

选育单位：吉林省鸿翔种业有限公司

品种来源：AX801×F7

特征特性：种子性状：种子浅黄色，硬粒型，百粒重 32.9 克。植株性状：幼苗绿色，叶鞘紫色，叶缘紫色。株高 318 厘米，穗位 142 厘米，株型半平展，成株叶片 21 片，花药紫色，花丝浅粉色。果穗性状：果穗筒型，穗长 19.8 厘米，穗行数 14～16 行，穗轴红色，单穗粒重 206.3 克，秃尖 0.7 厘米。籽粒性状：籽粒黄色，半硬粒型，百粒重 40.1 克。品质分析：籽粒含粗蛋白质 10.28%，粗脂肪 4.11%，粗淀粉 73.28%，赖氨酸 0.30%，容重 803 克/升。人工接种抗病（虫）害鉴定，感丝黑穗病、高抗茎腐病，中抗大斑病，感弯孢菌叶斑病，感玉米螟虫。晚熟偏早品种。出苗至成熟 127～130 天，个别试点熟期比对照郑单 958 略晚，需≥10℃积温 2700～2780℃左右。

产量表现：2009 年区域试验平均公顷产量 11980.1 千克，比对照品种郑单 958 增产 9.5%，2010 年区域试验平均公顷产量 10551.9 千克，比对照品种郑单 958 增产 3.4%；两年区域试验平均公顷产量 11320.9 千克，比对照品种增产 6.8%。2010 年生产试验平均公顷产量 10791.1 千克，比对照品种郑单 958 增产 10.5%。

栽培技术要点：（1）播期：一般 4 月下旬至 5 月上旬播种。（2）密度：一般公顷保苗 5.5 万株。（3）施肥：施足农家肥，底肥一般施用复合肥 300 千克/公顷、追肥一般施用尿素 300 千克/公顷。（4）制种技术：制种时 1/2 父本与母本同播，生根见芽后播另外 1/2 父本，父、母本行比 1：5，父、母本种植密度为 6.0 万株/公顷。（5）其他：弯孢菌叶斑病重发区慎用，注意防治玉米丝黑穗病及玉米螟虫。

适宜种植地区：吉林省玉米晚熟区。

禾玉 33

审定编号：吉审玉 2011037

选育单位：吉林省禾冠种业有限公司

品种来源：S804×YD125

特征特性：种子黄色，半硬粒型，百粒重 34.0 克。幼苗绿色，叶鞘紫色，叶缘浅紫色。株高 295 厘米，穗位 113 厘米，株型紧凑，叶片上冲，成株叶片 21 片，花药紫色，花丝浅紫色。果穗筒型，穗长 19.5 厘米，穗行数 14～16 行，穗轴红色，单穗粒重 209.6 克，秃尖 1.0 厘米。籽粒黄色，半马齿型，百粒重 35.8 克。籽粒含粗蛋白质 9.21%，粗脂肪 3.78%，粗淀粉 74.91%，赖氨酸 0.28%，容重 758 克/升。人工接种抗病（虫）害鉴定，中抗丝黑穗病，抗茎腐病，感大斑病，中抗弯孢菌叶斑病，中抗玉米螟虫。中晚熟品种。出苗至成熟 128 天，熟期比对照郑单 958 早 1 天，需≥10℃积温 2720℃左右。

产量表现：2009 年区域试验平均公顷产量 11819.3 千克，比对照品种郑单 958 增产 8.0%，2010 年区域试验平均公顷产量 11313.2 千克，比对照品种郑单 958 增产 10.9%；两年区域试验平均公顷产量 11585.7 千克，比对照品种增产 9.3%。2010 年生产试验平均公顷产量 10728.6 千克，比对照品种郑单 958 增产 9.9%。

栽培技术要点：（1）播期：一般 4 月下旬至 5 月上旬播种。（2）密度：一般公顷保苗 6.0 万株。（3）施肥：施足农家肥，底肥采用一次性深施肥，一般施用三元复合肥 700 千克/公顷，土壤瘠薄或保肥水性差的地块中期需追肥。（4）制种技术：制种时 1/3 父本与母本同播，7 天（生根见芽）后播另外 2/3 父本，父、母本行比 1：5，父、母本种植密度为 6.0 万株/公顷。（5）其他：大斑病重发区慎用。

适宜种植地区：吉林省玉米中晚熟区。

吉糯 863

审定编号：吉审玉 2011038

选育单位：长春市丰硕农业科学研究所

品种来源：吉糯 509×吉糯 350

特征特性：种子白色，硬粒型，百粒重 28.0 克。幼苗浓绿色，叶鞘紫色，叶缘绿色。株高 259 厘米，穗位 118 厘米，株型平展，成株叶片 21 片，花药黄色，花丝粉色。果穗长锥型，穗长 22.7 厘米，穗行数 16 行，穗轴白色，单穗鲜粒重 264.3 克。籽粒白色，硬粒型，百粒重 38.6 克。籽粒含粗淀粉 71.19%，直链淀粉/粗淀粉 1.88%，支链淀粉/精淀粉 98.12%。人工接种抗病（虫）害鉴定，感丝黑穗病，高感茎腐病，中抗大斑病，中抗弯孢菌叶斑病、感玉米螟虫。中熟品种，出苗至鲜果穗成熟 91 天，全生育期 123 天，需≥10℃积温 2400℃左右。

产量表现：2009 年区域试验平均鲜穗产量 13074.7 千克/公顷，比对照品种春糯 1 增产 9.8%，2010 年区域试验平均鲜穗产量 12036.9 千克/公顷，比对照品种春糯 1 增产 6.7%；两年区域试验平均鲜穗产量 12555.8 千克/公顷，比对照品种增产 8.3%。

栽培技术要点：（1）播期：一般 4 月中下旬至 5 月上旬播种，长春地区最迟播期为 7 月初。（2）密度：一般公顷保苗 5.3 万株。（3）施肥：施足农家肥，底肥一般施用磷酸二铵 150～200 千克/公顷、硫酸钾 100～150 千克/公顷，尿素 50～100 千克/公顷，追肥一般施用尿素 300 千克/公顷。（4）制种技术：父本不采用分期播种时，先播母本，7 天后播父本；父本采用分期播种时，一期父本与母本同时播种，7 天后播种二期父本。父、母本行比为 1∶4 或 2∶6。母本种植密度为 6.7 万～7.5 万株/公顷，父本种植密度为 5.2 万～6.0 万株/公顷。避免在干旱、低洼和肥力较差的地块制种。（5）其他：注意防治玉米丝黑穗病及玉米螟虫。

适宜种植地区：吉林省大部分地区。

摩甜 520

审定编号：吉审玉 2011039

选育单位：美国 HarrisMoran（摩根）公司

引入单位：张保民

品种来源：M203×P012

特征特性：种子黄色，皱缩型，百粒重 15.0 克。幼苗绿色，叶鞘绿色，叶缘绿色。株高 192 厘米，穗位

59 厘米，株型平展，叶片平展，成株叶片 17 片，花药绿色，花丝绿色。果穗长锥型，穗长 20.6 厘米，穗行数 16～18 行，穗轴白色，单穗鲜重 250.0 克，秃尖 1.6 厘米。籽粒黄色，长楔型，百粒鲜重 37.5 克。籽粒还原糖 7.19%，可溶性总糖 17.13%，皮渣率 4.95%；人工接种抗病（虫）害鉴定，感丝黑穗病，中抗茎腐病，中抗大斑病，感弯孢菌叶斑病，感玉米螟虫。中熟品种。出苗至鲜穗采收 78 天，需≥10℃积温 1900℃左右。

产量表现：2009 年区域试验平均公顷鲜穗产量 11894.9 千克，比对照品种吉甜 6 号增产 6.0%，2010 年区域试验平均公顷鲜穗产量 12036.9 千克，比对照品种吉甜 6 号增产 6.7%；两年区域试验平均公顷鲜穗产量 11965.9 千克，比对照品种增产 6.3%。

栽培技术要点：（1）播期：一般 4 月下旬至 6 月下旬播种。（2）密度：一般公顷保苗 4.5 万株。（3）施肥：施足农家肥，提倡一次性深施玉米复合肥，不提倡追肥。（4）制种技术：制种时，父、母本同期播种，父、母本行比 1：5，父、母本种植密度为 6.0 万株/公顷。（5）其他：早春播种 5 厘米地温必须稳定通过 12℃，否则易粉种。5 厘米地温 12～16℃时播种必须用戊唑醇进行二次拌种防玉米丝黑穗病，后期播种则不用。弯孢菌叶斑病重发区慎用，注意防治玉米螟虫。

适宜种植地区：吉林省大部分地区均可种植。

吉爆 5

审定编号：吉审玉 2011041

选育单位：吉林农业大学

品种来源：吉 B176×吉 B258

特征特性：种子橙黄色，爆裂型，百粒重 14.5 克。幼苗绿色，叶鞘紫色，叶缘绿色。株高 245 厘米，穗位 143 厘米，株型平展，叶片平展，成株叶片 22 片，花药绿色，花丝绿色。果穗锥型，穗长 17.6 厘米，穗行数 16～18 行，穗轴白色，单穗粒重 95.3 克，秃尖 0.3 厘米。籽粒黄色，爆裂型，百粒重 16.2 克。爆花率 98.5%，膨胀倍数 27.6 倍，容重 770.5 克/升。人工接种抗病（虫）害鉴定，中抗丝黑穗病，中抗茎腐病，中抗大斑病，中抗弯孢菌叶斑病，中抗玉米螟虫。早熟品种。出苗至成熟 117 天，需≥10℃积温 2230℃左右。

产量表现：2009 年区域试验平均公顷产量 4112.6 千克，比对照品种吉爆 3 号增产 15.9%，2010 年区域试验平均公顷产量 4313.0 千克，比对照品种吉爆 3 号增产 15.0%；两年区域试验平均公顷产量 4212.8 千克，比对照品种增产 15.4%。2010 年生产试验平均公顷产量 4219.7 千克，比对照品种吉爆 3 号增产 13.8%。

栽培技术要点：（1）播期：一般 4 月下旬至 5 月上旬播种。（2）密度：一般公顷保苗 5.5 万株。（3）施肥：施足农家肥，底肥一般施用玉米复合肥 300～400 千克/公顷，追肥一般施用尿素 300 千克/公顷。（4）制种技术：制种时，父、母本可以同期播种，父、母本行比1∶5，父、母本种植密度为5.5万～6.0万株/公顷。

适宜种植地区：吉林省玉米中早熟区。

源玉7

审定编号：吉审玉2012001

选育单位：敦化市新源种子有限责任公司

品种来源：XY1×兴垦自矮34-1

特征特性：种子性状：种子黄色，半马齿型，百粒重28.8克。植株性状：幼苗绿色，叶鞘紫色，叶缘绿色。株高260厘米，穗位100厘米，株型平展，叶片平展，成株叶片16片，花药黄色，花丝绿色。果穗性状：果穗柱型，穗长20厘米，穗行数12～14行，穗轴红色。籽粒性状：籽粒橙红色，半马齿型，百粒重34.8克。品质分析：籽粒含粗蛋白质12.58%，粗脂肪4.81%，粗淀粉70.47%，赖氨酸0.33%，容重778克/升。抗逆性：人工接种抗病（虫）害鉴定结果，中抗丝黑穗病，抗茎腐病，抗大斑病，抗弯孢菌叶斑病，中抗玉米螟虫。生育日数：极早熟品种。出苗至成熟大约103天，熟期与对照品种承单22相仿，需≥10℃积温1950℃左右。

产量表现：2010年区域试验平均公顷产量8408.3千克，比对照品种承单22增产9.1%；2011年区域试验平均公顷产量8692.4千克，比对照品种承单22增产9.6%；两年区域试验平均公顷产量8550.4千克，比对照品种增产9.4%。2011年生产试验平均公顷产量8538.3千克，比对照品种承单22增产8.4%。

栽培技术要点：（1）播期：一般5月上旬播种。（2）密度：一般公顷保苗5.5万～6.0万株。（3）施肥：施足农家肥，底肥一般施用磷酸二铵150千克/公顷、硫酸钾50千克/公顷，尿素50千克/公顷。追肥一般施用尿素300千克/公顷。或一次性施用玉米复合肥500千克/公顷。（4）制种技术：制种时，父、母本错期播种，先播父本，3天后播母本，或父、母本同期播种，父本覆膜，父、母本行比1∶6，父、母本种植密度为6.5万株/公顷。

适宜种植地区：吉林省白山、延边高寒山区玉米极早熟区。

吉单441

审定编号：吉审玉2012002

选育单位：吉林吉农高新技术发展股份有限公司、吉林省农业科学院玉米研究所

品种来源：吉DHS11×承351

特征特性：种子性状：种子黄色，硬粒型，百粒重 26.0 克。植株性状：幼苗绿色，叶鞘紫色，叶缘紫色。株高 302 厘米，穗位 129 厘米，株型半收敛，叶片上举，成株叶片 21 片，花药黄色，花丝绿色。果穗性状：果穗长筒型，穗长 18.3 厘米，穗行数 16 行，穗轴红色。籽粒性状：籽粒黄色，半马齿型，百粒重 34.9 克。品质分析：籽粒含粗蛋白质 9.74%，粗脂肪 5.05%，粗淀粉 72.07%，赖氨酸 0.30%，容重 735 克/升。抗逆性：人工接种抗病（虫）害鉴定结果，抗丝黑穗病，高抗茎腐病，高抗大斑病，中抗弯孢菌叶斑病，高抗玉米螟虫。生育日数：早熟品种。出苗至成熟 114 天，比对照源玉 3 晚 4 天，需≥10℃积温 2200℃左右。

产量表现：2010 年区域试验平均公顷产量 9118.0 千克，比对照品种白山 7 增产 4.0%；2011 年区域试验平均公顷产量 9879.4 千克，比对照品种源玉 3 增产 5.1%；两年区域试验平均公顷产量 9435.2 千克，比对照品种增产 4.4%。2011 年生产试验平均公顷产量 9182.2 千克，比对照品种源玉 3 增产 11.7%。

栽培技术要点：（1）播期：一般 4 月下旬至 5 月上旬播种。（2）密度：一般公顷保苗 5.5 万株。（3）施肥：施足农家肥，底肥一般施用玉米复合肥 400 千克/公顷，种肥一般施用玉米复合肥 150 千克/公顷，追肥一般施用尿素 300 千克/公顷。（4）制种技术：制种时，父、母本同期播种，父本覆膜，5～6 片叶时去膜，父、母本行比 1：5，父、母本种植密度为 6.0 万株/公顷。

适宜种植地区：吉林省白山、延边、吉林东部山区和半山区玉米早熟区。

金产 5

审定编号：吉审玉 2012003

选育单位：吉林省金农种业有限责任公司

品种来源：L8-5×K10

特征特性：种子性状：种子橙黄色，半马齿型，百粒重 34.5 克。植株性状：幼苗浓绿色，叶鞘紫色，叶缘紫色。株高 296 厘米，穗位 111 厘米，株型半紧凑，叶片上举，成株叶片 19 片，花药紫色，花丝浅紫色。果穗性状：果穗长锥型，穗长 19.6 厘米，穗行数 14～16 行，穗轴红色。籽粒性状：籽粒黄色，马齿型，百粒重 37.0 克。品质分析：籽粒含粗蛋白质 9.61%，粗脂肪 4.52%，粗淀粉 72.58%，赖氨酸 0.28%，容重 736 克/升。抗逆性：人工接种抗病（虫）害鉴定结果，抗丝黑穗病，高抗茎腐病，高抗大斑病，抗弯孢菌叶斑病，高抗玉米螟虫。生育日数：早熟品种。出苗至成熟 112 天，比对照源玉 3 晚 2 天，需≥10℃积温 2150℃左右。

产量表现：2010 年区域试验平均公顷产量 9061.3 千克，比对照品种白山 7 增产 3.3%；2011 年区域试验平均公顷产量 10050.4 千克，比对照品种源玉 3 增产 6.9%；两年区域试验平均公顷产量 9473.4 千克，比对照品种增产 4.9%。2011 年生产试验平均公顷产量 9500.1 千克，比对照品种源玉 3 增产 15.5%。

栽培技术要点：（1）播期：一般 4 月下旬至 5 月上旬播种。（2）密度：一般公顷保苗 5.5 万株。（3）施肥：施足农家肥，底肥一般施用磷酸二铵 200 千克/公顷、硫酸钾 100 千克/公顷、尿素 100 千克/公顷；追肥一般施用尿素 300～400 千克/公顷。（4）制种技术：制种时，父、母本错期播种，先播母本，待母本生根见芽后再播父本，父、母本行比 1∶6，父、母本种植密度为 6.0 万株/公顷。

适宜种植地区：吉林省白山、延边、吉林东部山区和半山区玉米早熟区。

吉农玉 876

审定编号：吉审玉 2012005

选育单位：吉林农业大学

品种来源：J187×J456

特征特性：种子性状：种子黄色，半马齿型，百粒重 35.0 克。植株性状：幼苗浓绿色，叶鞘紫色，叶缘紫色。株高 292 厘米，穗位 109 厘米，株型紧凑，叶片上举，成株叶片 19 片，雄穗分枝 3～6 个，花药紫色，花丝粉色。果穗性状：果穗长筒型，穗长 17.3 厘米，穗行数 16～18 行，穗轴红色。籽粒性状：籽粒黄色，马齿型，百粒重 36.1 克。品质分析：籽粒含粗蛋白质 11.27%，粗脂肪 4.41%，粗淀粉 71.66%，赖氨酸 0.34%，容重 723 克/升。抗逆性：人工接种抗病（虫）害鉴定结果，抗丝黑穗病，中抗茎腐病，抗大斑病，中抗弯孢菌叶斑病，高抗玉米螟虫。生育日数：中早熟品种。出苗至成熟 118 天，熟期与对照吉单 27 相同，需≥10℃积温 2400℃左右。

产量表现：2010 年区域试验平均公顷产量 10489.4 千克，比对照品种吉单 27 增产 2.5%；2011 年区域试验平均公顷产量 10650.2 千克，比对照品种吉单 27 增产 11.1%；两年区域试验平均公顷产量 10556.4 千克，比对照品种增产 5.9%。2011 年生产试验平均公顷产量 9670.5 千克，比对照品种吉单 27 增产 9.9%。

栽培技术要点：（1）播期：一般 4 月下旬至 5 月上旬播种。（2）密度：清种公顷保苗 5.5 万～6.0 万株，间种公顷保苗 6.5 万株。（3）施肥：施足农家肥，种肥一般施用磷酸二铵 150～180 千克/公顷，硫酸钾 100～150 千克/公顷，尿素 50～80 千克/公顷，追肥一般施用尿素 280 千克/公顷左右。（4）制种技术：制种时，父、母本错期播种，父本比母本早 5～7 天播种。父、母本行比为 1∶6，母本公顷保苗 7.0 万～9.0 万株，父本公顷保苗 7.0 万株左右。

适宜种植地区：吉林省白山、延边、吉林东部山区和半山区玉米中早熟区。

亨达 903

审定编号： 吉审玉 2012006

选育单位： 吉林省亨达种业有限公司

品种来源： 970×254

特征特性： 种子性状：种子黄色，半马齿型，百粒重 33.7 克。植株性状：幼苗绿色，叶鞘紫色，叶缘淡紫色。株高 303 厘米，穗位 121 厘米，株型收敛，叶片上举，成株叶片 20 片，花药黄色，花丝浅粉色。果穗性状：果穗长筒型，穗长 18.3 厘米，穗行数 14～16 行，穗轴红色。籽粒性状：籽粒黄色，马齿型，百粒重 35.8 克。品质分析：籽粒含粗蛋白质 10.53%，粗脂肪 4.02%，粗淀粉 72.07%，赖氨酸 0.32%，容重 751 克/升。抗逆性：人工接种抗病（虫）害鉴定结果，中抗丝黑穗病，高抗茎腐病，抗大斑病，中抗弯孢菌叶斑病，抗玉米螟虫。生育日数：中早熟品种。出苗至成熟 117 天，比对照吉单 27 早 1 天，需≥10℃积温 2370℃左右。

产量表现： 2010 年区域试验平均公顷产量 10509.5 千克，比对照品种吉单 27 增产 2.7%；2011 年区域试验平均公顷产量 10191.5 千克，比对照品种吉单 27 增产 6.3%；两年区域试验平均公顷产量 10377.0 千克，比对照品种吉单 27 增产 4.1%。2011 年生产试验平均公顷产量 9764.6 千克，比对照品种吉单 27 增产 11.0%。

栽培技术要点：（1）播期：一般 4 月下旬至 5 月上旬播种。（2）密度：一般公顷保苗 5.0 万～5.5 万株。（3）施肥：施足农家肥，底肥一般施用磷酸二铵 200 千克/公顷、氯化钾 150 千克/公顷，追肥一般施用尿素 400 千克/公顷。（4）制种技术：制种时，父、母本同期播种，待父、母本拱土时补种少量父本，以延长授粉期，父、母本行比 1∶6，父、母本种植密度为 6.0 万～6.5 万株/公顷。

适宜种植地区： 吉林省白山、延边、吉林东部山区和半山区玉米中早熟区。

穗禾 369

审定编号： 吉审玉 2012007

选育单位： 吉林九穗禾生态种业科技有限公司

品种来源： K10-2×M17-3

特征特性： 种子性状：种子橙黄色，半马齿型，百粒重 28.0 克。植株性状：幼苗绿色，叶鞘紫色。株高 304 厘米，穗位 122 厘米，成株叶片 19 片，雄穗分枝 3～5 个，花药黄色，花丝浅黄色。果穗性状：果穗长筒型，穗长 19.5 厘米，穗行数 12～14 行，穗轴红色。籽粒性状：籽粒黄色，马齿型，百粒重 38.0 克。品质分析：籽粒含粗蛋白质 10.88%，粗脂肪 4.18%，粗淀粉 72.16%，赖氨酸 0.33%，容重 742 克/升。抗逆性：人工接种抗病（虫）害鉴定结果，中抗丝黑穗病，抗茎腐病，中抗大斑病，抗弯孢菌叶斑病，高抗玉米螟虫。生育日数：中早熟品种。出苗至成熟 117 天，比对照吉单 27 早 1 天，需≥10℃积温 2380℃左右。

产量表现： 2010 年区域试验平均公顷产量 10602.8 千克，比对照品种吉单 27 增产 3.6%；2011 年区域试验平均公顷产量 10657.3 千克，比对照品种吉单 27 增产 11.2%；两年区域试验平均公顷产量 10625.5 千克，比对照品种增产 6.6%。2011 年生产试验平均公顷产量 9624.6 千克，比对照品种吉单 27 增产 9.4%。

栽培技术要点： （1）播期：一般 4 月下旬至 5 月上旬播种。（2）密度：一般公顷保苗 5.5 万株。（3）施肥：施足农家肥，底肥一般施用三元复合肥 650 千克/公顷，追肥一般施用尿素 375 千克/公顷。（4）制种技术：父、母本错期播种，母本先播种，母本种子生根见芽后再播父本，父、母本行比 1：6，父、母本种植密度为 6.0 万株/公顷。

适宜种植地区： 吉林省白山、延边、吉林东部山区和半山区玉米中早熟区。

省原 78

审定编号： 吉审玉 2012008
选育单位： 吉林省省原种业有限公司
品种来源： S973×原 J338
特征特性： 种子性状：种子橙红色，硬粒型，百粒重 36.0 克。植株性状：幼苗绿色，叶鞘紫色，叶缘紫色。株高 312 厘米，穗位 137 厘米，株型上冲，叶片上冲，成株叶片 21 片，花药黄色，花丝粉色。果穗性状：果穗长筒型，穗长 18.5 厘米，穗行数 16～18 行，穗轴红色。籽粒性状：籽粒黄色，半硬粒型，百粒重 34.1 克。品质分析：籽粒含粗蛋白质 10.35%，粗脂肪 4.34%，粗淀粉 71.35%，赖氨酸 0.29%，容重 746 克/升。抗逆性：人工接种抗病（虫）害鉴定结果，抗丝黑穗病，高抗茎腐病，高抗大斑病，中抗弯孢菌叶斑病，中抗玉米螟虫。生育日数：中早熟品种。出苗至成熟 118 天，熟期与对照吉单 27 相同，需≥10℃积温 2400℃左右。

产量表现： 2010 年区域试验平均公顷产量 10595.6 千克，比对照品种吉单 27 增产 3.5%；2011 年区域试验平均公顷产量 10707.1 千克，比对照品种吉单 27 增产 11.7%；两年区域试验平均公顷产量 10642.0 千克，比对照品种增产 6.8%。2011 年生产试验平均公顷产量 9468.5 千克，比对照品种吉单 27 增产 7.6%。

栽培技术要点： （1）播期：一般 4 月下旬至 5 月上旬播种。（2）密度：一般公顷保苗 5.5 万株。（3）施肥：施足农家肥，底肥一般施用玉米专用肥 500 千克/公顷，种肥一般施用磷酸二铵 100 千克/公顷，追肥一般施用尿素 300～400 千克/公顷。（4）制种技术：制种时，父、母本同期播种，父、母本行比 1：5，父、母本种植密度为 6.0 万株/公顷。

适宜种植地区： 吉林省白山、延边、吉林东部山区和半山区玉米中早熟区。

平安 180

审定编号： 吉审玉 2012009

选育单位： 吉林省平安农业科学院

品种来源： PA33×PA314

特征特性： 种子性状：种子橙黄色，硬粒型，百粒重 32.0 克。植株性状：幼苗浓绿色，叶鞘紫色，叶缘紫色。株高 299 厘米，穗位 114 厘米，株型平展，叶片平展，成株叶片 21 片，花药黄色，花丝粉色。果穗性状：果穗长筒型，穗长 17.8 厘米，穗行数 16 行，穗轴白色。籽粒性状：籽粒黄色，半硬粒型，百粒重 38.7 克。品质分析：籽粒含粗蛋白质 10.71%，粗脂肪 4.09%，粗淀粉 72.46%，赖氨酸 0.29%，容重 774 克/升。抗逆性：人工接种抗病（虫）害鉴定结果，抗丝黑穗病，高抗茎腐病，中抗大斑病，中抗弯孢菌叶斑病，中抗玉米螟虫。生育日数：中熟品种。出苗至成熟 124 天，比对照先玉 335 早 2 天，需≥10℃积温 2550℃左右。

产量表现： 2010 年区域试验平均公顷产量 11450.1 千克，比对照品种先玉 335 增产 0.7%；2011 年区域试验平均公顷产量 11839.9 千克，比对照品种先玉 335 增产 2.9%；两年区域试验平均公顷产量 11645.0 千克，比对照品种先玉 335 增产 1.8%。2011 年生产试验平均公顷产量 12366.7 千克，比对照品种先玉 335 增产 4.0%。

栽培技术要点：（1）播期：一般 4 月下旬至 5 月上旬播种，应选择中等以上肥力地块种植。（2）密度：一般公顷保苗 6.0 万株。（3）施肥：施足农家肥，底肥一般施用玉米专用肥 400 千克/公顷，种肥一般施用磷酸二铵 100 千克/公顷，追肥一般施用尿素 300 千克/公顷。（4）制种技术：制种时，父、母本错期播种，1/2 父本与母本同播，生根见芽后播另外 1/2 父本，父、母本行比 1：5，父、母本种植密度为 6.0 万株/公顷。

适宜种植地区： 吉林省玉米中熟区。

吉单 631

审定编号： 吉审玉 2012010

选育单位： 吉林吉农高新技术发展股份有限公司、吉林省农业科学院玉米研究所

品种来源： 吉 D83×吉 D31517

特征特性： 种子性状：种子橙色，半马齿型，百粒重 28.0 克。植株性状：幼苗绿色，叶鞘紫色，叶缘紫色。株高 298 厘米，穗位 119 厘米，株型较收敛，成株叶片 21 片，花药紫色，花丝粉色。果穗性状：果穗长

筒型，穗长 19.1 厘米，穗行数 18～20 行，穗轴红色。籽粒性状：籽粒黄色，马齿型，百粒重 36.5 克。品质分析：籽粒含粗蛋白质 9.32%，粗脂肪 3.51%，粗淀粉 75.19%，赖氨酸 0.29%，容重 742 克/升。抗逆性：人工接种抗病（虫）害鉴定结果，抗丝黑穗病，感茎腐病，感大斑病，感弯孢菌叶斑病，中抗玉米螟虫。生育日数：中熟品种。出苗至成熟 125 天，比对照先玉 335 早 1 天，需≥10℃积温 2580℃左右。

产量表现： 2010 年区域试验平均公顷产量 11773.3 千克，比对照品种先玉 335 增产 3.5%；2011 年区域试验平均公顷产量 11793.4 千克，比对照品种先玉 335 增产 2.5%；两年区域试验平均公顷产量 11783.3 千克，比对照品种先玉 335 增产 3.0%。2011 年生产试验平均公顷产量 12408.7 千克，比对照品种先玉 335 增产 4.3%。

栽培技术要点：（1）播期：一般 4 月下旬至 5 月上旬播种。（2）密度：一般公顷保苗 6.0 万株。（3）施肥：施足农家肥，底肥一般施用磷酸二铵 200 千克/公顷、硫酸钾 100 千克/公顷，种肥一般施用磷酸二铵 100 千克/公顷，追肥一般施用尿素 300～400 千克/公顷。（4）制种技术：制种时 1/2 父本与母本同期播种，生根见芽后另外 1/2 父本再播种，父、母本行比 1：5，父、母本种植密度均为 6.0 万株/公顷。（5）其他：叶斑病、茎腐病重发区慎用。

适宜种植地区： 吉林省玉米中熟区。

和育 187

审定编号： 吉审玉 2012011

选育单位： 北京大德长丰农业生物技术有限公司

品种来源： V76-1×WC009

特征特性： 种子性状：种子橙黄色，硬粒型，百粒重 31.0 克。植株性状：幼苗浓绿色，叶鞘紫色，叶缘紫色。株高 278 厘米，穗位 95 厘米，株型半紧凑，叶片半上冲，成株叶片 19 片，花药浅紫色，花丝黄褐色。果穗性状：果穗长筒型，穗长 21.5 厘米，穗行数 14～16 行，穗轴红色。籽粒性状：籽粒橙黄色，半马齿型，百粒重 42.0 克。品质分析：籽粒含粗蛋白质 9.37%，粗脂肪 3.79%，粗淀粉 74.78%，赖氨酸 0.28%，容重 775 克/升。抗逆性：人工接种抗病（虫）害鉴定结果，抗丝黑穗病，高抗茎腐病，中抗大斑病，中抗弯孢菌叶斑病，抗玉米螟虫。生育日数：中熟品种。出苗至成熟 125 天，比对照吉单 261 早 1 天，需≥10℃积温 2580℃左右。

产量表现： 2010 年区域试验平均公顷产量 10357.2 千克，比对照品种吉单 261 增产 5.1%；2011 年区域试验平均公顷产量 11328.4 千克，比对照品种吉单 261 增产 9.2%；两年区域试验平均公顷产量 10887.0 千克，比对照品种增产 7.4%。2011 年生产试验平均公顷产量 11902.4 千克，比对照品种吉单 261 增产 10.0%。

栽培技术要点：（1）播期：一般4月下旬至5月上旬播种。（2）密度：一般公顷保苗6.0万株。（3）施肥：施足农家肥，底肥一般施用农家肥30000千克/公顷、玉米专用复合肥500千克/公顷，种肥一般施用磷酸二铵100千克/公顷，追肥一般施用尿素300千克/公顷左右。（4）制种技术：制种时，父、母本同期播种，父、母本行比1：6，父、母本种植密度为7.0万株/公顷。

适宜种植地区：吉林省玉米中熟区。

稷秾107

审定编号：吉审玉2012012

选育单位：吉林省稷秾种业有限公司

品种来源：A27×A28

特征特性：种子性状：种子橙黄色，半硬粒型，百粒重32.0克。植株性状：幼苗浓绿色，叶鞘紫色，叶缘紫色。株高311厘米，穗位112厘米，株型收敛，叶片上举，成株叶片21片，花药浅紫色，花丝浅紫色。果穗性状：果穗长锥型，穗长19.3厘米，穗行数16～18行，穗轴红色。籽粒性状：籽粒黄色，马齿型，百粒重37.6克。品质分析：籽粒含粗蛋白质9.97%，粗脂肪3.46%，粗淀粉75.10%，赖氨酸0.32%，容重753克/升。抗逆性：人工接种抗病（虫）害鉴定结果：感丝黑穗病，抗茎腐病，中抗大斑病，中抗弯孢菌叶斑病，抗玉米螟虫。生育日数：中熟品种。出苗至成熟125天，比对照吉单261早1天，需≥10℃积温2580℃左右。

产量表现：2010年区域试验平均公顷产量10420.4千克，比对照品种吉单261增产5.7%；2011年区域试验平均公顷产量11531.8千克，比对照品种吉单261增产11.2%；两年区域试验平均公顷产量11026.6千克，比对照品种增产8.8%。2011年生产试验平均公顷产量11829.8千克，比对照品种吉单261增产9.3%。

栽培技术要点：（1）播期：一般4月下旬至5月上旬播种。（2）密度：一般公顷保苗5.5万株。（3）施肥：施足农家肥，底肥一般施用磷酸二铵200千克/公顷、硫酸钾100千克/公顷、尿素100千克/公顷；追肥一般施用尿素300～400千克/公顷。（4）制种技术：制种时，父、母本错期播种，先播母本，待母本生根见芽后再播父本，父、母本行比1：6，父、母本种植密度为6.0万株/公顷。（5）其他：注意防治玉米丝黑穗病。

适宜种植地区：吉林省玉米中熟区。

松玉419

审定编号：吉审玉2012013

选育单位： 吉林市松花江种业有限公司

品种来源： SL108×763

特征特性： 种子性状：种子黄色，硬粒型，百粒重 30.0 克。植株性状：幼苗绿色，叶鞘紫色，叶缘紫色。株高 320 厘米，穗位 124 厘米，株型半紧凑，叶片较上举，成株叶片 19 片，花药紫色，花丝黄色。果穗性状：果穗筒型，穗长 20.1 厘米，穗行数 16 行，穗轴红色。籽粒性状：籽粒黄色，半马齿型，百粒重 36.6 克。品质分析：籽粒含粗蛋白质 9.40%，粗脂肪 3.43%，粗淀粉 74.62%，赖氨酸 0.32%，容重 776 克/升。抗逆性：人工接种抗病（虫）害鉴定结果：抗丝黑穗病，中抗茎腐病，感大斑病，感弯孢菌叶斑病、中抗玉米螟虫。生育日数：中熟品种。出苗至成熟 125 天，比对照吉单 261 早 1 天，需≥10℃积温 2580℃左右。

产量表现： 2010 年区域试验平均公顷产量 10886.4 千克，比对照品种吉单 261 增产 10.5%；2011 年区域试验平均公顷产量 11926.8 千克，比对照品种吉单 261 增产 15.0%；两年区域试验平均公顷产量 11453.9 千克，比对照品种增产 13.0%。2011 年生产试验平均公顷产量 11923.1 千克，比对照品种吉单 261 增产 10.2%。

栽培技术要点：（1）播期：一般 4 月下旬至 5 月上旬播种。（2）密度：一般公顷保苗 5.5 万株。（3）施肥：施足农家肥，底肥一般施用农家肥 30000 千克/公顷。种肥一般施用玉米复合肥 200 千克/公顷，追肥一般施用尿素 400 千克/公顷；或者在整地时一次性施入玉米专用复合肥 700 千克/公顷。（4）制种技术：制种时，父、母本同期播种，父、母本行比 1∶5，父、母本种植密度为 6.0 万株/公顷。（5）其他：叶斑病重发区慎用，并注意防治。

适宜种植地区： 吉林省玉米中熟区。

吉兴 86

审定编号： 吉审玉 2012015

选育单位： 吉林省兴农种业有限公司

品种来源： MG76×MG10

特征特性： 种子性状：种子黄色，半硬粒型，百粒重 28.0 克。植株性状：幼苗浓绿色，叶鞘紫色，叶缘紫色。株高 302 厘米，穗位 125 厘米，株型平展，叶片平展，成株叶片 19 片，花药紫色，花丝粉色。果穗性状：果穗长筒型，穗长 20.1 厘米，穗行数 14～16 行，穗轴红色。籽粒性状：籽粒黄色，马齿型，百粒重 36.2 克。品质分析：籽粒含粗蛋白质 10.14%，粗脂肪 3.70%，粗淀粉 75.27%，赖氨酸 0.32%，容重 786 克/升。抗逆性：人工接种抗病（虫）害鉴定结果，感丝黑穗病，高抗茎腐病，抗大斑病，感弯孢菌叶斑病，高抗玉米螟虫。生育日数：中熟品种。出苗至成熟 125 天，比对照吉单 261 早 1 天，需≥10℃积温 2580℃左右。

产量表现：2010 年区域试验平均公顷产量 10360.7 千克，比对照品种吉单 261 增产 5.1%；2011 年区域试验平均公顷产量 11634.9 千克，比对照品种吉单 261 增产 12.2%；两年区域试验平均公顷产量 11055.7 千克，比对照品种增产 9.1%。2011 年生产试验平均公顷产量 11910.0 千克，比对照品种吉单 261 增产 10.1%。

栽培技术要点：（1）播期：一般 4 月下旬至 5 月上旬播种。（2）密度：一般公顷保苗 5.25 万株。（3）施肥：施足农家肥，底肥一般施用复合肥 500 千克/公顷，种肥一般施用磷酸二铵 100 千克/公顷，追肥一般施用尿素 150～200 千克/公顷。（4）制种技术：制种时，父、母本同期播种，父、母本行比 1∶5，父、母本种植密度为 6.0 万株/公顷。（5）其他：注意防治玉米丝黑穗病；弯孢菌叶斑病重发区慎用，并注意防治。

适宜种植地区：吉林省玉米中熟区。

瑞秋 113

审定编号：吉审玉 2012016

选育单位：吉林省瑞秋种业有限公司

品种来源：L5233×L6060

特征特性：种子性状：种子黄色，半马齿型，百粒重 37.0 克。植株性状：幼苗黑绿色，叶鞘紫色，叶缘紫色。株高 272 厘米，穗位 108 厘米，株型紧凑，叶片上冲，成株叶片 21 片，花药黄色，花丝红色。果穗性状：果穗长筒型，穗长 18.1 厘米，穗行数 14～16 行，穗轴红色。籽粒性状：籽粒黄色，半马齿型，百粒重 41.5 克。品质分析：籽粒含粗蛋白质 10.42%，粗脂肪 3.59%，粗淀粉 74.07%，赖氨酸 0.30%，容重 751 克/升。抗逆性：人工接种抗病（虫）害鉴定结果，抗丝黑穗病，抗茎腐病，中抗大斑病，感弯孢菌叶斑病，高抗玉米螟虫。生育日数：中熟品种。出苗至成熟 126 天，熟期与对照吉单 261 相同，需≥10℃积温 2600℃左右。

产量表现：2010 年区域试验平均公顷产量 10125.5 千克，比对照品种吉单 261 增产 2.7%；2011 年区域试验平均公顷产量 11105.4 千克，比对照品种吉单 261 增产 7.1%；两年区域试验平均公顷产量 10660.0 千克，比对照品种增产 5.2%。2011 年生产试验平均公顷产量 11815.3 千克，比对照品种吉单 261 增产 9.2%。

栽培技术要点：（1）播期：一般 4 月下旬至 5 月上旬播种。（2）密度：一般公顷保苗约 5.5 万株。（3）施肥：施足农家肥，底肥一般施用复合肥 600 千克/公顷，种肥一般施用磷酸二铵 100 千克/公顷，追肥一般施用尿素 200 千克/公顷。（4）制种技术：制种时，父、母本同期播种，父、母本行比 1∶5，父、母本种植密度为 6.0 万株/公顷。（5）其他：弯孢菌叶斑病重发区慎用，并注意防治。

适宜种植地区：吉林省玉米中熟区。

军育 535

审定编号： 吉审玉 2012017

选育单位： 吉林省鸿翔种业有限公司、扶余县军育种业有限公司

品种来源： X84×Y01

特征特性： 种子性状：种子浅黄色、硬粒型，百粒重 32.8 克。植株性状：幼苗绿色、叶鞘紫色、叶缘紫色，株高 290 厘米，穗位 122 厘米，株型半平展，叶片半上冲，成株叶片 19 片，花药紫色，花丝浅粉色。果穗形状：果穗长筒型，穗长 18.3 厘米，穗行数 16～18 行，穗轴红色。籽粒性状：籽粒黄色、半硬粒型，百粒重 37.0 克。品质分析：籽粒含粗蛋白质 7.70%，粗脂肪 3.79%，粗淀粉 74.92%，赖氨酸 0.29%，容重 770 克/升。抗逆性：人工接种抗病（虫）害鉴定结果：抗丝黑穗病，中抗茎腐病，感大斑病，感弯孢菌叶斑病，中抗玉米螟。生育日数：中熟品种，出苗至成熟 126 天，熟期与对照吉单 261 相同，需≥10℃积温 2600℃左右。

产量表现： 2010 年区域试验平均公顷产量 10431.1 千克，比对照品种吉单 261 增产 5.8%；2011 年区域试验平均公顷产量 11158.3 千克，比对照品种吉单 261 增产 7.6%；两年区域试验平均公顷产量 10827.8 千克，比对照品种增产 6.8%。2011 年生产试验平均公顷产量 11617.6 千克，比对照品种吉单 261 增产 7.4%。

栽培技术要点：（1）播期：一般 4 月下旬至 5 月上旬播种。（2）密度：一般公顷保苗 5.25 万株。（3）施肥：施足农家肥，底肥一般施用复合肥 300 千克/公顷，种肥一般施用玉米专用肥 100 千克/公顷，追肥一般施用尿素 300～400 千克/公顷。（4）制种技术：制种时，父、母本行比 1：5，父、母本种植密度为 6.0 万株/公顷。（5）其他：叶斑病重发区慎用，并注意防治。

适宜种植地区： 吉林省玉米中熟区。

宁玉 524

审定编号： 吉审玉 2012018

选育单位： 南京春曦种子研究中心

品种来源： 宁晨 26×宁晨 41

特征特性： 种子性状：种子橙黄色，偏硬粒型，百粒重 30.0 克。植株性状：幼苗浓绿色，叶鞘紫色，叶缘紫色。株高 324 厘米，穗位 134.5 厘米，株型紧凑，叶片上冲，成株叶片 21 片，花药紫色，花丝紫色。果穗性状：果穗柱型，穗长 20.1 厘米，穗行数 16 行，穗轴红色。籽粒性状：籽粒黄色，偏硬粒型，百粒重 43.0 克。品质分析：籽粒含粗蛋白质 9.64%，粗脂肪 3.62%，粗淀粉 74.82%，赖氨酸 0.30%，容重 783 克/升。抗

逆性：人工接种抗病（虫）害鉴定结果，中抗丝黑穗病，高抗茎腐病，抗大斑病，中抗弯孢菌叶斑病，抗玉米螟虫。生育日数：中熟品种。出苗至成熟 125 天，比对照吉单 261 早 1 天，需≥10℃积温 2580℃左右。

产量表现： 2010 年区域试验平均公顷产量 10595.4 千克，比对照品种吉单 261 增产 7.5%；2011 年区域试验平均公顷产量 11526.7 千克，比对照品种吉单 261 增产 11.1%；两年区域试验平均公顷产量 11103.4 千克，比对照品种增产 9.5%。2011 年生产试验平均公顷产量 11977.9 千克，比对照品种吉单 261 增产 10.7%。

栽培技术要点： （1）播期：一般 4 月中旬至 5 月上旬播种。（2）密度：一般公顷保苗 5.25 万～6.75 万株。（3）施肥：施足农家肥，底肥一般施用农家肥 30000～45000 千克/公顷、硫酸钾 100～150 千克/公顷，种肥一般施用磷酸二铵 150～200 千克/公顷，追肥一般施用尿素 200～300 千克/公顷。（4）制种技术：制种时，父、母本可同期播种，在西北制种时，父、母本需错期播种，父本比母本提前 2～4 天播种，父、母本行比 1：6，父、母本种植密度为 7.5 万株/公顷。（5）其他：注意防涝。

适宜种植地区： 吉林省玉米中熟区。

吉农大 889

审定编号： 吉审玉 2012019
选育单位： 吉林农大科茂种业有限责任公司
品种来源： Km88×Km29
特征特性： 种子性状：种子浅黄色，近硬粒型，百粒重 30.0 克。植株性状：幼苗浓绿色，叶鞘紫色，叶缘紫色。株高 307 厘米，穗位 116 厘米，株型半紧凑，成株叶片 21 片，花药黄色，花丝浅紫色。果穗性状：果穗筒型，穗长 19.3 厘米，穗行数 16～18 行，穗轴红色。籽粒性状：籽粒黄色，马齿型，百粒重 34.3 克。品质分析：籽粒含粗蛋白质 10.18%，粗脂肪 3.32%，粗淀粉 73.82%，赖氨酸 0.30%，容重 764 克/升。抗逆性：人工接种抗病（虫）害鉴定结果，感丝黑穗病，中抗茎腐病，中抗大斑病，中抗弯孢菌叶斑病，中抗玉米螟虫。生育日数：中熟品种。出苗至成熟 125 天，比对照吉单 261 早 1 天，需≥10℃积温 2580℃左右。

产量表现： 2010 年区域试验平均公顷产量 10838.7 千克，比对照品种郑单 958 增产 8.1%；2011 年区域试验平均公顷产量 11504.5 千克，比对照品种吉单 261 增产 10.9%；两年区域试验平均公顷产量 11171.6 千克，比对照品种增产 9.5%。2011 年生产试验平均公顷产量 11799.3 千克，比对照品种吉单 261 增产 9.0%。

栽培技术要点： （1）播期：一般 4 月下旬至 5 月上旬播种。（2）密度：一般公顷保苗 6.0 万株。（3）施肥：施足农家肥，底肥一般施用复合肥 400 千克/公顷，种肥一般施用磷酸二铵 50～75 千克/公顷，追肥一般施用尿素 300 千克/公顷左右。（4）制种技术：制种时，父、母本同期播种，父、母本行比 1：6，父、母本种植密度为 7.0 万株/公顷。（5）其他：注意防治玉米丝黑穗病。

适宜种植地区： 吉林省玉米中熟区。

五瑞 605

审定编号： 吉审玉 2012020

选育单位： 刘巍

品种来源： S427×Y165

特征特性： 种子性状：种子橙红色，硬粒型，百粒重 32.2 克。植株性状：幼苗绿色，叶鞘紫色，叶缘紫色。株高 311 厘米，穗位 120 厘米，株型紧凑，叶片上举，成株叶片 21 片，花药紫色，花丝粉色。果穗性状：果穗长筒型，穗长 19.0 厘米，穗行数 14～16 行，穗轴红色。籽粒性状：籽粒黄色，半硬粒型，百粒重 38.7 克。品质分析：籽粒含粗蛋白质 10.64%，粗脂肪 4.02%，粗淀粉 74.16%，赖氨酸 0.34%，容重 763 克/升。抗逆性：人工接种抗病（虫）害鉴定结果：中抗丝黑穗病，中抗茎腐病，中抗大斑病，感弯孢菌叶斑病，感玉米螟虫。生育日数：中晚熟品种。出苗至成熟 127 天，比对照郑单 958 早 2 天，需≥10℃积温 2700℃左右。

产量表现： 2010 年区域试验平均公顷产量 11065.1 千克，比对照品种郑单 958 增产 9.3%；2011 年区域试验平均公顷产量 12060.7 千克，比对照品种郑单 958 增产 7.1%；两年区域试验平均公顷产量 11517.6 千克，比对照品种增产 8.2%。2011 年生产试验平均公顷产量 11213.4 千克，比对照品种郑单 958 增产 8.3%。

栽培技术要点：（1）播期：一般 4 月下旬至 5 月上旬播种。（2）密度：一般公顷保苗 6.0 万株。（3）施肥：施足农家肥，底肥一般施用农家肥 30000 千克/公顷，种肥一般施用玉米复合肥 200 千克/公顷，追肥一般施用尿素 400～450 千克/公顷。（4）制种技术：制种时，父、母本同期播种，父、母本行比 1∶5，父、母本种植密度为 6.0 万株/公顷。（5）其他：注意防治玉米螟虫；弯孢菌叶斑病重发区慎用，并注意防治。

适宜种植地区： 吉林省玉米中晚熟区。

金庆 121

审定编号： 吉审玉 2012021

选育单位： 吉林省金庆种业有限公司

品种来源： Y06-1×W12

特征特性： 种子性状：种子黄色，硬粒型，百粒重 27.2 克。植株性状：幼苗绿色，叶鞘紫色，叶片绿色。

株高 270 厘米，穗位 90 厘米，株型紧凑，成株叶片 20 片，花药浅紫色，花丝青色。果穗性状：果穗长筒型，穗长 20.5 厘米，穗行数 16 行，穗轴白色。籽粒性状：籽粒黄色，马齿型，百粒重 44.0 克。品质分析：籽粒含粗蛋白质 10.14%，粗脂肪 3.34%，粗淀粉 73.28%，赖氨酸 0.31%，容重 729 克/升。抗逆性：人工接种抗病（虫）害鉴定结果，中抗丝黑穗病，抗茎腐病，中抗大斑病，中抗弯孢菌叶斑病，中抗玉米螟虫。生育日数：中晚熟偏早品种。出苗至成熟 126 天，比对照郑单 958 早 3 天，需≥10℃积温 2650℃左右。

产量表现： 2010 年区域试验平均公顷产量 11120.0 千克，比对照品种郑单 958 增产 9.8%；2011 年区域试验平均公顷产量 12657.1 千克，比对照品种郑单 958 增产 12.4%；两年区域试验平均公顷产量 11818.7 千克，比对照品种增产 11.1%。2011 年生产试验平均公顷产量 11153.8 千克，比对照品种郑单 958 增产 7.7%。

栽培技术要点：（1）播期：一般 4 月下旬至 5 月上旬播种。（2）密度：一般公顷保苗 5.0 万～5.5 万株。（3）施肥：施足农家肥，底肥一般施用农家肥 30000 千克/公顷、复合肥 400 千克/公顷，种肥一般施用磷酸二铵 100 千克/公顷，追肥一般施用尿素 300～400 千克/公顷。（4）制种技术：制种时，父、母本错期播种，母本先播，待母本要扎根时，1/2 父本先播，待一期父本刚要萌动时播余下 1/2 父本，父、母本行比 1：6，父、母本种植密度分别为 6.0 万株/公顷和 5.0 万株/公顷。

适宜种植地区： 吉林省玉米中熟上限及中晚熟区。

吉单 558

审定编号： 吉审玉 2012022

选育单位： 吉林吉农高新技术发展股份有限公司、吉林省农业科学院玉米研究所

品种来源： 吉 V203×吉 V088

特征特性： 种子性状：种子橙红色，马齿型，百粒重 31.0 克。植株性状：幼苗绿色，叶鞘紫色，叶缘紫色。株高 301 厘米，穗位 122 厘米，株型紧凑，叶片上冲，成株叶片 21 片，花药紫色，花丝粉色。果穗性状：果穗锥型，穗长 18.2 厘米，穗粗 5.0 厘米，穗行数 16～18 行，穗轴红色。籽粒性状：籽粒橙红色，半硬粒型，百粒重 35.7 克。品质分析：籽粒含粗蛋白质 10.61%，粗脂肪 4.21%，粗淀粉 74.28%，赖氨酸 0.33%，容重 764 克/升。抗逆性：人工接种抗病（虫）害鉴定结果，抗玉米丝黑穗病，高抗茎腐病，中抗大斑病，中抗弯孢菌叶斑病，抗玉米螟虫。生育日数：中晚熟品种。出苗至成熟 128 天，比对照郑单 958 早 1 天，需≥10℃积温 2730℃左右。

产量表现： 2010 年区域试验平均公顷产量 10986.1 千克，比对照品种郑单 958 增产 8.5%；2011 年区域试验平均公顷产量 12679.8 千克，比对照品种郑单 958 增产 12.6%；两年区域试验平均公顷产量 11756.0 千克，

比对照品种增产 10.5%。2011 年生产试验平均公顷产量 11148.2 千克，比对照品种郑单 958 增产 7.6%。

栽培技术要点：（1）播期：一般 4 月下旬至 5 月上旬播种。（2）密度：一般公顷保苗 6.0 万株。（3）施肥：施足农家肥，底肥一般施用农家肥 12000 千克/公顷，种肥一般施用玉米专用肥 300 千克/公顷，追肥一般施用尿素 400～500 千克/公顷。（4）制种技术：制种时，父、母本同期播种，父、母本行比 1∶6，父、母本种植密度为 6.0 万株/公顷。

适宜种植地区：吉林省玉米中晚熟区。

富友 968

审定编号：吉审玉 2012023

选育单位：辽宁富友种业有限公司

品种来源：DM207×DM538

特征特性：种子性状：种子黄色，硬粒型，百粒重 26.0 克。植株性状：幼苗浓绿色，叶鞘紫色，叶缘紫色。株高 312 厘米，穗位 115 厘米，株型半紧凑，叶片半收敛，成株叶片 20 片，花药紫色，花丝粉色。果穗性状：果穗长筒型，穗长 19.4 厘米，穗行数 14～16 行，穗轴红色。籽粒性状：籽粒黄色，马齿型，百粒重 36.7 克。品质分析：籽粒含粗蛋白质 11.20%，粗脂肪 3.29%，粗淀粉 75.15%，赖氨酸 0.32%，容重 758 克/升。抗逆性：人工接种抗病（虫）害鉴定结果，中抗丝黑穗病，中抗茎腐病，感大斑病，感弯孢菌叶斑病，中抗玉米螟虫。生育日数：中晚熟偏早品种。出苗至成熟 126 天，比对照郑单 958 早 3 天，需≥10℃积温 2650℃左右。

产量表现：2010 年区域试验平均公顷产量 10885.9 千克，比对照品种郑单 958 增产 6.7%；2011 年区域试验平均公顷产量 12573.7 千克，比对照品种郑单 958 增产 11.7%；两年区域试验平均公顷产量 11653.1 千克，比对照品种增产 9.1%。2011 年生产试验平均公顷产量 11295.1 千克，比对照品种郑单 958 增产 9.1%。

栽培技术要点：（1）播期：一般 4 月下旬至 5 月上旬播种。（2）密度：一般公顷保苗 6.0 万株。（3）施肥：施足农家肥，底肥一般施用玉米复合肥 500 千克/公顷，种肥一般施用磷酸二铵 100 千克/公顷，追肥一般施用尿素 200～300 千克/公顷。（4）制种技术：制种时，父、母本同期播种，父、母本行比 1∶5，父、母本种植密度为 8.0 万株/公顷。（5）其他：叶斑病重发区慎用，并注意防治。

适宜种植地区：吉林省玉米中熟上限及中晚熟区。

KX3564

审定编号： 吉审玉 2012024

选育单位： KWS 种子股份有限公司选育，新疆康地种业科技股份有限公司引入

品种来源： KW4M029×KW7M114

特征特性： 种子性状：种子黄色，马齿型，百粒重 32.0 克。植株性状：幼苗浓绿色，叶鞘紫色，叶缘绿色。株高 304 厘米，穗位 115 厘米，株型半紧凑，上部叶片上冲，成株叶片 21～23 片，花药绿色，花丝绿色。果穗性状：果穗筒型，穗长 18.8 厘米，穗粗 5 厘米，穗行数 16 行，穗轴红色。籽粒性状：籽粒黄色，马齿型，百粒重 35.6 克。品质分析：籽粒含粗蛋白质 8.73%，粗脂肪 3.49%，粗淀粉 75.05%，赖氨酸 0.26%，容重 754 克/升。抗逆性：人工接种抗病（虫）害鉴定结果，抗丝黑穗病，中抗茎腐病，感大斑病，感弯孢菌叶斑病，中抗玉米螟虫。生育日数：中晚熟品种。出苗至成熟 128 天，比对照郑单 958 早 1 天，需≥10℃积温 2730℃左右。

产量表现： 2010 年区域试验平均公顷产量 11248.6 千克，比对照品种郑单 958 增产 10.2%；2011 年区域试验平均公顷产量 12457.5 千克，比对照品种郑单 958 增产 10.6%；两年区域试验平均公顷产量 11798.1 千克，比对照品种增产 10.4%。2011 年生产试验平均公顷产量 11508.0 千克，比对照品种郑单 958 增产 11.1%。

栽培技术要点：（1）播期：一般 4 月下旬至 5 月上旬播种。（2）密度：一般公顷保苗 6.0 万～6.75 万株。（3）施肥：施足农家肥，底肥一般施用复合肥 400 千克/公顷，种肥一般施用磷酸二铵 50～100 千克/公顷，追肥一般施用尿素 300 千克/公顷左右。（4）制种技术：制种时，父、母本错期播种，3/5 父本与母本同播，生根见芽后再播另外 2/5 父本，父、母本行比 1∶5，父、母本种植密度为 6.0 万株/公顷和 7.5 万株/公顷。（5）其他：叶斑病重发区慎用，并注意防治。

适宜种植地区： 吉林省玉米中晚熟区。

中良 916

审定编号： 吉审玉 2012025

选育单位： 北京市中农良种有限责任公司

品种来源： Z5×ZN57

特征特性： 种子性状：种子黄色，硬粒型，百粒重 35.0 克。植株性状：幼苗绿色，叶鞘紫色，叶缘紫色。株高 316 厘米，穗位 140 厘米，株型半紧凑，叶片半上冲，成株叶片 20 片，花药紫色，花丝紫色。果穗性状：

果穗筒型，穗长 18.7 厘米，穗行数 16 行，穗轴白色。籽粒性状：籽粒黄色，半马齿型，百粒重 41.4 克。品质分析：籽粒含粗蛋白质 9.59%，粗脂肪 4.22%，粗淀粉 75.03%，赖氨酸 0.30%，容重 764 克/升。抗逆性：人工接种抗病（虫）害鉴定结果，抗丝黑穗病，高抗茎腐病，中抗大斑病，中抗弯孢菌叶斑病，中抗玉米螟虫。生育日数：中晚熟品种。出苗至成熟 129 天，熟期与对照郑单 958 相同，需≥10℃积温 2750℃左右。

产量表现： 2010 年区域试验平均公顷产量 10899.7 千克，比对照品种郑单 958 增产 6.8%；2011 年区域试验平均公顷产量 12157.3 千克，比对照品种郑单 958 增产 8.0%；两年区域试验平均公顷产量 1147.3 千克，比对照品种增产 7.4%。2011 年生产试验平均公顷产量 10940.7 千克，比对照品种郑单 958 增产 5.6%。

栽培技术要点： （1）播期：一般 4 月下旬至 5 月上旬播种。（2）密度：一般公顷保苗 6.0 万株。（3）施肥：施足农家肥，底肥一般施用农家肥 2.0 万～3.0 万千克/公顷、硫酸钾 150 千克/公顷，种肥一般施用磷酸二铵 100～150 千克/公顷；大喇叭口期追施尿素 350～400 千克/公顷左右，或播种时，一次深施玉米专用肥 650 千克/公顷左右。（4）制种技术：制种时，父、母本同期播种，父、母本行比 1∶5～6，父、母本种植密度为 7.5 万株/公顷。

适宜种植地区： 吉林省玉米中晚熟区。

恒育 218

审定编号： 吉审玉 2012026

选育单位： 吉林省恒昌农业开发有限公司

品种来源： DX311×DX419

特征特性： 种子性状：种子黄色，硬粒型，百粒重 27.5 克。植株性状：幼苗绿色，叶鞘紫色，叶缘紫色。株高 280 厘米，穗位 102 厘米，株型半紧凑，叶片半上冲，成株叶片 20～21 片，花药黄色，花丝紫色。果穗性状：果穗筒型，穗长 19.4 厘米，穗行数 14～16 行，穗轴红色。籽粒性状：籽粒黄色，半马齿型，百粒重 35.8 克。品质分析：籽粒含粗蛋白质 9.10%，粗脂肪 4.80%，粗淀粉 74.54%，赖氨酸 0.28%，容重 779 克/升。抗逆性：人工接种抗病（虫）害鉴定结果，感丝黑穗病，抗茎腐病，感大斑病，感弯孢菌叶斑病，抗玉米螟虫。生育日数：中晚熟品种。出苗至成熟 128 天，比对照郑单 958 早 1 天，需≥10℃积温 2730℃左右。

产量表现： 2010 年区域试验平均公顷产量 11113.2 千克，比对照品种郑单 958 增产 8.9%；2011 年区域试验平均公顷产量 12186.8 千克，比对照品种郑单 958 增产 8.2%；两年区域试验平均公顷产量 11601.2 千克，比对照品种增产 8.6%。2011 年生产试验平均公顷产量 11329.2 千克，比对照品种郑单 958 增产 9.4%。

栽培技术要点： （1）播期：一般 4 月下旬至 5 月上旬播种。（2）密度：一般公顷保苗 5.5 万～6.0 万株。

（3）施肥：施足农家肥，底肥一般施用氮、磷、钾（N-P$_2$O$_5$-K$_2$O=24-12-10）复合肥 450 千克/公顷，种肥一般施用磷酸二铵 50～100 千克/公顷，追肥一般施用尿素 200～300 千克/公顷。（4）制种技术：制种时，父、母本错期播种，母本先播，待母本要萌动时播 1/2 父本，待一期父本要萌动时播余下 1/2 父本。父、母本行比 1∶5，父、母本种植密度分别为 6.0 万株/公顷。（5）其他：注意防治玉米丝黑穗病，叶斑病重发区慎用。

适宜种植地区：吉林省玉米中晚熟区。

海禾 558

审定编号：吉审玉 2012027

选育单位：辽宁海禾种业有限公司

品种来源：LS70×LHH

特征特性：种子性状：种子黄色，半马齿型，百粒重 33.0 克。植株性状：幼苗绿色，叶鞘紫色，叶缘紫色。株高 302 厘米，穗位 131 厘米，株型半紧凑，成株叶片 21～22 片，花药紫色，花丝紫色。果穗性状：果穗筒型，穗长 18.0 厘米，穗行数 16～18 行，穗轴粉色。籽粒性状：籽粒黄色，半马齿型，百粒重 36.9 克。品质分析：籽粒含粗蛋白质 9.96%，粗脂肪 3.52%，粗淀粉 75.02%，赖氨酸 0.31%，容重 770 克/升。抗逆性：人工接种抗病（虫）害鉴定结果，中抗丝黑穗病，抗茎腐病，中抗大斑病，感弯孢菌叶斑病，感玉米螟虫。生育日数：中晚熟品种。出苗至成熟 129 天，熟期与对照郑单 958 相同，需≥10℃积温 2750℃左右。

产量表现：2010 年区域试验平均公顷产量 11051.8 千克，比对照品种郑单 958 增产 8.3%；2011 年区域试验平均公顷产量 12207.4 千克，比对照品种郑单 958 增产 8.4%；两年区域试验平均公顷产量 11577.1 千克，比对照品种增产 8.3%。2011 年生产试验平均公顷产量 11381.5 千克，比对照品种郑单 958 增产 9.9%。

栽培技术要点：（1）播期：一般 4 月下旬至 5 月上旬播种。（2）密度：一般公顷保苗 6.0 万株。（3）施肥：施足农家肥，底肥一般施用农家肥 30000 千克/公顷、玉米专用肥 500 千克/公顷左右，种肥一般施用磷酸二铵 50～100 千克/公顷，追肥一般施用尿素 200～300 千克/公顷。（4）制种技术：制种时，父、母本同期播种，父、母本行比 1∶6，父、母本种植密度分别为 6.0 万株/公顷。（5）其他：注意防治玉米螟虫；弯孢菌叶斑病重发区慎用，并注意防治。

适宜种植地区：吉林省玉米中晚熟区。

金正 891

审定编号： 吉审玉 2012028

选育单位： 吉林省金正种业有限公司

品种来源： S304×S305

特征特性： 种子性状：种子黄色，马齿型，百粒重 30.1 克。植株性状：幼苗绿色，叶鞘紫色，叶缘紫色。株高 307 厘米，穗位 118 厘米，株型收敛，叶片上冲，成株叶片 20 片，花药黄色，花丝粉色。果穗性状：果穗筒型，穗长 19.7 厘米，穗行数 16 行，穗轴红色。籽粒性状：籽粒黄色，马齿型，百粒重 33.8 克。品质分析：籽粒含粗蛋白质 12.30%，粗脂肪 3.85%，粗淀粉 71.62%，赖氨酸 0.30%，容重 767 克/升。抗逆性：人工接种抗病（虫）害鉴定结果，抗丝黑穗病，中抗茎腐病，中抗大斑病，感弯孢菌叶斑病，中抗玉米螟虫。生育日数：中晚熟品种。出苗至成熟 127 天，比对照郑单 958 早 2 天，需≥10℃积温 2700℃左右。

产量表现： 2010 年区域试验平均公顷产量 10927.7 千克，比对照品种郑单 958 增产 7.1%；2011 年区域试验平均公顷产量 12159.4 千克，比对照品种郑单 958 增产 8.0%；两年区域试验平均公顷产量 11487.6 千克，比对照品种增产 7.5%。2011 年生产试验平均公顷产量 11017.0 千克，比对照品种郑单 958 增产 6.4%。

栽培技术要点：（1）播期：一般 4 月下旬至 5 月上旬播种。（2）密度：一般公顷保苗 5.5 万～6.0 万株。（3）施肥：施足农家肥，底肥一般施用玉米复合肥 450 千克/公顷，种肥一般施用磷酸二铵 50～100 千克/公顷，追肥一般施用尿素 200～300 千克/公顷。（4）制种技术：制种时，父、母本同期播种，父、母本行比 1：5，父、母本种植密度为 6.0 万株/公顷。（5）其他：弯孢菌叶斑病重发区慎用，并注意防治。

适宜种植地区： 吉林省玉米中晚熟区。

西旺 3008

审定编号： 吉审玉 2012029

选育单位： 长春市西旺农业科学研究所

品种来源： MZ30×MZ18

特征特性： 种子性状：种子橙红色，硬粒型，百粒重 24.0 克。植株性状：幼苗绿色，叶鞘紫色，叶缘紫色。株高 294 厘米，穗位 111 厘米，株型半紧凑，穗下部叶片平展、穗上部叶片上冲，成株叶片 21 片，花药紫色，花丝粉色。果穗性状：果穗长筒型，穗长 18.5 厘米，穗行数 16～18 行，穗轴红色。籽粒性状：籽粒黄色，半马齿型，百粒重 35.7 克。品质分析：籽粒含粗蛋白质 9.53%，粗脂肪 4.22%，粗淀粉 74.67%，赖氨酸

0.30%，容重 747 克/升。抗逆性：人工接种抗病（虫）害鉴定结果，中抗丝黑穗病，高抗茎腐病，感大斑病，中抗弯孢菌叶斑病，中抗玉米螟虫。生育日数：中晚熟品种。出苗至成熟 128 天，比对照郑单 958 早 1 天，需≥10℃积温 2730℃左右。

产量表现：2009 年区域试验平均公顷产量 12007.8 千克，比对照品种郑单 958 增产 8.1%；2011 年区域试验平均公顷产量 12521.3 千克，比对照品种郑单 958 增产 11.2%；两年区域试验平均公顷产量 12221.8 千克，比对照品种增产 9.4%。2011 年生产试验平均公顷产量 11309.7 千克，比对照品种郑单 958 增产 9.2%。

栽培技术要点：（1）播期：一般 4 月下旬至 5 月上旬播种。（2）密度：一般公顷保苗 6.0 万株。（3）施肥：施足农家肥，底肥一般施用复合肥 500 千克/公顷，种肥一般施用磷酸二铵 100 千克/公顷，追肥一般施用尿素 200 千克/公顷左右。（4）制种技术：制种时，父、母本同期播种，父、母本行比 1∶5，父、母本种植密度为 8.0 万株/公顷。（5）其他：大斑病重发区慎用，并注意防治。

适宜种植地区：吉林省玉米中晚熟区。

德单 129

审定编号：吉审玉 2012030

选育单位：北京德农种业有限公司

品种来源：7P159×S121

特征特性：种子性状：种子橙红色，马齿型，百粒重 35.1 克。植株性状：幼苗绿色，叶鞘紫色，叶缘紫色。株高 284 厘米，穗位 117 厘米，株型紧凑，叶片上冲，成株叶片 21 片，花药紫色，花丝粉色。果穗性状：果穗筒型，穗长 18.1 厘米，穗行数 16～18 行，穗轴红色。籽粒性状：籽粒黄色，马齿型，百粒重 36.8 克。品质分析：籽粒含粗蛋白质 9.45%，粗脂肪 3.74%，粗淀粉 73.3%，赖氨酸 0.29%，容重 747 克/升。抗逆性：人工接种抗病（虫）害鉴定结果，感丝黑穗病，抗茎腐病，中抗大斑病，中抗弯孢菌叶斑病，中抗玉米螟虫。生育日数：中晚熟品种。出苗至成熟 127 天，比对照郑单 958 早 2 天，需≥10℃积温 2700℃左右。

产量表现：2009 年区域试验平均公顷产量 12178.2 千克，比对照品种郑单 958 增产 9.6%；2011 年区域试验平均公顷产量 12364.7 千克，比对照品种郑单 958 增产 9.8%；两年区域试验平均公顷产量 12255.9 千克，比对照品种增产 9.7%。2011 年生产试验平均公顷产量 11464.4 千克，比对照品种郑单 958 增产 10.7%。

栽培技术要点：（1）播期：一般 4 月下旬至 5 月上旬播种。（2）密度：一般公顷保苗 5.5 万株。（3）施肥：施足农家肥，种肥一般施用磷酸二铵 100 千克/公顷，硫酸钾 100～150 千克/公顷，尿素 50～100 千克/公顷，追肥一般施用尿素 400～450 千克/公顷。（4）制种技术：制种时，父、母本分期播种，待父本出苗后播母本，父、母本行比 1∶5，父、母本种植密度为 6.0 万株/公顷。（5）其他：注意防治玉米丝黑穗病。

适宜种植地区： 吉林省玉米中晚熟区。

德育 817

审定编号： 吉审玉 2012031

选育单位： 吉林德丰种业有限公司

品种来源： Km819×Km847

特征特性： 种子性状：种子黄色，近硬粒型，百粒重 30.0 克。植株性状：幼苗浓绿色，叶鞘紫色，叶缘紫色。株高 302 厘米，穗位 112 厘米，株型紧凑，叶片紧凑，成株叶片 21 片，花药浅黄色，花丝粉色。果穗性状：果穗筒型，穗长 20.5 厘米，穗行数 16～18 行，穗轴红色。籽粒性状：籽粒黄色，半硬粒型，百粒重 36.9 克。品质分析：籽粒含粗蛋白质 9.80%，粗脂肪 3.71%，粗淀粉 75.28%，赖氨酸 0.26%，容重 782 克/升。抗逆性：人工接种抗病（虫）害鉴定结果，中抗丝黑穗病，抗茎腐病，中抗大斑病，感弯孢菌叶斑病，中抗玉米螟虫。生育日数：中晚熟品种。出苗至成熟 128 天，比对照郑单 958 早 1 天，需≥10℃积温 2730℃左右。

产量表现： 2010 年区域试验平均公顷产量 10673.0 千克，比对照品种郑单 958 增产 6.4%；2011 年区域试验平均公顷产量 11450.4 千克，比对照品种郑单 958 增产 10.3%；两年区域试验平均公顷产量 11091.6 千克，比对照品种增产 8.6%。2011 年生产试验平均公顷产量 11193.9 千克，比对照品种郑单 958 增产 9.0%。

栽培技术要点：（1）播期：一般 4 月下旬至 5 月上旬播种。（2）密度：一般公顷保苗 6.0 万株。（3）施肥：施足农家肥，底肥一般施用复合肥 400 千克/公顷，种肥一般施用磷酸二铵 50～75 千克/公顷，追肥一般施用尿素 200～300 千克/公顷。（4）制种技术：制种时，父、母本同期播种，父、母本行比 1∶6，父、母本种植密度为 7.0 万株/公顷。（5）其他：弯孢菌叶斑病重发区慎用，并注意防治。

适宜种植地区： 吉林省玉米中晚熟区。

长丰 59

审定编号： 吉审玉 2012032

选育单位： 长春市农业科学院

品种来源： Wm08×C801

特征特性： 种子性状：种子橙黄色，硬粒型，百粒重 32.0 克。植株性状：幼苗紫色，叶鞘紫色，叶缘紫色。株高 313 厘米，穗位 125 厘米，株型收敛，叶片上冲，成株叶片 20 片，花药黄色，花丝紫色。果穗性状：果穗长筒型，穗长 20.5 厘米，穗行数 16 行，穗轴白色。籽粒性状：籽粒黄色，马齿型，百粒重 41.8 克。品质分析：籽粒含粗蛋白质 9.38%，粗脂肪 4.63%，粗淀粉 74.02%，赖氨酸 0.30%，容重 758 克/升。抗逆性：人工接种抗病（虫）害鉴定结果，抗丝黑穗病，高抗茎腐病，中抗大斑病，感弯孢菌叶斑病，中抗玉米螟虫。生育日数：中晚熟品种。出苗至成熟 128 天，比对照郑单 958 早 1 天，需≥10℃积温 2730℃左右。

产量表现：2010 年区域试验平均公顷产量 10703.6 千克，比对照品种郑单 958 增产 6.7%；2011 年区域试验平均公顷产量 11448.2 千克，比对照品种郑单 958 增产 10.3%；两年区域试验平均公顷产量 11104.6 千克，比对照品种增产 8.7%。2011 年生产试验平均公顷产量 11286.6 千克，比对照品种郑单 958 增产 9.9%。

栽培技术要点：（1）播期：一般 4 月下旬至 5 月上旬播种。（2）密度：一般公顷保苗 5.5 万～6.0 万株。（3）施肥：施足农家肥，种肥一般施用磷酸二铵 150～200 千克/公顷、硫酸钾 50～100 千克/公顷、尿素 50～100 千克/公顷，追肥一般施用尿素 300 千克/公顷。（4）制种技术：制种时，父、母本同期播种，父、母本行比 1：5，父、母本种植密度为 6.0 万株/公顷。（5）其他：弯孢菌叶斑病重发区慎用，并注意防治。

适宜种植地区：吉林省玉米中晚熟区。

辽吉 939

审定编号：吉审玉 2012033
选育单位：北京中农大康科技开发有限公司
品种来源：LJ97203×LJ373
特征特性：种子性状：种子黄色，硬粒型，百粒重 32.0 克。植株性状：幼苗绿色，叶鞘紫色，叶缘紫色。株高 308 厘米，穗位 118 厘米，株型半紧凑，叶片半上冲，成株叶片 21 片，花药黄色，花丝紫色。果穗性状：果穗长筒型，穗长 19.3 厘米，穗行数 16 行，穗轴红色。籽粒性状：籽粒黄色，马齿型，百粒重 41.1 克。品质分析：籽粒含粗蛋白质 9.01%，粗脂肪 3.60%，粗淀粉 75.36%，赖氨酸 0.31%，容重 737 克/升。抗逆性：人工接种抗病（虫）害鉴定结果，感丝黑穗病，高抗茎腐病，感大斑病，中抗弯孢菌叶斑病，感玉米螟虫。生育日数：中晚熟品种。出苗至成熟 127 天，比对照郑单 958 早 2 天，需≥10℃积温 2700℃左右。

产量表现：2010 年区域试验平均公顷产量 10779.8 千克，比对照品种郑单 958 增产 7.5%；2011 年区域试验平均公顷产量 11789.3 千克，比对照品种郑单 958 增产 13.6%；两年区域试验平均公顷产量 11323.4 千克，比对照品种增产 10.8%。2011 年生产试验平均公顷产量 11821.8 千克，比对照品种郑单 958 增产 15.2%。

栽培技术要点：（1）播期：一般 4 月下旬至 5 月上旬播种。（2）密度：一般公顷保苗 5.25 万～5.5 万株。

（3）施肥：施足农家肥，底肥一般施用复合肥 450 千克/公顷，种肥一般施用磷酸二铵 75 千克/公顷，追肥一般施用尿素 300 千克/公顷。（4）制种技术：制种时，父、母本错期播种，先播母本，母本生根见芽后播 1/2 父本，一期父本生根后播二期父本，父、母本行比 1：6，父、母本种植密度为 6.0 万株/公顷。（5）其他：注意防治玉米丝黑穗病和玉米螟虫；大斑病重发区慎用，并注意防治。

适宜种植地区：吉林省玉米中晚熟区。

恒育 398

审定编号：吉审玉 2012034

选育单位：吉林省恒昌农业开发有限公司

品种来源：F198×M197

特征特性：种子性状：种子橙黄色，半马齿型，百粒重 31.0 克。植株性状：幼苗绿色，叶鞘紫色。株高 300 厘米，穗位 114 厘米，成株叶片 19 片，雄穗分枝 4～6 个，花药黄色，花丝浅黄色。果穗性状：果穗长筒型，穗长 20.2 厘米，穗行数 16～18 行，穗轴红色。籽粒性状：籽粒黄色，马齿型，百粒重 39.4 克。品质分析：籽粒含粗蛋白质 10.56%，粗脂肪 4.53%，粗淀粉 72.77%，赖氨酸 0.30%，容重 764 克/升。抗逆性：人工接种抗病（虫）害鉴定结果，中抗丝黑穗病，高抗茎腐病，感大斑病，中抗弯孢菌叶斑病，中抗玉米螟虫。生育日数：中晚熟品种。出苗至成熟 129 天，熟期与对照郑单 958 相同，需≥10℃积温 2750℃左右。

产量表现：2010 年区域试验平均公顷产量 10760.6 千克，比对照品种郑单 958 增产 7.3%；2011 年区域试验平均公顷产量 11584.6 千克，比对照品种郑单 958 增产 11.6%；两年区域试验平均公顷产量 11204.3 千克，比对照品种增产 9.7%。2011 年生产试验平均公顷产量 11103.2 千克，比对照品种郑单 958 增产 8.2%。

栽培技术要点：（1）播期：一般 4 月下旬至 5 月上旬播种。（2）密度：一般公顷保苗 5.5 万株。（3）施肥：施足农家肥，底肥一般施用 N、P、K 三元复合肥 500 千克/公顷，追肥一般施用尿素 300 千克/公顷。（4）制种技术：制种时，父、母本错期播种，1/3 父本与母本同播，生根见芽后再播另外 2/3 父本，父、母本行比 1：5，父、母本种植密度为 6.0 万株/公顷。（5）其他：大斑病重发区慎用，并注意防治。

适宜种植地区：吉林省玉米中晚熟区。

银河 126

审定编号：吉审玉 2012035

选育单位：吉林银河种业科技有限公司

品种来源：04V-75×54309

特征特性：种子性状：种子橙红色，硬粒型，百粒重 33.0 克。植株性状：幼苗浓绿色，叶鞘绿色，叶缘绿色。株高 326 厘米，穗位 128 厘米，株型紧凑，叶片上冲，成株叶片 17 片，花药浅紫色，花丝微红色。果穗性状：果穗筒型，穗长 21.0 厘米，穗行数 16～18 行，穗轴红色。籽粒性状：籽粒黄色，马齿型，百粒重 37.5 克。品质分析：籽粒含粗蛋白质 11.22%，粗脂肪 4.34%，粗淀粉 71.29%，赖氨酸 0.31%，容重 755 克/升。抗逆性：人工接种抗病（虫）害鉴定结果，中抗丝黑穗病，高抗茎腐病，感大斑病，感弯孢菌叶斑病，感玉米螟虫。生育日数：中晚熟品种。出苗至成熟 129 天，熟期与对照郑单 958 相同，需≥10℃积温 2750℃左右。

产量表现：2010 年区域试验平均公顷产量 10744.3 千克，比对照品种郑单 958 增产 7.1%；2011 年区域试验平均公顷产量 12044.9 千克，比对照品种郑单 958 增产 16.1%；两年区域试验平均公顷产量 11444.6 千克，比对照品种增产 12.0%。2011 年生产试验平均公顷产量 11446.5 千克，比对照品种郑单 958 增产 11.5%。

栽培技术要点：（1）播期：一般 4 月下旬至 5 月上旬播种。（2）密度：一般公顷保苗 5.25 万株。（3）施肥：施足农家肥，底肥一般施用磷酸二铵 225 千克/公顷、硫酸钾 100～150 千克/公顷、尿素 50 千克/公顷，追肥一般施用尿素 400～500 千克/公顷。（4）制种技术：制种时，父、母本同期播种，父、母本行比 1：5，父、母本种植密度为 6.0 万株/公顷。（5）其他：注意防治玉米螟虫；叶斑病重发区慎用，并注意防治。

适宜种植地区：吉林省玉米中晚熟区。

吉单 47

审定编号：吉审玉 2012036

选育单位：吉林吉农高新技术发展股份有限公司、吉林省农业科学院玉米研究所

品种来源：A4701×吉 A5002

特征特性：种子性状：种子橙黄色，半马齿型，百粒重 25.4 克。植株性状：幼苗绿色，叶鞘紫色，叶缘紫色。株高 305 厘米，穗位 125 厘米，株型半紧凑，叶片上冲，成株叶片 21 片，花药紫色，花丝红色。果穗性状：果穗筒型，穗长 19.7 厘米，穗行数 16～18 行，穗轴红色。籽粒性状：籽粒黄色，马齿型，百粒重 38.4 克。品质分析：籽粒含粗蛋白质 9.99%，粗脂肪 4.29%，粗淀粉 75.27%，赖氨酸 0.28%，容重 761 克/升。抗逆性：人工接种抗病（虫）害鉴定结果，中抗丝黑穗病，抗茎腐病，中抗大斑病，感弯孢菌叶斑病，抗玉米螟虫。生育日数：中晚熟品种。出苗至成熟 129 天，熟期与郑单 958 相同，需≥10℃积温 2750℃左右。

产量表现：2010 年区域试验平均公顷产量 10958.0 千克，比对照品种郑单 958 增产 7.2%；2011 年区域试

验平均公顷产量 11526.7 千克，比对照品种郑单 958 增产 11.1%；两年区域试验平均公顷产量 11289.7 千克，比对照品种增产 9.5%。2011 年生产试验平均公顷产量 11157.4 千克，比对照品种郑单 958 增产 8.7%。

栽培技术要点：（1）播期：一般 4 月下旬至 5 月上旬播种。（2）密度：一般公顷保苗 5.2 万株。（3）施肥：施足农家肥，底肥一般施用磷酸二铵 150～200 千克/公顷、硫酸钾 100～150 千克/公顷，尿素 50～100 千克/公顷，追肥一般施用尿素 300 千克/公顷。（4）制种技术：制种时，父、母本同期播种，父、母本行比 1∶5，父、母本种植密度为 6.0 万株/公顷。（5）其他：弯孢菌叶斑病重发区慎用，并注意防治。

适宜种植地区：吉林省玉米中晚熟区。

中玉 990

审定编号：吉审玉 2012037

选育单位：吉林省中玉农业有限公司

品种来源：WY1M1×WC007

特征特性：种子性状：种子橙红色，硬粒型，百粒重 36.5 克。植株性状：幼苗浓绿色，叶鞘紫色，叶缘紫色。株高 260 厘米，穗位 100 厘米，株型半紧凑，叶片上举，成株叶片 19 片，花药紫色，花丝粉色。果穗性状：果穗长筒型，穗长 23.5 厘米，穗行数 14 行，穗轴白色。籽粒性状：籽粒橙红色，半硬粒型，百粒重 43.5 克。品质分析：籽粒含粗蛋白质 10.05%，粗脂肪 4.22%，粗淀粉 72.34%，赖氨酸 0.28%，容重 746 克/升。抗逆性：人工接种抗病（虫）害鉴定结果，抗丝黑穗病，中抗茎腐病，抗大斑病，感弯孢菌叶斑病，中抗玉米螟虫。生育日数：中晚熟偏早品种。出苗至成熟 126 天，比对照郑单 958 早 3 天，需≥10℃积温 2650℃左右。

产量表现：2010 年区域试验平均公顷产量 10620.9 千克，比对照品种郑单 958 增产 3.9%；2011 年区域试验平均公顷产量 11354.6 千克，比对照品种郑单 958 增产 9.4%；两年区域试验平均公顷产量 11048.9 千克，比对照品种增产 7.1%。2011 年生产试验平均公顷产量 11056.7 千克，比对照品种郑单 958 增产 7.7%。

栽培技术要点：（1）播期：一般 4 月下旬至 5 月上旬播种。（2）密度：一般公顷保苗 6.0 万～7.0 万株。（3）施肥：施足农家肥，底肥一般施用氮、磷、钾（N-P$_2$O$_5$-K$_2$O=24-12-10）复合肥 450 千克/公顷，种肥一般施用磷酸二铵 40 千克/公顷，追肥一般施用尿素 150 千克/公顷。（4）制种技术：制种时，父、母本错期播种，母本先播、待母本要萌动时播 1/2 父本，待一期父本要萌动时播余下 1/2 父本。父、母本行比 1∶5，父、母本种植密度分别为 6.0 万株/公顷。（5）其他：弯孢菌叶斑病重发区慎用，并注意防治。

适宜种植地区：吉林省玉米中熟上限及中晚熟区。

奥邦 368

审定编号：吉审玉 2012038

选育单位：王宏

品种来源：W908×W853

特征特性：种子性状：种子黄色，马齿型，百粒重 37.2 克。植株性状：幼苗绿色，叶鞘紫色，叶缘绿色。株高 297 厘米，穗位 117 厘米，株型紧凑，叶片上冲，成株叶片 21 片，花药黄色，花丝淡紫色。果穗性状：果穗筒型，穗长 21.4 厘米，穗行数 16 行，穗轴红色。籽粒性状：籽粒黄色，马齿型，百粒重 43.2 克。品质分析：籽粒含粗蛋白质 10.62%，粗脂肪 4.06%，粗淀粉 73.68%，赖氨酸 0.29%，容重 783 克/升。抗逆性：人工接种抗病（虫）害鉴定结果，中抗丝黑穗病，高抗茎腐病，抗大斑病，中抗弯孢菌叶斑病，感玉米螟虫。生育日数：中晚熟品种。出苗至成熟 128 天，比对照郑单 958 早 1 天，需≥10℃积温 2730℃左右。

产量表现：2010 年区域试验平均公顷产量 11007.3 千克，比对照品种郑单 958 增产 7.6%；2011 年区域试验平均公顷产量 11594.6 千克，比对照品种郑单 958 增产 11.7%；两年区域试验平均公顷产量 11349.9 千克，比对照品种增产 10.0%。2011 年生产试验平均公顷产量 10959.9 千克，比对照品种郑单 958 增产 6.8%。

栽培技术要点：（1）播期：一般 4 月中旬至 5 月上旬播种。（2）密度：一般公顷保苗 5.25 万株。（3）施肥：施足农家肥，底肥一般施用复混肥 500～600 千克/公顷，种肥一般施用磷酸二铵 100 千克/公顷，追肥一般施用尿素 300 千克/公顷。（4）制种技术：制种时，父、母本错期播种，先播母本，母本扎根播 1/2 父本，母本露锥再播另外 1/2 父本，父、母本行比 1∶5，父、母本种植密度为 6.0 万株/公顷。（5）其他：注意防治玉米螟虫。

适宜种植地区：吉林省玉米中晚熟区。

双玉 99

审定编号：吉审玉 2012039

选育单位：吉林省双辽市双丰种业有限责任公司

品种来源：8206×85232

特征特性：种子性状：种子黄色，半马齿型，百粒重 32.0 克。植株性状：幼苗绿色，叶鞘紫色，叶缘紫色。株高 299 厘米，穗位 134 厘米，株型平展，叶片平展，成株叶片 21 片，花药黄色，花丝紫色。果穗性状：果穗长筒型，穗长 19.4 厘米，穗行数 16 行，穗轴红色。籽粒性状：籽粒黄色，马齿型，百粒重 40.0 克。品质分析：籽粒含粗蛋白质 8.29%，粗脂肪 4.37%，粗淀粉 73.62%，赖氨酸 0.30%，容重 726 克/升。抗逆性：人工接种抗病（虫）害鉴定结果，中抗丝黑穗病，高抗茎腐病，中抗大斑病，中抗弯孢菌叶斑病，感玉米螟虫。生育日数：中晚熟品种。出苗至成熟 129 天，熟期与郑单 958 相同，需≥10℃积温 2750℃左右。

产量表现： 2010 年区域试验平均公顷产量 10964.7 千克，比对照品种郑单 958 增产 7.2%；2011 年区域试验平均公顷产量 11327.9 千克，比对照品种郑单 958 增产 9.2%；两年区域试验平均公顷产量 11176.5 千克，比对照品种增产 8.4%。2011 年生产试验平均公顷产量 10767.3 千克，比对照品种郑单 958 增产 4.9%。

栽培技术要点：（1）播期：一般 4 月下旬至 5 月上旬播种。（2）密度：一般公顷保苗 5.25 万株。（3）施肥：施足农家肥，底肥一般施用复合肥 350 千克/公顷，追肥一般施用尿素 300～400 千克/公顷。（4）制种技术：制种时，父、母本同期播种，父、母本行比 1：5，父、母本种植密度为 6.0 万株/公顷。（5）其他：注意防治玉米螟虫。

适宜种植地区： 吉林省玉米中晚熟区。

吉第 816

审定编号： 吉审玉 2012041
选育单位： 吉林省吉育种业有限公司
品种来源： M32×D25
特征特性： 种子性状：种子黄色，半硬粒型，百粒重 32.0 克。植株性状：幼苗绿色，叶鞘紫色，叶缘紫色。株高 284 厘米，穗位 104 厘米，株型半紧凑，叶片半上冲，成株叶片 21 片，花药黄色，花丝粉色。果穗性状：果穗筒型，穗长 20.5 厘米，穗行数 18 行，穗轴红色。籽粒性状：籽粒黄色，半硬粒型，百粒重 37.1 克。品质分析：籽粒含粗蛋白质 10.23%，粗脂肪 4.35%，粗淀粉 74.39%，赖氨酸 0.28%，容重 768 克/升。抗逆性：人工接种抗病（虫）害鉴定结果，中抗丝黑穗病，中抗茎腐病，中抗大斑病，感弯孢菌叶斑病，中抗玉米螟虫。生育日数：中晚熟品种。出苗至成熟 127 天，比对照郑单 958 早 2 天，需≥10℃积温 2700℃左右。

产量表现： 2010 年区域试验平均公顷产量 10898.7 千克，比对照品种郑单 958 增产 6.6%；2011 年区域试验平均公顷产量 11445.0 千克，比对照品种郑单 958 增产 10.3%；两年区域试验平均公顷产量 11217.4 千克，比对照品种增产 8.8%。2011 年生产试验平均公顷产量 11194.2 千克，比对照品种郑单 958 增产 9.0%。

栽培技术要点：（1）播期：一般 4 月下旬播种。（2）密度：一般公顷保苗 5.5 万株。（3）施肥：施足农家肥，底肥一般施用磷酸二铵 100 千克/公顷、硫酸钾 50 千克/公顷、玉米专用肥 300 千克/公顷，追肥一般施用尿素 300～400 千克/公顷。（4）制种技术：制种时，父、母本错期播种，先播母本，母本一叶一心时播一期父本，母本二叶时播二期父本，父、母本行比 1：6，父、母本种植密度为 6.8 万株/公顷。（5）其他：弯孢菌叶斑病重发区慎用，并注意防治。

适宜种植地区：吉林省玉米中晚熟区。

长单 916

审定编号：吉审玉 2012042

选育单位：长春市农业科学院

品种来源：Wm08×Zh09

特征特性：种子性状：种子橙黄色，硬粒型，百粒重 32.0 克。植株性状：幼苗紫色，叶鞘紫色，叶缘浅紫色。株高 304 厘米，穗位 135 厘米，株型收敛，叶片上冲，成株叶片 19 片，花药黄色，花丝粉色。果穗性状：果穗筒型，穗长 21 厘米，穗行数 16 行，穗轴红色。籽粒性状：籽粒黄色，马齿型，百粒重 35.1 克。品质分析：籽粒含粗蛋白质 9.07%，粗脂肪 3.9%，粗淀粉 76.29%，赖氨酸 0.28%，容重 764 克/升。抗逆性：人工接种抗病（虫）害鉴定结果，高抗丝黑穗病，高抗茎腐病，中抗大斑病，中抗弯孢菌叶斑病，感玉米螟虫。生育日数：晚熟品种。出苗至成熟 131 天，比郑单 958 晚 2 天，需≥10℃积温 2800℃左右。

产量表现：2010 年区域试验平均公顷产量 10703.3 千克，比对照品种郑单 958 增产 4.7%；2011 年区域试验平均公顷产量 11042.3 千克，比对照品种郑单 958 增产 6.4%；两年区域试验平均公顷产量 10901.0 千克，比对照品种增产 5.7%。2011 年生产试验平均公顷产量 10651.2 千克，比对照品种郑单 958 增产 3.8%。

栽培技术要点：（1）播期：一般 4 月下旬至 5 月上旬播种。（2）密度：一般公顷保苗 5.5 万～6.0 万株。（3）施肥：施足农家肥，种肥一般施用磷酸二铵 150～200 千克/公顷、硫酸钾 50～100 千克/公顷，尿素 50～100 千克/公顷，追肥一般施用尿素 300～400 千克/公顷。（4）制种技术：制种时，父、母本同期播种，父、母本行比 1：5，父、母本种植密度为 6.0 万株/公顷。（5）其他：注意防治玉米螟虫。

适宜种植地区：吉林省玉米晚熟区。

华科 100

审定编号：吉审玉 2012043

选育单位：吉林华旗农业科技有限公司

品种来源：E050×H012

特征特性：种子性状：种子黄橙色，半马齿型，百粒重 36.0 克。植株性状：幼苗浓绿色，叶鞘紫色，叶缘紫色。株高 280 厘米，穗位 112 厘米，株型紧凑，叶片上冲，成株叶片 19 片，花药红色，花丝粉色。果穗性状：果穗长筒型，穗长 19.1 厘米，穗行数 16～18 行，穗轴红色。籽粒性状：籽粒黄色，半马齿型，百粒重 38.0 克。品质分析：籽粒含粗蛋白质 8.82%，粗脂肪 4.54%，粗淀粉 76.21%，赖氨酸 0.29%，容重 781 克/升。抗逆性：人工接种抗病（虫）害鉴定结果，中抗丝黑穗病，中抗茎腐病，中抗大斑病，感弯孢菌叶斑病，抗玉米螟虫。生育日数：中晚熟品种。出苗至成熟 127 天，比对照郑单 958 早 2 天，需≥10℃积温 2700℃左右。

产量表现：2010 年区域试验平均公顷产量 11111.3 千克，比对照品种郑单 958 增产 8.7%；2011 年区域试验平均公顷产量 11152.8 千克，比对照品种郑单 958 增产 7.5%；两年区域试验平均公顷产量 11135.5 千克，比对照品种增产 8.0%。2011 年生产试验平均公顷产量 10740.6 千克，比对照品种郑单 958 增产 4.6%。

栽培技术要点：（1）播期：一般 4 月下旬至 5 月上旬播种。（2）密度：一般公顷保苗 5.5 万株。（3）施肥：施足农家肥，种肥一般施用磷酸二铵 150～200 千克/公顷，硫酸钾 100～150 千克/公顷，尿素 50～100 千克/公顷，追肥一般施用尿素 300～400 千克/公顷。（4）制种技术：制种时，父、母本分期播种，待父本出苗后播母本，父、母本行比 1∶5，父、母本种植密度为 6.0 万株/公顷。（5）其他：弯孢菌叶斑病重发区慎用，并注意防治。

适宜种植地区：吉林省玉米中晚熟区。

桥峰 617

审定编号：吉审玉 2012045

选育单位：大石桥市种子有限公司

品种来源：J54-2×J221

特征特性：种子性状：种子橙红色，硬粒型，百粒重 30.5 克。植株性状：幼苗浓绿色，叶鞘紫色，叶缘紫色。株高 297 厘米，穗位 124 厘米，株型平展，叶片平展，成株叶片 19～21 片，花药淡紫色，花丝淡紫色。果穗性状：果穗筒型，穗长 18.5 厘米，穗行数 18 行，穗轴红色。籽粒性状：籽粒黄色，半马齿型，百粒重 34.1 克。品质分析：籽粒含粗蛋白质 8.51%，粗脂肪 3.59%，粗淀粉 70.67%，赖氨酸 0.35%，容重 741 克/升。抗逆性：人工接种抗病（虫）害鉴定结果，感丝黑穗病，中抗茎腐病，感大斑病，中抗弯孢菌叶斑病，中抗玉米螟虫。生育日数：中晚熟品种。出苗至成熟 128 天，比对照郑单 958 早 1 天，需≥10℃积温 2730℃左右。

产量表现：2009 年区域试验平均公顷产量 12118.4 千克，比对照品种郑单 958 增产 10.7%；2010 年区域试验平均公顷产量 11196.8 千克，比对照品种郑单 958 增产 10.6%；两年区域试验平均公顷产量 11693.0 千克，比对照品种郑单 958 增产 10.7%。2010 年生产试验平均公顷产量 10530.7 千克,比对照品种郑单 958 增产 7.8%。

栽培技术要点:(1)播期:一般 4 月下旬至 5 月上旬播种。(2)密度:一般公顷保苗 6.0 万株。(3)施肥:整地时施农家肥 45000～60000 千克/公顷、玉米专用肥 650 千克/公顷做底肥(注意种、肥隔离),播种时,一般施用磷酸二铵 100～150 千克/公顷做种肥。(4)制种技术:北方春玉米区在 4 月下旬或 5 月上旬播种,密度 6.0 万株/公顷为宜,父本早播,待父本扎根露白播母本;海南父本晚播 2 天,行比以 5:1 或 6:1 为宜。制种产量一般可达 6000 千克/公顷。(5)其他:注意防治玉米丝黑穗病;大斑病重发区慎用,并注意防治。

适宜种植地区:吉林省玉米中晚熟区。

吉品 704

审定编号:吉审玉 2012046

选育单位:吉林省宏泽现代农业有限公司

品种来源:L07×H04

特征特性:种子性状:种子黄色,硬粒型,百粒重 34.8 克。植株性状:幼苗绿色,叶鞘紫色。株高 299 厘米,穗位 116 厘米,株型半紧凑,成株叶片 20 片,花药黄色,花丝粉色。果穗性状:果穗筒形,穗长 18.3 厘米,穗行数 16～18 行,穗轴红色。籽粒性状:籽粒黄色,半硬粒型,百粒重 37.0 克。品质分析:籽粒含粗蛋白质 10.40%,粗脂肪 5.05%,粗淀粉 72.10%,赖氨酸 0.32%,容重 772 克/升。抗逆性:人工接种抗病(虫)害鉴定结果:抗丝黑穗病,高抗茎腐病,中抗大斑病,中抗弯孢菌叶斑病、感玉米螟虫。生育日数:中晚熟品种。出苗至成熟 128 天,比对照郑单 958 早 1 天,需≥10℃积温 2730℃左右。

产量表现:2010 年区域试验平均公顷产量 10815.3 千克,比对照品种郑单 958 增产 5.8%;2011 年区域试验平均公顷产量 11206.0 千克,比对照品种郑单 958 增产 8.0%;两年区域试验平均公顷产量 11043.2 千克,比对照品种增产 7.1%。2011 年生产试验平均公顷产量 11046.0 千克,比对照品种郑单 958 增产 7.6%。

栽培技术要点:(1)播期:一般 4 月下旬至 5 月上旬播种。(2)密度:一般公顷保苗 5.5 万株左右。(3)施肥:施足农家肥。底肥一般施用玉米专用复合肥 600 千克/公顷,追肥一般施用尿素 200～300 千克/公顷。(4)制种技术:制种时,父、母本错期播种,父、母本行比 1:5,父、母本种植密度为 5.5 万株/公顷。(5)其他:注意防治玉米螟虫。

适宜种植地区:吉林省玉米中晚熟区。

龙单 59

审定编号： 吉审玉 2012047

选育单位： 黑龙江省农科院玉米研究所

引入单位： 延边州种子管理站、哈尔滨益农种业有限公司

品种来源： HR0344×HR8834

特征特性： 种子性状：种子橙黄色，硬粒型，百粒重 31.0 克。植株性状：幼苗浓绿色，叶鞘紫色，叶缘绿色。株高 240 厘米，穗位 75 厘米，株型平展，叶片平展，成株叶片 13 片，花药紫色，花丝粉色。果穗性状：果穗圆柱型，穗长 22 厘米，穗行数 14～16 行，穗轴红色。籽粒性状：籽粒黄色，半马齿型，百粒重 38.0 克。品质分析：籽粒含粗蛋白质 10.73%，粗脂肪 4.02%，粗淀粉 72.31%，赖氨酸 0.33%，容重 760 克/升。抗逆性：人工接种抗病（虫）害鉴定结果，抗丝黑穗病、抗茎腐病，中抗大斑病，抗弯孢菌叶斑病，中抗玉米螟虫。生育日数：早熟品种。出苗至成熟 115 天，需≥10℃积温 2200℃左右。

产量表现： 2010—2011 年延边地区品种观察比较试验平均产量 10553.5 千克/公顷，比对照白山 7 增产 6.2%；2010 年全州适区内鉴定和大面积试验示范平均产量 10564.3 千克/公顷，比对照白山 7 增产 5.2%，2011 年全州适区内鉴定和大面积试验示范平均产量 10704.6 千克/公顷，比对照白山 7 增产 8.1%。

栽培技术要点：（1）播期：一般 5 月初播种，选择中等肥力以上地块种植。（2）密度：一般公顷保苗 6.0 万株。（3）施肥：最好根据当地土壤肥力状况测土配方施肥。施足农家肥，底肥一般施用玉米专用复合肥 500 千克/公顷，种肥一般施用磷酸二铵 100 千克/公顷，追肥一般施用尿素 300～375 千克/公顷。（4）制种技术：制种时，父、母本同期播种，父、母本行比为 1∶6，父、母本种植密度为 6.0 万～6.5 万株/公顷。

适宜种植地区： 吉林省延边玉米早熟区。

德美亚 1 号

审定编号： 吉审玉 2012048

引入单位： 黑龙江省垦丰种业有限公司、延边州种子管理站、敦化市农业技术推广站

品种来源：（KWS10×KWS73）×KWS49

特征特性： 种子性状：种子橙黄色，硬粒型，百粒重 30.0 克。植株性状：幼苗浓绿色，叶鞘紫色，叶缘绿色。株高 240 厘米，穗位 80 厘米，株型平展，叶片平展，成株叶片 13 片，花药黄色，花丝淡绿色。果穗性状：果穗锥型，穗长 18～20 厘米，穗行数 14 行，穗轴白色。籽粒性状：籽粒橙黄色，硬粒型，百粒重 30.0

克。品质分析：籽粒含粗蛋白质 9.085%，粗脂肪 4.67%，粗淀粉 73.20%，赖氨酸 0.265%，容重 720 克/升。抗逆性：人工接种抗病（虫）害鉴定结果，抗丝黑穗病，中抗茎腐病，中抗大斑病，抗弯孢菌叶斑病，抗玉米螟虫。生育日数：早熟品种。出苗至成熟 110 天，需≥10℃积温 2100℃左右。

产量表现： 2010—2011 年延边地区品种观察比较试验平均产量为 8763.1 千克/公顷，比对照源玉 3 增产 9.6%；2010 年全州适区内鉴定和大面积试验示范平均产量 8640.6 千克/公顷，比对照源玉 3 增产 9.7%，2011 年全州适区内鉴定和大面积试验示范平均产量 8885.6 千克/公顷，比对照源玉 3 增产 10.5%。

栽培技术要点：（1）播期：一般 5 月 1—10 日播种，选择中等以上肥力地块种植。（2）密度：一般公顷保苗 7.5 万株。（3）施肥：施足农家肥，底肥一般施用玉米专用复合肥 500 千克/公顷，种肥一般施用磷酸二铵 100 千克/公顷，追肥一般施用尿素 300～400 千克/公顷。（4）制种技术：制种时，父、母本错期播种，父、母本行比 1：6，父、母本种植密度为 1000 株/亩、6000 株/亩。

适宜种植地区： 吉林省延边玉米早熟区。

德美亚 3 号

审定编号： 吉审玉 2013001
选育单位： 北大荒垦丰种业股份有限公司
品种来源： 9F592×6F576
特征特性： 种子性状：种子黄色，半马齿型，百粒重 36.0 克。植株性状：幼苗绿色，叶鞘紫色，叶缘绿色。株高 306 厘米，穗位 120 厘米，株型半收敛，叶片半上冲，成株叶片 21 片，花药紫色，花丝绿色。果穗性状：果穗柱型，穗长 18.7 厘米，穗行数 14～16 行，穗轴白色。籽粒性状：籽粒黄色，马齿型，百粒重 37.2 克。品质分析：经农业部谷物及制品质量监督检验测试中心（哈尔滨）检测，籽粒含粗蛋白质 9.58%，粗脂肪 3.35%，粗淀粉 72.12%，赖氨酸 0.31%，容重 686 克/升。抗逆性：人工接种抗病（虫）害鉴定，中抗丝黑穗病，抗茎腐病，高抗大斑病，抗弯孢菌叶斑病，高抗玉米螟虫。生育日数：早熟品种。出苗至成熟 113 天，比对照源玉 3 晚 3 天，需≥10℃积温 2200℃左右。

产量表现： 2011 年区域试验平均公顷产量 9854.6 千克，比对照品种源玉 3 增产 4.8%；2012 年区域试验平均公顷产量 11384.7 千克，比对照品种源玉 3 增产 16.5%；两年区域试验平均公顷产量 10619.7 千克，比对照品种增产 10.8%。2012 年生产试验平均公顷产量 10887.9 千克，比对照品种源玉 3 增产 7.0%。

栽培技术要点：（1）播期：一般 4 月下旬至 5 月上旬播种。（2）密度：一般公顷保苗 7.5 万株。（3）施肥：施足农家肥，底肥增施缓释肥料 750 千克/公顷。（4）制种技术：制种时，父、母本错期播种，母本先播，5

天后播父本，父、母本行比 1：5，父、母本种植密度为 11.5 万株/公顷。

　　适宜种植地区：吉林省延边、白山玉米早熟区。

松玉 656

审定编号：吉审玉 2013002

选育单位：吉林市松花江种业有限责任公司

品种来源：K10×A3

特征特性：种子性状：种子橙红色，半硬粒型，百粒重 32.4 克。植株性状：幼苗绿色，叶鞘紫色，叶缘紫色。株高 309 厘米，穗位 118 厘米，株型半紧凑，叶片半上举，成株叶片 19 片，花药黄色，花丝粉色。果穗性状：果穗长筒型，穗长 19.6 厘米，穗行数 12～14 行，穗轴红色。籽粒性状：籽粒黄色，半硬粒型，百粒重 39.4 克。品质分析：经农业部谷物及制品质量监督检验测试中心（哈尔滨）检测，籽粒含粗蛋白质 9.12%，粗脂肪 4.42%，粗淀粉 72.75%，赖氨酸 0.30%，容重 689 克/升。抗逆性：人工接种抗病（虫）害鉴定，抗丝黑穗病，抗茎腐病，抗大斑病，中抗弯孢菌叶斑病，抗玉米螟虫。生育日数：早熟品种。出苗至成熟 114 天，比对照源玉 3 晚 4 天，需≥10℃积温 2220℃左右。

　　产量表现：2010 年区域试验平均公顷产量 9039.7 千克，比对照品种白山 7 增产 3.1%；2012 年区域试验平均公顷产量 10752.0 千克，比对照品种源玉 3 增产 10.1%；两年区域试验平均公顷产量 9753.2 千克，比对照品种增产 6.2%。2012 年生产试验平均公顷产量 10438.7 千克，比对照品种源玉 3 增产 2.6%。

　　栽培技术要点：（1）播期：一般 5 月上旬播种。（2）密度：一般公顷保苗 5.5 万株。（3）施肥：施足农家肥，底肥一般施用农家肥 30000 千克/公顷，种肥一般施用玉米复合肥 200 千克/公顷，追肥一般施用尿素 225 千克/公顷。（4）制种技术：制种时，父、母本同期播种，父、母本行比 1：5，父、母本种植密度为 6.0 万株/公顷。

　　适宜种植地区：吉林省延边、白山玉米早熟区。

龙单 63

审定编号：吉审玉 2013003

选育单位：黑龙江省农科院玉米研究所

引入单位：延边朝鲜族自治州种子管理站、哈尔滨市益农种业有限公司

品种来源： HR0344×HR701

特征特性： 种子性状：种子橙黄色，硬粒型，百粒重30.0克。植株性状：幼苗浓绿色，叶鞘浅紫色，叶缘绿色。株高290厘米，穗位95厘米，株型平展，叶片平展，成株叶片17片，花药紫色，花丝粉色。果穗性状：果穗圆柱型，穗长22厘米，穗行数14～16行，穗轴红色。籽粒性状：籽粒黄色，半马齿型，百粒重30.0克。品质分析：经农业部谷物及制品质量监督检验测试中心（哈尔滨）检测，籽粒含粗蛋白质9.18%，粗脂肪4.22%，粗淀粉74.48%，赖氨酸0.31%，容重757克/升。抗逆性：人工接种抗病（虫）害鉴定，感丝黑穗病，中抗茎腐病，抗大斑病，抗弯孢菌叶斑病，抗玉米螟虫。生育日数：早熟品种。出苗至成熟110天，需≥10℃积温2150℃左右。

产量表现： 2011年延边生产试验，平均公顷产量10746.5千克，比对照品种白山7平均增产9.13%。2012年延边适宜区域异地鉴定，平均公顷产量10548.3千克，比对照品种白山7平均增产10.1%。

栽培技术要点：（1）播期：一般在适宜地区5月初播种，选择中等肥力以上地块种植。（2）密度：一般公顷保苗5.25万～5.5万株/公顷。（3）施肥：中等以上肥力地块种肥施用磷酸二铵225～300千克/公顷，追肥施用尿素300～375千克/公顷，或根据当地土壤肥力状况测土配方施肥。（4）制种技术：制种时，父、母本同期播种，父、母本种植比例为1：6，父、母本种植密度为6.0万～6.5万株/公顷。（5）其他：注意防治玉米丝黑穗病。

适宜种植地区： 延边州玉米早熟区。

伊单26

审定编号： 吉审玉2013005

选育单位： 吉林省稷秾种业有限公司

品种来源： A8-36×7922

特征特性： 种子性状：种子橙红色，半马齿型，百粒重29.5克。植株性状：幼苗浅绿色，叶鞘紫色，叶缘紫色。株高332厘米，穗位143厘米，株型半收敛，叶片上举，成株叶片20片，花药黄色，花丝黄色。果穗性状：果穗长筒型，穗长21.0厘米，穗行数16～18行，穗轴红色。籽粒性状：籽粒黄色，马齿型，百粒重33.8克。品质分析：经农业部谷物及制品质量监督检验测试中心（哈尔滨）检测，籽粒含粗蛋白质10.56%，粗脂肪3.95%，粗淀粉72.30%，赖氨酸0.34%，容重728克/升。抗逆性：人工接种抗病（虫）害鉴定，中抗丝黑穗病，高抗茎腐病，高抗大斑病，抗弯孢菌叶斑病，抗玉米螟虫。生育日数：中早熟品种。出苗至成熟119天，比对照吉单27晚1天，需≥10℃积温2400℃左右。

产量表现： 2011 年区域试验平均公顷产量 10292.8 千克，比对照品种吉单 27 增产 7.4%；2012 年区域试验平均公顷产量 11793.0 千克，比对照品种吉单 27 增产 4.3%；两年区域试验平均公顷产量 11111.1 千克，比对照品种增产 5.5%。2012 年生产试验平均公顷产量 11156.4 千克，比对照品种吉单 27 增产 3.7%。

栽培技术要点：（1）播期：一般 4 月下旬至 5 月上旬播种。（2）密度：一般公顷保苗 5.5 万～6.0 万株。（3）施肥：施足农家肥，底肥可施用磷酸二铵 100～150 千克/公顷、硫酸钾 100 千克/公顷、尿素 100 千克/公顷，种肥一般施用磷酸二铵 20 千克/公顷，追肥一般施用尿素 300～400 千克/公顷。（4）制种技术：制种时，父、母本错期播种，先播母本，待母本生根见芽后再播父本，父、母本行比 1∶6，父、母本种植密度为 6.0 万株/公顷。

适宜种植地区： 吉林省延边、白山、吉林东部山区和半山区玉米中早熟区。

军单 23

审定编号： 吉审玉 2013006

选育单位： 赵明

品种来源： 军 8903×B02

特征特性： 种子性状：种子黄色，硬粒型，百粒重 35.0 克。植株性状：幼苗浓绿色，叶鞘紫色，叶缘紫色。株高 303 厘米，穗位 132 厘米，株型较收敛，叶片上举，成株叶片 20 片，花药绿色，花丝绿色。果穗性状：果穗长筒型，穗长 21.3 厘米，穗行数 14～16 行，穗轴红色。籽粒性状：籽粒黄色，半马齿型，百粒重 42.9 克。品质分析：经农业部谷物及制品质量监督检验测试中心（哈尔滨）检测，籽粒含粗蛋白质 10.37%，粗脂肪 4.05%，粗淀粉 72.99%，赖氨酸 0.33%，容重 758 克/升。抗逆性：人工接种抗病（虫）害鉴定，感丝黑穗病，抗茎腐病，抗大斑病，中抗弯孢菌叶斑病，中抗玉米螟虫。生育日数：中熟品种。出苗至成熟 126 天，与对照吉单 261 熟期相同，需≥10℃积温 2600℃左右。

产量表现： 2011 年区域试验平均公顷产量 10182.2 千克，比对照品种吉单 261 增产 6.2%；2012 年区域试验平均公顷产量 13470.4 千克，比对照品种吉单 261 增产 14.9%；两年区域试验平均公顷产量 12132.8 千克，比对照品种增产 10.4%。2012 年生产试验平均公顷产量 12441.3 千克，比对照品种吉单 261 增产 6.5%。

栽培技术要点：（1）播期：一般 4 月下旬至 5 月上旬播种。（2）密度：一般公顷保苗 5.0 万～5.5 万株。（3）施肥：施足农家肥，底肥一般施用玉米专用肥 500 千克/公顷，种肥一般施用磷酸二铵 50 千克/公顷，追肥一般施用尿素 200～300 千克/公顷。（4）制种技术：制种时，父、母本同期播种，父、母本行比 1∶5，父、母本种植密度为 6.0 万株/公顷。（5）其他：注意防治玉米丝黑穗病。

适宜种植地区：吉林省玉米中熟区。

农华 206

审定编号：吉审玉 2013007

选育单位：北京金色农华种业科技有限公司

品种来源：NHZ005×NH004

特征特性：种子性状：种子橙红色，硬粒型，百粒重 28.0 克。植株性状：幼苗浅绿色，叶鞘紫色，叶缘紫色。株高 313 厘米，穗位 125 厘米，株型半紧凑，叶片半上冲，成株叶片 21 片，花药紫色，花丝浅紫色。果穗性状：果穗长筒型，穗长 20.6 厘米，穗行数 16～18 行，穗轴红色。籽粒性状：籽粒黄色，半马齿型，百粒重 34.9 克。品质分析：经农业部谷物及制品质量监督检验测试中心（哈尔滨）检测，籽粒含粗蛋白质 8.88%，粗脂肪 3.64%，粗淀粉 74.84%，赖氨酸 0.32%，容重 746 克/升。抗逆性：人工接种抗病（虫）害鉴定，感丝黑穗病，中抗茎腐病，中抗大斑病，感弯孢菌叶斑病，抗玉米螟虫。生育日数：中熟品种。出苗至成熟 126 天，与对照吉单 261 熟期相同，需≥10℃积温 2600℃左右。

产量表现：2011 年区域试验平均公顷产量 11174.5 千克，比对照品种吉单 261 增产 7.7%；2012 年区域试验平均公顷产量 13081.3 千克，比对照品种吉单 261 增产 11.5%；两年区域试验平均公顷产量 12041.2 千克，比对照品种增产 9.6%。2012 年生产试验平均公顷产量 12615.5 千克，比对照品种吉单 261 增产 8.0%。

栽培技术要点：（1）播期：一般 4 月下旬至 5 月上旬播种。（2）密度：一般公顷保苗 5.7 万株。（3）施肥：施足农家肥，底肥一般施用有机肥 37500 千克/公顷，玉米复合肥 300 千克/公顷，种肥一般施用磷酸二铵 100 千克/公顷，追肥一般施用尿素 300～400 千克/公顷。（4）制种技术：制种时，父、母本错期播种，1/3 父本与母本同播，母本钻土播二期父本，父、母本行比 1∶5，父、母本种植密度为 9.5 万株/公顷。（5）其他：注意防治玉米丝黑穗病；弯孢菌叶斑病重发区慎用，并注意防治。

适宜种植地区：吉林省玉米中熟区。

穗育 85

审定编号：吉审玉 2013008

选育单位：长春穗丰农业科学研究所

品种来源：SF89-1×79-2

特征特性：种子性状：种子橙黄色，硬粒型，百粒重 32.0 克。植株性状：幼苗浓绿色，叶鞘紫色，叶缘紫色。株高 309 厘米，穗位 124 厘米，株型紧凑，叶片上举，成株叶片 21 片，花药紫色，花丝粉色。果穗性状：果穗长筒型，穗长 21.6 厘米，穗行数 16～18 行，穗轴红色。籽粒性状：籽粒黄色，硬粒型，百粒重 38.1 克。品质分析：经农业部谷物及制品质量监督检验测试中心（哈尔滨）检测，籽粒含粗蛋白质 8.23%，粗脂肪 4.36%，粗淀粉 74.26%，赖氨酸 0.27%，容重 772 克/升。抗逆性：人工接种抗病（虫）害鉴定，抗丝黑穗病，中抗茎腐病，感大斑病，中抗弯孢菌叶斑病，中抗玉米螟虫。生育日数：中熟品种。出苗至成熟 125 天，比对照吉单 261 早 1 天，需≥10℃积温 2570℃左右。

产量表现：2011 年区域试验平均公顷产量 11381.1 千克，比对照品种吉单 261 增产 9.7%；2012 年区域试验平均公顷产量 12800.9 千克，比对照品种吉单 261 增产 9.1%；两年区域试验平均公顷产量 12026.5 千克，比对照品种增产 9.4%。2012 年生产试验平均公顷产量 12595.2 千克，比对照品种吉单 261 增产 7.8%。

栽培技术要点：（1）播期：一般 4 月下旬至 5 月上旬播种。（2）密度：一般公顷保苗 5.5 万株。（3）施肥：施足农家肥，底肥一般施用玉米复合肥 500～600 千克/公顷，种肥一般施用磷酸二铵 100～200 千克/公顷，追肥一般施用尿素 200 千克/公顷。（4）制种技术：制种时，父、母本同期播种，父、母本行比 1：6，父、母本种植密度为 7.0 万株/公顷。（5）其他：大斑病重发区慎用，并注意防治。

适宜种植地区：吉林省玉米中熟区。

先玉 023

审定编号：吉审玉 2013009

选育单位：铁岭先锋种子研究有限公司

品种来源：PH12P3×PH12RP

特征特性：种子性状：种子黄色，半马齿型，百粒重 36.0 克。植株性状：幼苗绿色，叶鞘紫色，叶缘紫色。株高 332 厘米，穗位 128 厘米，株型半紧凑，叶片轻度下披，成株叶片 20 片，花药绿色，花丝浅紫色。果穗性状：果穗圆筒形，穗长 21.6 厘米，穗行数 14～16 行，穗轴红色。籽粒性状：籽粒黄色，马齿型，百粒重 38.4 克。品质分析：经农业部谷物及制品质量监督检验测试中心（哈尔滨）检测，籽粒含粗蛋白质（干基）8.93%，粗脂肪（干基）3.90%，粗淀粉（干基）75.51%，赖氨酸（干基）0.30%，容重 769 克/升。抗逆性：人工接种抗病（虫）害鉴定，抗丝黑穗病，高抗茎腐病，中抗大斑病，中抗弯孢菌叶斑病，中抗玉米螟虫。生育日数：中熟品种。出苗至成熟 126 天，与对照吉单 261 熟期相同，需≥10℃积温 2600℃左右。

产量表现：2011 年区域试验平均公顷产量 10775.8 千克，比对照品种吉单 261 增产 3.9%；2012 年区域试验平均公顷产量 12919.0 千克，比对照品种吉单 261 增产 10.1%；两年区域试验平均公顷产量 11750.0 千克，比对照品种增产 6.9%。2012 年生产试验平均公顷产量 12478.8 千克，比对照品种吉单 261 增产 6.8%。

栽培技术要点：（1）播期：一般 4 月下旬至 5 月上旬播种。（2）密度：一般公顷保苗 5.25 万～7.5 万株。（3）施肥：施足农家肥，底肥一般施用复合肥 300～400 千克/公顷，种肥一般施用磷酸二铵 50～75 千克/公顷，追肥一般施用尿素 400～525 千克/公顷。（4）制种技术：制种时，父、母本错期播种，父本比母本推迟 5 天播种，父、母本行比 1∶4 或者 2∶6，父、母本种植密度为 7.5 万株/公顷。

适宜种植地区：吉林省玉米中熟区。

恒育 598

审定编号：吉审玉 2013010

选育单位：吉林省恒昌农业开发有限公司、东丰县东旭农业科学研究所

品种来源：DX427×DX1032

特征特性：种子性状：种子黄色，半马齿型，百粒重 26.5 克。植株性状：幼苗绿色，叶鞘紫色，叶缘紫色。株高 298 厘米，穗位 128 厘米，株型上冲，叶片上举，成株叶片 21 片，花药淡紫色，花丝淡红色。果穗性状：果穗长筒型，穗长 18.7 厘米，穗行数 18 行，穗轴红色。籽粒性状：籽粒黄色，马齿型，百粒重 40.2 克。品质分析：经农业部谷物及制品质量监督检验测试中心（哈尔滨）检测，籽粒含粗蛋白质 8.34%，粗脂肪 3.96%，粗淀粉 73.74%，赖氨酸 0.29%，容重 750 克/升。抗逆性：人工接种抗病（虫）害鉴定，中抗丝黑穗病，高抗茎腐病，中抗大斑病，中抗弯孢菌叶斑病，中抗玉米螟虫。生育日数：中熟品种。出苗至成熟 125 天，比对照先玉 335 早 1 天，需≥10℃积温 2570℃左右。

产量表现：2011 年区域试验平均公顷产量 11590.1 千克，比对照品种先玉 335 增产 0.7%；2012 年区域试验平均公顷产量 13127.3 千克，比对照品种先玉 335 增产 4.3%；两年区域试验平均公顷产量 12230.6 千克，比对照品种增产 2.3%。2012 年生产试验平均公顷产量 12962.1 千克，比对照品种先玉 335 增产 7.5%。

栽培技术要点：（1）播期：一般 4 月下旬至 5 月上旬播种。（2）密度：一般公顷保苗 5.5 万～6.0 万株。（3）施肥：施足农家肥，底肥一般施用氮、磷、钾（N-P$_2$O$_5$-K$_2$O=24-12-10）复合肥 450 千克/公顷，种肥一般施用磷酸二铵 40 千克/公顷，追肥一般施用尿素 200～300 千克/公顷。（4）制种技术：制种时，父、母本错期播种，父本先播，待父本要萌动时播 1/2 母本，待一期母本要萌动时播余下 1/2 母本。父、母本行比 1∶5，父、母本种植密度分别为 6.0 万株/公顷。

适宜种植地区：吉林省玉米中熟区。

先科 1

审定编号： 吉审玉 2013011

选育单位： 吉林省王义种业科学研究院

品种来源： E060×W038

特征特性： 种子性状：种子橙黄色，马齿型，百粒重 36.5 克。植株性状：幼苗浓绿色，叶鞘紫色，叶缘紫色。株高 321 厘米，穗位 123 厘米，株型紧凑，叶片上冲，成株叶片 19 片，花药粉色，花丝粉色。果穗性状：果穗长筒型，穗长 18.2 厘米，穗行数 16～18 行，穗轴红色。籽粒性状：籽粒黄色，深马齿型，百粒重 37.2 克。品质分析：经农业部谷物及制品质量监督检验测试中心（哈尔滨）检测，籽粒含粗蛋白质 8.65%，粗脂肪 4.00%，粗淀粉 74.82%，赖氨酸 0.29%，容重 727 克/升。抗逆性：人工接种抗病（虫）害鉴定，中抗丝黑穗病，抗茎腐病，中抗大斑病，抗弯孢菌叶斑病，抗玉米螟虫。生育日数：中熟品种。出苗至成熟 124 天，比对照先玉 335 早 2 天，需≥10℃积温 2550℃左右。

产量表现： 2011 年区域试验平均公顷产量 11958.9 千克，比对照品种先玉 335 增产 3.9%；2012 年区域试验平均公顷产量 12947.4 千克，比对照品种先玉 335 增产 2.9%；两年区域试验平均公顷产量 12370.8 千克，比对照品种增产 3.5%。2012 年生产试验平均公顷产量 12711.6 千克，比对照品种先玉 335 增产 5.5%。

栽培技术要点：（1）播期：一般 5 月初播种，选择中等肥力以上地块种植。（2）密度：一般公顷保苗 5.0 万～5.5 万株。（3）施肥：施足农家肥，种肥一般施用磷酸二铵 150～200 千克/公顷，硫酸钾 100～150 千克/公顷，尿素 50～100 千克/公顷，追肥一般施用尿素 300 千克/公顷左右。（4）制种技术：制种时，父、母本错期播种，先播母本，4 天后播一期父本，7 天后播二期父本。父、母本行比 1：5，父、母本种植密度为 6.0 万株/公顷。

适宜种植地区： 吉林省玉米中熟区。

平安 169

审定编号： 吉审玉 2013012

选育单位： 吉林省平安种业有限公司、吉林大学植物科学学院

品种来源： PA21×9229

特征特性： 种子性状：种子黄色，马齿型，百粒重 26.0 克。植株性状：幼苗浓绿色，叶鞘紫色。株高 323 厘米，穗位 142 厘米，株型收敛，叶片收敛，成株叶片 20 片，花药黄色，花丝粉色。果穗性状：果穗筒型，

穗长 18.4 厘米，穗行数 18～20 行，穗轴红色。籽粒性状：籽粒黄色，马齿型，百粒重 33.0 克。品质分析：经农业部谷物及制品质量监督检验测试中心（哈尔滨）检测，籽粒含粗蛋白质 9.07%，粗脂肪 4.29%，粗淀粉 74.89%，赖氨酸 0.29%，容重 770 克/升。抗逆性：人工接种抗病（虫）害鉴定，中抗丝黑穗病，中抗茎腐病，抗大斑病，感弯孢菌叶斑病，中抗玉米螟虫。生育日数：中熟品种。出苗至成熟 125 天，比对照先玉 335 早 1 天，需≥10℃积温 2570℃左右。

产量表现： 2011 年区域试验平均公顷产量 11691.8 千克，比对照品种先玉 335 增产 1.6%；2012 年区域试验平均公顷产量 13085.7 千克，比对照品种先玉 335 增产 4.0%；两年区域试验平均公顷产量 12272.6 千克，比对照品种增产 2.7%。2012 年生产试验平均公顷产量 12467.6 千克，比对照品种先玉 335 增产 3.4%。

栽培技术要点： （1）播期：一般 4 月下旬至 5 月上旬播种。（2）密度：一般公顷保苗 6.0 万株。（3）施肥：施足农家肥，底肥一般施用玉米专用肥 400 千克/公顷，种肥一般施用磷酸二铵 100 千克/公顷，追肥一般施用尿素 300 千克/公顷。（4）制种技术：制种时，父、母本错期播种，1/2 父本先播，生根见芽后另外 1/2 父本与母本同播，父、母本行比 1∶5，父、母本种植密度为 6.0 万株/公顷。（5）其他：弯孢菌叶斑病重发区慎用，并注意防治。

适宜种植地区： 吉林省玉米中熟区。

通单 258

审定编号： 吉审玉 2013013

选育单位： 通化市农业科学研究院

品种来源： 通 2127×通 1702

特征特性： 种子性状：种子橙黄色，硬粒型，百粒重 29.6 克。植株性状：幼苗绿色，叶鞘浅紫色，叶缘紫色。株高 309 厘米，穗位 131 厘米左右，株型紧凑，叶片上冲，成株叶片 19～20 片，花药紫色，花丝粉色。果穗性状：果穗长筒型，穗长 19.2 厘米，穗行数 16 行，穗轴红色。籽粒性状：籽粒橙黄色，半硬粒型，百粒重 38.4 克。品质分析：经农业部谷物及制品质量监督检验测试中心（哈尔滨）检测，籽粒含粗蛋白质 10.32%，粗脂肪 4.39%，粗淀粉 70.88%，赖氨酸 0.33%；容重 760 克/升。抗逆性：人工接种抗病（虫）害鉴定，感丝黑穗病，高抗茎腐病，中抗大斑病，感弯孢菌叶斑病，中抗玉米螟虫。生育日数：中熟品种。出苗至成熟 124 天，比对照先玉 335 早 2 天，需≥10℃积温 2550℃左右。

产量表现： 2011 年区域试验平均公顷产量 11680.0 千克，比对照品种吉单 261 增产 12.6%；2012 年区域试验平均公顷产量 12726.7 千克，比对照品种先玉 335 增产 1.1%；两年区域试验平均公顷产量 12155.8 千克，比对照品种增产 6.8%。2012 年生产试验平均公顷产量 12461.4 千克，比对照品种先玉 335 增产 3.4%。

栽培技术要点：（1）播期：一般 4 月下旬至 5 月上旬播种。（2）密度：一般公顷保苗 5.5 万～6.0 万株。（3）施肥：施足农家肥，底肥一般施用农家肥 15000～20000 千克/公顷，种肥一般施用磷酸二铵 150～200 千克/公顷，钾肥 100 千克/公顷，追肥一般施用尿素 300 千克/公顷。（4）制种技术：制种时，父、母本错期播种，母本先播，父本晚播 8～10 天，父、母本行比 1：5，父、母本种植密度均为 5.5 万～6.0 万株/公顷。（5）其他：注意防治玉米丝黑穗病；弯孢菌叶斑病重发区慎用，并注意防治。

适宜种植地区：吉林省玉米中熟区。

银河 158

审定编号：吉审玉 2013015

选育单位：吉林银河种业科技有限公司

品种来源：02J-1×02D

特征特性：种子性状：种子橙黄色，马齿型，百粒重 32.0 克。植株性状：幼苗浓绿色，叶鞘紫色，叶缘紫色。株高 310 厘米，穗位 130 厘米，株型紧凑，叶片上冲，成株叶片 21 片，花药黄色，花丝黄色。果穗性状：果穗长筒型，穗长 22.4 厘米，穗行数 14～16 行，穗轴红色。籽粒性状：籽粒黄色，马齿型，百粒重 38.4 克。品质分析：经农业部谷物及制品质量监督检验测试中心（哈尔滨）检测，籽粒含粗蛋白质 10.28%，粗脂肪 4.35%，粗淀粉 72.94%，赖氨酸 0.29%，容重 750 克/升。抗逆性：人工接种抗病（虫）害鉴定，中抗丝黑穗病，中抗茎腐病，感大斑病，中抗弯孢菌叶斑病，中抗玉米螟虫。生育日数：中熟品种。出苗至成熟 127 天，比对照先玉 335 晚 1 天，需≥10℃积温 2630℃左右。

产量表现：2011 年区域试验平均公顷产量 11040.8 千克，比对照品种吉单 261 增产 6.4%；2012 年区域试验平均公顷产量 13190.2 千克，比对照品种先玉 335 增产 4.8%；两年区域试验平均公顷产量 12017.8 千克，比对照品种增产 5.6%。2012 年生产试验平均公顷产量 12903.1 千克，比对照品种先王 335 增产 7.1%。

栽培技术要点：（1）播期：一般 4 月下旬至 5 月上旬播种。（2）密度：一般公顷保苗 6.0 万株。（3）施肥：施足农家肥，底肥一般施用磷酸二铵 225 千克/公顷、尿素 50 千克/公顷、钾肥 50 千克/公顷，追肥一般施用尿素 500 千克/公顷。（4）制种技术：制种时，父、母本同期播种，父、母本行比 1：5，父、母本种植密度为 6.0 万株/公顷。（5）其他：大斑病重发区慎用，并注意防治。

适宜种植地区：吉林省玉米中熟区。

吉农大 819

审定编号: 吉审玉 2013016

选育单位: 吉林农大科茂种业有限责任公司

品种来源: KM8×KM19

特征特性: 种子性状:种子黄色,半马齿型,百粒重33.0克。植株性状:幼苗绿色,叶鞘紫色。株高328厘米,穗位124厘米,株型半紧凑,叶片半紧凑,成株可见叶片15～16片,花药紫色,花丝略红色。果穗性状:果穗长筒型,穗长21.8厘米,穗行数16～18行,穗轴红色。籽粒性状:籽粒黄色,半马齿型,百粒重34.2克。品质分析:经农业部谷物及制品质量监督检验测试中心(哈尔滨)检测,籽粒含粗蛋白质8.07%,粗脂肪3.86%,粗淀粉75.60%,赖氨酸0.27%,容重729克/升。抗逆性:人工接种抗病(虫)害鉴定,中抗丝黑穗病,高抗茎腐病,抗大斑病,抗弯孢菌叶斑病,感玉米螟虫。生育日数:中熟品种。出苗至成熟125天,比对照先玉335早1天,需≥10℃积温2570℃左右。

产量表现: 2011年区域试验平均公顷产量11365.9千克,比对照品种吉单261增产9.6%;2012年区域试验平均公顷产量12956.7千克,比对照品种先玉335增产3.0%;两年区域试验平均公顷产量12089.0千克,比对照品种增产6.3%。2012年生产试验平均公顷产量12831.8千克,比对照品种先玉335增产6.5%。

栽培技术要点: (1)播期:一般4月下旬至5月上旬播种。(2)密度:一般公顷保苗6.0万株。(3)施肥:施足农家肥,底肥一般施用复合肥400千克/公顷,种肥一般施用磷酸二铵50～75千克/公顷,追肥一般施用尿素300千克/公顷。(4)制种技术:制种时,父、母本错期播种,母本先播,一般父本晚播3～5天,父、母本行比1:6,父、母本种植密度为6.5万株/公顷。(5)其他:注意防治玉米螟虫。

适宜种植地区: 吉林省玉米中熟区。

宏兴 1 号

审定编号: 吉审玉 2013017

选育单位: 吉林省宏兴种业有限公司

品种来源: YM6-5×YF4-5

特征特性: 种子性状:种子橘黄色,近半马齿型,百粒重30.0克。植株性状:幼苗浓绿色,叶鞘紫色,叶缘紫色。株高325厘米,穗位124厘米,株型半紧凑,叶片斜上冲,成株叶片20～21片,花药紫色,花丝粉色。果穗性状:果穗长筒型,穗长20.1厘米,穗行数16～18行,穗轴粉红色。籽粒性状:籽粒黄色,马齿型，百粒重 37.4 克。品质分析：经农业部谷物及制品质量监督检验测试中心（哈尔滨）检测，籽粒含粗蛋白质 8.54%，粗脂肪 3.57%，粗淀粉 75.55%，赖氨酸 0.29%，容重 759 克/升。抗逆性：人工接种抗病（虫）害鉴定，抗丝黑穗病，中抗茎腐病，感大斑病，感弯孢菌叶斑病，中抗玉米螟虫。生育日数：中熟品种。出苗至成熟 125 天，比对照先玉 335 早 1 天，需≥10℃积温 2570℃左右。

产量表现：2011 年区域试验平均公顷产量 11468.7 千克，比对照品种吉单 261 增产 10.6%；2012 年区域试验平均公顷产量 12985.7 千克，比对照品种先玉 335 增产 3.2%；两年区域试验平均公顷产量 12158.2 千克，比对照品种增产 6.9%。2012 年生产试验平均公顷产量 12613.9 千克，比对照品种先玉 335 增产 4.7%。

栽培技术要点：（1）播期：一般 4 月下旬至 5 月上旬播种。（2）密度：一般公顷保苗约 5.5 万株。（3）施肥：施足农家肥。底肥一般施用有机肥 30000 千克/公顷，种肥一般施用玉米专用肥 300 千克/公顷，追肥一般施用尿素 400～500 千克/公顷。或播种时，一次深施玉米复合肥 650 千克/公顷。（4）制种技术：制种时，父、母本错期播种，母本先播，母本生根见芽播父本。父、母本行比 1：5，父、母本种植密度为 6.0 万株/公顷。（5）其他：叶斑病重发区慎用，并注意防治。

适宜种植地区：吉林省玉米中熟区。

省原 80

审定编号：吉审玉 2013018

选育单位：吉林省省原种业有限公司

品种来源：S974×S96

特征特性：种子性状：种子黄色，近硬粒型，百粒重 33.2 克。植株性状：幼苗绿色，叶鞘紫色，叶缘绿色。株高 275 厘米，穗位 95 厘米，株型紧凑，成株叶片 20 片，花药浅紫色，花丝黄色。果穗性状：果穗长筒型，穗长 20.6 厘米，穗行数 16～18 行，穗轴红色。籽粒性状：籽粒黄色，近马齿型，百粒重 42.2 克。品质分析：经农业部谷物及制品质量监督检验测试中心（哈尔滨）检测，籽粒含粗蛋白质 11.64%，粗脂肪 4.03%，粗淀粉 71.03%，赖氨酸 0.29%，容重 756 克/升。抗逆性：人工接种抗病（虫）害鉴定，中抗丝黑穗病，中抗茎腐病，中抗大斑病，抗弯孢菌叶斑病，中抗玉米螟虫。生育日数：中熟品种。出苗至成熟 125 天，比对照先玉 335 早 1 天，需≥10℃积温 2570℃左右。

产量表现：2011 年区域试验平均公顷产量 10899.5 千克，比对照品种吉单 261 增产 5.1%；2012 年区域试验平均公顷产量 13042.2 千克，比对照品种先玉 335 增产 3.6%；两年区域试验平均公顷产量 11873.5 千克，比对照品种增产 4.4%。2012 年生产试验平均公顷产量 12582.3 千克，比对照品种先玉 335 增产 4.4%。

栽培技术要点：（1）播期：一般4月下旬至5月上旬播种。（2）密度：一般公顷保苗6.0万株。（3）施肥：施足农家肥，底肥一般施用玉米专用肥400千克/公顷，种肥一般施用磷酸二铵100千克/公顷，追肥一般施用尿素300千克/公顷。（4）制种技术：制种时，父、母本同期播种，父、母本行比1∶5，父、母本种植密度为7.0万株/公顷。

适宜种植地区：吉林省玉米中熟区。

豫禾 863

审定编号：吉审玉 2013019

选育单位：河南省豫玉种业有限公司

品种来源：S025×C1

特征特性：种子性状：种子黄色，半硬粒型，百粒重 33.6 克。植株性状：幼苗绿色，叶鞘紫色，叶缘紫色。株高 315 厘米，穗位 118 厘米，株型紧凑，成株叶片 19 片，花药浅紫色，花丝紫红色。果穗性状：果穗筒型，穗长 18.7 厘米，穗行数 16～18 行，穗轴红色。籽粒性状：籽粒黄色，马齿型，百粒重 38.6 克。品质分析：经农业部谷物及制品质量监督检验测试中心（哈尔滨）检测，籽粒含粗蛋白质 9.87%，粗脂肪 3.86%，粗淀粉 75.48%，赖氨酸 0.31%，容重 768 克/升。抗逆性：人工接种抗病（虫）害鉴定，抗丝黑穗病，抗茎腐病，中抗大斑病，中抗弯孢菌叶斑病，抗玉米螟虫。生育日数：中熟品种。出苗至成熟 125 天，比对照先玉335 早 1 天，需≥10℃积温 2570℃左右。

产量表现：2010 年区域试验平均公顷产量 11937.7 千克，比对照品种先玉 335 增产 5.0%；2011 年区域试验平均公顷产量 12063.1 千克，比对照品种先玉 335 增产 4.8%；两年区域试验平均公顷产量 12000.4 千克，比对照品种增产 4.9%。2011 年生产试验平均公顷产量 12526.0 千克，比对照品种先玉 335 增产 5.3%。

栽培技术要点：（1）播期：一般 4 月下旬至 5 月上旬播种。（2）密度：一般公顷保苗 5.5 万株。（3）施肥：施足农家肥，底肥一般施用玉米专用肥 375 千克/公顷，种肥一般施用磷酸二铵 60 千克/公顷，追肥一般施用尿素 375 千克/公顷。（4）制种技术：制种时，父、母本错期播种，1/3 母本先播，生根见芽后另外 2/3 母本与父本同播，父、母本行比 1∶5，父、母本种植密度为 6.0 万株/公顷。

适宜种植地区：吉林省玉米中熟区。

伊单 31

审定编号： 吉审玉 2013020

选育单位： 吉林省稷秾种业有限公司

品种来源： A860×昌 7-2

特征特性： 种子性状：种子黄色，半硬粒型，百粒重 31.5 克。植株性状：幼苗绿色，叶鞘紫色，叶缘紫色。株高 320 厘米，穗位 130 厘米，株型紧凑，叶片上举，成株叶片 22～23 片，花药黄色，花丝粉色。果穗性状：果穗长锥型，穗长 19.2 厘米，穗行数 16～18 行，穗轴粉色。籽粒性状：籽粒黄色，马齿型，百粒重 37.4 克。品质分析：经农业部谷物及制品质量监督检验测试中心（哈尔滨）检测，籽粒含粗蛋白质 10.36%，粗脂肪 4.52%，粗淀粉 72.34%，赖氨酸 0.33%，容重 786 克/升。抗逆性：人工接种抗病（虫）害鉴定，感丝黑穗病，抗茎腐病，感大斑病，中抗弯孢菌叶斑病，感玉米螟虫。生育日数：中晚熟品种。出苗至成熟 128 天，比对照郑单 958 早 1 天，需≥10℃积温 2730℃左右。

产量表现： 2011 年区域试验平均公顷产量 12439.8 千克，比对照品种郑单 958 增产 10.5%；2012 年区域试验平均公顷产量 12125.6 千克，比对照品种郑单 958 增产 8.5%；两年区域试验平均公顷产量 12282.7 千克，比对照品种增产 9.5%。2012 年生产试验平均公顷产量 10513.5 千克，比对照品种郑单 958 增产 5.2%。

栽培技术要点：（1）播期：一般 4 月下旬至 5 月上旬播种。（2）密度：一般公顷保苗 6.0 万株。（3）施肥：施足农家肥，底肥一般施用磷酸二铵 100 千克/公顷、硫酸钾 100 千克/公顷、尿素 100 千克/公顷，种肥一般施用磷酸二铵 20 千克/公顷，追肥一般施用尿素 300～400 千克/公顷。（4）制种技术：制种时，父、母本同期播种，父、母本行比 1：6，父、母本种植密度为 6.0 万株/公顷。（5）其他：注意防治玉米丝黑穗病；大斑病重发区慎用，并注意防治；注意防治玉米螟虫。

适宜种植地区： 吉林省玉米中晚熟区。

德单 1002

审定编号： 吉审玉 2013021

选育单位： 北京德农种业有限公司

品种来源： AA24×BB01

特征特性： 种子性状：种子橙黄色，近硬粒型，百粒重 31.0 克。植株性状：幼苗浓绿色，叶鞘紫色，叶缘紫色。株高 342 厘米，穗位 129 厘米，株型紧凑，叶片上冲，成株叶片 21 片，花药浅紫色，花丝浅紫色。

果穗性状：果穗筒型，穗长 19 厘米，穗行数 14～18 行，穗轴红色。籽粒性状：籽粒黄色，马齿型，百粒重 38.7 克。品质分析：经农业部谷物及制品质量监督检验测试中心（哈尔滨）检测，籽粒含粗蛋白质 9.57%，粗脂肪 3.24%，粗淀粉 75.23%，赖氨酸 0.32%，容重 747 克/升。抗逆性：人工接种抗病（虫）害鉴定，中抗丝黑穗病，中抗茎腐病，感大斑病，感弯孢菌叶斑病、中抗玉米螟虫。生育日数：中晚熟品种。出苗至成熟 127 天，比对照品种郑单 958 早 2 天，需≥10℃积温 2700℃左右。

产量表现： 2011 年区域试验平均公顷产量 12589.9 千克，比对照品种郑单 958 增产 11.8%；2012 年区域试验平均公顷产量 12023.1 千克，比对照品种郑 958 增产 7.6%；两年区域试验平均公顷产量 12306.5 千克，比对照品种增产 9.7%。2012 年生产试验平均公顷产量 10486.9 千克，比对照品种郑单 958 增产 4.9%。

栽培技术要点：（1）播期：一般 4 月下旬至 5 月上旬播种。（2）密度：一般公顷保苗约 6.0 万株。（3）施肥：施足农家肥，底肥一般施用磷酸二铵 100～150 千克/公顷、硫酸钾 100～150 千克，种肥一般施用尿素 50～100 千克/公顷，追肥一般施用尿素 300 千克/公顷。（4）制种技术：制种时，父、母本错期播种，1/2 父本与母本同播，生根见芽后播另外 1/2 父本，父、母本行比 1：6，父、母本种植密度为 6.0 万株/公顷。（5）其他：叶斑病重发区慎用，并注意防治。

适宜种植地区： 吉林省玉米中晚熟区。

晨强 808

审定编号： 吉审玉 2013022
选育单位： 凤城市晨强农资经销处
品种来源： A69×A85
特征特性： 种子性状：种子黄色，硬粒型，百粒重 27.8 克。植株性状：幼苗绿色，叶鞘紫色，叶缘紫色。株高 324 厘米，穗位 122 厘米，株型紧凑，成株叶片 20 片，花药褐色，花丝浅粉色。果穗性状：果穗筒型，穗长 19.1 厘米，穗行数 16～18 行，穗轴粉色。籽粒性状：籽粒黄色，马齿型，百粒重 37.3 克。品质分析：经农业部谷物及制品质量监督检验测试中心（哈尔滨）检测，籽粒含粗蛋白质 8.94%，粗脂肪 3.29%，粗淀粉 74.26%，赖氨酸 0.29%，容重 762 克/升。抗逆性：人工接种抗病（虫）害鉴定：抗丝黑穗病，抗茎腐病，感大斑病，中抗弯孢菌叶斑病、感玉米螟虫。生育日数：中晚熟品种。出苗至成熟 128 天，比对照郑单 958 早 1 天，需≥10℃积温 2730℃左右。

产量表现： 2011 年区域试验平均公顷产量 12623.0 千克，比对照品种郑单 958 增产 12.1%；2012 年区域试验平均公顷产量 12178.5 千克，比对照品种郑单 958 增产 8.9%；两年区域试验平均公顷产量 12400.8 千克，

比对照品种增产 10.5%。2012 年生产试验平均公顷产量 10454.3 千克，比对照品种郑单 958 增产 4.6%。

栽培技术要点：（1）播期：一般 4 月中旬至 5 月上旬播种。（2）密度：一般公顷保苗 5.0 万～5.5 万株。（3）施肥：施足农家肥，底肥一般施用有机肥 30000 千克/公顷，种肥一般施用磷酸二铵 150 千克/公顷，追肥一般施用尿素 400～500 千克/公顷。（4）制种技术：制种时，父、母本错期播种，父本先播，待父本要拱土时播母本。父、母本行比 1∶6，父、母本种植密度分别为 6.0 万株/公顷、5.0 万株/公顷。（5）其他：大斑病重发区慎用，并注意防治；注意防治玉米螟虫。

适宜种植地区：吉林省玉米中晚熟区。

金辉 185

审定编号：吉审玉 2013023

选育单位：吉林省金辉种业有限公司

品种来源：PA21×PA538

特征特性：种子性状：种子黄色，马齿型，百粒重 26.0 克。植株性状：幼苗浓绿色，叶鞘紫色。株高 308 厘米，穗位 123 厘米，株型平展，叶片平展，成株叶片 22 片，花药黄色，花丝粉色。果穗性状：果穗筒型，穗长 18.6 厘米，穗行数 16～18 行，穗轴红色。籽粒性状：籽粒黄色，马齿型，百粒重 35.5 克。品质分析：经农业部谷物及制品质量监督检验测试中心（哈尔滨）检测，籽粒含粗蛋白质 10.63%，粗脂肪 3.12%，粗淀粉 74.18%，赖氨酸 0.33%，容重 762 克/升。抗逆性：人工接种抗病（虫）害鉴定，中抗丝黑穗病，中抗茎腐病，感大斑病，感弯孢菌叶斑病，中抗玉米螟虫。生育日数：中晚熟品种。出苗至成熟 128 天，比对照郑单 958 早 1 天，需≥10℃积温 2730℃左右。

产量表现：2011 年区域试验平均公顷产量 12280.0 千克，比对照品种郑单 958 增产 9.0%；2012 年区域试验平均公顷产量 11788.7 千克，比对照品种郑单 958 增产 5.5%；两年区域试验平均公顷产量 12034.4 千克，比对照品种增产 7.3%。2012 年生产试验平均公顷产量 10310.4 千克，比对照品种郑单 958 增产 3.1%。

栽培技术要点：（1）播期：一般 4 月下旬至 5 月上旬播种。（2）密度：一般公顷保苗 6.0 万株。（3）施肥：施足农家肥，底肥一般施用玉米专用肥 400 千克/公顷，种肥一般施用磷酸二铵 100 千克/公顷，追肥一般施用尿素 300 千克/公顷。（4）制种技术：制种时，父、母本错期播种，1/2 父本先播，生根见芽后另外 1/2 父本与母本同播，父、母本行比 1∶5，父、母本种植密度为 6.0 万株/公顷。（5）其他：叶斑病重发区慎用，并注意防治。

适宜种植地区：吉林省玉米中晚熟区。

禾育 89

审定编号： 吉审玉 2013025

选育单位： 吉林省禾冠种业有限公司

品种来源： MB4×D5

特征特性： 种子性状：种子黄色，半硬粒型，百粒重 29.2 克。植株性状：幼苗绿色，叶鞘紫色，叶缘绿色。株高 332 厘米，穗位 135 厘米，株型紧凑，叶片上冲，成株叶片 20～21 片，花药紫色，花丝浅紫色。果穗性状：果穗筒型，穗长 19.6 厘米，穗行数 18 行，穗轴红色。籽粒性状：籽粒黄色，马齿型，百粒重 40.0 克。品质分析：经农业部谷物及制品质量监督检验测试中心（哈尔滨）检测，籽粒含粗蛋白质 8.78%，粗脂肪 3.58%，粗淀粉 74.31%，赖氨酸 0.30%，容重 758 克/升。抗逆性：人工接种抗病（虫）害鉴定，中抗丝黑穗病，抗茎腐病，感大斑病，感弯孢菌叶斑病、中抗玉米螟虫。生育日数：中晚熟品种。出苗至成熟 128 天，比对照郑单 958 早 1 天，需≥10℃积温 2730℃左右。

产量表现： 2011 年区域试验平均公顷产量 12363.0 千克，比对照品种郑单 958 增产 9.8%；2012 年区域试验平均公顷产量 11978.7 千克，比对照品种郑单 958 增产 7.2%；两年区域试验平均公顷产量 12170.9 千克，比对照品种增产 8.5%。2012 年生产试验平均公顷产量 10308.4 千克，比对照品种郑单 958 增产 3.1%。

栽培技术要点：（1）播期：一般 4 月下旬至 5 月 5 日播种。（2）密度：一般公顷保苗 5.5 万～6.0 万株。（3）施肥：施足农家肥，一般采用一次性深施肥，施用三元复合肥 750 千克/公顷左右。对于土壤瘠薄或保肥水性差的地块中期需适量追肥。（4）制种技术：制种时，父、母本错期播种，2/3 父本先播，生根见芽后另外 1/3 父本与母本同播，父、母本行比 1：5，父、母本种植密度为 6.0 万株/公顷。（5）其他：叶斑病重发区慎用，并注意防治。

适宜种植地区： 吉林省玉米中晚熟区。

奥邦 818

审定编号： 吉审玉 2013026

选育单位： 王宏、陈曼华

品种来源： X1508×Y1028

特征特性： 种子性状：种子黄色，马齿型，百粒重 33.0 克。植株性状：幼苗浓绿色，叶鞘深紫色，叶缘紫色。株高 306 厘米，穗位 130 厘米，株型半紧凑，叶片半上冲，成株叶片 21 片，花药紫色，花丝紫色。果穗性状：果穗筒型，穗长 18.6 厘米，穗行数 16～18 行，穗轴红色。籽粒性状：籽粒黄色，马齿型，百粒重 35.0 克。品质分析：经农业部谷物及制品质量监督检验测试中心（哈尔滨）检测，籽粒含粗蛋白质 9.29%，粗脂肪 3.64%，粗淀粉 73.21%，赖氨酸 0.34%，容重 764 克/升。抗逆性：人工接种抗病（虫）害鉴定，感丝黑穗病，中抗茎腐病，感大斑病，感弯孢菌叶斑病，中抗玉米螟虫。生育日数：中晚熟品种。出苗至成熟 127 天，比对照郑单 958 早 2 天，需≥10℃积温 2700℃左右。

产量表现： 2011 年区域试验平均公顷产量 12324.0 千克，比对照品种郑单 958 增产 9.4%；2012 年区域试验平均公顷产量 11800.6 千克，比对照品种郑单 958 增产 5.6%；两年区域试验平均公顷产量 12062.3 千克，比对照品种增产 7.5%。2012 年生产试验平均公顷产量 10377.2 千克，比对照品种郑单 958 增产 3.8%。

栽培技术要点：（1）播期：一般 5 月上旬播种。（2）密度：一般公顷保苗 5.5 万～6.0 万株。（3）施肥：施足农家肥，底肥一般施用复混肥 300～400 千克/公顷，种肥一般施用磷酸二铵 50～100 千克/公顷，追肥一般施用尿素 400～500 千克/公顷。（4）制种技术：一期父本与母本同播，当一期父本（总量 70%）生根见芽时播二期父本（总量 30%），父、母本行比 1：5，父、母本种植密度为 6.0 万株/公顷。（5）其他：注意防治玉米丝黑穗病；叶斑病重发区慎用，并注意防治。

适宜种植地区： 吉林省玉米中晚熟区。

军丰 6

审定编号： 吉审玉 2013027

选育单位： 公主岭国家农业科技园区军丰种业有限公司

品种来源： DS052×DS-55

特征特性： 种子性状：种子黄色，半马齿型，百粒重 30.0 克。植株性状：幼苗深绿色，叶鞘浅紫色，叶缘浅紫色。株高 322 厘米，穗位 119 厘米，株型收敛，叶片上举，成株叶片 21 片，花药浅紫色，花丝粉色。果穗性状：果穗筒型，穗长 20.0 厘米，穗行数 14～16 行，穗轴红色。籽粒性状：籽粒黄色，马齿型，百粒重 39.6 克。品质分析：经农业部谷物及制品质量监督检验测试中心（哈尔滨）检测，籽粒含粗蛋白质 10.35%，粗脂肪 3.72%，粗淀粉 72.97%，赖氨酸 0.32%，容重 752 克／升。抗逆性：人工接种抗病（虫）害鉴定：中抗玉米丝黑穗病，中抗玉米茎腐病，感玉米大斑病，感玉米弯孢菌叶斑病，感玉米螟虫。生育日数：中晚熟品种。出苗至成熟 128 天，比对照郑单 958 早 1 天，需≥10℃积温 2730℃左右。

产量表现： 2011 年区域试验平均公顷产量 11659.8 千克，比对照品种郑单 958 增产 12.4%；2012 年区域试验平均公顷产量 11641.9 千克，比对照品种郑单 958 增产 4.1%；两年区域试验平均公顷产量 11652.3 千克，

比对照品种增产 8.8%。2012 年生产试验平均公顷产量 10534.9 千克。比对照品种郑单 958 增产 5.4%。

栽培技术要点：（1）播期：一般 4 月下旬播种。（2）密度：一般公顷保苗 6.0 万株。（3）施肥：施足农家肥，底肥一般施用玉米专用肥 400 千克/公顷，种肥一般施用磷酸二铵 100 千克／公顷，追肥一般施用尿素 300～400 千克/公顷。（4）制种技术：制种时，父、母本错期播种，先播母本，隔 5 天播父本，父、母本行比 1：5，父、母本种植密度为 6.0 万株/公顷。（5）其他：叶斑病重发区慎用，并注意防治；注意防治玉米螟虫。

适宜种植地区：吉林省玉米中晚熟区。

吉农玉 367

审定编号：吉审玉 2013028

选育单位：吉林农业大学

品种来源：HY21×HY101

特征特性：种子性状：种子黄色，半马齿型，百粒重 26.0 克。植株性状：幼苗绿色，叶鞘浅紫色，叶缘绿色。株高 319 厘米，穗位 121 厘米，株型紧凑，叶片收敛，成株叶片 20 片，花药黄色，花丝绿色。果穗性状：果穗长筒型，穗长 17.3 厘米，穗行数 18～20 行，穗轴白色。籽粒性状：籽粒黄色，马齿型，百粒重 38.8克。品质分析：经农业部谷物及制品质量监督检验测试中心（哈尔滨）检测，籽粒含粗蛋白质 10.07%，粗脂肪 3.29%，粗淀粉 73.91%，赖氨酸 0.31%，容重 736 克/升。抗逆性：人工接种抗病（虫）害鉴定，中抗丝黑穗病，高抗茎腐病，感大斑病，感弯孢菌叶斑病，感玉米螟虫。生育日数：中晚熟品种。出苗至成熟 128 天，比对照郑单 958 早 1 天，需≥10℃积温 2730℃左右。

产量表现：2010 年区域试验平均公顷产量 10407.1 千克，比对照品种郑单 958 增产 3.8%；2012 年区域试验平均公顷产量 12030.3 千克，比对照品种郑单 958 增产 7.6%；两年区域试验平均公顷产量 11653.1 千克，比对照品种增产 5.6%。2012 年生产试验平均公顷产量 11144.9 千克，比对照品种郑单 958 增产 5.6%。

栽培技术要点：（1）播期：一般 4 月下旬至 5 月上旬播种。（2）密度：一般公顷保苗 5.5 万～6.0 万株。（3）施肥：施足农家肥，底肥一般施用复合肥 500 千克/公顷，种肥一般施用磷酸二铵 100 千克/公顷，追肥一般施用尿素 200～300 千克/公顷。（4）制种技术：制种时，父、母本同期播种，父、母本行比 1：5，父、母本种植密度为 8.0 万株/公顷。（5）其他：叶斑病重发区慎用，并注意防治；注意防治玉米螟虫。

适宜种植地区：吉林省玉米中晚熟区。

晋单 73 号

审定编号： 吉审玉 2013029

选育单位： 北京德农种业有限公司

品种来源： 1131×东 16

特征特性： 种子性状：种子黄色，硬粒型，百粒重 29.0 克。植株性状：幼苗浓绿色，叶鞘紫色，叶缘紫色。株高 332 厘米，穗位 134 厘米，株型紧凑，叶片上冲，成株叶片 21 片，花药紫色，花丝绿色。果穗性状：果穗长筒型，穗长 19.1 厘米，穗行数 16～18 行，穗轴红色。籽粒性状：籽粒黄色，马齿型，百粒重 36.8 克。品质分析：经农业部谷物及制品质量监督检验测试中心（哈尔滨）检测，籽粒含粗蛋白质 8.68%，粗脂肪 3.44%，粗淀粉 74.54%，赖氨酸 0.29%，容重 744 克/升。抗逆性：人工接种抗病（虫）害鉴定，中抗丝黑穗病，抗茎腐病，中抗大斑病，中抗弯孢菌叶斑病，中抗玉米螟虫。生育日数：中晚熟品种。出苗至成熟 127 天，比对照郑单 958 早 2 天，需≥10℃积温 2700℃左右。

产量表现： 2012 年区域试验平均公顷产量 12056.7 千克，比对照品种郑单 958 增产 7.9%；2012 年生产试验平均公顷产量 10507.4 千克，比对照品种郑单 958 增产 5.1%。

栽培技术要点：（1）播期：一般 4 月下旬至 5 月上旬播种。（2）密度：一般公顷保苗 5.5 万～6.0 万株。（3）施肥：施足农家肥，底肥一般施用复合肥 400 千克/公顷、硫酸钾 100～150 千克/公顷，种肥一般施用尿素 50～100 千克/公顷，追肥一般施用尿素 200～300 千克/公顷。（4）制种技术：制种时，父、母本同期播种，父、母本行比 1∶5，父、母本种植密度为 6.0 万株/公顷。

适宜种植地区： 吉林省玉米中晚熟区。

利民 33

审定编号： 吉审玉 2013030

选育单位： 松原市利民种业有限责任公司

品种来源： L201×L269

特征特性： 种子性状：种子橙红色，硬粒型，百粒重 29.0 克。植株性状：幼苗浓绿色，叶鞘紫色，叶缘紫色。株高 270 厘米，穗位 80 厘米，株型紧凑，叶片上冲，成株叶片 19～20 片，花药淡紫色，花丝淡紫色。果穗性状：果穗短锥型，穗长 20.5 厘米，穗行数 16～18 行，穗轴红色。籽粒性状：籽粒黄色，马齿型，百粒重 36.5 克。品质分析：经农业部谷物及制品质量监督检验测试中心（哈尔滨）检测，籽粒含粗蛋白质 11.08%，粗脂肪 4.59%，粗淀粉 71.89%，赖氨酸 0.34%，容重 744 克/升。抗逆性：人工接种抗病（虫）害鉴定，感丝黑穗病，抗茎腐病，感大斑病，中抗弯孢菌叶斑病、中抗玉米螟虫。生育日数：中晚熟品种。出苗至成熟 128 天，比对照品种郑单 958 早 1 天，需≥10℃积温 2730℃左右。

产量表现： 2011 年由国家和省专家参加的九台高产验收测产，三点平均公顷产量 13680 千克；2012 年参加农业部东北"玉米王"挑战赛，桦甸点公顷产量 17531.7 千克、九台点公顷产量 14307 千克、乾安点公顷产量 15511.5 千克，三点平均公顷产量 15783.4 千克；2012 年生产试验平均公顷产量 11840.3 千克，比对照品种郑单 958 增产 10.2%。

栽培技术要点：（1）播期：一般 4 月下旬至 5 月上旬播种。（2）密度：一般公顷保苗 6.5 万～7.5 万株。（3）施肥：施足农家肥，底肥一般施用复合肥 300 千克/公顷、种肥一般施用磷酸二铵 50 千克/公顷，追肥一般施用尿素 300～400 千克/公顷。（4）制种技术：制种时，父、母本同期播种，父、母本行比 1∶5，父、母本种植密度为 9.0 万～10.5 万株/公顷。（5）其他：注意防治玉米丝黑穗病；大斑病重发区慎用，并注意防治；注意防治蚜虫。

适宜种植地区： 吉林省玉米中晚熟区。

华科 425

审定编号： 吉审玉 2013031

选育单位： 吉林华旗农业科技有限公司

品种来源： W6L41×FN63

特征特性： 种子性状：种子黄橙色，半马齿型，百粒重 36.0 克。植株性状：幼苗浓绿色，叶鞘紫色，叶缘紫色。株高 312 厘米，穗位 110 厘米，株型紧凑，叶片上冲，成株叶片 19 片，花药黄色，花丝粉色。果穗性状：果穗筒型，穗长 19.7 厘米，穗行数 16～18 行，穗轴红色。籽粒性状：籽粒黄色，马齿型，百粒重 40.6 克。品质分析：经农业部谷物及制品质量监督检验测试中心（哈尔滨）检测，籽粒含粗蛋白质 9.03%，粗脂肪 4.33%，粗淀粉 74.75%，赖氨酸 0.28%，容重 739 克/升。抗逆性：人工接种抗病（虫）害鉴定，中抗丝黑穗病，中抗茎腐病，中抗大斑病，感弯孢菌叶斑病，中抗玉米螟虫。生育日数：中晚熟品种。出苗至成熟 129 天，与对照郑单 958 熟期相同，需≥10℃积温 2750℃左右。

产量表现： 2010 年区域试验平均公顷产量 10740.0 千克，比对照品种郑单 958 增产 7.1%；2011 年区域试验平均公顷产量 11295.1 千克，比对照品种郑单 958 增产 8.8%；两年区域试验平均公顷产量 11038.9 千克，比对照品种增产 8.0%。2011 年生产试验平均公顷产量 11364.0 千克，比对照品种郑单 958 增产 10.7%。

栽培技术要点：（1）播期：一般 5 月初播种，选择中等肥力以上地块种植。（2）密度：一般公顷保苗 5.0 万～5.5 万株。（3）施肥：施足农家肥，种肥一般施用磷酸二铵 150～200 千克/公顷，硫酸钾 100～150 千克/公顷，尿素 50～100 千克/公顷，追肥一般施用尿素 300～400 千克/公顷。（4）制种技术：制种时，父、母本同期播种，父、母本行比为 1∶5，为延长父本的散粉期，当母本种子露白时，补种 1/4 父本，父、母本种植密度为 6.0 万株/公顷。（5）其他：弯孢菌叶斑病重发区慎用，并注意防治。

适宜种植地区：吉林省玉米中晚熟区。

先玉糯 836

审定编号：吉审玉 2013032

选育单位：铁岭先锋种子研究有限公司

品种来源：PHK3N1×PH1G2H1

特征特性：种子性状：种子浅黄色，马齿型，百粒重 36.1 克。植株性状：幼苗绿色，叶鞘紫色，叶缘绿色。株高 332 厘米，穗位 135 厘米，株型半紧凑，叶片轻度下披，成株叶片 20 片，花药绿色，花丝黄色。果穗性状：果穗长筒型，穗长 21.3 厘米，穗行数 14～20 行，穗轴红色。籽粒性状：籽粒黄色，马齿型，百粒重 39.8 克。品质分析：经农业部谷物及制品质量监督检验测试中心（哈尔滨）检测，籽粒含粗淀粉（干基）73.47%，其中：支链淀粉含量（占总淀粉）100%，容重 772g/L。抗逆性：人工接种抗病（虫）害鉴定，感丝黑穗病，中抗茎腐病，感大斑病，感弯孢菌叶斑病，感玉米螟虫。生育日数：中晚熟品种。出苗至成熟 127 天，需≥10℃积温 2700℃左右。

产量表现：2011 年区域试验平均公顷产量 11079.2 千克，比对照品种春糯 5 增产 10.3%；2012 年区域试验平均公顷产量 11047.6 千克，比对照品种春糯 5 增产 11.8%；两年区域试验平均公顷产量 11063.4 千克，比对照品种增产 11.1%。2012 年生产试验平均公顷产量 10703.7 千克，比对照品种春糯 5 增产 5.4%。

栽培技术要点：（1）播期：一般 4 月下旬至 5 月上旬播种。（2）密度：一般公顷保苗 6.0 万～6.75 万株。（3）施肥：施足农家肥，底肥一般施用复合肥 300～400 千克/公顷，种肥一般施用磷酸二铵 50～75 千克/公顷，追肥一般施用尿素 400～525 千克/公顷。（4）制种技术：制种时，父、母本错期播种，父本比母本推迟 6 天播种，父、母本行比 1∶4 或者 2∶6，父、母本种植密度为 7.5 万株/公顷。（5）其他：注意防治玉米丝黑穗病；叶斑病重发区慎用，并注意防治；注意防治玉米螟虫。

适宜种植地区：吉林省玉米中晚熟区。

中玉糯 8 号

审定编号： 吉审玉 2013033

选育单位： 吉林省中玉农业有限公司、吉林农业大学

品种来源： ZY3351×ZY3352

特征特性： 种子性状：种子黄色，硬粒型，百粒重 30.5 克。植株性状：幼苗绿色，叶鞘紫色，叶缘紫色。株高 328 厘米，穗位 133 厘米，株型半紧凑，叶片半紧凑，成株叶片 21 片，花药黄色，花丝紫色。果穗性状：果穗筒型，穗长 21.9 厘米，穗行数 14～18 行，穗轴红色。籽粒性状：籽粒黄色，半马齿型，百粒重 42.9 克。品质分析：经农业部谷物及制品质量监督检验测试中心（哈尔滨）检测，籽粒含粗淀粉（干基）73.16%，其中：支链淀粉含量（占总淀粉）97.76%，容重 790 克/升。抗逆性：人工接种抗病（虫）害鉴定，中抗丝黑穗病，高抗茎腐病，中抗大斑病，感弯孢菌叶斑病，感玉米螟虫。生育日数：中熟品种。出苗至成熟 125 天，需≥10℃积温 2550℃左右。

产量表现： 2011 年区域试验平均公顷产量 11765.7 千克，比对照品种春糯 5 增产 17.1%；2012 年区域试验平均公顷产量 10413.8 千克，比对照品种春糯 5 增产 5.4%；两年区域试验平均公顷产量 11089.8 千克，比对照品种增产 11.3%。2012 年生产试验平均公顷产量 10204.4 千克，比对照品种春糯 5 增产 0.4%。

栽培技术要点：（1）播期：一般 4 月下旬至 5 月上旬播种。（2）密度：一般公顷保苗 6.0 万株。（3）施肥：施足农家肥，种肥一般施用 N、P、K 复合肥 250 千克/公顷，追肥一般施用尿素 350～400 千克/公顷。（4）制种技术：制种时，父本错期播种，1/2 父本先与母本同播，母本生根见芽后另外 1/2 父本再播，父、母本行比 1：5，父、母本种植密度为 6.0 万株/公顷。（5）其他：弯孢菌叶斑病重发区慎用，并注意防治；注意防治玉米螟虫。

适宜种植地区： 吉林省玉米中熟区。

绿糯 5 号

审定编号： 吉审玉 2013035

选育单位： 公主岭市绿育农业科学研究所

品种来源： L716×L719

特征特性： 种子性状：种子白色，硬粒型，百粒重 35.0 克。植株性状：幼苗绿色，叶鞘紫色，叶缘紫色。株高 300 厘米，穗位 120 厘米，株型半紧凑，成株叶片 19 片，花药紫色，花丝红色。果穗性状：果穗长筒型，

穗长 21.9 厘米，穗行数 12～18 行，穗轴白色。籽粒性状：籽粒白色，半硬粒型，百粒重 38.4 克。品质分析：经吉林农业大学品质检测，皮渣率 4.24%，粗淀粉含量 59.51%，直链淀粉含量（占总淀粉）2.53%，支链淀粉含量（占总淀粉）97.47%；感官及蒸煮品质品尝鉴定达到鲜食玉米 2 级标准。抗逆性：人工接种抗病（虫）害鉴定结果，抗丝黑穗病，高抗茎腐病，感大斑病，中抗弯孢菌叶斑病，感玉米螟虫。生育日数：中熟品种。出苗至鲜果穗采收 92 天，比对照春糯 1 晚 5 天，需≥10℃积温 2200～2300℃。

产量表现： 2011 年区域试验鲜穗平均公顷产量 14745.8 千克，比对照品种春糯 1 增产 20.3%；2012 年区域试验鲜穗平均公顷产量 16439.1 千克，比对照品种春糯 1 增产 12.1%；两年区域试验鲜穗平均公顷产量 15592.5 千克，比对照品种增产 16.2%。2012 年生产试验鲜穗平均公顷产量 14831.9 千克，比对照品种春糯 1 增产 9.6%。

栽培技术要点：（1）播期：一般 4 月下旬开始分期播种至 6 月中旬，选择中上等肥力以上地块。（2）密度：一般公顷保苗 4.5 万～5.25 万株。（3）施肥：施足农家肥，底肥一般施用复合肥 400 千克/公顷，种肥一般施用磷酸二铵 150 千克/公顷，追肥一般施用尿素 250 千克/公顷。（4）制种技术：制种时，父、母本错期播种，父本先播，生根见芽后再播母本，父、母本行比 1∶5，父、母本种植密度为 6.0 万株/公顷。（5）隔离区：需设置 300～500 米隔离区或时间隔离，防止花粉直感。（6）其他：大斑病重发区慎用，并注意防治；注意防治玉米螟虫。

适宜种植地区： 吉林省玉米适宜区域。

吉农糯 8 号

审定编号： 吉审玉 2013036

选育单位： 吉林吉农高新技术发展股份有限公司、吉林省农业科学院

品种来源： JNX1102×JNX1107

特征特性： 种子性状：种子紫色，硬粒型，百粒重 32.0 克。植株性状：幼苗绿色，叶鞘紫色，叶缘绿色。株高 296 厘米，穗位 158 厘米，叶片平展，成株叶片 21 片，花药绿色，花丝浅紫色。果穗性状：果穗锥型，穗长 21.1 厘米，穗行数 12～18 行，穗轴白色。籽粒性状：籽粒紫、黄、白色，硬粒型，百粒重 37.0 克。品质分析：经吉林农业大学品质检测，皮渣率 4.56%，粗淀粉含量 53.62%，直链淀粉含量（占总淀粉）1.88%，支链淀粉含量（占总淀粉）98.12%；感官及蒸煮品质品尝鉴定达到鲜食玉米 2 级标准。抗逆性：人工接种抗病（虫）害鉴定结果，感丝黑穗病，中抗茎腐病，感大斑病，感弯孢菌叶斑病，感玉米螟虫。生育日数：中熟品种。出苗至鲜果穗采收 95 天，比对照春糯 1 晚 9 天，需≥10℃积温 2300～2400℃。

产量表现： 2011 年区域试验鲜穗平均公顷产量 13968.2 千克，比对照品种春糯 1 增产 13.9%；2012 年区

域试验鲜穗平均公顷产量 14937.2 千克,比对照品种春糯 1 增产 1.8%;两年区域试验鲜穗平均公顷产量 14452.7 千克,比对照品种增产 7.9%。2012 年生产试验鲜穗平均公顷产量 13655.1 千克,比对照品种春糯 1 增产 0.9%。

栽培技术要点:(1)播期:一般 4 月下旬至 5 月上旬播种。(2)密度:一般公顷保苗 5.5 万株。(3)施肥:施足农家肥,底肥一般施用复合肥 400 千克/公顷,种肥一般施用复合肥 200 千克/公顷,追肥一般施用尿素 300 千克/公顷。(4)制种技术:制种时,父、母本错期播种,先播 1/2 父本,生根见芽后另外 1/2 父本与母本同播,父、母本行比 1:5,父、母本种植密度为 6.0 万株/公顷。(5)隔离种植:该品种必须与其他品种及其他类型玉米隔离种植。可采用空间隔离或时间隔离。(6)其他:注意防治玉米丝黑穗病和玉米螟虫,叶斑病重发区慎用,并注意防治。

适宜种植地区:吉林省玉米适宜区域。

京花糯 2008

审定编号:吉审玉 2013037

选育单位:北京市农林科学院玉米研究中心

品种来源:N203×ZN6

特征特性:种子性状:种子紫色,硬粒型,百粒重 25.0 克。植株性状:幼苗浓绿色,叶鞘紫色,叶缘紫色。株高 292 厘米,穗位 135 厘米,叶片平展,成株叶片 20 片,花药紫色,花丝粉色。果穗性状:果穗长锥型,穗长 22.5 厘米,穗行数 12~18 行,穗轴白色。籽粒性状:籽粒紫、白色,半硬粒型,百粒重 38.2 克。品质分析:经吉林农业大学品质检测,皮渣率 4.14%,粗淀粉含量 65.71%,直链淀粉含量(占总淀粉)2.6%,支链淀粉含量(占总淀粉)97.4%;感官及蒸煮品质品尝鉴定达到鲜食玉米 2 级标准。抗逆性:人工接种抗病(虫)害鉴定结果,中抗丝黑穗病,中抗茎腐病,中抗大斑病,中抗弯孢菌叶斑病,感玉米螟虫。生育日数:中熟品种。出苗至鲜果穗采收 93 天,比对照春糯 1 号晚 7 天,需≥10℃积温 2200~2300℃。

产量表现:2010 年区域试验鲜穗平均公顷产量 12234.8 千克,比对照品种春糯 1 增产 5.8%;2011 年区域试验鲜穗平均公顷产量 13036.6 千克,比对照品种春糯 1 增产 6.3%;两年区域试验鲜穗平均公顷产量 12635.7 千克,比对照品种增产 6.1%;2012 年生产试验鲜穗平均公顷产量 13294.3 千克,比对照品种春糯 1 减产 1.7%。

栽培技术要点:(1)播期:一般 4 月下旬至 5 月上旬播种。(2)密度:一般公顷保苗 5.25 万株。(3)施肥:施足农家肥,底肥一般施用有机肥 7500 千克/公顷,种肥一般施用玉米复合肥 300 千克/公顷,追肥一般施用尿素 225 千克/公顷。(4)制种技术:制种时,父、母本错期播种,母本先播,生根见芽后播种父本,父、母本行比 1:5,父、母本种植密度为 7.5 万株/公顷。(5)其他:注意防治玉米螟虫。

适宜种植地区：吉林省玉米适宜区域。

金庆 801

审定编号：吉审玉 2014001

选育单位：吉林省金庆种业有限公司

品种来源：H228×Y21

特征特性：种子性状：种子黄色，硬粒型，百粒重 30.6 克左右。植株性状：幼苗绿色，叶鞘浅紫色，叶缘绿色。株高 260 厘米左右，穗位 100 厘米左右，株型半紧凑，成株叶片 16 片，花药浅紫色，花丝浅紫色。果穗性状：果穗柱型，穗长 20.0 厘米左右，穗行数 14 行，穗轴白色。籽粒性状：籽粒黄色，硬粒型，百粒重 37.0 克左右。品质分析：籽粒含粗蛋白质 9.88%，粗脂肪 5.62%，粗淀粉 73.64%，赖氨酸 0.29%，容重 800 克/升。抗逆性：人工接种抗病（虫）害鉴定，抗丝黑穗病，高抗茎腐病，抗大斑病，中抗弯孢菌叶斑病，高抗玉米螟虫。生育日数：极早熟品种，出苗至成熟 110 天左右，比德美亚 1 略晚，需≥10℃积温 2200℃左右。

产量表现：2012 年区域试验平均公顷产量 9375.6 千克，比对照品种源玉 3 增产 9.5%；2013 年区域试验平均公顷产量 9402.8 千克，比对照品种源玉 3 增产 8.6%；两年区域试验平均公顷产量 9389.2 千克，比对照品种增产 9.1%。2013 年生产试验平均公顷产量 9026.94 千克，比对照品种源玉 3 增产 8.1%。

栽培技术要点：（1）播期：一般 5 月上旬播种。（2）密度：一般公顷保苗 7.5 万株左右。（3）施肥：施足农家肥，底肥一般施用玉米复合肥 400 千克/公顷，追肥一般施用尿素 300～400 千克/公顷。（4）制种技术：制种时，父、母本同期播种，父、母本行比 1∶6，父、母本种植密度为 6.5 万株/公顷。

适宜种植地区：吉林省延边、白山玉米极早熟区。

松玉 108

审定编号：吉审玉 2014002

选育单位：吉林市松花江种业有限责任公司

品种来源：F307×L332

特征特性：种子性状：种子橙黄色，硬粒型，百粒重 30.0 克左右。植株性状：幼苗浓绿色，叶鞘紫色，叶缘紫色。株高 323 厘米左右，穗位 122 厘米左右，株型半紧凑，成株叶片 18 片，花药紫色，花丝红色。果穗性状：果穗长筒型，穗长 19.7 厘米左右，穗行数 14～16 行，穗轴红色。籽粒性状：籽粒黄色，半硬粒型，百粒重 38.4 克左右。品质分析：经农业部谷物及制品质量监督检验测试中心（哈尔滨）检测，籽粒含粗蛋白质 11.46%，粗脂肪 4.53%，粗淀粉 71.02%，赖氨酸 0.33%，容重 730 克/升。抗逆性：人工接种抗病（虫）害鉴定，中抗丝黑穗病，高抗茎腐病，高抗大斑病，抗弯孢菌叶斑病，高抗玉米螟虫。生育日数：早熟品种，出苗至成熟 114 天，需≥10℃积温 2260℃左右。

产量表现： 2011 年区域试验平均公顷产量 9845.3 千克，比对照品种源玉 3 增产 4.7%；2013 年区域试验平均公顷产量 11635.8 千克，比对照品种德美亚 3 增产 8.3%；两年区域试验平均公顷产量 10740.6 千克，比对照品种增产 6.7%。2013 年生产试验平均公顷产量 10907.7 千克，比对照品种德美亚 3 增产 9.4%。

栽培技术要点：（1）播期：一般 4 月下旬至 5 月上旬播种。（2）密度：一般公顷保苗 5.5 万株。（3）施肥：施足农家肥，底肥一般施足农家肥，采用一次分层施肥方法，施玉米专用复合肥 600 千克/公顷。（4）制种技术：制种时，父、母本同期播种，父、母本行比 1∶5，父、母本种植密度为 6.0 万株/公顷。

适宜种植地区： 吉林省延边、白山玉米早熟区。

原玉 10

审定编号： 吉审玉 2014003

选育单位： 侯波

品种来源： 1009×J216

特征特性： 种子性状：种子橙黄色，半硬粒型，百粒重 28.7 克左右。植株性状：幼苗绿色，叶鞘紫色，叶缘紫色。株高 283 厘米左右，穗位 108 厘米左右，株型紧凑，成株叶片 19 片，花药黄色，花丝粉色。果穗性状：果穗长筒型，穗长 19.4 厘米左右，穗行数 16～18 行，穗轴粉色。籽粒性状：籽粒黄色，马齿型，百粒重 34.7 克左右。品质分析：经农业部谷物及制品质量监督检验测试中心（哈尔滨）检测，籽粒含粗蛋白质 9.32%，粗脂肪 4.56%，粗淀粉 72.55%，赖氨酸 0.30%，容重 716 克/升。抗逆性：人工接种抗病（虫）害鉴定，抗丝黑穗病，高抗茎腐病，抗大斑病，抗弯孢菌叶斑病，高抗玉米螟虫。生育日数：早熟品种，出苗至成熟 116 天，需≥10℃积温 2280℃左右。

产量表现： 2011 年区域试验平均公顷产量 9655.0 千克，比对照品种源玉 3 增产 2.7%；2012 年区域试验平均公顷产量 10420.7 千克，比对照品种源玉 3 增产 6.7%；两年区域试验平均公顷产量 10037.8 千克，比对照品种增产 4.7%。2013 年生产试验平均公顷产量 10840.7 千克，比对照品种德美亚 3 增产 8.8%。

栽培技术要点：（1）播期：一般 4 月下旬至 5 月上旬播种。（2）密度：一般公顷保苗 5.5 万株。（3）施肥：施足农家肥，底肥一般施用磷酸二铵 100～150 千克/公顷，硫酸钾 100～150 千克/公顷，尿素 50～100 千克/

公顷，种肥一般施用磷酸二铵 20 千克/公顷，追肥一般施用尿素 300～400 千克/公顷。（4）制种技术：制种时，父、母本同期播种，父、母本行比 1∶5，父、母本种植密度为 6.0 万株/公顷。

适宜种植地区：吉林省延边、白山玉米早熟区。

天成 103

审定编号：吉审玉 2014004

选育单位：吉林省天成种业有限公司

品种来源：492×116

特征特性：种子性状：种子黄色，硬粒型，百粒重 37.2 克左右。植株性状：幼苗绿色，叶鞘紫色，叶缘绿色。株高 280 厘米左右，穗位 102 厘米左右，株型平展，成株叶片 21 片，花药黄色，花丝绿色。果穗性状：果穗长筒型，穗长 19.2 厘米左右，穗行数 14 行，穗轴红色。籽粒性状：籽粒黄色，马齿型，百粒重 42.4 克左右。品质分析：经农业部谷物及制品质量监督检验测试中心（哈尔滨）检测，籽粒含粗蛋白质 10.87%，粗脂肪 3.70%，粗淀粉 73.01%，赖氨酸 0.33%，容重 718 克/升。抗逆性：人工接种抗病（虫）害鉴定，抗丝黑穗病，高抗茎腐病，抗大斑病，抗弯孢菌叶斑病，高抗玉米螟虫。生育日数：早熟品种，出苗至成熟 117 天，需≥10℃积温 2300℃左右。

产量表现：2011 年区域试验平均公顷产量 9663.1 千克，比对照品种源玉 3 增产 2.8%；2012 年区域试验平均公顷产量 10303.3 千克，比对照品种源玉 3 增产 5.5%；两年区域试验平均公顷产量 9983.2 千克，比对照品种源玉 3 增产 4.2%。2013 年生产试验平均公顷产量 10815.7 千克，比对照品种德美亚 3 号增产 8.5%。

栽培技术要点：（1）播期：一般 4 月下旬至 5 月上旬播种。（2）密度：一般公顷保苗 6.0 万株。（3）施肥：施足农家肥，底肥一般施用玉米复合肥 400 千克/公顷，种肥一般施用磷酸二铵 80 千克/公顷，追肥一般施用尿素 300 千克/公顷。（4）制种技术：制种时，父、母本同期播种，父、母本行比 1∶6，父、母本种植密度为 6.0 万株/公顷。

适宜种植地区：吉林省延边、白山玉米早熟区。

吉农大 5 号

审定编号：吉审玉 2014005

选育单位：吉林农大科茂种业有限责任公司

品种来源：W351×W221-2

特征特性：种子性状：种子黄色，半硬粒型，百粒重 32.0 克左右。植株性状：幼苗浓绿色，叶鞘紫色，叶缘白色。株高 302 厘米左右，穗位高 106 厘米左右，株型半紧凑，成株叶片 15～17 片，花药黄色，花丝绿色。果穗性状：果穗长筒型，穗长 20.1 厘米左右，穗行数 16 行，穗轴红色。籽粒性状：籽粒黄色，半马齿型，百粒重 37.8 克左右。品质分析：经农业部谷物及制品质量监督检验测试中心（哈尔滨）检测，籽粒含粗蛋白质 11.29%，粗脂肪 4.64%，粗淀粉 71.60%，赖氨酸 0.35%，容重 742 克/升。抗逆性：人工接种抗病（虫）害鉴定，抗丝黑穗病，高抗茎腐病，抗大斑病，中抗弯孢菌叶斑病，高抗玉米螟虫。生育日数：早熟品种，出苗至成熟 118 天，需≥10℃积温 2350℃左右。

产量表现：2012 年区域试验平均公顷产量 10190.4 千克，比对照品种源玉 3 增产 4.3%；2013 年区域试验平均公顷产量 11863.0 千克，比对照品种德美亚 3 号增产 10.5%；两年区域试验平均公顷产量 11026.7 千克，比对照品种增产 7.5%。2013 年生产试验平均公顷产量 10459.2 千克，比对照品种德美亚 3 号增产 4.9%。

栽培技术要点：（1）播期：一般 4 月下旬至 5 月上旬播种。（2）密度：一般公顷保苗 6.0 万株。（3）施肥：施足农家肥，底肥施用玉米复合肥 400 千克/公顷，种肥施用磷酸二铵 50～70 千克/公顷，追肥施用尿素 300 千克/公顷。（4）制种技术：制种时，父、母本错期播种，父本晚播 4～6 天，父、母本行比 1：6，父、母本种植密度为 6.5 万株/公顷。

适宜种植地区：吉林省延边、白山玉米早熟、中早熟上限区。

鹏诚 8 号

审定编号：吉审玉 2014006

选育单位：黑龙江鹏程农业发展有限公司

品种来源：PC406×PC192

特征特性：种子性状：种子黄色，硬粒型，百粒重 28.0 克左右。植株性状：幼苗浓绿色，叶鞘紫色，叶缘紫色。株高 279 厘米左右，穗位 100 厘米左右，株型半收敛，成株叶片 16 片，花药黄色，花丝红色。果穗性状：果穗长筒型，穗长 19.8 厘米左右，穗行数 14～16 行，穗轴红色。籽粒性状：籽粒黄色，半马齿型，百粒重 42.6 克左右。品质分析：经农业部谷物及制品质量监督检验测试中心（哈尔滨）检测，籽粒含粗蛋白质 11.29%，粗脂肪 3.44%，粗淀粉 72.59%，赖氨酸 0.31%，容重 746 克/升。抗逆性：人工接种抗病（虫）害鉴定，中抗丝黑穗病，高抗茎腐病，抗大斑病，中抗弯孢菌叶斑病，高抗玉米螟虫。生育日数：早熟品种，出苗至成熟 118 天，需≥10℃积温 2350℃左右。

产量表现：2012 年区域试验平均公顷产量 10243.0 千克，比对照品种源玉 3 增产 4.9%；2013 年区域试验平均公顷产量 11339.8 千克，比对照品种德美亚 3 号增产 5.6%；两年区域试验平均公顷产量 10791.4 千克，比对照品种增产 5.2%。2013 年生产试验平均公顷产量 10558.6 千克，比对照品种德美亚 3 号增产 5.9%。

栽培技术要点：（1）播期：一般 5 月上旬播种。（2）密度：一般公顷保苗 5.5 万株左右。（3）施肥：施足农家肥，底肥一般施用玉米复合肥 400 千克/公顷，种肥一般施用磷酸二铵 100 千克/公顷，追肥一般施用尿素 250 千克/公顷。（4）制种技术：制种时，父、母本同期播种，父、母本行比 1：5，父、母本种植密度为 6.0 万株/公顷。

适宜种植地区：吉林省延边、白山玉米早熟、中早熟上限区。

吉农大 2 号

审定编号：吉审玉 2014007
选育单位：吉林省帮农种业有限责任公司
品种来源：W274×W351
特征特性：种子性状：种子黄色，半马齿型，百粒重 31.0 克左右。植株性状：幼苗绿色，叶鞘红色，叶缘白色。株高 308 厘米左右，穗位 106 厘米左右，株型半紧凑，成株叶片 15～17 片，花药黄色，花丝绿色。果穗性状：果穗粗筒型，穗长 19.8 厘米左右，穗行数 16～18 行，穗轴红色。籽粒性状：籽粒黄色，半马齿型，百粒重 40.3 克左右。品质分析：经农业部谷物及制品质量监督检验测试中心（哈尔滨）检测，籽粒含粗蛋白质 10.83%，粗脂肪 4.54%，粗淀粉 71.20%，赖氨酸 0.34%，容重 736 克/升。抗逆性：人工接种抗病（虫）害鉴定，抗丝黑穗病，高抗茎腐病，中抗大斑病，抗弯孢菌叶斑病，高抗玉米螟虫。生育日数：中早熟品种，出苗至成熟 121 天，比对照品种吉单 27 早 1 天，需≥10℃积温 2380℃左右。

产量表现：2012 年区域试验平均公顷产量 11556.3 千克，比对照品种吉单 27 增产 2.2%；2013 年区域试验平均公顷产量 12126.9 千克，比对照品种吉单 27 增产 8.2%；两年区域试验平均公顷产量 11784.5 千克，比对照品种增产 4.6%。2013 年生产试验平均公顷产量 10417.8 千克，比对照品种吉单 27 增产 12.1%。

栽培技术要点：（1）播期：一般 4 月下旬至 5 月上旬播种。（2）密度：一般公顷保苗 6.0 万株。（3）施肥：施足农家肥，底肥施用玉米复合肥 400 千克/公顷，种肥施用磷酸二铵 50～70 千克/公顷，追肥施用尿素 300 千克/公顷。（4）制种技术：制种时，父、母本错期播种，父本晚播 4 天左右，父、母本行比 1：6，父、母本种植密度为 7.0 万株/公顷。

适宜种植地区：吉林省延边、白山、吉林东部山区和半山区玉米中早熟区。

宏育 466

审定编号： 吉审玉 2014008

选育单位： 吉林市宏业种子有限公司

品种来源： HK11×W9813

特征特性： 种子性状：种子黄色，硬粒型，百粒重 30.0 克左右。植株性状：幼苗绿色，叶鞘紫色，叶缘紫色。株高 350 厘米左右，穗位 133 厘米左右，株型半紧凑，成株叶片 18～19 片，花药绿色，花丝绿色。果穗性状：果穗长锥型，穗长 20.5 厘米左右，穗行数 16 行，穗轴紫色。籽粒性状：籽粒黄色，半马齿型，百粒重 37.0 克左右。品质分析：经农业部谷物及制品质量监督检验测试中心（哈尔滨）检测，籽粒含粗蛋白质 11.36%，粗脂肪 4.14%，粗淀粉 72.36%，赖氨酸 0.31%，容重 736 克/升。抗逆性：人工接种抗病（虫）害鉴定，高抗丝黑穗病，高抗茎腐病，高抗大斑病，抗弯孢菌叶斑病，高抗玉米螟虫。生育日数：出苗至成熟 122 天，与对照品种吉单 27 熟期相同，需≥10℃积温 2400℃左右。

产量表现： 2012 年区域试验平均公顷产量 11861.8 千克，比对照品种吉单 27 增产 4.9%；2013 年区域试验平均公顷产量 12427.0 千克，比对照品种吉单 27 增产 10.9%；两年区域试验平均公顷产量 12087.9 千克，比对照品种增产 7.2%。2013 年生产试验平均公顷产量 10456.1 千克，比对照品种吉单 27 增产 12.5%。

栽培技术要点：（1）播期：一般 4 月下旬至 5 月上旬播种。（2）密度：一般公顷保苗 5.5 万～6.0 万株。（3）施肥：施足农家肥，底肥一般施用玉米复合肥 750 千克/公顷，种肥一般施用磷酸二铵 100 千克/公顷，追肥一般施用尿素 300 千克/公顷。（4）制种技术：制种时，父、母本错期播种，1/2 父本先播，生根见芽后另外 1/2 父本与母本同播，父、母本行比 1∶6，父、母本种植密度为 6.0 万株/公顷。

适宜种植地区： 吉林省延边、白山、吉林东部山区和半山区玉米中早熟区。

鹏诚 216

审定编号： 吉审玉 2014009

选育单位： 延边朝鲜族自治州农业科学院、黑龙江鹏程农业发展有限公司

品种来源： DL14E-3×A-32T

特征特性： 种子性状：种子黄色，马齿型，百粒重 29.3 克左右。植株性状：幼苗浓绿色，叶鞘紫色，叶缘紫色。株高 316 厘米左右，穗位 129 厘米左右，株型半紧凑，成株叶片 21 片，花药黄色，花丝浅紫色。果穗性状：果穗长筒型，穗长 19.9 厘米左右，穗行数 14～16 行，穗轴红色。籽粒性状：籽粒黄色，马齿型，百

粒重 44.6 克左右。品质分析：经农业部谷物及制品质量监督检验测试中心（哈尔滨）检测，籽粒含粗蛋白质 10.18%，粗脂肪 4.12%，粗淀粉 75.19%，赖氨酸 0.32%，容重 726 克/升。抗逆性：人工接种抗病（虫）害鉴定，抗丝黑穗病，高抗茎腐病，抗大斑病，抗弯孢菌叶斑病，高抗玉米螟虫。生育日数：中早熟品种，出苗至成熟 122 天，与对照品种吉单 27 熟期相同，需≥10℃积温 2400℃左右。

产量表现：2012 年区域试验平均公顷产量 11936.3 千克，比对照品种吉单 27 增产 5.5%；2013 年区域试验平均公顷产量 12758.8 千克，比对照品种吉单 27 增产 13.8%；两年区域试验平均公顷产量 12265.3 千克，比对照品种增产 8.8%。2013 年生产试验平均公顷产量 10463.0 千克，比对照品种吉单 27 增产 12.5%。

栽培技术要点：（1）播期：一般 4 月下旬至 5 月上旬播种。播种前土壤喷施杀虫剂。（2）密度：一般公顷保苗 5.5 万株左右。（3）施肥：施足农家肥，种肥一般施用磷酸二铵 200 千克/公顷、硫酸钾 100 千克/公顷，追肥一般施用尿素 350 千克/公顷。（4）制种技术：制种时，父、母本同期播种，父、母本行比 1∶4，父本种植密度为 6.0 万株/公顷，母本种植密度为 5.5 万株/公顷。

适宜种植地区：吉林省延边、白山、吉林东部山区和半山区玉米中早熟区。

明凤 159

审定编号：吉审玉 2014010

选育单位：北京玉禾丰农业科技发展有限公司

品种来源：L 系 6×L 系 26

特征特性：种子性状：种子黄色，半马齿型，百粒重 21.8 克左右。植株性状：幼苗绿色，叶鞘紫色，叶缘绿色。株高 338 厘米左右，穗位 143 厘米左右，株型半紧凑，成株叶片 20 片，花药红色，花丝绿色。果穗性状：果穗筒型，穗长 19.2 厘米左右，穗行数 18～20 行，穗轴红色。籽粒性状：籽粒黄色，半马齿型，百粒重 33.6 克左右。品质分析：经农业部谷物及制品质量监督检验测试中心（哈尔滨）检测，籽粒含粗蛋白质 10.65%，粗脂肪 3.70%，粗淀粉 72.32%，赖氨酸 0.31%，容重 758 克/升。抗逆性：人工接种抗病（虫）害鉴定，中抗丝黑穗病，高抗茎腐病，高抗大斑病，抗弯孢菌叶斑病，抗玉米螟虫。生育日数：中早熟品种，出苗至成熟 123 天，比对照品种吉单 27 晚 1 天，需≥10℃积温 2420℃左右。

产量表现：2012 年区域试验平均公顷产量 11589.8 千克，比对照品种吉单 27 增产 2.5%；2013 年区域试验平均公顷产量 12491.0 千克，比对照品种吉单 27 增产 11.4%；两年区域试验平均公顷产量 11950.3 千克，比对照品种增产 6.0%。2013 年生产试验平均公顷产量 10541.3 千克，比对照品种吉单 27 增产 13.4%。

栽培技术要点：（1）播期：一般 4 月下旬至 5 月上旬播种。（2）密度：一般公顷保苗 6.0 万株。（3）施肥：

施足农家肥，底肥一般施用农家肥 15000～20000 千克/公顷，玉米复合肥 400 千克/公顷，追肥一般施用尿素 300 千克/公顷。（4）制种技术：制种时，父、母本同期播种，父、母本行比 1：5，父、母本种植密度为 7.5 万株/公顷。

适宜种植地区：吉林省延边、白山、吉林东部山区和半山区玉米中早熟区。

通科 007

审定编号：吉审玉 2014011

选育单位：通化市农业科学研究院

品种来源：465×701

特征特性：种子性状：种子黄色，硬粒型，百粒重 28.3 克左右。植株性状：幼苗浓绿色，叶鞘紫色，叶缘紫色。株高 321 厘米左右，穗位 147 厘米左右，株型半紧凑，成株叶片 21 片，花药黄色，花丝黄色。果穗性状：果穗长锥型，穗长 22.3 厘米左右，穗行数 16 行，穗轴粉红色。籽粒性状：籽粒黄色，马齿型，百粒重 36.8 克左右。品质分析：经农业部谷物及制品质量监督检验测试中心（哈尔滨）检测，籽粒含粗蛋白质 10.22%，粗脂肪 4.07%，粗淀粉 72.34%，赖氨酸 0.31%，容重 752 克/升。抗逆性：人工接种抗病（虫）害鉴定，高抗丝黑穗病，中抗茎腐病，中抗大斑病，感弯孢菌叶斑病，抗玉米螟虫。生育日数：中熟品种，出苗至成熟 125 天，比对照品种吉单 261 早 1 天，需≥10℃积温 2580℃左右。

产量表现：2011 年区域试验平均公顷产量 11383.2 千克，比对照品种吉单 261 增产 9.7%；2012 年区域试验平均公顷产量 12862.4 千克，比对照品种吉单 261 增产 9.7%；两年区域试验平均公顷产 12055.6 千克，比对照品种增产 9.7%。2012 年生产试验平均公顷产量 12374.3 千克，比对照品种吉单 261 增产 5.9%。

栽培技术要点：（1）播期：一般 4 月下旬播种。（2）密度：一般公顷保苗 5.0 万～5.5 万株。（3）施肥：施足农家肥，底肥一般施用磷酸二铵 150～200 千克/公顷、钾肥 150 千克/公顷，种肥一般施用磷酸二铵 100 千克/公顷，追肥一般施用尿素 300 千克/公顷。（4）制种技术：制种时，父、母本同期播种，父、母本行比 1：6，父、母本种植密度为 6.0 万株/公顷。（5）其他：弯孢菌叶斑病、茎腐病重发区慎用。

适宜种植地区：吉林省玉米中熟区。

五谷 704

审定编号：吉审玉 2014012

选育单位： 甘肃五谷种业有限公司

品种来源： 6320×WG5603

特征特性： 种子性状：种子橙黄色，硬粒型，百粒重 32.0 克左右。植株性状：幼苗绿色，叶鞘紫色，叶缘紫色。株高 324 厘米左右，穗位 127 厘米左右，株型紧凑，成株叶片 20 片，花药紫色，花丝红色。果穗性状：果穗筒型，穗长 19.8 厘米左右，穗行数 16～18 行，穗轴红色。籽粒性状：籽粒黄色，半马齿型，百粒重 39.0 克左右。品质分析：经农业部谷物及制品质量监督检验测试中心（哈尔滨）检测，籽粒含粗蛋白质 9.11%，粗脂肪 4.75%，粗淀粉 71.77%，赖氨酸 0.34%，容重 762 克/升。抗逆性：人工接种抗病（虫）害鉴定，感丝黑穗病，抗茎腐病，感大斑病，中抗弯孢菌叶斑病，抗玉米螟虫。生育日数：中熟品种，出苗至成熟 126 天，与对照品种吉单 261 熟期相同，需≥10℃积温 2600℃左右。

产量表现： 2011 年区域试验平均公顷产量 11274.7 千克，比对照品种吉单 261 增产 8.7%；2012 年区域试验平均公顷产量 12352.5 千克，比对照品种吉单 261 增产 5.3%；两年区域试验平均公顷产量 11764.6 千克，比对照品种增产 7.1%。2012 年生产试验平均公顷产量 12558.3 千克，比对照品种吉单 261 增产 7.5%。

栽培技术要点：（1）播期：一般 4 月下旬至 5 月上旬播种。（2）密度：一般公顷保苗 6.0 万株。（3）施肥：施足农家肥，底肥一般施优质农家肥 22000 千克/公顷、64%磷酸二铵 300 千克/公顷、硫酸钾 45 千克/公顷、种肥一般施用玉米配方肥 150 千克/公顷、注意种肥隔离，追肥一般施用尿素 450 千克/公顷。（4）制种技术：制种时，父、母本错期播种，母本先播，5 天后播 1/2 父本，再过 4 天播另外 1/2 父本，父、母本行比 1：5，父、母本种植密度为 8.0 万株/公顷。（5）其他：注意防治玉米丝黑穗病，大斑病重发区慎用。

适宜种植地区： 吉林省玉米中熟区。

良科 1008

审定编号： 吉审玉 2014013

选育单位： 长春沃尔农业科学技术研究院

品种来源： e901×x66

特征特性： 种子性状：种子黄色，半马齿型，百粒重 34.2 克左右。植株性状：幼苗绿色，叶鞘紫色，叶缘紫色。株高 307 厘米左右，穗位 117 厘米左右，株型紧凑，成株叶片 21 片，花药紫色，花丝粉色。果穗性状：果穗筒型，穗长 19.0 厘米左右，穗行数 18 行，穗轴红色。籽粒性状：籽粒黄色，半马齿型，百粒重 38.0 克左右。品质分析：经农业部谷物及制品质量监督检验测试中心（哈尔滨）检测，籽粒含粗蛋白质 11.16%，粗脂肪 3.40%，粗淀粉 72.23%，赖氨酸 0.34%，容重 750 克/升。抗逆性：人工接种抗病（虫）害鉴定，中抗丝黑穗病，中抗茎腐病，感大斑病，中抗弯孢菌叶斑病，抗玉米螟虫。生育日数：中熟品种，出苗至成熟126天，比对照品种先玉335早1天，需≥10℃积温2630℃左右。

产量表现： 2012年区域试验平均公顷产量13114.3千克，比对照品种先玉335增产4.2%；2013年区域试验平均公顷产量12750.1千克，比对照品种先玉335增产5.4%；两年区域试验平均公顷产量12915.6千克，比对照品种增产4.9%。2013年生产试验平均公顷产量11302.6千克，比对照品种先玉335增产4.2%。

栽培技术要点：（1）播期：一般5月初播种，选择中等肥力以上地块种植。（2）密度：一般公顷保苗6.0万～7.0万株。（3）施肥：施足农家肥，种肥一般施用磷酸二铵150～200千克/公顷，硫酸钾100～150千克/公顷，尿素50～100千克/公顷，追肥一般施用尿素400千克/公顷左右。（4）制种技术：制种时，父、母本同期播种，父、母本行比1：6，父、母本种植密度为7.0万株/公顷。（5）其他：大斑病重发区慎用。

适宜种植地区： 吉林省玉米中熟区。

华科 3A2000

审定编号： 吉审玉2014015

选育单位： 东北师范大学、吉林华旗农业科技有限公司

品种来源： M001×E201

特征特性： 种子性状：种子黄色，半马齿型，百粒重34.0克左右。植株性状：幼苗绿色，叶鞘紫色，叶缘紫色。株高289厘米左右，穗位123厘米左右，株型紧凑，成株叶片21片，花药紫色，花丝粉色。果穗性状：果穗筒型，穗长18.7厘米左右，穗行数18行，穗轴红色。籽粒性状：籽粒黄色，半马齿型，百粒重38.2克左右。品质分析：经农业部谷物及制品质量监督检验测试中心（哈尔滨）检测，籽粒含粗蛋白质10.56%，粗脂肪3.46%，粗淀粉72.56%，赖氨酸0.32%，容重761克/升。抗逆性：人工接种抗病（虫）害鉴定，感丝黑穗病，中抗茎腐病，感大斑病，中抗弯孢菌叶斑病，抗玉米螟虫。生育日数：中熟品种，出苗至成熟125天，比对照品种先玉335早2天，需≥10℃积温2600℃左右。

产量表现： 2012年区域试验平均公顷产量13182.6千克，比对照品种先玉335增产4.8%；2013年区域试验平均公顷产量12677.4千克，比对照品种先玉335增产4.8%；两年区域试验平均公顷产量12907.0千克，比对照品种增产4.8%。2013年生产试验平均公顷产量11274.7千克，比对照品种先玉335增产4.0%。

栽培技术要点：（1）播期：一般5月初播种，选择中等肥力以上地块种植。（2）密度：一般公顷保苗6.0万～7.0万株。（3）施肥：施足农家肥，种肥一般施用磷酸二铵150～200千克/公顷，硫酸钾100～150千克/公顷，尿素50～100千克/公顷，追肥一般施用尿素400～500千克/公顷。（4）制种技术：制种时，父、母本

同期播种，父、母本行比 1∶6，父、母本种植密度为 7.0 万株/公顷。（5）其他：注意防治玉米丝黑穗病，大斑病重发区慎用。

适宜种植地区：吉林省玉米中熟区。

科育 186

审定编号：吉审玉 2014016

选育单位：中国科学院遗传与发育生物学研究所

品种来源：H7×Y4

特征特性：种子性状：种子黄色，近硬粒型，百粒重 33.7 克左右。植株性状：幼苗绿色，叶鞘浅紫色，叶缘绿色。株高 302 厘米左右，穗位 121 厘米左右，株型半紧凑，成株叶片 21 片，花药浅紫色，花丝浅红色。果穗性状：果穗筒型略锥，穗长 19.0 厘米左右，穗行数 16～18 行，穗轴红色。籽粒性状：籽粒黄色，半马齿型，百粒重 37.8 克左右。品质分析：经农业部谷物及制品质量监督检验测试中心（哈尔滨）检测，籽粒含粗蛋白质 9.85%，粗脂肪 3.93%，粗淀粉 72.67%，赖氨酸 0.31%，容重 750 克/升。抗逆性：人工接种抗病（虫）害鉴定，中抗丝黑穗病，抗茎腐病，抗弯孢菌叶斑病，感大斑病，中抗玉米螟。生育日数：中熟品种，出苗至成熟 126 天，比对照品种先玉 335 早 1 天，需≥10℃积温 2630℃左右。

产量表现：2012 年区域试验平均公顷产量 12882.8 千克，比对照品种先玉 335 增产 2.4%；2013 年区域试验平均公顷产量 12798.7 千克，比对照品种先玉 335 增产 5.8%；两年区域试验平均公顷产量 12837.0 千克，比对照品种增产 4.2%。2013 年生产试验平均公顷产量 11332.1 千克，比对照品种先玉 335 增产 4.5%。

栽培技术要点：（1）播期：一般 5 月上旬播种。（2）密度：一般公顷保苗 6.5 万株。（3）施肥：施足农家肥，底肥一般施用玉米复合肥 400 千克/公顷，追肥一般施用尿素 300～400 千克/公顷。（4）制种技术：制种时，父、母本错期播种，先播母本，3 天播一期父本，6 天播二期父本；父、母本行比 1∶6，父、母本种植密度为 7.0 万株/公顷。（5）其他：大斑病重发区慎用。

适宜种植地区：吉林省玉米中熟区。

辽吉 577

审定编号：吉审玉 2014017

选育单位：辽宁辽吉种业有限公司

品种来源：LJ12hb142×LJ12hb164

特征特性：种子性状：种子黄色，宽楔型粒，百粒重 30.0 克左右。植株性状：幼苗绿色，叶鞘绿色，叶缘绿色。株高 312 厘米左右，穗位 115 厘米左右，株型半紧凑，成株叶片 21 片，花药黄色，花丝紫色。果穗性状：果穗长筒型，穗长 18.8 厘米左右，穗行数 16～18 行，穗轴红色。籽粒性状：籽粒黄色，马齿型，百粒重 37.5 克左右。品质分析：经农业部谷物及制品质量监督检验测试中心（哈尔滨）检测，籽粒含粗蛋白质 11.26%，粗脂肪 3.74%，粗淀粉 71.57%，赖氨酸 0.32%，容重 722 克/升。抗逆性：人工接种抗病（虫）害鉴定，抗丝黑穗病，高抗茎腐病，中抗大斑病，抗弯孢菌叶斑病，中抗玉米螟虫。生育日数：中熟品种，出苗至成熟 126 天，比对照品种先玉 335 早 1 天，需≥10℃积温 2630℃左右。

产量表现：2012 年区域试验平均公顷产量 13040.3 千克，比对照品种先玉 335 增产 3.6%；2013 年区域试验平均公顷产量 12766.6 千克，比对照品种先玉 335 增产 5.6%；两年区域试验平均公顷产量 12891.0 千克，比对照品种增产 4.7%。2013 年生产试验平均公顷产量 11392.6 千克，比对照品种先玉 335 增产 5.0%。

栽培技术要点：（1）播期：一般 4 月下旬至 5 月上旬播种。（2）密度：一般公顷保苗 6.0 万株。（3）施肥：施足农家肥，底肥一般施用玉米复合肥 450 千克/公顷，种肥一般施用磷酸二铵 75 千克/公顷，追肥一般施用尿素 225 千克/公顷。（4）制种技术：制种时，父、母本错期播种，先播母本，母本生根见芽后播 1/2 父本；一期父本生根后播二期父本，父、母本行比 1：6，父、母本种植密度为 7.0 万株/公顷。

适宜种植地区：吉林省玉米中熟区。

金凯 7 号

审定编号：吉审玉 2014018

选育单位：甘肃金源种业股份有限公司

品种来源：JB43×JP35

特征特性：种子性状：种子橙红色，硬粒型，百粒重 38.0 克左右。植株性状：幼苗浓绿色，叶鞘紫色，叶缘紫色。株高 322 厘米左右，穗位 126 厘米左右。株型紧凑，成株叶片 20 片，花药黄色，花丝紫红色。果穗性状：果穗长筒型，穗长 20.1 厘米左右，穗行数 14～16 行，穗轴红色。籽粒性状：籽粒黄色，半硬粒型，百粒重 41.0 克左右。品质分析：经农业部谷物及制品质量监督检验测试中心（哈尔滨）检测，籽粒含粗蛋白质 11.61%，粗脂肪 3.70%，粗淀粉 72.86%，赖氨酸 0.36%，容重 764 克/升。抗逆性：人工接种抗病（虫）害鉴定，中抗丝黑穗病，中抗茎腐病，感大斑病，抗弯孢菌叶斑病，中抗玉米螟虫。生育日数：中熟品种，出苗至成熟 126 天，比对照品种先玉 335 早 1 天，需≥10℃积温 2630℃左右。

产量表现： 2012 年区域试验平均公顷产量 12959.2 千克，比对照品种先玉 335 增产 3.0%；2013 年区域试验平均公顷产量 12463.9 千克，比对照品种先玉 335 增产 3.1%；两年区域试验平均公顷产量 12689.0 千克，比对照品种增产 3.0%。2013 年生产试验平均公顷产量 11213.4 千克，比对照品种先玉 335 增产 3.4%。

栽培技术要点：（1）播期：一般 4 月下旬至 5 月上旬播种。（2）密度：一般公顷保苗 6.0 万株。（3）施肥：施足农家肥，底肥一般施用农家肥 30000 千克/公顷，种肥一般施用磷酸二铵 100～150 千克/公顷，追肥一般施用尿素 450～600 千克/公顷。（4）制种技术：制种时，父、母本错期播种，1/2 父本先播，生根见芽后另外 1/2 父本与母本同播，父、母本行比 1：5，父、母本种植密度为 6.0 万株/公顷。（5）其他：大斑病重发区慎用。

适宜种植地区： 吉林省玉米中熟区。

飞天 358

审定编号： 吉审玉 2014019

选育单位： 武汉敦煌种业有限公司

品种来源： FT0908×FT0809

特征特性： 种子性状：种子橙黄色，马齿型，百粒重 33.0 克左右。植株性状：幼苗绿色，叶鞘紫色，叶缘紫色。株高 301 厘米左右，穗位 123 厘米左右，株型半紧凑，成株叶片 20～21 片，花药淡紫色，花丝淡紫色。果穗性状：果穗筒型，穗长 17.7 厘米左右，穗行数 16～18 行，穗轴红色。籽粒性状：籽粒黄色，马齿型，百粒重 40.1 克左右。品质分析：经农业部谷物及制品质量监督检验测试中心（哈尔滨）检测，籽粒含粗蛋白质 10.41%，粗脂肪 3.53%，粗淀粉 72.14%，赖氨酸 0.29%，容重 761 克/升。抗逆性：人工接种抗病（虫）害鉴定，感丝黑穗病，抗茎腐病，中抗大斑病，感弯孢菌叶斑病，抗玉米螟虫。生育日数：中熟品种，出苗至成熟 126 天，比对照品种先玉 335 早 1 天，需≥10℃积温 2630℃左右。

产量表现： 2012 年区域试验平均公顷产量 13111.3 千克，比对照品种先玉 335 增产 4.2%；2013 年区域试验平均公顷产量 12620.4 千克，比对照品种先玉 335 增产 4.4%；两年区域试验平均公顷产量 12843.5 千克，比对照品种增产 4.3%。2013 年生产试验平均公顷产量 11260.4 千克，比对照品种先玉 335 增产 3.8%。

栽培技术要点：（1）播期：一般 4 月下旬至 5 月上旬播种。（2）密度：一般公顷保苗 6.0 万株。（3）施肥：施足农家肥，底肥一般施用复合肥 400 千克/公顷，种肥一般施用磷酸二铵 100 千克/公顷，追肥一般施用尿素 350 千克/公顷。（4）制种技术：制种时，父、母本同期播种，父、母本行比 1：6，父、母本种植密度为 6.0 万株/公顷。（5）其他：注意防治玉米丝黑穗病，弯孢菌叶斑病重发区慎用。

适宜种植地区： 吉林省玉米中熟区。

莱科 818

审定编号： 吉审玉 2014020

选育单位： 莱州市西由种业有限公司

品种来源： X35-1×X80133-22

特征特性： 种子性状：种子橙黄色，硬粒型，百粒重 30.5 克左右。植株性状：幼苗浓绿色，叶鞘紫色，叶缘紫色。株高 324 厘米左右，穗位 122 厘米左右，株型紧凑，成株叶片 21 片，花药紫色，花丝淡红色。果穗性状：果穗长筒型，穗长 20.6 厘米左右，穗行数 16～18 行，穗轴浅红色。籽粒性状：籽粒黄色，半马齿型，百粒重 38.5 克左右。品质分析：经农业部谷物及制品质量监督检验测试中心（哈尔滨）检测，籽粒含粗蛋白质 11.59%，粗脂肪 3.53%，粗淀粉 74.54%，赖氨酸 0.35%，容重 742 克/升。抗逆性：人工接种抗病（虫）害鉴定，抗丝黑穗病，中抗茎腐病，中抗大斑病，中抗弯孢菌叶斑病，抗玉米螟虫。生育日数：中熟品种，出苗至成熟 126 天，比对照品种先玉 335 早 1 天，需≥10℃积温 2630℃左右。

产量表现： 2012 年区域试验平均公顷产量 13176.1 千克，比对照品种先玉 335 增产 4.7%；2013 年区域试验平均公顷产量 12627.7 千克，比对照品种先玉 335 增产 4.4%；两年区域试验平均公顷产量 12876.9 千克，比对照品种增产 4.6%。2013 年生产试验平均公顷产量 11077.5 千克，比对照品种先玉 335 增产 2.1%。

栽培技术要点：（1）播期：一般 4 月下旬至 5 月上旬播种。（2）密度：一般公顷保苗 6.0 万株。（3）施肥：施足农家肥，底肥一般施用复合肥 450 千克/公顷，种肥一般施用磷酸二铵 100 千克/公顷，追肥一般施用尿素 350 千克/公顷。（4）制种技术：制种时，父、母本同期播种，父、母本行比 1：5，父、母本种植密度为 7.5 万株/公顷。

适宜种植地区： 吉林省玉米中熟区。

平安 194

审定编号： 吉审玉 2014021

选育单位： 吉林省平安种业有限公司

品种来源： PA616×PA271

特征特性： 种子性状：种子橙黄色，硬粒型，百粒重 31.2 克左右。植株性状：幼苗浓绿色，叶鞘紫色，叶缘紫色。株高 292 厘米左右，穗位 103 厘米左右，株型收敛，成株叶片 21 片，花药紫色，花丝粉色。果穗性状：果穗长筒型，穗长 18.6 厘米左右，穗行数 16～18 行，穗轴红色。籽粒性状：籽粒黄色，马齿型，百粒重 37.8 克左右。品质分析:经农业部谷物及制品质量监督检验测试中心(哈尔滨)检测,籽粒含粗蛋白质 11.55%,粗脂肪 4.21%,粗淀粉 72.25%,赖氨酸 0.31%,容重 754 克/升。抗逆性:人工接种抗病（虫）害鉴定,中抗丝黑穗病,中抗茎腐病,感大斑病,感弯孢菌叶斑病,感玉米螟虫。生育日数:中熟品种,出苗至成熟 125 天,比对照品种先玉 335 早 2 天,需≥10℃积温 2600℃左右。

产量表现: 2012 年区域试验平均公顷产量 12986.8 千克,比对照品种先玉 335 增产 3.2%;2013 年区域试验平均公顷产量 12393.6 千克,比对照品种先玉 335 增产 2.5%;两年区域试验平均公顷产量 12663.2 千克,比对照品种增产 2.8%。2013 年生产试验平均公顷产量 11004.7 千克,比对照品种先玉 335 增产 1.5%。

栽培技术要点:（1）播期:一般 4 月下旬至 5 月上旬播种。（2）密度:一般公顷保苗 5.25 万～6.0 万株。（3）施肥:施足农家肥,底肥一般施用玉米专用肥 400 千克/公顷,种肥一般施用磷酸二铵 100 千克/公顷,追肥一般施用尿素 300 千克/公顷。（4）制种技术:制种时,父、母本错期播种,1/2 父本先播,生根见芽后另外 1/2 父本与母本同播,父、母本行比 1∶5,父、母本种植密度为 6.0 万株/公顷。（5）其他:叶斑病重发区慎用,注意防治玉米螟虫。

适宜种植地区: 吉林省玉米中熟区。

鑫海 985

审定编号: 吉审玉 2014022
选育单位: 北京玉鑫丰农业科技发展有限公司
品种来源: L 系 9×Z 系 85
特征特性: 种子性状:种子黄色,半马齿型,百粒重 25.8 克左右。植株性状:幼苗绿色,叶鞘紫色,叶缘绿色。株高 312 厘米左右,穗位 119 厘米左右,株型半紧凑,成株叶片 20 片,花药紫色,花丝粉色。果穗性状:果穗筒型,穗长 18.0 厘米左右,穗行数 18～20 行,穗轴红色。籽粒性状:籽粒黄色,半马齿型,百粒重 32.1 克左右。品质分析:经农业部谷物及制品质量监督检验测试中心(哈尔滨)检测,籽粒含粗蛋白质 10.99%,粗脂肪 3.3%,粗淀粉 75.15%,赖氨酸 0.33%,容重 740 克/升。抗逆性:人工接种抗病（虫）害鉴定,中抗丝黑穗病,高抗茎腐病,中抗大斑病,感弯孢菌叶斑病,感玉米螟虫。生育日数:中熟品种,出苗至成熟 125 天,比对照品种先玉 335 早 2 天,需≥10℃积温 2600℃左右。

产量表现: 2012 年区域试验平均公顷产量 12811.3 千克,比对照品种先玉 335 增产 1.8%;2013 年区域试验平均公顷产量 12133.9 千克,比对照品种先玉 335 增产 0.3%;两年区域试验平均公顷产量 12441.8 千克,比对照品种增产 1.0%。2013 年生产试验平均公顷产量 11241.1 千克,比对照品种先玉 335 增产 3.6%。

栽培技术要点：（1）播期：一般4月下旬至5月上旬播种。（2）密度：一般公顷保苗6.0万～6.75万株。（3）施肥：施足农家肥，底肥一般施用农家肥15000～20000千克/公顷、复合肥400～600千克/公顷，追肥一般施用尿素300～375千克/公顷。（4）制种技术：制种时，父、母本同期播种，父、母本行比1：5，父、母本种植密度为7.5万株/公顷。（5）其他：弯孢菌叶斑病重发区慎用，注意防治玉米螟虫。

适宜种植地区：吉林省玉米中熟区。

金园15

审定编号：吉审玉2014023

选育单位：吉林省金园种苗有限公司

品种来源：J81×J9-3

特征特性：种子性状：种子橙红色，半马齿型，百粒重33.0克。植株性状：幼苗浓绿色，叶鞘紫色，叶缘紫色。株高324厘米左右，穗位112厘米左右，株型半紧凑，成株叶片22片，花药紫色，花丝粉色。果穗性状：果穗长筒型，穗长20.8厘米左右，穗行数16～18行，穗轴红色。籽粒性状：籽粒黄色，马齿型，百粒重40.1克左右。品质分析：经农业部谷物及制品质量监督检验测试中心（哈尔滨）检测，籽粒含粗蛋白质10.69%，粗脂肪3.23%，粗淀粉72.80%，赖氨酸0.32%，容重771克/升。抗逆性：人工接种抗病（虫）害鉴定，中抗丝黑穗病，中抗茎腐病，感大斑病，感弯孢菌叶斑病，中抗玉米螟虫。生育日数：中晚熟品种，出苗至成熟127天，与对照品种先玉335熟期相同，需≥10℃积温2650℃左右。

产量表现：2012年区域试验平均公顷产量13741.1千克，比对照品种先玉335增产10.3%；2013年区域试验平均公顷产量11991.7千克，比对照品种先玉335增产2.1%；两年区域试验平均公顷产量12866.4千克，比对照品种增产6.3%。2013年生产试验平均公顷产量12677.9千克，比对照品种先玉335增产5.4%。

栽培技术要点：（1）播期：一般4月下旬至5月上旬播种。（2）密度：一般公顷保苗6.0万株。（3）施肥：施足农家肥，底肥一般施用磷酸二铵150～200千克/公顷、硫酸钾100～150千克/公顷，尿素50～100千克/公顷，追肥一般施用尿素300千克/公顷。（4）制种技术：制种时，父、母本错期播种，1/2父本与母本同播，5天后播另外1/2父本，父、母本行比1：5，父、母本种植密度为6.5万株/公顷。（5）其他：叶斑病重发区慎用。

适宜种植地区：吉林省玉米中晚熟区。

俊单 128

审定编号：吉审玉 2014025

选育单位：吉林市松花江种业有限责任公司

品种来源：1021×574

特征特性：种子性状：种子橙红色，硬粒型，百粒重 36.0 克左右。植株性状：幼苗绿色，叶鞘紫色，叶缘紫色。株高 304 厘米左右，穗位 118 厘米左右，株型紧凑，成株叶片 21 片，花药紫色，花丝粉色。果穗性状：果穗长筒型，穗长 18.7 厘米左右，穗行数 16～18 行，穗轴红色。籽粒性状：籽粒橙黄色，半硬粒型，百粒重 37.8 克左右。品质分析：经农业部谷物及制品质量监督检验测试中心（哈尔滨）检测，籽粒含粗蛋白质 11.04%，粗脂肪 4.42%，粗淀粉 73.91%，赖氨酸 0.32%，容重 758 克/升。抗逆性：人工接种抗病（虫）害鉴定，中抗丝黑穗病，抗茎腐病，感大斑病，中抗弯孢菌叶斑病，感玉米螟虫。生育日数：中晚熟品种。出苗至成熟 127 天，比对照品种郑单 958 早 2 天，需≥10℃积温 2700℃左右。

产量表现：2012 年区域试验平均公顷产量 11755.2 千克，比对照品种郑单 958 增产 5.2%；2013 年区域试验平均公顷产量 13068.8 千克，比对照品种郑单 958 增产 9.7%；两年区域试验平均公顷产量 12412.0 千克，比对照品种增产 7.5%。2013 年生产试验平均公顷产量 12113.2 千克，比对照品种郑单 958 增产 8.5%。

栽培技术要点：（1）播期：一般 4 月下旬至 5 月上旬播种。（2）密度：一般公顷保苗 6.0 万株。（3）施肥：施足农家肥，底肥一般施用农家肥 30000 千克/公顷，种肥一般施用玉米复合肥 350～400 千克/公顷，追肥一般施用尿素 225 千克/公顷。（4）制种技术：制种时，父、母本同期播种，父、母本行比 1：5，父、母本种植密度为 6.0 万株/公顷。（5）其他：大斑病重发区慎用，注意防治玉米螟虫。

适宜种植地区：吉林省玉米中晚熟区。

银河 160

审定编号：吉审玉 2014026

选育单位：吉林银河种业科技有限公司

品种来源：02J-1×65232A

特征特性：种子性状：种子橙黄色，马齿型，百粒重 32.0 克左右。植株性状：幼苗浓绿色，叶鞘紫色，叶缘绿色。株高 308 厘米左右，穗位 134 厘米左右，株型紧凑，成株可见叶片 17 片，花药黄褐色，花丝红色。果穗性状：果穗长筒型，穗长 20.9 厘米左右，穗行数 16～18 行，穗轴红色。籽粒性状：籽粒黄色，马齿型，百粒重 40.7 克左右。品质分析：经农业部谷物及制品质量监督检验测试中心（哈尔滨）检测，籽粒含粗蛋白质 10.58%，粗脂肪 4.73%，粗淀粉 73.08%，赖氨酸 0.31%，容重 746 克/升。抗逆性：人工接种抗病（虫）害鉴定，感丝黑穗病，抗茎腐病，感大斑病，感弯孢菌叶斑病，感玉米螟虫。生育日数：中晚熟品种。出苗至成熟 127 天，比对照品种郑单 958 早 2 天，需≥10℃积温 2700℃左右。

产量表现： 2012 年区域试验平均公顷产量 13161.3 千克，比对照品种郑单 958 增产 9.2%；2013 年区域试验平均公顷产量 13109.0 千克，比对照品种郑单 958 增产 10.1%；两年区域试验平均公顷产量 13135.1 千克，比对照品种郑单 958 增产 9.7%。2013 年生产试验平均公顷产量 12145.6 千克，比对照品种郑单 958 增产 8.8%。

栽培技术要点： （1）播期：一般 4 月中下旬播种。（2）密度：一般公顷保苗 6.0 万株。（3）施肥：施足农家肥，底肥一般施用磷酸二铵 225 千克/公顷，钾肥 50 千克/公顷，追肥一般施用尿素 450 千克/公顷。（4）制种技术：制种时，父、母本同期播种，父、母本行比 1∶5，父、母本种植密度为 6.0 万株/公顷。（5）其他：注意防治玉米丝黑穗病，叶斑病重发区慎用，注意防治玉米螟虫。

适宜种植地区： 吉林省玉米中晚熟区。

禾育 47

审定编号： 吉审玉 2014027

选育单位： 四平市新禾玉米种子研究所

品种来源： 758×601

特征特性： 种子性状：种子橙黄色，硬粒型，百粒重 31.0 克左右。植株性状：幼苗浓绿色，叶鞘紫色，叶缘紫色。株高 322 厘米左右，穗位 122 厘米左右，株型紧凑，成株叶片 21 片，花药紫色，花丝紫色。果穗性状：果穗长筒型，穗长 20.4 厘米左右，穗行数 16～18 行，穗轴红色。籽粒性状：籽粒黄色，马齿型，百粒重 37.7 克左右。品质分析：经农业部谷物及制品质量监督检验测试中心（哈尔滨）检测，籽粒含粗蛋白质 10.52%，粗脂肪 3.34%，粗淀粉 73.76%，赖氨酸 0.35%，容重 758 克/升。抗逆性：人工接种抗病（虫）害鉴定，感丝黑穗病，中抗茎腐病，感大斑病，感弯孢菌叶斑病，感玉米螟虫。生育日数：中晚熟品种，出苗至成熟 128 天，比对照品种先玉 335 晚 1 天，需≥10℃积温 2680℃左右。

产量表现： 2012 年区域试验平均公顷产量 13030.5 千克，比对照品种先玉 335 增产 4.6%；2013 年区域试验平均公顷产量 12455.4 千克，比对照品种先玉 335 增产 6.1%；两年区域试验平均公顷产量 12743.0 千克，比对照品种增产 5.3%。2013 年生产试验平均公顷产量 12787.8 千克，比对照品种先玉 335 增产 6.3%。

栽培技术要点： （1）播期：一般 4 月下旬至 5 月上旬播种。（2）密度：一般公顷保苗 6.0 万株。（3）施肥：

施足农家肥，底肥一般施用磷酸二铵 100～150 千克/公顷、硫酸钾 100～150 千克，种肥一般施用尿素 50～100 千克/公顷，追肥一般施用尿素 300 千克/公顷。（4）制种技术：制种时，父、母本错期播种，1/2 父本先播，生根见芽后另外 1/2 父本与母本同播，父、母本行比 1∶5，父、母本种植密度为 6.0 万株/公顷。（5）其他：注意防治玉米丝黑穗病，叶斑病重发区慎用，注意防治玉米螟虫。

适宜种植地区：吉林省玉米中晚熟区。

吉农大 928

审定编号：吉审玉 2014028

选育单位：吉林农大科茂种业有限责任公司

品种来源：KM3569×KM881

特征特性：种子性状：种子黄色，楔型粒，百粒重 30.0 克左右。植株性状：幼苗绿色，叶鞘紫色，叶缘紫色。株高 305 厘米左右，穗位 119 厘米左右，株型半紧凑，成株叶片 21 片，花药粉色，花丝浅紫色。果穗性状：果穗锥型，穗长 18.4 厘米左右，穗行数 16～18 行，穗轴红色。籽粒性状：籽粒黄色，马齿型，百粒重 36.0 克左右。品质分析：经农业部谷物及制品质量监督检验测试中心（哈尔滨）检测，籽粒含粗蛋白质 9.08%，粗脂肪 4.03%，粗淀粉 75.19%，赖氨酸 0.30%，容重 748 克/升。抗逆性：人工接种抗病（虫）害鉴定，中抗丝黑穗病，中抗茎腐病，感大斑病，中抗弯孢菌叶斑病，感玉米螟虫。生育日数：中晚熟品种。出苗至成熟 127 天，比对照品种郑单 958 早 2 天，需≥10℃积温 2700℃左右。

产量表现：2012 年区域试验平均公顷产量 11766.0 千克，比对照品种郑单 958 增产 5.3%；2013 年区域试验平均公顷产量 12281.2 千克，比对照品种郑单 958 增产 7.7%；两年区域试验平均公顷产量 12023.6 千克，比对照品种增产 6.5%。2013 年生产试验平均公顷产量 10789.5 千克，比对照品种郑单 958 增产 8.1%。

栽培技术要点：（1）播期：一般 4 月下旬至 5 月上旬播种。（2）密度：一般公顷保苗 6.0 万株。（3）施肥：施足农家肥，底肥一般施用玉米复合肥 450 千克/公顷，种肥一般施用磷酸二铵 75 千克/公顷，追肥一般施用尿素 225 千克/公顷。（4）制种技术：制种时，父、母本错期播种，先播母本，母本生根见芽后播 1/2 父本；一期父本生根后播二期父本，父、母本行比 1∶6，父、母本种植密度为 7.0 万株/公顷。（5）其他：大斑病重发区慎用，注意防治玉米螟虫。

适宜种植地区：吉林省玉米中晚熟区。

德育 919

审定编号： 吉审玉 2014029

选育单位： 吉林德丰种业有限公司

品种来源： N90×TG41

特征特性： 种子性状：种子黄色，马齿型，百粒重 33.0 克左右。植株性状：幼苗浓绿色，叶鞘紫色，叶缘紫色。株高 276 厘米左右，穗位 114 厘米左右，株型半收敛，成株叶片 21 片，花药黄色，花丝粉色。果穗性状：果穗长锥型，穗长 19.1 厘米左右，穗行数 18～20 行，穗轴红色。籽粒性状：籽粒黄色，半马齿型，百粒重 38.1 克左右。品质分析：经农业部谷物及制品质量监督检验测试中心（哈尔滨）检测，籽粒含粗蛋白质 9.57%，粗脂肪 3.79%，粗淀粉 73.47%，赖氨酸 0.30%，容重 744 克/升。抗逆性：人工接种抗病（虫）害鉴定：抗丝黑穗病，中抗茎腐病，中抗大斑病，中抗弯孢菌叶斑病、抗玉米螟虫。生育日数：中熟—中晚熟品种。出苗至成熟 125 天，比对照品种郑单 958 早 4 天，需≥10℃积温 2600℃左右。

产量表现： 2012 年区域试验平均公顷产量 11963.1 千克，比对照品种郑单 958 增产 7.0%；2013 年区域试验平均公顷产量 12841.6 千克，比对照品种郑单 958 增产 7.8%；两年区域试验平均公顷产量 12402.4 千克，比对照品种增产 7.4%。2013 年生产试验平均公顷产量 12187.4 千克，比对照品种郑单 958 增产 9.2%。

栽培技术要点：（1）播期：一般 4 月下旬至 5 月上旬播种。（2）密度：一般公顷保苗约 6.0 万株。（3）施肥：施足农家肥，底肥一般施用复合肥 320 千克/公顷，种肥一般施用磷酸二铵 150 千克/公顷，追肥一般施用尿素 300 千克/公顷。（4）制种技术：制种时，父、母本错期播种，1/2 父本先播，生根见芽后另外 1/2 父本与母本同播，父、母本行比 1：5，父、母本种植密度为 7.0 万株/公顷。

适宜种植地区： 吉林省玉米中熟—中晚熟区。

绿育 9935

审定编号： 吉审玉 2014030

选育单位： 公主岭市绿育农业科学研究所

品种来源： L508×L601

特征特性： 种子性状：种子橙黄色，半硬粒型，百粒重 37.0 克左右。植株性状：幼苗绿色，叶鞘紫色，叶缘紫色。株高 327 厘米左右，穗位 119 厘米左右，株型半平展，成株叶片 19 片，花药红色，花丝红色。果穗性状：果穗筒型，穗长 19.1 厘米左右，穗行数 16～18 行，穗轴红色。籽粒性状：籽粒橙黄色，半硬粒型，百粒重 41.3 克左右。品质分析：经农业部谷物及制品质量监督检验测试中心（哈尔滨）检测，籽粒含粗蛋白质 9.62%，粗脂肪 4.09%，粗淀粉 73.76%，赖氨酸 0.33%，容重 766 克/升。抗逆性：人工接种抗病（虫）害鉴定，感丝黑穗病，抗茎腐病，感大斑病，感弯孢菌叶斑病，中抗玉米螟虫。生育日数：中晚熟品种。出苗至成熟 126 天，比对照品种郑单 958 早 3 天，需≥10℃积温 2680℃左右。

产量表现：2012 年区域试验平均公顷产量 11933.4 千克，比对照品种郑单 958 增产 6.8%；2013 年区域试验平均公顷产量 12159.5 千克，比对照品种郑单 958 增产 6.6%；两年区域试验平均公顷产量 12046.4 千克，比对照品种增产 6.7%。2013 年生产试验平均公顷产量 10628.5 千克，比对照品种郑单 958 增产 6.5%。

栽培技术要点：（1）播期：一般 4 月下旬至 5 月上旬播种。（2）密度：一般公顷保苗 6.0 万株。（3）施肥：施足农家肥，底肥一般施用复合肥 400 千克/公顷，种肥一般施用磷酸二铵 150 千克/公顷，追肥一般施用尿素 250 千克/公顷。（4）制种技术：制种时，父、母本可同期播种，父、母本行比 1∶5，父、母本种植密度为 7.0 万株/公顷。（5）其他：注意防治玉米丝黑穗病，叶斑病重发区慎用。

适宜种植地区：吉林省玉米中晚熟区。

德单 1108

审定编号：吉审玉 2014031

选育单位：北京德农种业有限公司

品种来源：A22×B01

特征特性：种子性状：种子黄色，硬粒型，百粒重 35.0 克左右。植株性状：幼苗浓绿色，叶鞘紫色，叶缘紫色。株高 313 厘米左右，穗位 120 厘米左右，株型紧凑，成株叶片 21 片，花丝粉色，花药紫色。果穗性状：果穗长筒型，穗长 19.4 厘米左右，穗行数 16～18 行，穗轴红色。籽粒性状：籽粒黄色，马齿型，百粒重 40.0 克左右。品质分析：经农业部谷物及制品质量监督检验测试中心（哈尔滨）检测，籽粒含粗蛋白质 9.44%，粗脂肪 3.44%，粗淀粉 75.49%，赖氨酸 0.33%，容重 748 克/升。抗逆性：人工接种抗病（虫）害鉴定，中抗丝黑穗病，中抗茎腐病，感大斑病，感弯孢菌叶斑病，感玉米螟虫。生育日数：中晚熟品种，出苗至成熟 127 天，比对照品种郑单 958 早 2 天，需≥10℃积温 2700℃左右。

产量表现：2012 年区域试验平均公顷产量 12095.1 千克，比对照品种郑单 958 增产 8.2%；2013 年区域试验平均公顷产量 12470.4 千克，比对照品种郑单 958 增产 9.4%；两年区域试验平均公顷产量 12282.7 千克，比对照品种增产 8.8%。2013 年生产试验平均公顷产量 10604.4 千克，比对照品种郑单 958 增产 6.3%。

栽培技术要点：（1）播期：一般 5 月初播种，选择中等肥力以上地块种植。（2）密度：一般公顷保苗 6.0

万～7.0 万株。（3）施肥：施足农家肥，种肥一般施用磷酸二铵 150～200 千克/公顷，硫酸钾 100～150 千克/公顷，尿素 50～100 千克/公顷，追肥一般施用尿素 300 千克/公顷左右。（4）制种技术：制种时，父、母本同期播种，父、母本行比 1∶6，父、母本种植密度为 7.0 万株/公顷。（5）其他：叶斑病重发区慎用，注意防治玉米螟虫。

适宜种植地区：吉林省玉米中晚熟区。

金庆 202

审定编号：吉审玉 2014032
选育单位：吉林省金庆种业有限公司
品种来源：H5×Y7
特征特性：种子性状：种子黄色，浅马齿型，百粒重 36.0 克左右。植株性状：幼苗浓绿色，叶鞘浅紫色，叶缘浅紫色。株高 283 厘米左右，穗位 95 厘米左右，株型紧凑，成株叶片 21 片，花药浅紫色，花丝浅粉色。果穗性状：果穗筒型略锥，穗长 21.5 厘米左右，穗行数 16 行，穗轴红色。籽粒性状：籽粒黄色，半马齿型，百粒重 41.3 克左右。品质分析：经农业部谷物及制品质量监督检验测试中心（哈尔滨）检测，籽粒含粗蛋白质 10.99%，粗脂肪 3.96%，粗淀粉 73.69%，赖氨酸 0.30%，容重 748 克/升。抗逆性：人工接种抗病（虫）害鉴定，中抗丝黑穗病，抗茎腐病，中抗大斑病，中抗弯孢菌叶斑病，中抗玉米螟。生育日数：中晚熟品种。出苗至成熟 126 天，比对照品种郑单 958 早 3 天，需≥10℃积温 2630℃左右。

产量表现：2012 年区域试验平均公顷产量 11759.1 千克，比对照品种郑单 958 增产 5.2%；2013 年区域试验平均公顷产量 12812.8 千克，比对照品种郑单 958 增产 7.6%；两年区域试验平均公顷产量 12286.0 千克，比对照品种增产 6.4%。2013 年生产试验平均公顷产量 12021.7 千克，比对照品种郑单 958 增产 7.7%。

栽培技术要点：（1）播期：一般 4 月下旬至 5 月上旬播种。（2）密度：一般公顷保苗 6.5 万株。（3）施肥：施足农家肥，底肥一般施用玉米复合肥 400 千克/公顷，追肥一般施用尿素 350 千克/公顷。（4）制种技术：制种时，父、母本错期播种，母本先播，3 天播一期父本，7 天播二期父本，父、母本行比 1∶6，父、母本种植密度为 7.5 万株/公顷。

适宜种植地区：吉林省玉米中晚熟区。

禾育 35

审定编号： 吉审玉 2014033

选育单位： 吉林省禾冠种业有限公司

品种来源： S463×S462

特征特性： 种子性状：种子黄色，硬粒型，百粒重 31.5 克左右。植株性状：幼苗绿色，叶鞘紫色，叶缘紫色。株高 322 厘米左右，穗位 120 厘米左右，株型紧凑，成株叶片 20～21 片，花药深紫色，花丝紫色。果穗性状：果穗筒型，穗长 19.4 厘米左右，穗行数 16～18 行，穗轴红色。籽粒性状：籽粒黄色，马齿型，百粒重 41.0 克左右。品质分析：经农业部谷物及制品质量监督检验测试中心（哈尔滨）检测，籽粒含粗蛋白质 9.59%，粗脂肪 3.33%，粗淀粉 74.31%，赖氨酸 0.32%，容重 758 克/升。抗逆性：人工接种抗病（虫）害鉴定，感丝黑穗病，中抗茎腐病，感大斑病，中抗弯孢菌叶斑病、感玉米螟虫。生育日数：中晚熟品种。出苗至成熟 128 天，比对照品种郑单 958 早 1 天，需≥10℃积温 2720℃左右。

产量表现： 2012 年区域试验平均公顷产量 11961.0 千克，比对照品种郑单 958 增产 7.0%；2013 年区域试验平均公顷产量 12379.0 千克，比对照品种郑单 958 增产 8.6%；两年区域试验平均公顷产量 12170.0 千克，比对照品种增产 7.8%。2013 年生产试验平均公顷产量 11061.5 千克，比对照品种郑单 958 增产 10.8%。

栽培技术要点：（1）播期：一般 4 月下旬至 5 月 5 日播种。（2）密度：一般公顷保苗 6.0 万株。（3）施肥：施足农家肥，底肥采用一次性深施肥，一般施用三元复合肥 750 千克/公顷左右，土壤瘠薄或保肥水性差的地块中期需追肥，一般追尿素 300～350 千克/公顷。（4）制种技术：制种时，父、母本错期播种，母本先播，4 天后播 2/3 父本，再间隔 3 天播另外 1/3 父本，父、母本行比 1∶5，父、母本种植密度为 6.0 万株/公顷。（5）其他：注意防治玉米丝黑穗病，大斑病重发区慎用，注意防治玉米螟虫。

适宜种植地区： 吉林省玉米中晚熟区。

远科 105

审定编号： 吉审玉 2014035

选育单位： 吉林省远科农业开发有限公司

品种来源： H7-5×Y2A

特征特性： 种子性状：种子橙黄色，浅马齿型，百粒重 32.0 克左右。植株性状：幼苗浓绿色，叶鞘浅紫色，叶缘浅紫色。株高 307 厘米左右，穗位 114 厘米左右，株型半紧凑，成株叶片 21 片，花药绿色，花丝黄褐色。果穗性状：果穗长筒型，穗长 19.9 厘米左右，穗行数 18 行，穗轴红色。籽粒性状：籽粒黄色，半马齿型，百粒重 37.1 克左右。品质分析：经农业部谷物及制品质量监督检验测试中心（哈尔滨）检测，籽粒含粗蛋白质 9.08%，粗脂肪 3.63%，粗淀粉 70.52%，赖氨酸 0.31%，容重 736 克/升。抗逆性：人工接种抗病（虫）害鉴定，中抗丝黑穗病，中抗茎腐病，感大斑病，感弯孢菌叶斑病，感玉米螟。生育日数：中晚熟品种。出苗至成熟 127 天，比对照品种郑单 958 早 2 天，需≥10℃积温 2700℃左右。

产量表现： 2012 年区域试验平均公顷产量 11946.6 千克，比对照品种郑单 958 增产 6.9%；2013 年区域试验平均公顷产量 12549.4 千克，比对照品种郑单 958 增产 10.1%；两年区域试验平均公顷产量 12248.0 千克，比对照品种增产 8.5%。2013 年生产试验平均公顷产量 10999.0 千克，比对照品种郑单 958 增产 10.2%。

栽培技术要点：（1）播期：一般 4 月下旬至 5 月上旬播种。（2）密度：一般公顷保苗 6.5 万株。（3）施肥：施足农家肥，底肥一般施用玉米复合肥 400 千克/公顷，追肥一般施用尿素 350 千克/公顷。（4）制种技术：制种时，父、母本错期播种，母本先播，3 天后播一期父本，6 天后播二期父本；母本行比 1∶6，父、母本种植密度为 7.5 万株/公顷。（5）其他：叶斑病重发区慎用，注意防治玉米螟虫。

适宜种植地区： 吉林省玉米中晚熟区。

平安 186

审定编号： 吉审玉 2014036

选育单位： 沈阳市雷奥玉米研究所

品种来源： PA21×PA517

特征特性： 种子性状：种子橙黄色，马齿型，百粒重 30.0 克左右。植株性状：幼苗浓绿色，叶鞘紫色，叶缘紫色。株高 298 厘米左右，穗位 109 厘米左右，株型收敛，成株叶片 21 片，花药红色，花丝粉色。果穗性状：果穗长筒型，穗长 20.3 厘米左右，穗行数 16~18 行，穗轴红色。籽粒性状：籽粒黄色，马齿型，百粒重 39.3 克左右。品质分析：经农业部谷物及制品质量监督检验测试中心（哈尔滨）检测，籽粒含粗蛋白质 10.19%，粗脂肪 3.90%，粗淀粉 72.18%，赖氨酸 0.28%，容重 728 克/升。抗逆性：人工接种抗病（虫）害鉴定，中抗丝黑穗病，抗茎腐病，感大斑病，感弯孢菌叶斑病，中抗玉米螟虫。生育日数：中晚熟品种。出苗至成熟 128 天，比对照品种郑单 958 早 1 天，需≥10℃积温 2720℃左右。

产量表现： 2011 年区域试验平均公顷产量 11123.6 千克，比对照品种郑单 958 增产 7.2%；2013 年区域试验平均公顷产量 12304.0 千克，比对照品种郑单 958 增产 7.9%；两年区域试验平均公顷产量 11615.4 千克，比对照品种增产 7.5%。2013 年生产试验平均公顷产量 12135.7 千克，比对照品种郑单 958 增产 8.7%。

栽培技术要点：（1）播期：一般 4 月下旬至 5 月上旬播种。（2）密度：一般公顷保苗 5.25 万～6.0 万株。（3）施肥：施足农家肥，底肥一般施用玉米专用肥 400 千克/公顷，种肥一般施用磷酸二铵 100 千克/公顷，追肥一般施用尿素 300 千克/公顷。（4）制种技术：制种时，父、母本错期播种，1/2 父本先播，生根见芽后另外 1/2 父本与母本同播，父、母本行比 1：5，父、母本种植密度为 6.0 万株/公顷。（5）其他：叶斑病重发区慎用。

适宜种植地区：吉林省玉米中晚熟区。

云玉 66

审定编号：吉审玉 2014037

选育单位：白城市鑫鑫园种业有限公司、吉林云天化农业发展有限公司

品种来源：M66×S129

特征特性：种子性状：种子黄色，半马齿型，百粒重 36.5 克左右。植株性状：幼苗浓绿色，叶鞘紫色，叶缘绿色。株高 305 厘米左右，穗位 113 厘米左右。成株叶片 19 片，花药黄色，花丝红色。果穗性状：果穗长筒型，穗长 18.2 厘米左右，穗行数 16～18 行，穗轴红色。籽粒性状：籽粒黄色，半马齿型，百粒重 41.0 克左右。品质分析：经农业部谷物及制品质量监督检验测试中心（哈尔滨）检测，籽粒含粗蛋白质 9.35%，粗脂肪 4.42%，粗淀粉 72.07%，赖氨酸 0.30%，容重 752 克/升。抗逆性：人工接种抗病（虫）害鉴定，中抗丝黑穗病，中抗茎腐病，感大斑病，中抗弯孢菌叶斑病，中抗玉米螟虫。生育日数：中晚熟品种。出苗至成熟 127 天，比对照品种郑单 958 早 2 天，需≥10℃积温 2700℃左右。

产量表现：2012 年区域试验平均公顷产量 11490.7 千克，比对照品种郑单 958 增产 2.8%。2013 年区域试验平均公顷产量 12459.1 千克，比对照品种郑单 958 增产 9.3%。两年区域试验平均公顷产量 11974.9 千克，比对照品种郑单 958 增产 6.1%。2013 年生产试验平均公顷产量 10529.4 千克，比对照品种郑单 958 增产 5.5%。

栽培技术要点：（1）播期：一般 4 月中、下旬播种，选择中等肥力以上地块种植。（2）密度：清种公顷保苗 5.5 万～6.0 万株。（3）施肥：施足农家肥，底肥一般施用玉米专用肥 150 千克/公顷，种肥一般施用复合肥 120 千克/公顷，大喇叭口期追肥，一般施用尿素 400 千克/公顷。（4）制种技术：制种时，父、母本同期播种，父、母本行比 1：5，父、母本种植密度为 6.5 万株/公顷。（5）其他：大斑病重发区慎用。

适宜种植地区：吉林省玉米中晚熟区。

翔玉 998

审定编号：吉审玉 2014038

选育单位：吉林省鸿翔农业集团鸿翔种业有限公司

品种来源：Y822×X923-1

特征特性：种子性状：种子橙黄色，硬粒型，百粒重 30.5 克左右。植株性状：幼苗绿色，叶鞘紫色，叶缘绿色，株高 282 厘米左右，穗位 99 厘米左右，株型半紧凑，成株叶片 20 片，花药紫色，花丝浅粉色。果穗性状：果穗筒型，穗长 20.4 厘米左右，穗行数 16～18 行，穗轴红色。籽粒性状：籽粒黄色，马齿型，百粒重 40.3 克左右。品质分析：经农业部谷物及制品质量监督检验测试中心（哈尔滨）检测，籽粒含粗蛋白质 11.19%，粗脂肪 3.72%，粗淀粉 70.16%，赖氨酸 0.35%，容重 726 克/升。抗逆性：人工接种抗病（虫）害鉴定，中抗丝黑穗病，高抗茎腐病，感大斑病，中抗弯孢菌叶斑病，感玉米螟虫。生育日数：中晚熟品种。出苗至成熟 127 天，比对照品种郑单 958 早 2 天，需≥10℃积温 2700℃左右。

产量表现：2011 年区域试验平均公顷产量 12400.2 千克，比对照品种郑单 958 增产 10.1%；2013 年区域试验平均公顷产量 12954.0 千克，比对照品种郑单 958 增产 8.8%；两年区域试验平均公顷产量 12677.1 千克，比对照品种郑单 958 增产 9.4%。2013 年生产试验平均公顷产量 12254.3 千克，比对照品种郑单 958 增产 9.8%。

栽培技术要点：（1）播期：一般 4 月下旬至 5 月上旬播种。（2）密度：一般公顷保苗 6.0 万株。（3）施肥：施足农家肥，底肥一般施用玉米复合肥 300 千克/公顷，追肥一般施用尿素 300 千克/公顷。（4）制种技术：制种时，父、母本错期播种，母本播后 5 天播 1/2 父本，7 天后播另外 1/2 父本。父、母本行比 1：5，父、母本种植密度为 9.0 万株/公顷。（5）其他：大斑病重发区慎用，注意防治玉米螟虫。

适宜种植地区：吉林省玉米中晚熟区。

大民 899

审定编号：吉审玉 2014039

选育单位：大民种业股份有限公司

品种来源：R37×T15

特征特性：种子性状：种子橙黄色，硬粒型，百粒重 30.0 克左右。植株性状：幼苗浓绿色，叶鞘紫色，叶缘紫色。株高 314 厘米左右，穗位 119 厘米左右，株型半紧凑，成株叶片 19 片，花药紫色，花丝粉色。果穗性状：果穗长筒型，穗长 18.6 厘米左右，穗行数 16～18 行，穗轴红色。籽粒性状：籽粒黄色，马齿型，百粒重 38.6 克左右。品质分析：经农业部谷物及制品质量监督检验测试中心（哈尔滨）检测，籽粒含粗蛋白质 10.32%，粗脂肪 4.06%，粗淀粉 75.02%，赖氨酸 0.33%，容重 754 克/升。抗逆性：人工接种抗病（虫）害鉴定，中抗丝黑穗病，高抗茎腐病，中抗大斑病，感弯孢菌叶斑病，感玉米螟虫。生育日数：中晚熟品种。出苗至成熟 128 天，比对照品种郑单 958 早 1 天，需≥10℃积温 2720℃左右。

产量表现： 2011 年区域试验平均公顷产量 12467.8 千克，比对照品种郑单 958 增产 10.8%；2013 年区域试验平均公顷产量 12791.5 千克，比对照品种郑单 958 增产 7.4%；两年区域试验平均公顷产量 12634.2 千克，比对照品种增产 9.0%。2013 年生产试验平均公顷产量 12021.8 千克，比对照品种郑单 958 增产 7.7%。

栽培技术要点：（1）播期：一般 4 月下旬至 5 月上旬播种。（2）密度：一般公顷保苗 6.0 万株。（3）施肥：施足农家肥，底肥一般施用复合肥 300 千克/公顷，种肥一般施用磷酸二铵 50 千克/公顷，追肥一般施用尿素 300～400 千克/公顷。（4）制种技术：制种时，父、母本同期播种，父、母本行比 1∶5，父、母本种植密度为 9.5 万～10.5 万株/公顷。（5）其他：弯孢菌叶斑病重发区慎用，注意防治玉米螟虫。

适宜种植地区： 吉林省玉米中晚熟区。

华科 3A308

审定编号： 吉审玉 2014041
选育单位： 吉林华旗农业科技有限公司
品种来源： CA24×BB31
特征特性： 种子性状：种子黄色，硬粒型，百粒重 36.0 克左右。植株性状：幼苗浓绿色，叶鞘紫色，叶缘紫色。株高 293 厘米左右，穗位 111 厘米左右，株型紧凑，成株叶片 21 片，花药紫色，花丝粉红色。果穗性状：果穗长筒型，穗长 18.5 厘米左右，穗行数 16～18 行，穗轴白色。籽粒性状：籽粒黄色，半马齿型，百粒重 40.5 克左右。品质分析：经农业部谷物及制品质量监督检验测试中心（哈尔滨）检测，籽粒含粗蛋白质 9.06%，粗脂肪 3.97%，粗淀粉 74.20%，赖氨酸 0.32%，容重 741 克/升。抗逆性：人工接种抗病（虫）害鉴定，中抗丝黑穗病，中抗茎腐病，感大斑病，中抗弯孢菌叶斑病，中抗玉米螟虫。生育日数：中晚熟品种。出苗至成熟 127 天，比对照品种郑单 958 早 2 天，需≥10℃积温 2700℃左右。

产量表现： 2012 年区域试验平均公顷产量 11966.3 千克，比对照品种郑单 958 增产 7.0%；2013 年区域试验平均公顷产量 12669.9 千克，比对照品种郑单 958 增产 11.1%；两年区域试验平均公顷产量 12318.1 千克，比对照品种增产 9.1%。2013 年生产试验平均公顷产量 11015.7 千克，比对照品种郑单 958 增产 10.4%。

栽培技术要点：（1）播期：一般 5 月初播种，选择中等肥力以上地块种植。（2）密度：一般公顷保苗 6.0

万～7.5 万株。（3）施肥：施足农家肥，种肥一般施用磷酸二铵 150～200 千克/公顷，硫酸钾 100～150 千克/公顷，尿素 50～100 千克/公顷，追肥一般施用尿素 300 千克/公顷左右。（4）制种技术：制种时，父、母本错期播种，1/2 父本先播，生根见芽后另外 1/2 父本与母本同播，父、母本行比 1：5，父、母本种植密度为 6.0 万株/公顷。（5）其他：大斑病重发区慎用。

适宜种植地区：吉林省玉米中晚熟区。

益农玉 1 号

审定编号：吉审玉 2014042

选育单位：哈尔滨市益农种业有限公司

品种来源：HRG335×HR78

特征特性：种子性状：种子黄色，半马齿型，百粒重 30.0 克左右。植株性状：幼苗浓绿色，叶鞘浅紫色，叶缘紫色。株高 290 厘米左右，穗位 100 厘米左右，株型收敛，成株叶片 18～19 片，花药紫色，花丝粉色。果穗性状：果穗圆柱型，穗长 23.0 厘米左右，穗行数 14～16 行，穗轴红色。籽粒性状：籽粒黄色，半马齿型，百粒重 36.0 克左右。品质分析：经农业部谷物及制品质量监督检验测试中心（哈尔滨）检测，籽粒含粗蛋白质 8.67%，粗脂肪 4.50%，粗淀粉 72.56%，赖氨酸 0.24%，容重 767 克/升。抗逆性：人工接种抗病（虫）害鉴定，抗丝黑穗病，中抗茎腐病，抗大斑病，中抗弯孢菌叶斑病，中抗玉米螟虫。生育日数：中早熟品种。出苗至成熟 122 天，与对照品种吉单 27 熟期相同，需≥10℃积温 2400℃左右。

产量表现：2012 年在延边州各适应区进行当地鉴定和生产试验，平均产量 12056.9 千克/公顷，比对照品种吉单 27 增产 9.7%。2013 年在延边州各适应区进行当地鉴定和生产试验示范，平均产量 12549.8 千克/公顷，比对照品种吉单 27 增产 8.7%。两年平均公顷产量 12303.4 千克/公顷，比对照品种增产 9.1%。

栽培技术要点：（1）播期：一般 4 月下旬播种。（2）密度：一般公顷保苗 5.0 万株。（3）施肥：施足农家肥，底肥一般施用农家肥 10000 千克/公顷，种肥一般施用磷酸二铵 100 千克/公顷，追肥一般施用尿素 300～375 千克/公顷。（4）制种技术：制种时，父、母本同期播种，父、母本行比 1：6，父、母本种植密度为 6.0 万～7.0 万株/公顷。

适宜种植地区：吉林省玉米中早熟区。

吉农糯 14 号

审定编号：吉审玉 2014043

选育单位：吉林吉农高新技术发展股份有限公司、吉林省农业科学院

品种来源：JNX1201×JNX1202

特征特性：种子性状：种子黄色，硬粒型，百粒重 35.8 克左右。植株性状：幼苗绿色，叶鞘紫色，叶缘绿色。株高 304 厘米左右，穗位 135 厘米左右，株型平展，成株叶片 21 片，花药粉色，花丝粉色。果穗性状：果穗长筒型，穗长 21.2 厘米左右，穗行数 14～18 行，穗轴白色。籽粒性状：籽粒黄色，半马齿型，百粒重 35.9 克左右。品质分析：经农业部谷物及制品质量监督检验测试中心（哈尔滨）检测，籽粒粗淀粉含量 70.0%，直链淀粉含量（占总淀粉）0.29%，支链淀粉含量（占总淀粉）99.71%，容重 761 克/升。抗逆性：人工接种抗病（虫）害鉴定，中抗丝黑穗病，抗茎腐病，感大斑病，感弯孢菌叶斑病，感玉米螟虫。生育日数：中晚熟品种。出苗至成熟 126 天，比对照品种春糯 5 晚 2 天，需≥10℃积温 2600℃左右。

产量表现：2012 年区域试验平均公顷产量 10246.4 千克，比对照品种春糯 5 增产 3.7%；2013 年区域试验平均公顷产量 10845.0 千克，比对照品种春糯 5 增产 16.5%；两年区域试验平均公顷产量 10545.7 千克，比对照品种春糯 5 增产 10.1%。2013 年生产试验平均公顷产量 10581.4 千克，比对照品种春糯 5 增产 15.3%。

栽培技术要点：（1）播期：一般 4 月下旬至 5 月上旬播种。（2）密度：一般公顷保苗 5.0 万～5.5 万株。（3）施肥：施足农家肥，底肥一般施用复合肥 300 千克/公顷，种肥一般施用复合肥 200 千克/公顷，追肥一般施用尿素 300 千克/公顷。（4）制种技术：制种时，父、母本同期播种，父、母本行比 1∶5，父、母本种植密度为 6.0 万株/公顷。（5）隔离区：需设置 300～500 米隔离区或时间隔离，防止花粉直感。（6）其他：叶斑病重发区慎用，注意防治玉米螟虫。

适宜种植地区：吉林省玉米中晚熟区。

吉糯 6

审定编号：吉审玉 2014045

选育单位：吉林农业大学

品种来源：吉 209×吉 202-8

特征特性：种子性状：种子浅紫色，硬粒型，百粒重 21.5 克左右。植株性状：幼苗绿色，叶鞘紫色，叶缘褐色。株高 300 厘米左右，穗位 148 厘米左右，株型半紧凑，成株叶片 22 片，花药黄绿色，花丝黄绿色。

果穗性状：果穗长锥型，穗长 22.1 厘米左右，穗粗 4.8 厘米左右，穗行数 14～18 行，穗轴白色。籽粒性状：籽粒彩色（白、紫、黑色相间），硬粒型，鲜百粒重 35.6 克左右。品质分析：经吉林农业大学品质检测，皮渣率 3.60%，粗淀粉含量 60.00%，直链淀粉含量（占总淀粉）1.60%，支链淀粉含量（占总淀粉）98.40%；感官及蒸煮品质品尝鉴定达到鲜食玉米 2 级标准。抗逆性：人工接种抗病（虫）害鉴定，抗丝黑穗病，中抗茎腐病，感大斑病，感弯孢菌叶斑病，感玉米螟虫。生育日数：中熟品种。出苗至鲜果穗采收 92 天，比对照品种春糯 1 晚 8 天，需≥10℃积温 2300℃左右。

产量表现：2011 年区域试验鲜穗平均公顷产量 14012.5 千克，比对照品种春糯 1 增产 14.3%；2013 年区域试验鲜穗平均公顷产量 15421.0 千克，比对照品种春糯 1 增产 13.8%；两年区域试验鲜穗平均公顷产量 14716.6 千克，比对照品种增产 14.1%。2013 年生产试验鲜穗平均公顷产量 15087.4 千克，比对照品种春糯 1 增产 13.3%。

栽培技术要点：（1）播期：一般 4 月中下旬播种。（2）密度：一般公顷保苗 5.0 万～5.5 万株。（3）施肥：施足农家肥，底肥一般施用复合肥 400 千克/公顷，种肥一般施用磷酸二铵 200 千克/公顷，追肥一般施用尿素 200 千克/公顷。（4）制种技术：制种时，父、母本同期播种，父、母本行比 1：5，父、母本种植密度为 6.0 万株/公顷。（5）隔离区：需设置 300～500 米隔离区或时间隔离，防止花粉直感。（6）其他：注意防治玉米螟虫。

适宜种植地区：吉林省玉米适宜区。

佳糯 26

审定编号：吉审玉 2014046

选育单位：吉林农业大学、万全县万佳种业有限公司

品种来源：糯白 19×糯 69

特征特性：种子性状：种子白色，硬粒型，百粒重 26.0 克左右。植株性状：幼苗浓绿色，叶鞘紫色，叶缘紫色。株高 285 厘米左右，穗位 126 厘米左右，株型半紧凑，成株叶片 19～20 片，花药黄色，花丝绿色。果穗性状：果穗长锥形，穗长 20.6 厘米左右，穗粗 5.1 厘米左右，穗行数 12～20 行，穗轴白色。籽粒性状：籽粒白色，近马齿型，鲜百粒重 37.7 克左右。品质分析：经吉林农业大学品质检测，皮渣率 4.70%，粗淀粉含量 57.45%，直链淀粉含量（占总淀粉）2.25%，支链淀粉含量（占总淀粉）97.75%；感官及蒸煮品质品尝鉴定达到鲜食玉米 2 级标准。抗逆性：人工接种抗病（虫）害鉴定：中抗丝黑穗病，高抗茎腐病，感大斑病，感弯孢菌叶斑病、感玉米螟虫。生育日数：中熟品种。出苗至鲜果穗采收 92 天，比对照品种春糯 1 晚 7 天，需≥10℃积温 2280℃左右。

产量表现： 2012 年区域试验鲜穗平均公顷产量 15532.3 千克，比对照品种春糯 1 号增产 5.9%。2013 年区域试验鲜穗平均公顷产量 15515.0 千克，比对照品种春糯 1 号增产 14.5%。两年区域试验鲜穗平均公顷产量 15523.4 千克，比对照品种增产 10.2%。2013 年生产试验鲜穗平均公顷产量 15338.0 千克，比对照品种春糯 1 号增产 15.2%。

栽培技术要点：（1）播期：一般 4 月下旬至 5 月下旬播种。（2）密度：一般公顷保苗 5.0 万株。（3）施肥：施足农家肥，底肥一般施用复合肥 400 千克/公顷，种肥一般施用磷酸二铵 200 千克/公顷，追肥一般施用尿素 200 千克/公顷。（4）制种技术：父本浸种与母本同期播种，行比 1∶5，父、母本种植密度为 6.0 万株/公顷。（5）隔离区：需设置 300～500 米隔离区或时间隔离，防止花粉直感。（6）其他：注意防治玉米螟虫。

适宜种植地区： 吉林省玉米适宜区。

吉大糯 2 号

审定编号： 吉审玉 2014047

选育单位： 吉林大学植物科学学院

品种来源： by01×TL99

特征特性： 种子性状：种子白色，硬粒型，百粒重 32.0 克左右。植株性状：幼苗绿色，叶鞘紫色，叶缘绿色。株高 289.4 厘米左右，穗位 138 厘米左右，株型半紧凑，成株叶片 22 片，花药绿色，花丝绿色。果穗性状：果穗长筒型，穗长 22.1 厘米左右，穗行数 12～16 行，穗轴白色。籽粒性状：籽粒白色，硬粒型，鲜百粒重 36.9 克左右。品质分析：经吉林农业大学品质检测，皮渣率 4.60%，粗淀粉含量 58.65%，直链淀粉（占总淀粉）2.10%，支链淀粉含量（占总淀粉）97.90%。感官及蒸煮品质达到鲜食糯玉米 2 级标准。抗逆性：人工接种抗病（虫）害鉴定，中抗丝黑穗病，抗茎腐病，感大斑病，高感弯孢菌叶斑病，感玉米螟虫。生育日数：中熟品种。出苗至鲜果穗采收 93 天，比对照品种春糯 1 晚 9 天，需≥10℃积温 2320℃左右。

产量表现： 2012 年区域试验鲜穗平均公顷产量 14637.6 千克，比对照品种春糯 1 号减产 0.2%；2013 年区域试验鲜穗平均公顷产量 15110.0 千克，比对照品种春糯 1 号增产 11.5%；两年区域试验鲜穗平均公顷产量 14873.7，比对照品种增产 5.7%。2013 年生产试验鲜穗平均公顷产量 15140.7 千克，比对照品种春糯 1 号增产 13.7%。

栽培技术要点：（1）播期：一般 4 月下旬至 5 月上旬播种。（2）密度：一般公顷保苗 5.5 万株。（3）施肥：施足农家肥，底肥一般施用复合肥 400 千克/公顷，种肥一般施用复合肥 200 千克/公顷，追肥一般施用尿素 300 千克/公顷。（4）制种技术：制种时，父、母本同期播种，父、母本行比 1∶5，父、母本种植密度为 6.0 万株/

公顷。（5）隔离种植：需设置 300～500 米隔离区或时间隔离，防止花粉直感。（6）其他：注意防治玉米螟虫。

适宜种植地区：吉林省玉米适宜区域。

景糯 318

审定编号：吉审玉 2014048

选育单位：大民种业股份有限公司

品种来源：糯 02×景白浚 34

特征特性：种子性状：种子白色，硬粒型，百粒重 40.5 克左右。**植株性状：**幼苗浓绿色，叶鞘浅紫色，叶缘紫色。株高 295 厘米左右，穗位 143 厘米左右，株型半紧凑，成株叶片 18 片，花药黄色，花丝粉色。**果穗性状：**果穗长锥型，穗长 22.8 厘米左右，穗行数 14～20 行，穗轴白色。**籽粒性状：**籽粒白色，硬粒型，鲜百粒重 35.3 克左右。**品质分析：**经吉林农业大学品质检测，皮渣率 2.70%，粗淀粉含量 55.95%，直链淀粉含量（占总淀粉）2.20%，支链淀粉含量（占总淀粉）97.80%；感官及蒸煮品质品尝鉴定达到鲜食玉米 2 级标准。**抗逆性：**人工接种抗病（虫）害鉴定，感丝黑穗病，抗茎腐病，感大斑病，感弯孢菌叶斑病，感玉米螟虫。**生育日数：**晚熟品种。出苗至鲜果穗采收 95 天，比对照品种春糯 1 晚 11 天，需≥10℃积温 2360℃左右。

产量表现：2011 年区域试验鲜穗平均公顷产量 13780.4 千克，比对照品种春糯 1 增产 12.4%；2013 年区域试验鲜穗平均公顷产量 15234.0 千克，比对照品种春糯 1 增产 12.4%；两年区域试验鲜穗平均公顷产量 14507.3 千克，比对照品种增产 12.4%。2013 年生产试验鲜穗平均公顷产量 15236.4 千克，比对照品种春糯 1 增产 14.4%。

栽培技术要点：（1）播期：一般 4 月下旬至 5 月上旬播种。（2）密度：一般公顷保苗 4.5 万～5.0 万株。（3）施肥：施足农家肥，底肥一般施用复合肥 300 千克/公顷，种肥一般施用磷酸二铵 45 千克/公顷，追肥一般施用尿素 230 千克/公顷。（4）制种技术：制种时，父、母本同期播种，父、母本行比 1：5，父、母本种植密度为 6.0 万株/公顷。（5）隔离区：需设置 300～500 米隔离区或时间隔离，防止花粉直感。（6）其他：注意防治玉米丝黑穗病和玉米螟虫。

适宜种植地区：吉林省玉米适宜区。

金花糯 1 号

审定编号：吉审玉 2014049

选育单位：吉林省金粒种业有限责任公司

品种来源：by01×59-8

特征特性：种子性状：种子白色，硬粒型，百粒重 31.0 克左右。植株性状：幼苗绿色，叶鞘紫色，叶缘绿色。株高 260 厘米左右，穗位 127 厘米左右，株型半紧凑，成株叶片 21 片，花药绿色，花丝粉色。果穗性状：果穗长锥型，穗长 21.7 厘米左右，穗行数 12～14 行，穗轴白色。籽粒性状：籽粒彩色（白、紫色相间），硬粒型，鲜百粒重 37.7 克左右。品质分析：经吉林农业大学品质检测，皮渣率 2.85%，粗淀粉含量 55.50%，直链淀粉含量（占总淀粉）2.95%，支链淀粉含量（占总淀粉）97.05%。感官及蒸煮品质达到鲜食糯玉米 2 级标准。抗逆性：人工接种抗病（虫）害鉴定，抗丝黑穗病，高抗茎腐病，感大斑病，高感弯孢菌叶斑病，感玉米螟虫。生育日数：中熟品种。出苗至鲜果穗采收 92 天，比对照品种春糯 1 晚 8 天，需≥10℃积温 2300℃左右。

产量表现：2012 年区域试验鲜穗平均公顷产量 15448.0 千克，比对照品种春糯 1 号增产 5.3%；2013 年区域试验鲜穗平均公顷产量 15600.0 千克，比对照品种春糯 1 号增产 15.1；两年区域试验鲜穗平均公顷产量 15524.0 千克，比对照品种增产 10.2%。2013 年生产试验鲜穗平均公顷产量 15469.1 千克，比对照品种春糯 1 号增产 16.2%。

栽培技术要点：（1）播期：一般 4 月下旬至 5 月上旬播种。（2）密度：一般公顷保苗 5.5 万株。（3）施肥：施足农家肥，底肥一般施用复合肥 400 千克/公顷，种肥一般施用磷酸二铵 200 千克/公顷，追肥一般施用尿素 200 千克/公顷。（4）制种技术：制种时，父、母本错期播种，先播 1/2 父本，生根见芽后另外 1/2 父本与母本同播，父、母本行比 1：5，父、母本种植密度为 6.0 万株/公顷。（5）隔离种植：需设置 300～500 米隔离区或时间隔离，防止花粉直感。（6）其他：注意防治玉米螟虫。

适宜种植地区：吉林省玉米适宜区。

吉洋 306

审定编号：吉审玉 2014050

选育单位：梅河口吉洋种业有限责任公司、吉林省吉阳农业科学研究院

品种来源：$YK_5×YK_2$

特征特性：种子性状：种子白色，硬粒型，百粒重 36.5 克左右。植株性状：幼苗浓绿色，叶鞘紫色，叶缘绿色。株高 297 厘米左右，穗位 132 厘米左右，株型半紧凑，成株叶片 19 片，花药黄色，花丝红色。果穗性状：果穗长筒型，穗长 22.2 厘米左右，穗行数 14～18 行，穗轴白色。籽粒性状：籽粒白色，马齿型，鲜百粒重 36.1 克左右。品质分析：经吉林农业大学品质检测，皮渣率 2.85%，粗淀粉含量 60.80%，直链淀粉含量

（占总淀粉）2.45%，支链淀粉含量（占总淀粉）97.55%；感官及蒸煮品质品尝鉴定达到鲜食玉米2级标准。

抗逆性：人工接种抗病（虫）害鉴定，感丝黑穗病，中抗茎腐病，感大斑病，感弯孢菌叶斑病，感玉米螟虫。

生育日数：中熟品种。出苗至鲜果穗采收92天，比对照品种春糯1晚8天，需≥10℃积温2300℃左右。

产量表现：2011年区域试验鲜穗平均公顷产量13899.7千克，比对照品种春糯1增产13.4%；2013年区域试验鲜穗平均公顷产量14587千克，比对照品种春糯1增产7.7%；两年区域试验鲜穗平均公顷产量14243.3千克，比对照品种增产10.5%。2013年生产试验鲜穗平均公顷产量14515.8千克，比对照品种春糯1增产9.0%。

栽培技术要点：（1）播期：一般4月下旬至5月上旬播种。（2）密度：一般公顷保苗5.5万株。（3）施肥：施足农家肥，底肥一般施用磷酸二铵200千克/公顷、尿素100千克/公顷，种肥一般施用磷酸二铵100千克/公顷，追肥一般施用尿素400千克/公顷。（4）制种技术：制种时，父、母本同期播种，父、母本行比1：5，父、母本种植密度为6.0万株/公顷。（5）隔离区：需设置300～500米隔离区或时间隔离，防止花粉直感。（6）其他：注意防治玉米丝黑穗病和玉米螟虫。

适宜种植地区：吉林省玉米适宜区。

吉甜10号

审定编号：吉审玉2014051

选育单位：吉林农业大学

品种来源：吉甜258×吉甜405

特征特性：种子性状：种子黄色，马齿型，百粒重13.6克左右。植株性状：幼苗绿色，叶鞘绿色，叶缘绿色。株高203厘米左右，穗位64厘米左右，株型平展，成株叶片19片，花药黄绿色，花丝绿色。果穗性状：果穗长锥型，穗长20.9厘米左右，穗粗5.1厘米左右，穗行数12～20行，穗轴白色。籽粒性状：籽粒橙黄色，超甜型，鲜百粒重36.3克左右。品质分析：经吉林农业大学品质检测，皮渣率4.40%，还原糖含量8.25%，可溶性总糖含量32.1%；感官及蒸煮品质品尝鉴定达到鲜食玉米2级标准。抗逆性：人工接种抗病（虫）害鉴定，感丝黑穗病，中抗茎腐病，感大斑病，感弯孢菌叶斑病，感玉米螟虫。生育日数：早熟品种。出苗至鲜果穗采收79天，比对照吉甜6号早2天，需≥10℃积温2000℃左右。

产量表现：2011年区域试验鲜穗平均公顷产量13311.1千克，比对照品种吉甜6号增产11.8%；2013年区域试验鲜穗平均公顷产量14064.0千克，比对照品种吉甜6号增产11.9%；两年区域试验鲜穗平均公顷产量13687.7千克，比对照品种增产11.9%。2013年生产试验鲜穗平均公顷产量13452.4千克，比对照品种吉甜6号增产10.4%。

栽培技术要点：（1）播期：一般 5 月上旬至 6 月上旬播种。（2）密度：一般公顷保苗 5.5 万株。（3）施肥：施足农家肥，底肥一般施用玉米专用肥 400 千克/公顷以上，种肥一般施用磷酸二铵 200 千克/公顷，追肥一般施用硝酸铵 200 千克/公顷。（4）制种技术：制种时，父、母本同期播种，2/3 父本同期播，萌发或见芽时再播另外 1/3 父本，父、母本行比 1∶6，父、母本种植密度为 6.0 万株/公顷。（5）隔离区：需设置 300～500 米隔离区或时间隔离，防止花粉直感。（6）其他：注意防治玉米螟虫。

适宜种植地区：吉林省玉米适宜区。

丰泽 118

审定编号：吉审玉 2015001

选育单位：吉林省丰泽种业有限责任公司

品种来源：D119×Z58H1

特征特性：种子性状：种子黄色，马齿型，百粒重 28.0 克左右。植株性状：幼苗浓绿色，叶鞘紫色，叶缘紫色。株高 260 厘米左右，穗位 98 厘米左右，株型收敛，成株叶片 19 片，花药黄色，花丝粉色。果穗性状：果穗长筒型，穗长 22.0 厘米左右，穗行数 16 行，穗轴红色。籽粒性状：籽粒橙黄色，半硬粒型，百粒重 38.0 克左右。品质分析：经农业部谷物及制品质量监督检验测试中心（哈尔滨）检测，籽粒含粗蛋白质 7.90%，粗脂肪 3.93%，粗淀粉 75.53%，赖氨酸 0.27%，容重 747 克/升。抗逆性：人工接种抗病（虫）害鉴定，中抗丝黑穗病，高抗茎腐病，抗大斑病，抗弯孢菌叶斑病，高抗玉米螟虫。生育日数：出苗至成熟 114 天，比对照品种德美亚 1 晚 3 天，需≥10℃积温 2300℃左右。

产量表现：2013 年区域试验平均公顷产量 9395.6 千克，比对照品种德美亚 1 增产 10.96%；2014 年区域试验平均公顷产量 10028.6 千克，比对照品种德美亚 1 增产 9.75%；两年区域试验平均公顷产量 9712.1 千克，比对照品种增产 10.33%。2014 年生产试验平均公顷产量 9838.8 千克，比对照品种德美亚 1 增产 7.5%。

栽培技术要点：（1）播期：一般 4 月下旬播种。（2）密度：一般公顷保苗 7.5 万株。（3）施肥：施足农家肥，底肥施用磷酸二铵 150～200 千克/公顷、硫酸钾 150 千克/公顷，种肥施用磷酸二铵 100 千克/公顷，追肥施用尿素 300 千克/公顷。（4）制种技术：制种时，父、母本同期播种，父、母本行比 1∶5，父、母本种植密度为 8.0 万株/公顷。

适宜种植地区：吉林省延边、白山玉米极早熟、早熟上限区。

天和 2 号

审定编号： 吉审玉 2015002

选育单位： 吉林省华榜天和玉米研究院

品种来源： THA5W×TH21A

特征特性： 种子性状：种子橙黄色，半硬粒型，百粒重 32.0 克左右。植株性状：幼苗浓绿色，叶鞘浅紫色。株高 271 厘米左右，穗位 120 厘米左右，株型紧凑，叶片上冲，成株叶片 19 片，花药绿色，花丝绿色。果穗性状：果穗筒型略锥，穗长 17.6 厘米左右，穗行数 16～18 行，穗轴白色。籽粒性状：籽粒橙黄色，半马齿型，百粒重 35.0 克左右。品质分析：经农业部谷物及制品质量监督检验测试中心（哈尔滨）检测，籽粒含粗蛋白质 9.83%，粗脂肪 4.01%，粗淀粉 74.82%，赖氨酸 0.30%，容重 758 克/升。抗逆性：人工接种抗病（虫）害鉴定，中抗丝黑穗病，高抗茎腐病，中抗大斑病，抗弯孢菌叶斑病、高抗玉米螟虫。生育日数：出苗至成熟 116 天，与对照品种德美亚 3 熟期相同，需≥10℃积温 2350℃左右。

产量表现： 2013 年区域试验平均公顷产量 11238.2 千克，比对照品种德美亚 3 号增产 4.6%；2014 年区域试验平均公顷产量 12012.7 千克，比对照品种德美亚 3 号增产 8.5%；两年区域试验平均公顷产量 11625.4 千克，比对照品种增产 6.6%。2014 年生产试验平均公顷产量 11134.7 千克，比对照品种德美亚 3 号增产 8.8%。

栽培技术要点：（1）播期：一般在 4 月下旬至 5 月上旬播种。（2）密度：一般公顷保苗 7.5 万株左右。（3）施肥：施足农家肥，底肥一般施用复合肥 300 千克/公顷，追肥一般施用尿素 300 千克/公顷。（4）制种技术：制种时，父、母本同期播种，父、母本行比 1∶6，父、母本种植密度为 7.5 万株/公顷。

适宜种植地区： 吉林省延边（汪清除外）、白山玉米早熟区。

通玉 9582

审定编号： 吉审玉 2015003

选育单位： 通化市农业科学研究院

品种来源： T541×T4632

特征特性： 种子性状：种子橙红色，马齿型，百粒重 30.0 克左右。植株性状：幼苗浓绿色，叶鞘紫色，叶缘紫色。株高 273 厘米左右，穗位 116 厘米左右，株型收敛，成株叶片 19 片，花药黄色，花丝粉色。果穗性状：果穗长锥型，穗长 19.2 厘米左右，穗行数 16～18 行，穗轴红色。籽粒性状：籽粒黄色，半硬粒型，百粒重 38.4 克左右。品质分析：经农业部谷物及制品质量监督检验测试中心（哈尔滨）检测，籽粒含粗蛋白质

10.09%，粗脂肪 3.55%，粗淀粉 75.20%，赖氨酸 0.31%，容重 751 克/升。抗逆性：人工接种抗病（虫）害鉴定，高抗丝黑穗病，高抗茎腐病，抗大斑病，抗弯孢菌叶斑病，高抗玉米螟虫。生育日数：出苗至成熟 116 天，比对照品种德美亚 3 略早，需≥10℃积温 2340℃左右。

产量表现： 2013 年区域试验平均公顷产量 11736.9 千克，比对照品种德美亚 3 增产 9.3%；2014 年区域试验平均公顷产量 12174.6 千克，比对照品种德美亚 3 增产 9.9%；两年区域试验平均公顷产量 11955.7 千克，比对照品种增产 9.6%。2014 年生产试验平均公顷产量 11236.7 千克，比对照品种德美亚 3 增产 9.8%。

栽培技术要点： （1）播期：一般 4 月下旬播种。（2）密度：一般公顷保苗 7.0 万株。（3）施肥：施足农家肥，底肥一般施用磷酸二铵 150～200 千克/公顷、钾肥 150 千克/公顷，种肥一般施用磷酸二铵 100 千克/公顷，追肥一般施用尿素 300 千克/公顷。（4）制种技术：制种时，父、母本错期播种，母本见芽后播父本，父、母本行比 2∶8，父、母本种植密度为 7.5 万株/公顷。

适宜种植地区： 吉林省延边、白山玉米早熟区。

银河 170

审定编号： 吉审玉 2015005

选育单位： 吉林银河种业科技有限公司

品种来源： 2879×Y9918

特征特性： 种子性状：种子黄色，半硬粒型，百粒重 30.0 克左右。植株性状：幼苗绿色，叶鞘绿色，叶缘绿色。株高 307 厘米左右，穗位 122 厘米左右，株型紧凑，成株可见叶片 17 片，花药褐色，花丝红色。果穗性状：果穗长筒型，穗长 20.0 厘米左右，穗行数 16 行，穗轴红色。籽粒性状：籽粒黄色，马齿型，百粒重 43.6 克左右。品质分析：经农业部谷物及制品质量监督检验测试中心（哈尔滨）检测，籽粒含粗蛋白质 9.80%，粗脂肪 3.93%，粗淀粉 72.70%，赖氨酸 0.31%，容重 734 克/升。抗逆性：人工接种抗病（虫）害鉴定，高抗丝黑穗病，高抗茎腐病，抗大斑病，高抗弯孢菌叶斑病，高抗玉米螟虫。生育日数：出苗至成熟 117 天，比对照品种德美亚 3 晚 1 天，需≥10℃积温 2370℃左右。

产量表现： 2013 年区域试验平均公顷产量 11136.5 千克，比对照品种德美亚 3 增产 3.7%；2014 年区域试验平均公顷产量 11846.0 千克，比对照品种德美亚 3 增产 7.0%；两年区域试验平均公顷产量 11491.2 千克，比对照品种增产 5.4%。2014 年生产试验平均公顷产量 10807.8 千克，比对照品种德美亚 3 增产 5.7%。

栽培技术要点： （1）播期：一般 4 月下旬至 5 月上旬播种。（2）密度：一般公顷保苗 6.0 万株。（3）施肥：施足农家肥，底肥一般施用磷酸二铵 225 千克/公顷、钾肥 50 千克/公顷，追肥一般施用尿素 400 千克/公顷。

（4）制种技术：制种时，父、母本同期播种，父、母本行比 1∶5，父、母本种植密度为 6.0 万株/公顷。

适宜种植地区：吉林省延边、白山玉米早熟—中早熟上限区。

伊单 48

审定编号：吉审玉 2015006

选育单位：吉林省稷秾种业有限公司

品种来源：1009×J62-8

特征特性：种子性状：种子橙红色，半硬粒型，百粒重 32.7 克左右。植株性状：幼苗绿色，叶鞘紫色，叶缘紫色。株高 276 厘米左右，穗位 97 厘米左右，株型紧凑，成株叶片 19 片，花药紫色，花丝粉色。果穗性状：果穗长锥型，穗长 20.2 厘米左右，穗行数 14～16 行，穗轴红色。籽粒性状：籽粒黄色，马齿型，百粒重 38.0 克左右。品质分析：经农业部谷物及制品质量监督检验测试中心（哈尔滨）检测，籽粒含粗蛋白质 10.38%，粗脂肪 3.65%，粗淀粉 74.69%，赖氨酸 0.31%，容重 756 克/升。抗逆性：人工接种抗病（虫）害鉴定，中抗丝黑穗病，高抗茎腐病，高抗大斑病，抗弯孢菌叶斑病，中抗玉米螟虫。生育日数：出苗至成熟 117 天，比对照品种德美亚 3 晚 1 天，需≥10℃积温 2370℃左右。

产量表现：2013 年区域试验平均公顷产量 11073.6 千克，比对照品种德美亚 3 增产 3.1%；2014 年区域试验平均公顷产量 11893.4 千克，比对照品种德美亚 3 增产 7.4%；两年区域试验平均公顷产量 11483.5 千克，比对照品种增产 5.3%。2014 年生产试验平均公顷产量 10670.7 千克，比对照品种德美亚 3 增产 4.3%。

栽培技术要点：（1）播期：一般 4 月下旬至 5 月上旬播种。（2）密度：一般公顷保苗 6.0 万株。（3）施肥：施足农家肥，种肥一般施用磷酸二铵 200 千克/公顷，硫酸钾 100 千克/公顷，尿素 100 千克/公顷，追肥一般施用尿素 300～400 千克/公顷。（4）制种技术：制种时，父、母本同期播种，父、母本行比 1∶5，父、母本种植密度为 6.0 万株/公顷。

适宜种植地区：吉林省延边、白山玉米早熟—中早熟上限区。

恒育 898

审定编号：吉审玉 2015007

选育单位：吉林省恒昌农业开发有限公司

品种来源：G62-7×G9901

特征特性：种子性状：种子黄色，硬粒型，百粒重 37.3 克左右。植株性状：幼苗绿色，叶鞘紫色，叶缘紫色。株高 265 厘米左右，穗位 81 厘米左右，株型半紧凑，成株叶片 20 片，花药紫色，花丝粉色。果穗性状：果穗筒型，穗长 21.4 厘米左右，穗行数 16～18 行，穗轴红色。籽粒性状：籽粒橙黄色，硬粒型，百粒重 37.3 克左右。品质分析：经农业部谷物及制品质量监督检验测试中心（哈尔滨）检测，籽粒含粗蛋白质 10.14%，粗脂肪 4.04%，粗淀粉 73.90%，赖氨酸 0.30%，容重 723 克/升。抗逆性：人工接种抗病（虫）害鉴定，抗丝黑穗病，高抗茎腐病，抗大斑病，抗弯孢菌叶斑病，高抗玉米螟虫。生育日数：出苗至成熟 117 天，比对照品种德美亚 3 晚 1 天，需≥10℃积温 2370℃左右。

产量表现：2013 年区域试验平均公顷产量 11198.3 千克，比对照品种德美亚 3 号增产 4.3%；2014 年区域试验平均公顷产量 11989.7 千克，比对照品种德美亚 3 号增产 8.3%；两年区域试验平均公顷产量 11594.0 千克，比对照品种增产 6.3%。2014 年生产试验平均公顷产量 10863.8 千克，比对照品种德美亚 3 号增产 6.2%。

栽培技术要点：（1）播期：一般 4 月下旬至 5 月上旬播种。（2）密度：一般公顷保苗 6.75 万～7.5 万株。（3）施肥：施足农家肥，底肥一般施用玉米专用复合肥 450 千克/公顷、追肥一般施用尿素 300～400 千克/公顷。（4）制种技术：制种时，父、母本错期播种，父本播种后 5～7 天播母本，父、母本行比 1：6，父、母本种植密度为 9.0 万株/公顷。

适宜种植地区：吉林省延边、白山玉米早熟—中早熟上限区。

吉农大 6 号

审定编号：吉审玉 2015008

选育单位：吉林农大科茂种业有限责任公司

品种来源：W16×w9

特征特性：种子性状：种子橙黄色，半马齿型，百粒重 33.0 克左右。植株性状：幼苗绿色，叶鞘紫色，叶缘紫色。株高 294 厘米左右，穗位 101 厘米左右，株型半紧凑，成株叶片 15～17 片，花药紫色，花丝略粉色。果穗性状：果穗锥型，穗长 19.9 厘米左右，穗行数 16～18 行，穗轴粉色。籽粒性状：籽粒黄色，半马齿型，百粒重 37.2 克左右。品质分析：经农业部谷物及制品质量监督检验测试中心（哈尔滨）检测，籽粒含粗蛋白质 10.18%，粗脂肪 4.43%，粗淀粉 72.44%，赖氨酸 0.29%，容重 764 克/升。抗逆性：人工接种抗病（虫）害鉴定，抗丝黑穗病，高抗茎腐病，中抗大斑病，抗弯孢菌叶斑病，高抗玉米螟虫。生育日数：中早熟品种。出苗至成熟 123 天，与对照品种吉单 27 熟期相同，需≥10℃积温 2450℃左右。

产量表现：2013 年区域试验平均公顷产量 12125.9 千克，比对照品种吉单 27 增产 8.2%；2014 年区域试验平均公顷产量 12617.9 千克，比对照品种吉单 27 增产 9.6%；两年区域试验平均公顷产量 12399.3 千克，比对照品种增产 9.0%。2014 年生产试验平均公顷产量 13149.8 千克，比对照品种吉单 27 增产 8.9%。

　　栽培技术要点：（1）播期：一般 4 月下旬至 5 月上旬播种。（2）密度：一般公顷保苗 6.0 万～7.0 万株。（3）施肥：施足农家肥，底肥一般施用复合肥 400 千克/公顷，种肥一般施用磷酸二铵 50～70 千克/公顷，追肥一般施用尿素 300 千克/公顷。（4）制种技术：制种时，父、母本错期播种，父本晚播 4～6 天，父、母本行比 1∶6，父、母本种植密度为 7.0 万株/公顷。

　　适宜种植地区：吉林省延边、白山、吉林东部山区和半山区玉米中早熟区。

禹盛 256

　　审定编号：吉审玉 2015009

　　选育单位：长春市大龙种子有限责任公司

　　品种来源：DL241-2×D309-2

　　特征特性：种子性状：种子黄色，马齿型，百粒重 23.0 克左右。植株性状：幼苗浓绿色，叶鞘紫色，叶缘紫色。株高 362 厘米左右，穗位 152 厘米左右，株型较紧凑，成株叶片 21 片，花药黄色，花丝粉色。果穗性状：果穗长筒型，穗长 21.3 厘米左右，穗行数 16 行，穗轴红色。籽粒性状：籽粒黄色，马齿型，百粒重 38.2 克左右。品质分析：经农业部谷物及制品质量监督检验测试中心（哈尔滨）检测，籽粒含粗蛋白质 9.60%，粗脂肪 4.32%，粗淀粉 73.6%，赖氨酸 0.30%，容重 736 克/升。抗逆性：人工接种抗病（虫）害鉴定，中抗丝黑穗病，高抗茎腐病，中抗大斑病，中抗弯孢菌叶斑病，高抗玉米螟虫。生育日数：中早熟品种。出苗至成熟 124 天，比对照品种吉单 27 晚 1 天，需≥10℃积温 2470℃左右。

　　产量表现：2013 年区域试验平均公顷产量 12393.1 千克，比对照品种吉单 27 增产 10.5%；2014 年区域试验平均公顷产量 12672.1 千克，比对照品种吉单 27 增产 10.1%；两年区域试验平均公顷产量 12548.1 千克，比对照品种增产 10.3%。2014 年生产试验平均公顷产量 12909.2 千克，比对照品种吉单 27 增产 6.9%。

　　栽培技术要点：（1）播期：一般 4 月下旬至 5 月上旬播种。（2）密度：一般公顷保苗 5.5 万株。（3）施肥：施足农家肥，底肥一般施用复合肥 500 千克/公顷、追肥一般施用尿素 400 千克/公顷。（4）制种技术：制种时，父、母本错期播种，1/2 父本与母本同播，生根见芽后播另外 1/2 父本，父、母本行比 1∶5，父、母本种植密度为 6.0 万株/公顷。

　　适宜种植地区：吉林省延边、白山、吉林东部山区和半山区玉米中早熟区。

吉程 1 号

审定编号： 吉审玉 2015010

选育单位： 吉林省吉东种业有限责任公司

品种来源： D12×D15

特征特性： 种子性状：种子黄色，半马齿型，百粒重 26.7 克左右。植株性状：幼苗浅绿色，叶鞘绿色，叶缘绿色。株高 317 厘米左右，穗位 130 厘米左右，株型紧凑，成株叶片 21 片，花药黄色，花丝绿色。果穗性状：果穗长筒型，穗长 19.9 厘米左右，穗行数 18 行，穗轴红色。籽粒性状：籽粒黄色，半马齿型，百粒重 35.7 克左右。品质分析：经农业部谷物及制品质量监督检验测试中心（哈尔滨）检测，籽粒含粗蛋白质 10.24%，粗脂肪 4.74%，粗淀粉 73.03%，赖氨酸 0.31%，容重 714 克/升。抗逆性：人工接种抗病（虫）害鉴定：中抗丝黑穗病，高抗茎腐病，中抗大斑病，抗弯孢菌叶斑病、高抗玉米螟虫。生育日数：中早熟品种。出苗至成熟 124 天，比对照品种吉单 27 晚 1 天，需≥10℃积温 2470℃左右。

产量表现： 2013 年区域试验平均公顷产量 12315.5 千克，比对照品种吉单 27 增产 9.9%；2014 年区域试验平均公顷产量 12510.8 千克，比对照品种吉单 27 增产 8.7%；两年区域试验平均公顷产量 12424.0 千克，比对照品种增产 9.2%。2014 年生产试验平均公顷产量 13164.5 千克，比对照品种吉单 27 增产 9.0%。

栽培技术要点：（1）播期：一般 4 月下旬至 5 月上旬播种。（2）密度：一般公顷保苗 6.0 万株。（3）施肥：施足农家肥，底肥一般施用农家肥 30000 千克/公顷、种肥一般施用磷酸二铵 150 千克/公顷，追肥一般施用尿素 400 千克/公顷。（4）制种技术：制种时，父、母本同期播种，父、母本行比 1∶5，父、母本种植密度为 6.0 万株/公顷。

适宜种植地区： 吉林省延边、白山、吉林东部山区和半山区玉米中早熟区。

凤田 308

审定编号： 吉审玉 2015011

选育单位： 公主岭国家农业科技园区丰田种业有限责任公司

品种来源： MX13×吉 853

特征特性： 种子性状：种子橙黄色，马齿型，百粒重 37.0 克左右。植株性状：幼苗浓绿色，叶鞘紫色，叶缘紫色。株高 309 厘米左右，穗位 127 厘米左右，株型半紧凑，成株叶片 20 片，花药紫色，花丝粉色。果穗性状：果穗长筒型，穗长 19.7 厘米左右，穗行数 14～16 行，穗轴红色。籽粒性状：籽粒橙色，半硬粒型，百粒重 43.0 克左右。品质分析：经农业部谷物及制品质量监督检验测试中心（哈尔滨）检测，籽粒含粗蛋白质 9.91%，粗脂肪 4.19%，粗淀粉 73.5%，赖氨酸 0.30%，容重 732 克/升。抗逆性：人工接种抗病（虫）害鉴定，抗丝黑穗病，高抗茎腐病，中抗大斑病，抗弯孢菌叶斑病，高抗玉米螟虫。生育日数：中早熟品种。出苗至成熟 123 天，与对照品种吉单 27 熟期相同，需≥10℃积温 2450℃左右。

产量表现： 2013 年区域试验平均公顷产量 12205.2 千克，比对照品种吉单 27 增产 8.9%；2014 年区域试验平均公顷产量 12330.0 千克，比对照品种吉单 2 增产 7.1%；两年区域试验平均公顷产量 12274.5 千克，比对照品种增产 7.9%。2014 年生产试验平均公顷产量 13187.7 千克，比对照品种吉单 27 增产 9.2%。

栽培技术要点：（1）播期：一般 4 月下旬至 5 月上旬播种。（2）密度：一般公顷保苗 5.5 万～6.0 万株。（3）施肥：施足农家肥，底肥一般施用复合肥 400 千克/公顷、种肥一般施用磷酸二铵 150 千克/公顷，追肥一般施用尿素 400 千克/公顷。（4）制种技术：制种时，父、母本错期播种，1/2 父本先播，生根见芽后另外 1/2 父本与母本同播，父、母本行比 1∶4，父、母本种植密度为 7.0 万株/公顷。

适宜种植地区： 吉林省延边、白山、吉林东部山区和半山区玉米中早熟区。

临单 789

审定编号： 吉审玉 2015012

申请者： 临江市富民种子有限责任公司

选育单位： 吉林省柳河县吉星育种试验站

品种来源： D66×D787

特征特性： 种子性状：种子橙红色，硬粒型，百粒重 28.5 克左右。植株性状：幼苗浓绿色，叶鞘紫色，叶缘紫色。株高 328 厘米左右，穗位 137 厘米左右，成株叶片 20 片，花药黄色，花丝粉色。果穗性状：果穗长筒型，穗长 21.9 厘米左右，穗行数 14～16 行，穗轴白色。籽粒性状：籽粒黄色，马齿型，百粒重 35.9 克左右。品质分析：经农业部谷物及制品质量监督检验测试中心（哈尔滨）检测，籽粒含粗蛋白质 8.58%，粗脂肪 4.38%，粗淀粉 73.54%，赖氨酸 0.26%，容重 739 克/升。抗逆性：人工接种抗病（虫）害鉴定，抗丝黑穗病，高抗茎腐病，抗大斑病，中抗弯孢菌叶斑病，高抗玉米螟虫。生育日数：中早熟品种。出苗至成熟 123 天，与对照品种吉单 27 熟期相同，需≥10℃积温 2450℃左右。

产量表现： 2013 年区域试验平均公顷产量 12013.2 千克，比对照品种吉单 27 增产 7.2%；2014 年区域试验平均公顷产量 12296.7 千克，比对照品种吉单 27 增产 6.8%；两年区域试验平均公顷产量 12170.7 千克，比对照品种增产 7.0%。2014 年生产试验平均公顷产量 12806.7 千克，比对照品种吉单 27 增产 6.1%。

栽培技术要点：（1）播期：一般 4 月下旬至 5 月上旬播种。（2）密度：一般公顷保苗 6.0 万株。（3）施肥：施足农家肥，底肥一般施三元复合肥 750 千克/公顷，追肥一般施用尿素 375 千克/公顷。（4）制种技术：制种时，父、母本同期播种，父、母本行比 1∶5，父、母本种植密度为 7.5 万株/公顷。

适宜种植地区：吉林省延边、白山、吉林东部山区和半山区玉米中早熟区。

吉单 53

审定编号：吉审玉 2015013

选育单位：吉林吉农高新技术发展股份有限公司、吉林省农业科学院玉米研究所

品种来源：四-287×吉 A5302

特征特性：种子性状：种子橙黄色，半马齿型，百粒重 29.0 克左右。植株性状：幼苗绿色，叶鞘紫色，叶缘绿色。株高 327 厘米左右，穗位 137 厘米左右，株型平展，成株叶片 20 片，花药黄色，花丝绿色。果穗性状：果穗筒型，穗长 20.0 厘米左右，穗行数 16～18 行，穗轴红色。籽粒性状：籽粒黄色，马齿型，百粒重 39.1 克左右。品质分析：经农业部谷物及制品质量监督检验测试中心（哈尔滨）检测，籽粒含粗蛋白质 10.45%，粗脂肪 3.79%，粗淀粉 74.19%，赖氨酸 0.33%，容重 722 克/升。抗逆性：人工接种抗病（虫）害鉴定，中抗丝黑穗病，高抗茎腐病，抗大斑病，中抗弯孢菌叶斑病，高抗玉米螟虫。生育日数：中早熟品种。出苗至成熟 123 天，与对照品种吉单 27 熟期相同，需≥10℃积温 2450℃左右。

产量表现：2013 年区域试验平均公顷产量 11397.9 千克，比对照品种吉单 27 增产 1.7%；2014 年区域试验平均公顷产量 12048.1 千克，比对照品种吉单 27 增产 4.6%；两年区域试验平均公顷产量 11759.1 千克，比对照品种增产 3.3%。2014 年生产试验平均公顷产量 13102.1 千克，比对照品种吉单 27 增产 8.5%。

栽培技术要点：（1）播期：一般 4 月下旬至 5 月上旬播种。（2）密度：一般公顷保苗 5.5 万株以上。（3）施肥：施足农家肥，底肥一般施用玉米专用肥 500 千克/公顷，追肥一般施用尿素 250 千克/公顷。（4）制种技术：制种时，父、母本同期播种，父本 1/2 覆膜，父、母本行比 1∶5，父、母本种植密度为 6.0 万株/公顷。（5）注意事项：植株较繁茂，田间管理过程中注意肥水的调控。

适宜种植地区：吉林省延边、白山、吉林东部山区和半山区玉米中早熟区。

泽尔沣 99

审定编号：吉审玉 2015015

选育单位：吉林省宏泽现代农业有限公司

品种来源：H03×Z3-55

特征特性：种子性状：种子橙黄色，半马齿型，百粒重 32.0 克左右。植株性状：幼苗绿色，叶鞘紫色，叶缘紫色。株高 310 厘米左右，穗位 121 厘米左右，株型紧凑，成株叶片 20 片，花药紫色，花丝紫色。果穗性状：果穗筒型，穗长 19.5 厘米左右，穗行数 16 行，穗轴红色。籽粒性状：籽粒黄色，半马齿型，百粒重 40.4 克左右。品质分析：经农业部谷物及制品质量监督检验测试中心（哈尔滨）检测，籽粒含粗蛋白质 9.55%，粗脂肪 4.1%，粗淀粉 74.53%，赖氨酸 0.29%，容重 720 克/升。抗逆性：人工接种抗病（虫）害鉴定，高抗丝黑穗病，高抗茎腐病，中抗大斑病，中抗弯孢菌叶斑病，高抗玉米螟虫。生育日数：中早熟品种。出苗至成熟 122 天，比对照品种吉单 27 早 1 天，需≥10℃积温 2430℃左右。

产量表现：2013 年区域试验平均公顷产量 12400.1 千克，比对照品种吉单 27 增产 10.6%；2014 年区域试验平均公顷产量 11547.8 千克，比对照品种吉单 27 增产 5.0%；两年区域试验平均公顷产量 11973.9 千克，比对照品种增产 7.8%。2014 年生产试验平均公顷产量 12751.2 千克，比对照品种吉单 27 增产 5.6%。

栽培技术要点：（1）播期：一般 4 月下旬至 5 月上旬播种。（2）密度：一般公顷保苗 5.5 万株。（3）施肥：施足农家肥，底肥一般施用复合肥 500 千克/公顷，种肥一般施用磷酸二铵 200 千克/公顷，追肥一般施用尿素 300 千克/公顷。（4）制种技术：制种时，父、母本错期播种，先播母本，5～7 天后播父本，父、母本行比 1：5，父、母本种植密度为 6.0 万株/公顷。（5）注意事项：不耐瘠薄。

适宜种植地区：吉林省延边、白山、吉林东部山区和半山区玉米中早熟区。

雄玉 581

审定编号：吉审玉 2015016

选育单位：南通大熊种业科技有限公司、中国科学院东北地理与农业生态研究所

品种来源：GA11×GB12

特征特性：种子性状：种子橙红色，硬粒型，百粒重 34.0 克左右。植株性状：幼苗绿色，叶鞘紫色，叶缘绿色。株高 318 厘米左右，穗位 125 厘米左右，株型半紧凑，成株叶片 21 片，花药浅紫色，花丝浅紫色。果穗性状：果穗长筒型，穗长 21.5 厘米左右，穗行数 14～16 行，穗轴红色。籽粒性状：籽粒黄色，半马齿型，百粒重 39.4 克左右。品质分析：经农业部谷物及制品质量监督检验测试中心（哈尔滨）检测，籽粒含粗蛋白质 8.89%，粗脂肪 4.04%，粗淀粉 76.09%，赖氨酸 0.29%，容重 775 克/升。抗逆性：人工接种抗病（虫）害鉴定，抗丝黑穗病，抗茎腐病，感大斑病，感弯孢菌叶斑病，中抗玉米螟虫。生育日数：中熟品种。出苗至

成熟 126 天，比对照品种先玉 335 早 1 天，需≥10℃积温 2620℃左右。

产量表现：2013 年区域试验平均公顷产量 12816.1 千克，比对照品种先玉 335 增产 6.0%；2014 年区域试验平均公顷产量 13450.0 千克，比对照品种先玉 335 增产 8.2%；两年区域试验平均公顷产量 13104.2 千克，比对照品种增产 7.0%。2014 年生产试验平均公顷产量 13002.2 千克，比对照品种先玉 335 增产 8.7%。

栽培技术要点：（1）播期：一般 4 月下旬至 5 月上旬播种。（2）密度：一般公顷保苗 5.5 万～6.0 万株。（3）施肥：施足农家肥，底肥一般施用复合肥 500～600 千克/公顷，种肥一般施用磷酸二铵 150 千克/公顷，追肥一般施用尿素 400～500 千克/公顷。（4）制种技术：制种时，父、母本错期播种，1/2 父本先播，7 天后另外 1/2 父本与母本同播，父、母本行比 1：5，父、母本种植密度为 8.0 万～8.5 万株/公顷。（5）注意事项：叶斑病重发区慎用。

适宜种植地区：吉林省玉米中熟区。

龙生 668

审定编号：吉审玉 2015017

选育单位：晋中龙生种业有限公司

品种来源：S133×YD125

特征特性：种子性状：种子黄色，硬粒型，百粒重 30.6 克左右。植株性状：幼苗绿色，叶鞘紫色，叶缘紫色。株高 321 厘米左右，穗位 117 厘米左右，株型紧凑，成株叶片 21 片，花药紫色，花丝粉色。果穗性状：果穗筒型，穗长 20.1 厘米左右，穗行数 16～18 行，穗轴红色。籽粒性状：籽粒黄色，马齿型，百粒重 35.7 克左右。品质分析：经农业部谷物及制品质量监督检验测试中心（哈尔滨）检测，籽粒含粗蛋白质 10.15%，粗脂肪 3.99%，粗淀粉 74.02%，赖氨酸 0.30%，容重 758 克/升。抗逆性：人工接种抗病（虫）害鉴定，中抗丝黑穗病，中抗茎腐病，感大斑病，感弯孢菌叶斑病，中抗玉米螟虫。生育日数：中熟品种。出苗至成熟 126 天，比对照品种先玉 335 早 1 天，需≥10℃积温 2620℃左右。

产量表现：2013 年区域试验平均公顷产量 12636.1 千克，比对照品种先玉 335 增产 4.5%；2014 年区域试验平均公顷产量 13334.3 千克，比对照品种先玉 335 增产 7.2%；两年区域试验平均公顷产量 12953.5 千克，比对照品种增产 5.8%。2014 年生产试验平均公顷产量 12566.5 千克，比对照品种先玉 335 增产 5.1%。

栽培技术要点：（1）播期：一般 4 月下旬至 5 月上旬播种。（2）密度：一般公顷保苗 6.0 万株。（3）施肥：施足农家肥，底肥一般施用复合肥 750 千克/公顷、采用一次性深施肥，追肥一般施用尿素 300～350 千克/公顷。（4）制种技术：制种时，父、母本错期播种，母本先播，3 天后播 2/3 父本，再间隔 3 天播另外 1/3 父本，父、母本行比 1：5，父、母本种植密度为 6.0 万株/公顷。（5）注意事项：叶斑病重发区慎用。

适宜种植地区：吉林省玉米中熟区。

翔玉 198

审定编号：吉审玉 2015018

选育单位：吉林省鸿翔农业集团鸿翔种业有限公司

品种来源：M355×F12

特征特性：种子性状：种子橙黄色，半硬粒型，百粒重 31.5 克左右。植株性状：幼苗绿色，叶鞘紫色，叶缘浅紫色。株高 300 厘米左右，穗位 108 厘米左右，株型半紧凑，成株叶片 20 片，花药紫色，花丝浅紫色。果穗性状：果穗长筒型，穗长 20.3 厘米左右，穗行数 16～18 行，穗轴红色。籽粒性状：籽粒黄色，半硬粒型，百粒重 37.2 克左右。品质分析：经农业部谷物及制品质量监督检验测试中心（哈尔滨）检测，籽粒含粗蛋白质 9.39%，粗脂肪 3.33%，粗淀粉 75.55%，赖氨酸 0.30%，容重 763 克/升。抗逆性：人工接种抗病（虫）害鉴定，抗丝黑穗病，中抗茎腐病，感大斑病，感弯孢菌叶斑病，中抗玉米螟虫。生育日数：中熟品种。出苗至成熟 126 天，比对照品种先玉 335 早 1 天，需≥10℃积温 2620℃左右。

产量表现：2013 年区域试验平均公顷产量 12899.3 千克，比对照品种先玉 335 增产 6.7%；2014 年区域试验平均公顷产量 13353.2 千克，比对照品种先玉 335 增产 7.4%；两年区域试验平均公顷产量 13105.6 千克，比对照品种增产 7.0%。2014 年生产试验平均公顷产量 12690.7 千克，比对照品种先玉 335 增产 6.1%。

栽培技术要点：（1）播期：一般 4 月下旬至 5 月上旬播种。（2）密度：一般公顷保苗 6.0 万株。（3）施肥：施足农家肥，底肥一般施用复合肥 200 千克/公顷、种肥一般施用磷酸二铵 150 千克/公顷，追肥一般施用尿素 300 千克/公顷。（4）制种技术：制种时，父、母本错期播种，母本播后 3 天播 1/2 父本，7 天后播另外 1/2 父本，父、母本行比 1：5，父、母本种植密度为 9.0 万株/公顷。（5）注意事项：叶斑病重发区慎用。

适宜种植地区：吉林省玉米中熟区。

九单 318

审定编号：吉审玉 2015019

选育单位：吉林市农业科学院

品种来源：A15×06t129

特征特性：种子性状：种子橙红色，硬粒型，百粒重 36.4 克左右。植株性状：幼苗绿色，叶鞘紫色，叶缘紫色。株高 318 厘米左右，穗位 125 厘米左右，株型半紧凑，成株叶片 21 片，花药紫色，花丝粉色。果穗性状：果穗长锥型，穗长 20.7 厘米左右，穗行数 16～18 行，穗轴红色。籽粒性状：籽粒橙色，半硬粒型，百粒重 40.0 克左右。品质分析：经农业部谷物及制品质量监督检验测试中心（哈尔滨）检测，籽粒含粗蛋白质 9.18%，粗脂肪 4.44%，粗淀粉 74.00%，赖氨酸 0.30%，容重 760.8 克/升。抗逆性：人工接种抗病（虫）害鉴定，高抗丝黑穗病，感茎腐病，感大斑病，感弯孢菌叶斑病，中抗玉米螟虫。生育日数：中熟品种。出苗至成熟 126 天，比对照品种先玉 335 早 1 天，需≥10℃积温 2620℃左右。

产量表现：2013 年区域试验平均公顷产量 12690.2 千克，比对照品种先玉 335 增 4.9%；2014 年区域试验平均公顷产量 13118.3 千克，比对照品种先玉 335 增产 5.5%；两年区域试验平均公顷产量 12884.8 千克，比对照品种增产 5.2%。2014 年生产试验平均公顷产量 12628.4 千克，比对照品种先玉 335 增产 5.6%。

栽培技术要点：（1）播期：一般 4 月下旬至 5 月上旬播种。（2）密度：一般公顷保苗 6.0 万株。（3）施肥：施足农家肥，底肥一般施用农家肥 30000 千克/公顷，种肥一般施用玉米复合肥 200 千克/公顷，追肥一般施用尿素 500 千克/公顷；或者在整地时一次性施入玉米专用复合肥 700 千克/公顷。（4）制种技术：制种时，父、母本同期播种，父、母本行比 1：5，父、母本种植密度为 6.0 万株/公顷。（5）注意事项：叶斑病、茎腐病重发区慎用。

适宜种植地区：吉林省玉米中熟区。

迪卡 159

审定编号：吉审玉 2015020

选育单位：中种国际种子有限公司

品种来源：HCL301×F0147Z

特征特性：种子性状：种子黄色，马齿型，百粒重 19.0 克左右。植株性状：幼苗绿色，叶鞘淡紫色，叶缘绿色。株高 312 厘米左右，穗位 121 厘米左右，株型紧凑，成株叶片 21 片，花药淡紫色，花丝绿色。果穗性状：果穗筒型，穗长 20.9 厘米左右，穗行数 16～18 行，穗轴红色。籽粒性状：籽粒黄色，马齿型，百粒重 39.4 克左右。品质分析：经农业部谷物及制品质量监督检验测试中心（哈尔滨）检测，籽粒含粗蛋白质 8.6%，粗脂肪 4.9%，粗淀粉 74.87%，赖氨酸 0.30%，容重 784 克/升。抗逆性：人工接种抗病（虫）害鉴定，抗丝黑穗病，中抗茎腐病，感大斑病，感弯孢菌叶斑病，感玉米螟虫。生育日数：中晚熟品种。出苗至成熟 127 天，与对照品种先玉 335 熟期相同，需≥10℃积温 2650℃左右。

产量表现：2013 年区域试验平均公顷产量 12254.0 千克，比对照品种先玉 335 增产 4.4%；2014 年区域试验平均公顷产量 13394.1 千克，比对照品种先玉 335 增产 7.7%；两年区域试验平均公顷产量 12824.1 千克，比对照品种先玉 335 增产 6.1%。2014 年生产试验平均公顷产量 14399.4 千克，比对照品种先玉 335 增产 7.1%。

栽培技术要点：（1）播期：一般 4 月下旬至 5 月上旬播种。（2）密度：一般公顷保苗 5.0 万～6.0 万株。（3）施肥：施足农家肥，底肥一般采用一次性深施玉米复合肥 500～700 千克/公顷、种肥一般施用磷酸二铵 100～200 千克/公顷、追肥一般施用尿素 200～300 千克/公顷。（4）制种技术：制种时，父、母本错期播种，1/2 父本与母本同播，牛根见芽后再播另外 1/2 父本，父、母本行比 1∶4 或者 2∶6，父、母本种植密度为 5.5 万～6.0 万株/公顷。（5）注意事项：叶斑病重发区慎用，苗期注意防治地下害虫，大喇叭口期注意防治玉米螟虫。

适宜种植地区：吉林省玉米中晚熟区。

先玉 1111

审定编号：吉审玉 2015021

选育单位：铁岭先锋种子研究有限公司

品种来源：PH1CPS×PH1CRW

特征特性：种子性状：种子黄色，马齿型，百粒重 31.0 克左右。植株性状：幼苗绿色，叶鞘浅紫色，叶缘绿色。株高 326 厘米左右，穗位 113 厘米左右，株型半紧凑，成株叶片 21 片，花药浅紫色，花丝浅紫色。果穗性状：果穗中间型，穗长 19.7 厘米左右，穗行数 16 行，穗轴红色。籽粒性状：籽粒黄色，马齿型，百粒重 39.5 克左右。品质分析：经农业部谷物及制品质量监督检验测试中心（哈尔滨）检测，籽粒含粗蛋白质 8.68%，粗脂肪 3.42%，粗淀粉 76.29%，赖氨酸 0.27%，容重 783 克/升。抗逆性：人工接种抗病（虫）害鉴定，抗丝黑穗病，中抗茎腐病，感大斑病，中抗弯孢菌叶斑病，中抗玉米螟虫。生育日数：中晚熟品种。出苗至成熟 127 天，与对照品种先玉 335 熟期相同，需≥10℃积温 2650℃左右。

产量表现：2012 年区域试验平均公顷产量 13488.0 千克，比对照品种先玉 335 增产 8.3%；2014 年区域试验平均公顷产量 13419.5 千克，比对照品种先玉 335 增产 7.9%；两年区域试验平均公顷产量 13453.7 千克，比对照品种增产 8.1%。2014 年生产试验平均公顷产量 14070.1 千克，比对照品种先玉 335 增产 4.7%。

栽培技术要点：（1）播期：一般 4 月下旬至 5 月上旬播种。（2）密度：一般公顷保苗 5.5 万～6.0 万株。（3）施肥：施足农家肥，底肥一般施用复合肥 300～400 千克/公顷，种肥一般施用磷酸二铵 50～75 千克/公顷，追肥一般施用尿素 400～525 千克/公顷。（4）制种技术：制种时，父、母本同期播种，父、母本行比 1∶

4 或者 2∶6，父、母本种植密度为 7.5 万株/公顷。（5）注意事项：大斑病重发区慎用。

  适宜种植地区：吉林省玉米中晚熟区。

信玉 168

审定编号：吉审玉 2015022

选育单位：吉林省诺美信种业有限公司

品种来源：H1067×L5987

特征特性：种子性状：种子棕红色，硬粒型，百粒重 31.0 克左右。植株性状：幼苗深绿色，叶鞘紫色，叶缘浅紫色。株高 307 厘米左右，穗位 119 厘米左右，株型半收敛，成株叶片 20 片，花药黄色，花丝红色。果穗性状：果穗锥型，穗长 20.9 厘米左右，穗行数 16～18 行，穗轴粉色。籽粒性状：籽粒橙黄色，硬粒型，百粒重 39.4 克左右。品质分析：经农业部谷物及制品质量监督检验测试中心（哈尔滨）检测，籽粒含粗蛋白质 10.51%，粗脂肪 4.39%，粗淀粉 73.55%，赖氨酸 0.30%，容重 766 克/升。抗逆性：人工接种抗病（虫）害鉴定，中抗丝黑穗病，感茎腐病，感大斑病，感弯孢菌叶斑病，感玉米螟虫。生育日数：中晚熟品种。出苗至成熟 128 天，比对照品种先玉 335 晚 1 天，需≥10℃积温 2680℃左右。

  产量表现：2013 年区域试验平均公顷产量 12186.6 千克，比对照品种先玉 335 增产 3.8%；2014 年区域试验平均公顷产量 13209.5 千克，比对照品种先玉 335 增产 6.2%；两年区域试验平均公顷产量 12698.0 千克，比对照品种增产 5.0%。2014 年生产试验平均公顷产量 14224.6 千克，比对照品种先玉 335 增产 5.8%。

  栽培技术要点：（1）播期：一般 4 月下旬至 5 月上旬播种。（2）密度：一般公顷保苗 5.5 万～6.0 万株。（3）施肥：施足农家肥，底肥一般施用硫酸钾型复合肥 500 千克/公顷，种肥一般施用磷酸二铵 100 千克/公顷，追肥一般施用尿素 400 千克/公顷。（4）制种技术：制种时，父、母本错期播种，1/2 父本先播，4 天后播另外 1/2 父本，再 4 天后播母本，父、母本行比 1∶5，父、母本种植密度为 9.0 万株/公顷。（5）注意事项：叶斑病、茎腐病重发区慎用，注意防治玉米螟虫。

  适宜种植地区：吉林省玉米中晚熟区。

禾育 203

审定编号：吉审玉 2015023

选育单位：吉林省禾冠种业有限公司

品种来源：S463×B8535

特征特性：种子性状：种子黄色，硬粒型，百粒重 31.5 克左右。植株性状：幼苗绿色，叶鞘紫色，叶缘紫色。株高 325 厘米左右，穗位 124 厘米左右，株型紧凑，成株叶片 21 片，花药紫色，花丝粉色。果穗性状：果穗筒型，穗长 19.9 厘米左右，穗行数 16～18 行，穗轴红色。籽粒性状：籽粒黄色，马齿型，百粒重 40.7 克左右。品质分析：经农业部谷物及制品质量监督检验测试中心（哈尔滨）检测，籽粒含粗蛋白质 9.53%，粗脂肪 3.79%，粗淀粉 74.67%，赖氨酸 0.30%，容重 768 克/升。抗逆性：人工接种抗病（虫）害鉴定，中抗丝黑穗病，中抗茎腐病，感大斑病，感弯孢菌叶斑病，中抗玉米螟虫。生育日数：中晚熟品种。出苗至成熟 126 天，比对照品种先玉 335 早 1 天，需≥10℃积温 2620℃左右。

产量表现：2013 年区域试验平均公顷产量 12154.2 千克，比对照品种先玉 335 增产 3.5%；2014 年区域试验平均公顷产量 13485.8 千克，比对照品种先玉 335 增产 8.4%；两年区域试验平均公顷产量 12820.0 千克，比对照品种增产 6.1%。2014 年生产试验平均公顷产量 14295.4 千克，比对照品种先玉 335 增产 6.3%。

栽培技术要点：（1）播期：一般 4 月下旬至 5 月上旬播种。（2）密度：一般公顷保苗 6.0 万株。（3）施肥：施足农家肥，底肥一般施用复合肥 750 千克/公顷、采用一次性深施肥，追肥一般施用尿素 300～350 千克/公顷。（4）制种技术：制种时，父、母本错期播种，母本先播，4 天后播 2/3 父本，再间隔 3 天播另外 1/3 父本，父、母本行比 1：5，父、母本种植密度为 6.0 万株/公顷。（5）注意事项：叶斑病重发区慎用。

适宜种植地区：吉林省玉米中晚熟区。

银河 165

审定编号：吉审玉 2015025

选育单位：吉林银河种业科技有限公司

品种来源：Y9915×CK3-88

特征特性：种子性状：种子黄色，马齿型，百粒重 31.0 克左右。植株性状：幼苗绿色，叶鞘紫色，叶缘绿色。株高 308 厘米左右，穗位 116 厘米左右，株型紧凑，成株可见叶片 16 片，花药褐色，花丝微红色。果穗性状：果穗长筒型，穗长 18.1 厘米左右，穗行数 18 行，穗轴红色。籽粒性状：籽粒黄色，马齿型，百粒重 43.6 克左右。品质分析：经农业部谷物及制品质量监督检验测试中心（哈尔滨）检测，籽粒含粗蛋白质 7.21%，粗脂肪 3.66%，粗淀粉 76.17%，赖氨酸 0.26%，容重 748 克/升。抗逆性：人工接种抗病（虫）害鉴定，抗丝黑穗病，中抗茎腐病，感大斑病，感弯孢菌叶斑病，感玉米螟虫。生育日数：中晚熟品种。出苗至成熟 128 天，比对照品种郑单 958 早 1 天，需≥10℃积温 2720℃左右。

产量表现： 2013 年区域试验平均公顷产量 13196.4 千克，比对照品种郑单 958 增产 10.8%；2014 年区域试验平均公顷产量 14594.5 千克，比对照品种郑单 958 增产 12.8%；两年区域试验平均公顷产量 13895.4 千克，比对照品种增产 11.9%。2014 年生产试验平均公顷产量 12441.7 千克，比对照品种郑单 958 增产 9.6%。

栽培技术要点：（1）播期：一般 4 月中下旬播种。（2）密度：一般公顷保苗 6.0 万株。（3）施肥：施足农家肥，底肥一般施用磷酸二铵 225 千克/公顷、钾肥 50 千克/公顷，追肥一般施用尿素 400 千克/公顷。（4）制种技术：制种时，父、母本同期播种，父、母本行比 1∶5，父、母本种植密度为 6.0 万株/公顷。（5）注意事项：叶斑病重发区慎用，注意防治玉米螟虫。

适宜种植地区： 吉林省玉米中晚熟区。

金庆 1 号

审定编号： 吉审玉 2015026
选育单位： 吉林省金庆种业有限公司
品种来源： TH751×TH23A
特征特性： 种子性状：种子橙黄色，半硬粒型，百粒重 33.0 克左右。植株性状：幼苗浓绿色，叶鞘浅紫色。株高 291 厘米左右，穗位 103 厘米左右，株型半紧凑，叶片上冲，成株叶片 20 片，花药浅紫色，花丝绿色。果穗性状：果穗长筒型，穗长 21.5 厘米左右，穗行数 16～18 行，穗轴红色。籽粒性状：籽粒橙黄色，半马齿型，百粒重 40.6 克左右。品质分析：经农业部谷物及制品质量监督检验测试中心（哈尔滨）检测，籽粒含粗蛋白质 9.46%，粗脂肪 4.29%，粗淀粉 75.44%，赖氨酸 0.29%，容重 748 克/升。抗逆性：人工接种抗病（虫）害鉴定，抗丝黑穗病，高抗茎腐病，感大斑病，感弯孢菌叶斑病、感玉米螟虫。生育日数：中晚熟品种。出苗至成熟 128 天，比对照品种郑单 958 早 1 天，需≥10℃积温 2720℃左右。

产量表现： 2013 年区域试验平均公顷产量 13203.6 千克，比对照品种郑单 958 增产 10.9%；2014 年区域试验平均公顷产量 14710.2 千克，比对照品种郑单 958 增产 13.7%；两年区域试验平均公顷产量 13956.9 千克，比对照品种增产 12.4%。2014 年生产试验平均公顷产量 12309.5 千克，比对照品种郑单 958 增产 8.4%。

栽培技术要点：（1）播期：一般 4 月下旬至 5 月上旬播种。（2）密度：一般公顷保苗 6.0 万株。（3）施肥：施足农家肥，底肥一般施用复合肥 400 千克/公顷，追肥一般施用尿素 350 千克/公顷。（4）制种技术：制种时，父、母本错期播种，母本先播，3 天后播一期父本，6 天后播二期父本；父、母本行比 1∶6，父、母本种植密度为 7.5 万株/公顷。（5）注意事项：叶斑病重发区慎用，注意防治玉米螟虫。

适宜种植地区： 吉林省玉米中晚熟区。

吉农玉 833

审定编号： 吉审玉 2015027

选育单位： 吉林农业大学、吉林金正泰农业技术有限公司

品种来源： JM118×J2199

特征特性： 种子性状：种子橙红色，硬粒型，百粒重 35.0 克左右。植株性状：幼苗浓绿色，叶鞘紫色，叶缘紫色。株高 284 厘米左右，穗位 127 厘米左右，株型紧凑，成株叶片 21 片，花药紫色，花丝粉色。果穗性状：果穗长筒型，穗长 17.9 厘米左右，穗行数 18～20 行，穗轴红色。籽粒性状：籽粒橙黄色，马齿粒型，百粒重 37.2 克左右。品质分析：经农业部谷物及制品质量监督检验测试中心（哈尔滨）检测，籽粒含粗蛋白质 9.44%，粗脂肪 3.62%，粗淀粉 73.27%，赖氨酸 0.28%，容重 743 克/升。抗逆性：人工接种抗病（虫）害鉴定：感丝黑穗病，中抗茎腐病，感大斑病，感弯孢菌叶斑病，感玉米螟虫。生育日数：中晚熟品种。出苗至成熟 128 天，比对照品种郑单 958 早 1 天，需≥10℃积温 2720℃左右。

产量表现： 2013 年区域试验平均公顷产量 12996.2 千克，比对照品种郑单 958 增产 9.1%；2014 年区域试验平均公顷产量 14451.9 千克，比对照品种郑单 958 增产 11.7%。两年区域试验平均公顷产量 13724.0 千克，比对照品种郑单 958 增产 10.5%。2014 年生产试验平均公顷产量 12278.0 千克，比对照品种郑单 958 增产 8.1%。

栽培技术要点：（1）播期：一般 4 月下旬至 5 月上旬播种。（2）密度：一般公顷保苗 6.0 万株。（3）施肥：施足农家肥，种肥一般施用磷酸二铵 150～200 千克/公顷，硫酸钾 100～150 千克/公顷，尿素 50～100 千克/公顷，追肥一般施用尿素 400～500 千克/公顷左右。（4）制种技术：制种时，父、母本错期播种，父本比母本晚 3～5 天播种。父、母本行比 1∶6，父、母本公顷保苗 7.0 万～9.0 万株。（5）注意事项：叶斑病重发区慎用、注意防治玉米丝黑穗病和玉米螟虫。

适宜种植地区： 吉林省玉米中晚熟区。

吉农大 988

审定编号： 吉审玉 2015028

选育单位： 于佩漪

品种来源： Km3502×Km693

特征特性： 种子性状：种子黄色，硬粒型，百粒重 34.0 克左右。植株性状：幼苗浓绿色，叶鞘紫色，叶缘紫色。株高 312 厘米左右，穗位 131 厘米左右，株型半紧凑，成株叶片 17 片，花药浅紫色，花丝黄绿色。

果穗性状：果穗圆锥型，穗长 18.8 厘米左右，穗行数 16～18 行，穗轴红色。籽粒性状：籽粒黄色，偏马齿型，百粒重 37.6 克左右。品质分析：经农业部谷物及制品质量监督检验测试中心（哈尔滨）检测，籽粒含粗蛋白质 10.39%，粗脂肪 4.23%，粗淀粉 74.29%，赖氨酸 0.29%，容重 778 克/升。抗逆性：人工接种抗病（虫）害鉴定，中抗丝黑穗病，中抗茎腐病，感大斑病，感弯孢菌叶斑病、感玉米螟虫。生育日数：中晚熟品种。出苗至成熟 127 天左右，比对照品种郑单 958 早 2 天，需≥10℃积温 2700℃左右。

产量表现： 2013 年区域试验平均公顷产量 13040.0 千克，比对照品种郑单 958 增产 9.5%；2014 年区域试验平均公顷产量 14664.5 千克，比对照品种郑单 958 增产 13.4%；两年区域试验平均公顷产量 13852.3 千克，比对照品种郑单 958 增产 11.5%。2014 年生产试验平均公顷产量 11457.2 千克，比对照品种郑单 958 增产 6.0%。

栽培技术要点：（1）播期：一般 4 月下旬至 5 月上旬播种。（2）密度：一般公顷保苗 6.0 万株。（3）施肥：施足农家肥，底肥一般施用玉米专用复合肥 500 千克/公顷、追肥一般施用尿素 200 千克/公顷。（4）制种技术：制种时，父、母本错期播种，1/2 父本先播，生根见芽后另外 1/2 父本与母本同播，父、母本行比 1∶5，父、母本种植密度为 7.0 万株/公顷。（5）注意事项：叶斑病重发区慎用，注意防治玉米螟虫。

适宜种植地区： 吉林省玉米中晚熟区。

金园 130

审定编号： 吉审玉 2015029

选育单位： 吉林省金园种苗有限公司

品种来源： J8736×J809

特征特性： 种子性状：种子橙红色，半马齿型，百粒重 34.0 克左右。植株性状：幼苗浓绿色，叶鞘紫色，叶缘紫色。株高 319 厘米左右，穗位 117 厘米左右，株型紧凑，成株叶片 22 片，花药黄色，花丝粉色。果穗性状：果穗长筒型，穗长 19.2 厘米左右，穗行数 16～18 行，穗轴红色。籽粒性状：籽粒黄色，马齿型，百粒重 38.6 克左右。品质分析：经农业部谷物及制品质量监督检验测试中心（哈尔滨）检测，籽粒含粗蛋白质 8.11%，粗脂肪 4.64%，粗淀粉 75.73%，赖氨酸 0.28%，容重 748 克/升。抗逆性：人工接种抗病（虫）害鉴定，感丝黑穗病，中抗茎腐病，感大斑病，感弯孢菌叶斑病，中抗玉米螟虫。生育日数：中晚熟品种。出苗至成熟 127 天，比对照品种郑单 958 早 2 天，需≥10℃积温 2700℃左右。

产量表现： 2013 年区域试验平均公顷产量 13034.0 千克，比对照品种郑单 958 增产 9.4%；2014 年区域试验平均公顷产量 14437.6 千克，比对照品种郑单 958 增产 11.6%；两年区域试验平均公顷产量 13735.8 千克，比对照品种增产 10.6%。2014 年生产试验平均公顷产量 11729.1 千克，比对照品种郑单 958 增产 8.6%。

栽培技术要点：（1）播期：一般 4 月下旬至 5 月上旬播种。（2）密度：一般公顷保苗 6.0 万株。（3）施肥：施足农家肥，底肥一般施用磷酸二铵 150～200 千克/公顷、硫酸钾 100～150 千克/公顷、尿素 50～100 千克/公顷；追肥一般施用尿素 300～400 千克/公顷。（4）制种技术：制种时，父、母本错期播种，1/2 父本与母本同播，5 天后播另外 1/2 父本，父、母本行比 1∶5，父、母本种植密度为 6.5 万株/公顷。（5）注意事项：叶斑病重发区慎用、注意防治玉米丝黑穗病。

适宜种植地区：吉林省玉米中晚熟区。

富民 58

审定编号：吉审玉 2015030

选育单位：吉林省富民种业有限责任公司

品种来源：D99×D60

特征特性：种子性状：种子黄色，马齿型，百粒重 29.4 克左右。植株性状：幼苗绿色，叶鞘紫色。株高 263 厘米左右，穗位 96 厘米左右，株型紧凑，成株叶片 21 片，花药紫色，花丝绿色。果穗性状：果穗筒型，穗长 16.6 厘米左右，穗行数 16 行，穗轴粉色。籽粒性状：籽粒黄色，马齿型，百粒重 37.4 克左右。品质分析：经农业部谷物及制品质量监督检验测试中心（哈尔滨）检测，籽粒含粗蛋白质 7.61%，粗脂肪 4.22%，粗淀粉 75.05%，赖氨酸 0.27%，容重 751 克/升。抗逆性：人工接种抗病（虫）害鉴定，抗丝黑穗病，中抗茎腐病，感大斑病，感弯孢菌叶斑病、感玉米螟虫。生育日数：中晚熟品种。出苗至成熟 128 天，比对照品种郑单 958 早 1 天，需≥10℃积温 2720℃左右。

产量表现：2013 年区域试验平均公顷产量 12996.0 千克，比对照品种郑单 958 增产 9.1%；2014 年区域试验平均公顷产量 14511.0 千克，比对照品种郑单 958 增产 12.2%；两年区域试验平均公顷产量 13753.5 千克，比对照品种增产 10.7%。2014 年生产试验平均公顷产量 12518.7 千克，比对照品种郑单 958 增产 10.2%。

栽培技术要点：（1）播期：一般 4 月下旬至 5 月上旬播种。（2）密度：一般公顷保苗 7.0 万株。（3）施肥：施足农家肥，底肥一般施用磷酸二铵 150～200 千克/公顷、硫酸钾 100～150 千克/公顷、尿素 50～100 千克/公顷；追肥一般施用尿素 300 千克/公顷。（4）制种技术：制种时，父、母本同期播种，父、母本行比 1∶6，父、母本种植密度为 7.5 万株/公顷。（5）注意事项：叶斑病重发区慎用，注意防治玉米螟虫。

适宜种植地区：吉林省玉米中晚熟区。

正泰 101

审定编号：吉审玉 2015031

选育单位：北京沃尔正泰农业科技有限公司

品种来源：F12222×HM12111

特征特性：种子性状：种子黄色，半马齿型，百粒重 36.0 克左右。植株性状：幼苗绿色，叶鞘紫色，叶缘紫色。株高 274 厘米左右，穗位 106 厘米左右，株型紧凑，成株叶片 19 片，花药黄色，花丝绿色。果穗性状：果穗筒型，穗长 17.9 厘米左右，穗行数 18 行，穗轴红色。籽粒性状：籽粒黄色，半马齿型，百粒重 37.8 克。品质分析：经农业部谷物及制品质量监督检验测试中心（哈尔滨）检测，籽粒含粗蛋白质 8.90%，粗脂肪 4.00%，粗淀粉 75.33%，赖氨酸 0.29%，容重 746 克/升。抗逆性：人工接种抗病（虫）害鉴定，抗丝黑穗病，中抗茎腐病，感大斑病，感弯孢菌叶斑病，中抗玉米螟虫。生育日数：中晚熟品种。出苗至成熟 127 天，比对照品种郑单 958 早 2 天，需≥10℃积温 2700℃左右。

产量表现：2013 年区域试验平均公顷产量 12918.0 千克，比对照品种郑单 958 增产 8.5%；2014 年区域试验平均公顷产量 14401.3 千克，比对照品种郑单 958 增产 11.3%；两年区域试验平均公顷产量 13659.6 千克，比对照品种郑单 958 增产 10.0%。2014 年生产试验平均公顷产量 11589.8 千克，比对照品种郑单 958 增产 7.3%。

栽培技术要点：（1）播期：一般 5 月初播种。（2）密度：一般公顷保苗 7.5 万株左右。（3）施肥：施足农家肥，种肥一般施用磷酸二铵 150～200 千克/公顷，硫酸钾 100～150 千克/公顷，尿素 50～100 千克/公顷，追肥一般施用尿素 400～500 千克/公顷。（4）制种技术：制种时，父、母本同期播种，父、母本行比 1：6，父、母本种植密度为 7.0 万株/公顷。（5）注意事项：叶斑病重发区慎用。

适宜种植地区：吉林省玉米中晚熟区。

金辉 98

审定编号：吉审玉 2015032

选育单位：吉林省金辉种业有限公司

品种来源：T752-2×H537

特征特性：种子性状：种子橙黄色，硬粒型，百粒重 30.0 克左右。植株性状：幼苗绿色，叶鞘紫红色，叶缘紫色。株高 334 厘米左右，穗位 133 厘米左右，株型平展，成株叶片 21 片，花药黄色，花丝绿色。果穗性状：果穗柱型，穗长 18.7 厘米左右，穗行数 16～18 行，穗轴红色。籽粒性状：籽粒黄色，马齿型，百粒重

38.5 克左右。品质分析：经农业部谷物及制品质量监督检验测试中心（哈尔滨）检测，籽粒含粗蛋白质 8.45%，粗脂肪 3.65%，粗淀粉 76.16%，赖氨酸 0.27%，容重 751 克/升。抗逆性：人工接种抗病（虫）害鉴定，感丝黑穗病，中抗茎腐病，中抗大斑病，感弯孢菌叶斑病，感玉米螟虫。生育日数：中晚熟品种。出苗至成熟 127 天，比对照品种郑单 958 早 2 天，需≥10℃积温 2700℃左右。

产量表现： 2013 年区域试验平均公顷产量 13026.5 千克，比对照品种郑单 958 增产 9.4%；2014 年区域试验平均公顷产量 14405.5 千克，比对照品种郑单 958 增产 11.4%；两年区域试验平均公顷产量 13716.0 千克，比对照品种增产 10.4%。2014 年生产试验平均公顷产量 11472.3 千克，比对照品种郑单 958 增产 6.2%。

栽培技术要点：（1）播期：一般 4 月下旬至 5 月上旬播种。（2）密度：一般公顷保苗 5.5 万～6.0 万株。（3）施肥：施足农家肥，底肥一般施用复合肥 550 千克/公顷，种肥一般施用磷酸二铵 150 千克/公顷，追肥一般施用尿素 300～400 千克/公顷。（4）制种技术：制种时，父、母本同期播种，父、母本行比 1∶6，父、母本种植密度为 6.0 万株/公顷。（5）注意事项：弯孢菌叶斑病重发区慎用，注意防治玉米丝黑穗病和玉米螟虫。

适宜种植地区： 吉林省玉米中晚熟区。

远科 706

审定编号： 吉审玉 2015033

选育单位： 吉林省远科农业发展有限公司

品种来源： TH06W×TH22A

特征特性： 种子性状：种子橙黄色，半硬粒型，百粒重 32.0 克左右。植株性状：幼苗浓绿色，叶鞘浅紫色。株高 281 厘米左右，穗位 84 厘米左右，株型半紧凑，叶片上冲，成株叶片 20 片，花药浅紫色，花丝绿色。果穗性状：果穗长筒型，穗长 19.3 厘米左右，穗行数 16 行，穗轴白色。籽粒性状：籽粒黄色，半马齿型，百粒重 38.9 克左右。品质分析：经农业部谷物及制品质量监督检验测试中心（哈尔滨）检测，籽粒含粗蛋白质 10.37%，粗脂肪 3.71%，粗淀粉 75.47%，赖氨酸 0.28%，容重 760 克/升。抗逆性：人工接种抗病（虫）害鉴定，抗丝黑穗病，高抗茎腐病，感大斑病，中抗弯孢菌叶斑病、中抗玉米螟虫。生育日数：中晚熟偏早品种。出苗至成熟 126 天，比对照品种郑单 958 早 3 天，需≥10℃积温 2680℃左右。

产量表现： 2013 年区域试验平均公顷产量 12821.7 千克，比对照品种郑单 958 增产 7.6%；2014 年区域试验平均公顷产量 14403.2 千克，比对照品种郑单 958 增产 11.4%；两年区域试验平均公顷产量 13612.5 千克，比对照品种增产 9.6%。2014 年生产试验平均公顷产量 12256.3 千克，比对照品种增产 7.9%。

栽培技术要点: (1) 播期:一般 4 月下旬至 5 月上旬播种。(2) 密度:一般公顷保苗 6.0 万株。(3) 施肥:施足农家肥,底肥一般施用复合肥 400 千克/公顷,追肥一般施用尿素 350 千克/公顷。(4) 制种技术:制种时,父、母本错期播种,母本先播,3 天后播一期父本,6 天后播二期父本;父、母本行比 1∶6,父、母本种植密度为 7.5 万株/公顷。(5) 注意事项:大斑病重发区慎用。

适宜种植地区: 吉林省玉米中晚熟区。

东润 188

审定编号: 吉审玉 2015035

选育单位: 辽宁东润种业有限公司长春市西旺农业科学研究所

品种来源: DM207×DM538

特征特性: 种子性状:种子黄色,半硬粒型,百粒重 28.0 克左右。植株性状:幼苗绿色,叶鞘紫色,叶缘紫色。株高 301 厘米左右,穗位 113 厘米左右,株型半紧凑,叶片半收敛,成株叶片 19 片,花药黄色,花丝紫色。果穗性状:果穗筒型,穗长 18.9 厘米左右,穗行数 18～20 行,穗轴红色。籽粒性状:籽粒黄色,马齿型,百粒重 39.7 克左右。品质分析:经农业部谷物及制品质量监督检验测试中心(哈尔滨)检测,籽粒含粗蛋白质 8.3%,粗脂肪 3.67%,粗淀粉 76.12%,赖氨酸 0.28%,容重 773 克/升。抗逆性:人工接种抗病(虫)害鉴定结果,中抗丝黑穗病,抗茎腐病,感大斑病,中抗弯孢菌叶斑病,中抗玉米螟虫。生育日数:中晚熟品种。出苗至成熟 129 天,与对照品种郑单 958 熟期相同,需≥10℃积温 2750℃左右。

产量表现: 2013 年区域试验平均公顷产量 12599.3 千克,比对照品种郑单 958 增产 10.5%;2014 年区域试验平均公顷产量 14469.1 千克,比对照品种郑单 958 增产 11.9%;两年区域试验平均公顷产量 13534.2 千克,比对照品种增产 11.2%。2014 年生产试验平均公顷产量 11557.5 千克,比对照品种郑单 958 增产 7.0%。

栽培技术要点: (1) 播期:一般 4 月下旬至 5 月上旬播种。(2) 密度:一般公顷保苗 6.0 万株。(3) 施肥:施足农家肥,底肥一般施用玉米复合肥 500 千克/公顷,种肥一般施用磷酸二铵 100 千克/公顷,追肥一般施用尿素 200 千克/公顷。(4) 制种技术:制种时,父、母本同期播种,父、母本行比 1∶5,父、母本种植密度为 9.0 万株/公顷。(5) 注意事项:大斑病重发区慎用。

适宜种植地区: 吉林省玉米中晚熟区。

良玉 66

审定编号：吉审玉 2015036

选育单位：丹东登海良玉种业有限公司

品种来源：M54×S121

特征特性：种子性状：种子橙黄色，半马齿型，百粒重 37.2 克左右。植株性状：幼苗绿色，叶鞘紫色，叶缘紫色。株高 294 厘米左右，穗位 113 厘米左右，株型半紧凑，叶片上冲，成株叶片 19～21 片，花药紫色，花丝粉色。果穗性状：果穗筒型，穗长 17.2 厘米左右，穗行数 16～20 行，穗轴红色。籽粒性状：籽粒黄色，半马齿型，百粒重 43.1 克左右。品质分析：经农业部农产品质量监督检验测试中心（沈阳）检测，籽粒含粗蛋白质 10.30%，粗脂肪 3.91%，粗淀粉 70.81%，赖氨酸 0.36%，容重 750.1 克/升。抗逆性：人工接种抗病（虫）害鉴定，感丝黑穗病，中抗茎腐病，中抗大斑病，感弯孢菌叶斑病。生育日数：中晚熟品种。出苗至成熟 129 天，与对照品种郑单 958 熟期相同，需≥10℃积温 2750℃左右。

产量表现：2014 年参加吉林省玉米中晚熟组区域试验，平均公顷产量 11604.1 千克，比对照品种郑单 958 增产 9.8%；2014 年参加吉林省玉米中晚熟组生产试验，平均公顷产量 13334.9 千克，比对照品种先玉 335 增产 20.3%。

栽培技术要点：（1）播期：一般 4 月下旬至 5 月上旬播种，选择中等肥力以上地块种植。（2）密度：一般公顷保苗 6.0 万～7.0 万株。（3）施肥：施足农家肥，底肥一般施用磷酸二铵 200 千克/公顷，硫酸钾 100～150 千克/公顷，种肥一般施用尿素 50～100 千克/公顷，追肥一般施用尿素 400 千克/公顷左右。（4）制种技术：制种时，父、母本同期播种，父、母本行比 1∶6，父、母本种植密度为 7.0 万株/公顷。（5）注意事项：弯孢菌叶斑病重发区慎用，注意防治玉米丝黑穗病。

适宜种植地区：吉林省玉米中晚熟区。

吉农大 17

审定编号：吉审玉 2016001

选育单位：吉林农大科茂种业有限责任公司

品种来源：E102×M1

特征特性：极早熟品种，出苗至成熟 113 天，与对照德美亚 1 号熟期相仿。幼苗叶鞘紫色，叶片绿色，叶缘紫色，花药浅紫色，颖壳绿色。株型半紧凑，株高 278 厘米，穗位高 98 厘米，成株叶片数 17 片。花丝浅紫色，果穗筒型，穗长 20.5 厘米，穗行数 16 行，穗轴红色，籽粒黄色、马齿型，百粒重 36.0 克。接种鉴定，中抗大斑病，中抗弯孢菌叶斑病，中抗丝黑穗病，高抗茎腐病，高抗玉米螟。籽粒容重 779 克/升，粗蛋白(干基)8.74%，粗脂肪(干基)4.30%，粗淀粉(干基)73.3%，赖氨酸(干基)0.27%。

产量表现： 2014—2015 年区域试验平均公顷产量 11306.5 千克，比对照增产 12.4%；2015 年生产试验平均公顷产量 11441.5 千克，比对照增产 7.2%。

栽培技术要点： 中等肥力以上地块栽培，4 月下旬至 5 月上旬播种，一般公顷保苗 8.0 万株左右。

适宜种植地区： 适宜吉林省延边、白山等玉米极早熟区种植。

雁玉 1 号

审定编号： 吉审玉 2016002

选育单位： 敦化市雁鸣湖种业专业农场

品种来源： S06-16-1×T 07-16-2

特征特性： 极早熟品种，出苗至成熟 114 天，比对照德美亚 1 号晚 1 天。幼苗叶鞘浅紫色，叶片绿色，叶缘紫色，花药紫色，颖壳紫色。株型紧凑，株高 272 厘米，穗位高 93 厘米，成株叶片数 14～15 片。花丝粉色，果穗圆柱型，穗长 18.9 厘米，穗行数 14～16 行，穗轴粉红色，籽粒黄色、马齿型，百粒重 36.3 克。接种鉴定，抗大斑病，中抗弯孢菌叶斑病，抗丝黑穗病，抗茎腐病，高抗玉米螟。籽粒容重 755 克/升，粗蛋白(干基)8.77%，粗脂肪(干基)3.43%，粗淀粉(干基)74.29%，赖氨酸(干基)0.29%。

产量表现： 2014—2015 年区域试验平均公顷产量 11198.1 千克，比对照增产 11.3%；2015 年生产试验平均公顷产量 11477.0 千克，比对照增产 7.5%。

栽培技术要点： 中等肥力以上地块栽培，4 月下旬至 5 月上旬播种，一般公顷保苗 7.0 万～7.5 万株。

适宜种植地区： 适宜吉林省延边、白山等玉米极早熟区种植。

吉东 705

审定编号： 吉审玉 2016003

申请者： 吉林省吉东种业有限责任公司

选育单位： 吉林省吉东种业有限责任公司、北大荒垦丰种业股份有限公司

品种来源： H4×H10

特征特性：极早熟品种，出苗至成熟 113 天，与对照德美亚 1 号熟期相同。幼苗叶鞘紫色，叶片绿色，叶缘紫色，花药紫色，颖壳绿色。株型半紧凑，株高 276 厘米，穗位高 100 厘米，成株叶片数 17 片。花丝浅紫色，果穗筒型，穗长 18.6 厘米，穗行数 12～14 行，穗轴红色，籽粒黄色、半马齿型，百粒重 34.6 克。接种鉴定，中抗大斑病，感弯孢菌叶斑病，高抗丝黑穗病，高抗茎腐病，高抗玉米螟。籽粒容重 780 克/升，粗蛋白(干基)9.80%，粗脂肪(干基)4.48%，粗淀粉(干基)73.25%，赖氨酸(干基)0.31%。

产量表现：2014—2015 年区域试验平均公顷产量 10830.1 千克，比对照增产 7.7%；2015 年生产试验平均公顷产量 11494.6 千克，比对照增产 7.7%。

栽培技术要点：中等肥力以上地块栽培，4 月下旬至 5 月上旬播种，一般公顷保苗 7.5 万～8.0 万株。

适宜种植地区：适宜吉林省延边、白山等玉米极早熟区种植。注意防治弯孢菌叶斑病。

德美 111

审定编号：吉审玉 2016005

申请者：吉林先玉瑞福种业有限公司

选育单位：武威豪威田园种业有限责任公司、吉林先玉瑞福种业有限公司

品种来源：R310×F501

特征特性：极早熟品种，出苗至成熟 113 天，与对照德美亚 1 号熟期相同。幼苗叶鞘紫色，叶片绿色，叶缘绿色，花药浅紫色，颖壳紫色。株型半紧凑，株高 258 厘米，穗位高 97 厘米，成株叶片数 17 片。花丝浅紫色，果穗筒型，穗长 18.4 厘米，穗行数 14～16 行，穗轴红色，籽粒黄色、马齿型，百粒重 36.2 克。接种鉴定，抗大斑病，中抗弯孢菌叶斑病，抗丝黑穗病，高抗茎腐病，高抗玉米螟。籽粒容重 793 克/升，粗蛋白(干基)11.21%，粗脂肪(干基)5.07%，粗淀粉(干基)70.44%，赖氨酸含量 0.31%。

产量表现：2014—2015 年区域试验平均公顷产量 10827.0 千克，比对照增产 7.7%；2015 年生产试验平均公顷产量 11495.4 千克，比对照增产 7.7%。

栽培技术要点：中等肥力以上地块栽培，4 月下旬至 5 月中旬播种，一般公顷保苗 6.0 万～7.0 万株。

适宜种植地区：适宜吉林省延边、白山等玉米极早熟区种植。

天和 22

审定编号：吉审玉 2016006

申请者：吉林省远科农业开发有限公司

选育单位：魏巍种业（北京）有限公司

品种来源：TH39R×THD2W

特征特性：极早熟品种，出苗至成熟 113 天，与对照德美亚 1 号熟期相仿。幼苗叶鞘紫色，叶片绿色，叶缘浅紫色，花药浅紫色，颖壳绿色。株型半紧凑，株高 280 厘米，穗位高 92 厘米，成株叶片数 17 片。花丝浅紫色，果穗筒型，穗长 19.5 厘米，穗行数 16 行，穗轴红色，籽粒黄色、马齿型，百粒重 35.4 克。接种鉴定，高抗大斑病，中抗弯孢菌叶斑病，抗丝黑穗病，高抗茎腐病，抗玉米螟。籽粒容重 772 克/升，粗蛋白(干基)10.19%，粗脂肪(干基)4.17%，粗淀粉(干基)72.42%，赖氨酸(干基)0.30%。

产量表现：2014—2015 年区域试验平均公顷产量 11256.0 千克，比对照德美亚 1 增产 12.3%；2015 年生产试验平均公顷产量 11715.5 千克，比对照德美亚 1 增产 9.7%。

栽培技术要点：中等肥力以上地块栽培，4 月下旬至 5 月上旬播种，一般公顷保苗 6.0 万～9.0 万株。

适宜种植地区：适宜吉林省延边、白山等玉米极早熟区种植。

丰泽 127

审定编号：吉审玉 2016007

选育单位：吉林省丰泽种业有限责任公司

品种来源：D117×Z36H2

特征特性：极早熟品种，出苗至成熟 113 天，与对照德美亚 1 号熟期相仿。幼苗叶鞘紫色，叶片绿色，叶缘绿色，花药黄色，颖壳绿色。株型紧凑，株高 276 厘米，穗位高 108 厘米，成株叶片数 17 片。花丝青色，果穗筒型，穗长 19.3 厘米，穗行数 16 行，穗轴红色，籽粒黄色、半硬粒型，百粒重 36.2 克。接种鉴定，抗大斑病，抗弯孢菌叶斑病，中抗丝黑穗病，高抗茎腐病，高抗玉米螟。籽粒容重 751 克/升，粗蛋白(干基)10.33%，粗脂肪(干基)3.35%，粗淀粉(干基)73.85%，赖氨酸(干基)0.33%。

产量表现：2013 年、2015 年两年区域试验平均公顷产量 10621.2 千克，比对照增产 12.2%；2015 年生产试验平均公顷产量 11565.1 千克，比对照增产 8.3%。

栽培技术要点：中等肥力以上地块栽培，4 月下旬至 5 月上旬播种，一般公顷保苗 6.0 万～7.5 万株。

适宜种植地区：适宜吉林省延边、白山等玉米极早熟区种植。

源玉 13

审定编号： 吉审玉 2016008

选育单位： 敦化市新源种子有限责任公司

品种来源： XY2×K10

特征特性： 极早熟品种，出苗至成熟 114 天，比对照德美亚 1 号大约晚 1 天。幼苗叶鞘紫色，叶片绿色，叶缘绿色，花药黄色，颖壳绿色。株型半紧凑，株高 260 厘米，穗位高 102 厘米，成株叶片数 16 片。花丝绿色，果穗筒型，穗长 19.6 厘米，穗行数 14 行，穗轴红色，籽粒黄色、半马齿型，百粒重 35.5 克。接种鉴定，抗大斑病，中抗弯孢菌叶斑病，抗丝黑穗病，中抗茎腐病，高抗玉米螟。籽粒容重 736 克/升，粗蛋白(干基)10.44%，粗脂肪(干基)4.22%，粗淀粉(干基)73.36%，赖氨酸(干基)0.31%。

产量表现： 2013—2014 年区域试验平均公顷产量 9563.3 千克，比对照增产 8.1%；2014 年生产试验平均公顷产量 9544.4 千克，比对照增产 4.3%。

栽培技术要点： 中等肥力以上地块栽培，4 月下旬至 5 月上旬播种，一般公顷保苗 5.5 万～6.0 万株。

适宜种植地区： 适宜吉林省延边、白山等玉米极早熟区种植。

盛伊 8

审定编号： 吉审玉 2016009

选育单位： 陈海玲

品种来源： TM115×TM535

特征特性： 早熟品种，出苗至成熟 118 天，与对照德美亚 3 号熟期相同。幼苗叶鞘紫色，叶片绿色，叶缘紫色，花药紫色，颖壳绿色，株型半紧凑，株高 301 厘米，穗位高 119 厘米，成株叶片数 21 片。花丝浅紫色，果穗筒型，穗长 18.8 厘米，穗行数 14～16 行，穗轴红色，籽粒黄色、马齿型，百粒重 36.9 克。接种鉴定，中抗大斑病，中抗弯孢菌叶斑病，抗丝黑穗病，高抗茎腐病，抗玉米螟。籽粒容重 740 克/升，粗蛋白(干基)9.31%，粗脂肪(干基)4.26%，粗淀粉(干基)72.83%，赖氨酸(干基)0.31%。

产量表现： 2014—2015 年区域试验平均公顷产量 11660.5 千克，比对照增产 5.1%；2015 年生产试验平均公顷产量 11338.5 千克，比对照增产 8.0%。

栽培技术要点： 中上等肥力以上地块栽培，4 月下旬至 5 月上旬播种，一般公顷保苗 6.0 万～6.75 万株。

适宜种植地区： 适宜吉林省延边、白山等玉米早熟区种植。

绿育 9936

审定编号： 吉审玉 2016010

选育单位： 公主岭市绿育农业科学研究所

品种来源： K505×K501

特征特性： 早熟品种，出苗至成熟 117 天，比对照德美亚 3 号早 1 天。幼苗叶鞘紫色，叶片绿色，叶缘红色，花药浅紫色，颖壳绿色。株型半紧凑，株高 294 厘米，穗位高 120 厘米，成株叶片数 19 片。花丝红色，果穗筒型，穗长 19.4 厘米，穗行数 12～14 行，穗轴白色，籽粒黄色、半马齿型，百粒重 43.3 克。接种鉴定，中抗大斑病，中抗弯孢菌叶斑病，抗丝黑穗病，抗茎腐病，抗玉米螟。籽粒容重 726 克/升，粗蛋白(干基)9.67%，粗脂肪(干基)4.69%，粗淀粉(干基)72.67%，赖氨酸(干基)0.31%。

产量表现： 2014—2015 年区域试验平均公顷产量 11715.6 千克，比对照增产 5.6%；2015 年生产试验平均公顷产量 11222.1 千克，比对照增产 6.9%。

栽培技术要点： 中等肥力以上地块栽培，4 月下旬至 5 月上旬播种，一般公顷保苗 6.0 万株。

适宜种植地区： 适宜吉林省延边、白山等玉米早熟区种植。

凤田 111

审定编号： 吉审玉 2016011

选育单位： 公主岭国家农业科技园区丰田种业有限责任公司

品种来源： X149×MF1

特征特性： 早熟品种，出苗至成熟 117 天，比对照德美亚 3 号早 1 天。幼苗叶鞘紫色，叶片绿色，叶缘紫色，花药浅黄色，颖壳绿色。株型半紧凑，株高 291 厘米，穗位高 112 厘米，成株叶片数 21 片。花丝浅红色，果穗筒型，穗长 19.3 厘米，穗行数 14～16 行，穗轴红色，籽粒黄色、半马齿型，百粒重 38.4 克。接种鉴定，抗大斑病，中抗弯孢菌叶斑病，高抗丝黑穗病，中抗茎腐病，高抗玉米螟。籽粒容重 776 克/升，粗蛋白(干基)8.9%，粗脂肪(干基)4.58%，粗淀粉(干基)73.08%，赖氨酸(干基)0.30%。

产量表现： 2014—2015 年区域试验平均公顷产量 11863.2 千克，比对照增产 6.9%；2015 年生产试验平均公顷产量 11576.8 千克，比对照增产 10.2%。

栽培技术要点： 中等肥力以上地块栽培，4 月下旬至 5 月上旬播种，一般公顷保苗 5.5 万～6.0 万株。

适宜种植地区： 适宜吉林省延边、白山等玉米早熟区种植。

吉东 56

审定编号： 吉审玉 2016012

申请者： 吉林省吉东种业有限责任公司、哈尔滨市阿城德农种子商店

选育单位： 哈尔滨市阿城德农种子商店、吉林省吉东种业有限责任公司、北大荒垦丰种业股份有限公司

品种来源： 金都 2138×A 选 10

特征特性： 早熟品种，出苗至成熟 118 天，与对照德美亚 3 号熟期相同。幼苗叶鞘紫色，叶片绿色，叶缘红色，花药黄色，颖壳绿色。株型半紧凑，株高 317 厘米，穗位高 120 厘米，成株叶片数 19 片。花丝绿色，果穗筒型，穗长 19.1 厘米，穗行数 14～16 行，穗轴红色，籽粒黄色、半马齿型，百粒重 39.6 克。接种鉴定，抗大斑病，感弯孢菌叶斑病，中抗丝黑穗病，中抗茎腐病，高抗玉米螟。籽粒容重 757 克/升，粗蛋白(干基)9.54%，粗脂肪(干基)4.36%，粗淀粉(干基)73.14%，赖氨酸(干基)0.30%。

产量表现： 2014—2015 年区域试验平均公顷产量 11703.2 千克，比对照增产 5.5%；2015 年生产试验平均公顷产量 11556.2 千克，比对照增产 10.0%。

栽培技术要点： 中等肥力以上地块栽培，4 月下旬至 5 月上旬播种，一般公顷保苗 6.0 万～6.5 万株。

适宜种植地区： 适宜吉林省延边、白山等玉米早熟区种植。注意防治弯孢菌叶斑病。

福莱 2

审定编号： 吉审玉 2016013

选育单位： 吉林市福莱特种子有限公司

品种来源： G677×G621

特征特性： 早熟品种，出苗至成熟 118 天，与对照德美亚 3 号熟期相仿。幼苗叶鞘紫色，叶片绿色，叶缘绿色，花药黄色，颖壳绿色。株型半紧凑，株高 300 厘米，穗位高 124 厘米，成株叶片数 18 片。花丝绿色，果穗筒型，穗长 20.0 厘米，穗行数 20～22 行，穗轴红色，籽粒橙黄色、马齿型，百粒重 31.0 克。接种鉴定，中抗大斑病，抗弯孢菌叶斑病，中抗丝黑穗病，高抗茎腐病，高抗玉米螟。籽粒容重 749 克/升，粗蛋白(干基)8.77%，粗脂肪(干基)3.41%，粗淀粉(干基)73.81%，赖氨酸(干基)0.28%。

产量表现： 2014—2015 年区域试验平均公顷产量 11621.7 千克，比对照增产 4.7%；2015 年生产试验平均公顷产量 11179.4 千克，比对照增产 6.5%。

栽培技术要点： 中等肥力以上地块栽培，4 月下旬至 5 月上旬播种，一般公顷保苗 5.5 万～6.0 万株。

适宜种植地区： 适宜吉林省延边、白山等玉米早熟区种植。

吉单 66

审定编号： 吉审玉 2016015

选育单位： 吉林省农业科学院、吉林吉农高新技术发展股份有限公司

品种来源： 吉 A6601×PD752B

特征特性： 中早熟品种，出苗至成熟 125 天，比对照吉单 27 晚 2 天。幼苗叶鞘紫色，叶片绿色，叶缘绿色，花药黄色，颖壳浅紫色。株型半紧凑，株高 327 厘米，穗位高 121 厘米，成株叶片数 21 片。花丝绿色，果穗筒型，穗长 19.2 厘米，穗行数 16～18 行，穗轴红色，籽粒黄色、马齿型，百粒重 36.9 克。接种鉴定，抗大斑病，抗弯孢菌叶斑病，抗丝黑穗病，高抗茎腐病，高抗玉米螟。籽粒容重 755 克/升，粗蛋白(干基)8.94%，粗脂肪(干基)4.20%，粗淀粉(干基)74.37%，赖氨酸(干基)0.29%。

产量表现： 2014—2015 年区域试验平均公顷产量 12870.0 千克，比对照增产 12.6%；2015 年生产试验平均公顷产量 11271.1 千克，比对照增产 5.9%。

栽培技术要点： 中等肥力以上地块栽培，4 月下旬至 5 月上旬播种，一般公顷保苗 6.0 万株。

适宜种植地区： 适宜吉林省延边、白山、吉林、通化等山区和半山区玉米中早熟区种植。

吉亨 26

审定编号： 吉审玉 2016016

选育单位： 吉林省军丰种业有限公司

品种来源： 41173×495

特征特性： 中早熟品种，出苗至成熟 123 天，与对照吉单 27 熟期相仿。幼苗叶鞘浅紫色，叶片绿色，叶缘浅紫色，花药绿色，颖壳绿色。株型收敛，株高 296 厘米，穗位高 107 厘米，成株叶片数 21 片。花丝浅黄色，果穗筒型，穗长 20.4 厘米，穗行数 14～16 行，穗轴粉色，籽粒橙黄色、马齿型，百粒重 42.9 克。接种鉴定，抗大斑病，中抗弯孢菌叶斑病，感丝黑穗病，高抗茎腐病，高抗玉米螟。籽粒容重 764 克/升，粗蛋白(干基)9.55%，粗脂肪(干基)4.29%，粗淀粉(干基)72.39%，赖氨酸(干基)0.30%。

产量表现： 2014—2015 年区域试验平均公顷产量 12049.1 千克，比对照增产 6.9%；2015 年生产试验平均公顷产量 11114.0 千克，比对照增产 4.4%。

栽培技术要点：中等肥力以上地块栽培，4月下旬至5月上旬播种，一般公顷保苗6.0万～6.5万株。

适宜种植地区：适宜吉林省延边、白山、吉林、通化等山区和半山区玉米中早熟区种植。注意防治丝黑穗病。

金玉100

审定编号：吉审玉2016017

选育单位：吉林省金玉种业有限公司

品种来源：L9M×H99368

特征特性：中早熟品种，出苗至成熟124天，比对照吉单27晚1天。幼苗叶鞘紫色，叶片绿色，叶缘紫色，花药绿色，颖壳绿色。株型紧凑，株高277厘米，穗位高109厘米，成株叶片数21片。花丝绿色，果穗锥型，穗长21.4厘米，穗行数20～22行，穗轴粉色，籽粒黄色、深马齿型，百粒重37.7克。接种鉴定，抗大斑病，抗弯孢菌叶斑病，中抗丝黑穗病，高抗茎腐病，高抗玉米螟。籽粒容重723克/升，粗蛋白(干基)9.11%，粗脂肪(干基)4.25%，粗淀粉(干基)72.87%，赖氨酸(干基)0.29%。

产量表现：2014—2015年区域试验平均公顷产量12182.7千克，比对照增产8.1%；2015年生产试验平均公顷产量11356.8千克，比对照增产6.7%。

栽培技术要点：中等肥力以上地块栽培，4月下旬至5月上旬播种，一般公顷保苗6.0万～6.5万株。

适宜种植地区：适宜吉林省延边、白山、吉林、通化等山区和半山区玉米中早熟区种植。

博纳688

审定编号：吉审玉2016018

选育单位：吉林市博纳农业科技有限公司

品种来源：S109×S421

特征特性：中早熟品种，出苗至成熟124天，比对照吉单27晚1天。幼苗叶鞘紫色，叶片绿色，叶缘红色，花药黄色，颖壳绿色。株型紧凑，株高286厘米，穗位高90厘米，成株叶片数21片。花丝粉红色，果穗筒型，穗长19.3厘米，穗行数16～18行，穗轴红色，籽粒黄色、马齿型，百粒重38.1克。接种鉴定，抗大斑病，抗弯孢菌叶斑病，中抗丝黑穗病，高抗茎腐病，高抗玉米螟。籽粒容重741克/升，粗蛋白(干基)10.92%，粗脂肪(干基)3.86%，粗淀粉(干基)73.01%，赖氨酸(干基)0.33%。

产量表现： 2014—2015 年区域试验平均公顷产量 12526.8 千克，比对照增产 9.6%；2015 年生产试验平均公顷产量 11601.4 千克，比对照增产 9.0%。

栽培技术要点： 中等肥力以上地块栽培，4 月下旬至 5 月上旬播种，一般公顷保苗 5.5 万～6.0 万株。

适宜种植地区： 适宜吉林省延边、白山、吉林、通化等山区和半山区玉米中早熟区种植。

中江玉 5 号

审定编号： 吉审玉 2016019

育种者： 江苏中江种业股份有限公司

品种来源： C12×四-287

特征特性： 中早熟品种，出苗至成熟 123 天，与对照吉单 27 熟期相同。幼苗叶鞘紫色，叶片绿色，叶缘白色，花药浅红色，颖壳绿色。株型半紧凑，株高 280 厘米，穗位高 97 厘米，成株叶片数 20 片。花丝浅红色，果穗筒型，穗长 19.3 厘米，穗行数 16 行，穗轴白色，籽粒黄色、半马齿型，百粒重 43.8 克。接种鉴定，抗大斑病，抗弯孢菌叶斑病，抗丝黑穗病，高抗茎腐病，高抗玉米螟。籽粒容重 706 克/升，粗蛋白(干基)9.85%，粗脂肪(干基)4.66%，粗淀粉(干基)71.17%，赖氨酸(干基)0.33%。

产量表现： 2014—2015 年区域试验平均公顷产量 12575.8 千克，比对照增产 10.0%；2015 年生产试验平均公顷产量 11940.9 千克，比对照增产 12.2%。

栽培技术要点： 中等肥力以上地块栽培，4 月下旬至 5 月上旬播种，一般公顷保苗 5.5 万～6.0 万株。

适宜种植地区： 适宜吉林省延边、白山、吉林、通化等山区和半山区玉米中早熟区种植。

通育 1101

审定编号： 吉审玉 2016020

选育单位： 通化市农业科学研究院

品种来源： 通 1623×通 B20

特征特性： 中早熟品种，出苗至成熟 125 天，比对照吉单 27 晚 2 天。幼苗叶鞘紫色，叶片绿色，叶缘白色，花药黄色，颖壳绿色。株型紧凑，株高 330 厘米，穗位高 145 厘米，成株叶片数 20 片。花丝黄色，果穗圆柱型，穗长 20.6 厘米，穗行数 14～16 行，穗轴红色，籽粒黄色、近硬粒型，百粒重 41.5 克。接种鉴定，抗大斑病，中抗弯孢菌叶斑病，抗丝黑穗病，中抗茎腐病，高抗玉米螟。籽粒容重 756 克/升,粗蛋白(干基)11.70%,

粗脂肪(干基)4.02%，粗淀粉(干基)71.54%，赖氨酸(干基)0.33%。

产量表现： 2014—2015 年区域试验平均公顷产量 12151.1 千克，比对照增产 7.8%；2015 年生产试验平均公顷产量 11442.0 千克，比对照增产 7.5%。

栽培技术要点： 中等肥力以上地块栽培，4 月下旬至 5 月上旬播种，一般公顷保苗 5.5 万～6.0 万株。

适宜种植地区： 适宜吉林省延边、白山、吉林、通化等山区和半山区玉米中早熟区种植。

辉煌 3 号

审定编号： 吉审玉 2016021

选育单位： 李小函

品种来源： G11×V19

特征特性： 中早熟品种，出苗至成熟 123 天，与对照吉单 27 熟期相同。幼苗叶鞘紫色，叶片绿色，叶缘紫色，花药紫色，颖壳粉色。株型紧凑，株高 252 厘米，穗位高 91 厘米，成株叶片数 19 片。花丝粉色，果穗筒型，穗长 20.1 厘米，穗行数 16 行，穗轴红色，籽粒金黄色、半马齿型，百粒重 40.6 克。接种鉴定，抗大斑病，中抗弯孢菌叶斑病，感丝黑穗病，抗茎腐病，中抗玉米螟。籽粒容重 740 克/升，粗蛋白(干基)10.03%，粗脂肪(干基)4.47%，粗淀粉(干基)73.87%，赖氨酸(干基)0.31%。

产量表现： 2014—2015 年区域试验平均公顷产量 12023.2 千克，比对照增产 6.7%；2015 年生产试验平均公顷产量 11548.8 千克，比对照增产 8.5%。

栽培技术要点： 中等肥力以上地块栽培，4 月下旬至 5 月上旬播种，一般公顷保苗 6.0 万～6.5 万株。

适宜种植地区： 适宜吉林省延边、白山、吉林、通化等山区和半山区玉米中早熟区种植。注意防治丝黑穗病。

加美 2 号

审定编号： 吉审玉 2016022

选育单位： 肖辉

品种来源： V67×V30

特征特性： 中熟品种，出苗至成熟 125 天，比对照先玉 335 早 2 天。幼苗叶鞘紫色，叶片绿色，叶缘紫色，花药黄色，颖壳紫色。株型上冲，株高 255 厘米，穗位高 102 厘米，成株叶片数 19 片。花丝黄色，果穗筒型，穗长 21.7 厘米，穗行数 16～18 行，穗轴红色，籽粒黄色、马齿型，百粒重 39.7 克。接种鉴定，中抗大斑病，感弯孢菌叶斑病，抗丝黑穗病，中抗茎腐病，中抗玉米螟。籽粒容重 765 克/升，粗蛋白(干基)9.93%，粗脂肪(干基)3.35%，粗淀粉(干基)74.27%，赖氨酸(干基)0.29%。

产量表现： 2014—2015 年区域试验平均公顷产量 13267.2 千克，比对照增产 7.1%；2015 年生产试验平均公顷产量 12071.3 千克，比对照增产 7.1%。

栽培技术要点： 中等肥力以上地块栽培，4 月下旬至 5 月上旬播种，一般公顷保苗 7.0 万～7.5 万株。

适宜种植地区： 适宜吉林省玉米中熟区种植。注意防治弯孢菌叶斑病。

金正泰 1 号

审定编号： 吉审玉 2016023

选育单位： 吉林金正泰农业技术有限公司

品种来源： Z20×M09

特征特性： 中熟品种，出苗至成熟 126 天，比对照先玉 335 早 1 天。幼苗叶鞘紫色，叶片绿色，叶缘紫色，花药浅紫色，颖壳绿色。株型半紧凑，株高 284 厘米，穗位高 116 厘米，成株叶片数 21 片。花丝浅紫色，果穗筒型，穗长 20.1 厘米，穗行数 16～18 行，穗轴红色，籽粒黄色、马齿型，百粒重 37.2 克。接种鉴定，中抗大斑病，中抗弯孢菌叶斑病，感丝黑穗病，中抗茎腐病，中抗玉米螟。籽粒容重 796 克/升，粗蛋白(干基)11.18%，粗脂肪(干基)3.61%，粗淀粉(干基)74.48%，赖氨酸(干基)0.33%。

产量表现： 2014—2015 年区域试验平均公顷产量 13001.0 千克，比对照增产 4.9%；2015 年生产试验平均公顷产量 11660.5 千克，比对照增产 3.4%。

栽培技术要点： 中等肥力以上地块栽培，4 月下旬至 5 月上旬播种，一般公顷保苗 5.5 万～6.0 万株。

适宜种植地区： 适宜吉林省玉米中熟区种植。注意防治丝黑穗病。

科玉 15

审定编号： 吉审玉 2016025

选育单位： 长春市科育玉米研究所

品种来源： WF221×WJ22

特征特性： 中熟品种，出苗至成熟 126 天，比对照先玉 335 早 1 天。幼苗叶鞘紫色，叶片绿色，叶缘紫色，花药浅紫色，颖壳绿色。株型半紧凑，株高 298 厘米，穗位高 105 厘米，成株叶片数 19 片。花丝绿色，果穗筒型，穗长 21.1 厘米，穗行数 16～20 行，穗轴红色，籽粒黄色、马齿型，百粒重 38.8 克。接种鉴定，感大斑病，感弯孢菌叶斑病，中抗丝黑穗病，抗茎腐病，中抗玉米螟。籽粒容重 772 克/升，粗蛋白(干基)10.93%，粗脂肪(干基)4.81%，粗淀粉(干基)72.02%，赖氨酸(干基)0.34%。

产量表现：2014—2015 年区域试验平均公顷产量 13182.7 千克，比对照增产 6.4%；2015 年生产试验平均公顷产量 12007.4 千克，比对照增产 6.5%。

栽培技术要点：中等肥力以上地块栽培，4 月下旬至 5 月上旬播种，一般公顷保苗 6.0 万株。

适宜种植地区：适宜吉林省玉米中熟区种植。注意防治大斑病和弯孢菌叶斑病。

稷秾 108

审定编号：吉审玉 2016026

选育单位：吉林省稷秾种业有限公司

品种来源：A27×B35

特征特性：中熟品种，出苗至成熟 126 天，比对照先玉 335 早 1 天。幼苗叶鞘紫色，叶片绿色，叶缘紫色，花药浅紫色，颖壳绿色，株型紧凑，株高 317 厘米，穗位高 125 厘米，成株叶片数 21 片。花丝浅紫色，果穗长锥型，穗长 19.7 厘米，穗行数 16～18 行，穗轴红色，籽粒黄色、马齿型，百粒重 38.9 克。接种鉴定，感大斑病，感弯孢菌叶斑病，感丝黑穗病，抗茎腐病，中抗玉米螟。籽粒容重 779 克/升，粗蛋白(干基)11.32%，粗脂肪(干基)3.44%，粗淀粉(干基)74.78%，赖氨酸(干基)0.31%。

产量表现：2014 年区域试验平均公顷产量 13161.6 千克，比对照增产 6.2%；2015 年区域试验平均公顷产量 12811.4 千克，比对照增产 3.5%，两年区域试验平均公顷产量 12986.5 千克，比对照增产 4.8%。

栽培技术要点：中上等肥力以上地块栽培，4 月下旬至 5 月上旬播种，一般公顷保苗 6.0 万株。

适宜种植地区：适宜吉林省玉米中熟区种植。注意防治大斑病、弯孢菌叶斑病和丝黑穗病。

远科 107

审定编号：吉审玉 2016027

选育单位：吉林省远科农业开发有限公司

品种来源：THA5R×TH22A

特征特性：中熟品种，出苗至成熟 126 天，比对照先玉 335 早 1 天。幼苗叶鞘紫色，叶片绿色，叶缘白色，花药浅紫色，颖壳绿色。株型半紧凑，株高 285 厘米，穗位高 106 厘米，成株叶片数 19 片。花丝浅紫色，果穗筒型，穗长 20.2 厘米，穗行数 16 行，穗轴红色，籽粒黄色、马齿型，百粒重 39.4 克。接种鉴定，感大斑病，感弯孢菌叶斑病，中抗丝黑穗病，中抗茎腐病，感玉米螟。籽粒容重 771 克/升，粗蛋白(干基)9.03%，粗脂肪(干基)4.38%，粗淀粉(干基)72.59%，赖氨酸(干基)0.32%。

产量表现：2014—2015 年区域试验平均公顷产量 12917.4 千克，比对照增产 4.3%；2015 年生产试验平均公顷产量 12288.5 千克，比对照增产 9.0%。

栽培技术要点：中等肥力以上地块栽培，4 月下旬至 5 月上旬播种，一般公顷保苗 6.0 万～7.5 万株。

适宜种植地区：适宜吉林省玉米中熟区种植。注意防治大斑病、弯孢菌叶斑病和玉米螟。

军育 288

审定编号：吉审玉 2016028

选育单位：吉林省军育农业有限公司、吉林省鸿翔农业集团鸿翔种业有限公司

品种来源：Y822×X923

特征特性：中熟品种，出苗至成熟 126 天，比对照先玉 335 早 1 天。幼苗叶鞘紫色，叶片绿色，叶缘绿色，花药紫色，颖壳绿色。株型半紧凑，株高 295 厘米，穗位高 105 厘米，成株叶片数 21 片。花丝浅紫色，果穗筒型，穗长 19.8 厘米，穗行数 16～18 行，穗轴红色，籽粒黄色、马齿型，百粒重 40.4 克。接种鉴定，感大斑病，中抗弯孢菌叶斑病，中抗丝黑穗病，中抗茎腐病，中抗玉米螟。籽粒容重 781 克/升，粗蛋白(干基)10.33%，粗脂肪(干基)3.44%，粗淀粉(干基)73.87%，赖氨酸(干基)0.33%。

产量表现：2014—2015 年区域试验平均公顷产量 13282.9 千克，比对照增产 4.8%；2015 年生产试验平均公顷产量 12174.5 千克，比对照增产 8.0%。

栽培技术要点：中等肥力以上地块栽培，4 月下旬至 5 月上旬播种，一般公顷保苗 5.5 万～6.0 万株。

适宜种植地区：适宜吉林省玉米中熟区种植。注意防治大斑病。

福莱 818

审定编号：吉审玉 2016029

选育单位：吉林市福莱特种子有限公司

品种来源： S121×S125

特征特性： 中熟品种，出苗至成熟 126 天，比对照先玉 335 早 1 天。幼苗叶鞘紫色，叶片绿色，叶缘浅紫色，花药紫色，颖壳绿色。株型半紧凑，株高 293 厘米，穗位高 118 厘米，成株叶片数 20 片。花丝紫色，果穗筒型，穗长 20.0 厘米，穗行数 16 行，穗轴红色，籽粒黄色、马齿型，百粒重 38.7 克。接种鉴定，感大斑病，感弯孢菌叶斑病，感丝黑穗病，中抗茎腐病，中抗玉米螟。籽粒容重 758 克/升，粗蛋白(干基)10.32%，粗脂肪(干基)3.71%，粗淀粉(干基)73.42%，赖氨酸(干基)0.31%。

产量表现： 2014—2015 年区域试验平均公顷产量 12996.1 千克，比对照增产 4.9%；2015 年生产试验平均公顷产量 11737.3 千克，比对照增产 4.1%。

栽培技术要点： 中等肥力以上地块栽培，4 月下旬至 5 月上旬播种，一般公顷保苗 5.5 万～6.0 万株。

适宜种植地区： 适宜吉林省玉米中熟区种植。注意防治大斑病、弯孢菌叶斑病和丝黑穗病。

和育 189

审定编号： 吉审玉 2016030

选育单位： 魏巍种业(北京)有限公司、吉林省亨达种业有限公司

品种来源： THA9R×TH22A

特征特性： 中熟偏晚品种，出苗至成熟 128 天，比对照先玉 335 晚 1 天。幼苗叶鞘紫色，叶片绿色，叶缘紫色，花药黄色，颖壳绿色。株型半紧凑，株高 292 厘米，穗位高 103 厘米，成株叶片数 21 片。花丝绿色，果穗筒型，穗长 19.9 厘米，穗行数 16～18 行，穗轴红色，籽粒黄色、马齿型，百粒重 40.5 克。接种鉴定，感大斑病，感弯孢菌叶斑病，抗丝黑穗病，中抗茎腐病，感玉米螟。籽粒容重 775 克/升，粗蛋白(干基)11.46%，粗脂肪(干基)3.73%，粗淀粉(干基)72.40%，赖氨酸(干基)0.30%。

产量表现： 2014—2015 年区域试验平均公顷产量 13483.0 千克，比对照增产 6.4%；2015 年生产试验平均公顷产量 12043.7 千克，比对照增产 6.8%。

栽培技术要点： 中等肥力以上地块栽培，4 月下旬至 5 月上旬播种，一般公顷保苗 6.0 万～6.5 万株。

适宜种植地区： 适宜吉林省玉米中熟下限和中晚熟上限区种植。注意防治大斑病、弯孢菌叶斑病和玉米螟。

宏硕 313

审定编号： 吉审玉 2016031

选育单位： 辽宁宏硕种业科技有限公司

品种来源： D5433×S1

特征特性： 中晚熟品种，出苗至成熟 126 天，比对照先玉 335 早 1 天。幼苗叶鞘紫色，叶片绿色，叶缘紫色，花药浅紫色，颖壳绿色。株型紧凑，株高 287 厘米，穗位高 109 厘米，成株叶片数 21 片。花丝浅紫色，果穗锥型，穗长 21.8 厘米，穗行数 18～22 行，穗轴红色，籽粒黄色、马齿型，百粒重 39.1 克。接种鉴定，中抗大斑病，感弯孢菌叶斑病，感丝黑穗病，抗茎腐病，中抗玉米螟。籽粒容重 775 克/升，粗蛋白(干基)9.11%，粗脂肪(干基)4.19%，粗淀粉(干基)73.09%，赖氨酸(干基)0.29%。

产量表现： 2014—2015 年区域试验平均公顷产量 12551.0 千克，比对照增产 7.5%；2015 年生产试验平均公顷产量 13060.4 千克，比对照增产 9.2%。

栽培技术要点： 中等肥力以上地块栽培，4 月下旬至 5 月上旬播种，一般公顷保苗 5.5 万～6.0 万株。

适宜种植地区： 适宜吉林省玉米中晚熟区种植。注意防治弯孢菌叶斑病和丝黑穗病。

德禹 101

审定编号： 吉审玉 2016032

选育单位： 吉林德禹种业有限责任公司

品种来源： DM108×ST45

特征特性： 中晚熟品种，出苗至成熟 126 天，比对照先玉 335 早 1 天。幼苗叶鞘紫色，叶片绿色，叶缘白色，花药浅紫色，颖壳绿色。株型半紧凑，株高 293 厘米，穗位高 117 厘米，成株叶片数 21 片。花丝浅紫色，果穗筒型，穗长 20.0 厘米，穗行数 16～18 行，穗轴红色，籽粒黄色、马齿型，百粒重 36.8 克。接种鉴定，中抗大斑病，感弯孢菌叶斑病，中抗丝黑穗病，中抗茎腐病，中抗玉米螟。籽粒容重 756 克/升，粗蛋白(干基)10.81%，粗脂肪(干基)3.92%，粗淀粉(干基)72.91%，赖氨酸(干基)0.30%。

产量表现： 2014—2015 年区域试验平均公顷产量 12130.7 千克，比对照增产 3.9%；2015 年生产试验平均公顷产量 12535.9 千克，比对照增产 4.4%。

栽培技术要点： 中等肥力以上地块栽培，4 月下旬至 5 月上旬播种，一般公顷保苗 5.5 万～6.0 万株。

适宜种植地区： 适宜吉林省玉米中晚熟区种植。注意防治弯孢菌叶斑病。

平安 998

审定编号： 吉审玉 2016033

选育单位： 吉林省平安种业有限公司

品种来源： ALA005×BLA003

特征特性： 中晚熟品种，出苗至成熟 127 天，与对照先玉 335 熟期相同。幼苗叶鞘紫色，叶片绿色，叶缘白色，花药浅紫色，颖壳绿色。株型半紧凑，株高 311 厘米，穗位高 129 厘米，成株叶片数 21 片。花丝绿色，果穗筒型，穗长 20.5 厘米，穗行数 16～18 行，穗轴红色，籽粒黄色、马齿型，百粒重 39.3 克。接种鉴定，感大斑病，感弯孢菌叶斑病，感丝黑穗病，抗茎腐病，中抗玉米螟。籽粒容重 766 克/升，粗蛋白(干基)10.12%，粗脂肪(干基)3.72%，粗淀粉(干基)73.35%，赖氨酸(干基)0.28%。

产量表现： 2014—2015 年区域试验平均公顷产量 12229.7 千克，比对照增产 4.7%；2015 年生产试验平均公顷产量 12693.0 千克，比对照增产 6.1%。

栽培技术要点： 中等肥力以上地块栽培，4 月下旬至 5 月上旬播种，一般公顷保苗 5.5 万～6.0 万株。

适宜种植地区： 适宜吉林省玉米中晚熟区种植。注意防治大斑病、弯孢菌叶斑病和丝黑穗病。

正泰 3 号

审定编号： 吉审玉 2016035

申请者： 北京沃尔正泰农业科技有限公司

选育单位： 三北种业有限公司、北京沃尔正泰农业科技有限公司

品种来源： P7863×NP2589

特征特性： 中晚熟品种，出苗至成熟 127 天，与对照先玉 335 熟期相同。幼苗叶鞘紫色，叶片绿色，叶缘紫红色，花药绿色，颖壳绿色。株型半紧凑，株高 310 厘米，穗位高 116 厘米，成株叶片数 19～20 片。花丝绿色，果穗锥型，穗长 19.8 厘米，穗行数 16～18 行，穗轴浅红色，籽粒黄色、半马齿型，百粒重 35.9 克。接种鉴定，感大斑病，感弯孢菌叶斑病，中抗丝黑穗病，中抗茎腐病，感玉米螟。籽粒容重 786 克/升，粗蛋白(干基)10.12%，粗脂肪(干基)3.89%，粗淀粉(干基)73.08%，赖氨酸(干基)0.34%。

产量表现： 2014—2015 年区域试验平均公顷产量 12291.2 千克，比对照增产 5.2%；2015 年生产试验平均公顷产量 12956.7 千克，比对照增产 8.3%。

栽培技术要点： 中等肥力以上地块栽培，4 月下旬至 5 月上旬播种，一般公顷保苗 7.5 万株。

适宜种植地区：适宜吉林省玉米中晚熟区种植。注意防治大斑病、弯孢菌叶斑病和玉米螟。

科泰 881

审定编号：吉审玉 2016036

选育单位：吉林省科泰种业有限公司

品种来源：N21×S6881

特征特性：中晚熟偏早品种，出苗至成熟 125 天，比对照先玉 335 早 2 天。幼苗叶鞘紫色，叶片绿色，叶缘紫色，花药黄色，颖壳绿色。株型半紧凑，株高 255 厘米，穗位高 101 厘米，成株叶片数 21 片。花丝浅紫色，果穗长筒型，穗长 24.1 厘米，穗行数 16～18 行，穗轴红色，籽粒黄色、马齿型，百粒重 41.4 克。接种鉴定，中抗大斑病，感弯孢菌叶斑病，中抗丝黑穗病，中抗茎腐病，感玉米螟。籽粒容重 771 克/升，粗蛋白(干基)9.16%，粗脂肪(干基)4.13%，粗淀粉(干基)74.18%，赖氨酸(干基)0.29%。

产量表现：2014—2015 年区域试验平均公顷产量 12587.3 千克，比对照增产 5.1%；2015 年生产试验平均公顷产量 12720.1 千克，比对照增产 6.0%。

栽培技术要点：中等肥力以上地块栽培，4 月末至 5 月上旬播种，一般公顷保苗 5 万～5.5 万株。

适宜种植地区：适宜吉林省玉米中熟下限和中晚熟区种植。注意防治弯孢菌叶斑病和玉米螟。

博泰 737

审定编号：吉审玉 2016037

选育单位：吉林市松花江种业有限责任公司

品种来源：S501×S502

特征特性：中晚熟品种，出苗至成熟 126 天，比对照先玉 335 早 1 天。幼苗叶鞘紫色，叶片绿色，叶缘紫色，花药浅紫色，颖壳绿色。株型紧凑，株高 311 厘米，穗位高 118 厘米，成株叶片数 21 片。花丝紫红色，果穗筒型，穗长 20.7 厘米，穗行数 18 行，穗轴红色，籽粒黄色、马齿型，百粒重 36.1 克。接种鉴定，感大斑病，感弯孢菌叶斑病，感丝黑穗病，抗茎腐病，中抗玉米螟。籽粒容重 763 克/升，粗蛋白(干基)11.23%，粗脂肪(干基)4.53%，粗淀粉(干基)72.64%，赖氨酸(干基)0.31%。

产量表现：2014—2015 年区域试验平均公顷产量 12490.2 千克，比对照增产 6.9%；2015 年生产试验平均公顷产量 12712.3 千克，比对照增产 6.3%。

栽培技术要点： 中等肥力以上地块栽培，4 月下旬至 5 月上旬播种，一般公顷保苗 6.0 万～6.75 万株。

适宜种植地区： 适宜吉林省玉米中晚熟区种植。注意防治大斑病、弯孢菌叶斑病和丝黑穗病。

稷秾 1205

审定编号： 吉审玉 2016038

选育单位： 吉林省稷秾种业有限公司

品种来源： F115×F534

特征特性： 中晚熟品种，出苗至成熟 127 天，与对照先玉 335 熟期相同。幼苗叶鞘紫色，叶片绿色，叶缘紫色，花药粉色，颖壳绿色，株型半紧凑，株高 297 厘米，穗位高 116 厘米，成株叶片数 21 片。花丝浅红色，果穗筒型，穗长 19.6 厘米，穗行数 16～18 行，穗轴粉色，籽粒黄色、马齿型，百粒重 38.2 克。接种鉴定，感大斑病，感弯孢菌叶斑病，中抗丝黑穗病，中抗茎腐病，中抗玉米螟。籽粒容重 761 克/升，粗蛋白(干基)9.40%，粗脂肪(干基)3.67%，粗淀粉(干基)74.85%，赖氨酸(干基)0.29%。

产量表现： 2014—2015 年区域试验平均公顷产量 12210.3 千克，比对照增产 4.5%。2015 年生产试验平均公顷产量 12599.3 千克，比对照增产 5.0%。

栽培技术要点： 中上等肥力以上地块栽培，4 月下旬至 5 月上旬播种，一般公顷保苗 6.0 万株。

适宜种植地区： 适宜吉林省玉米中晚熟区种植。注意防治大斑病和弯孢菌叶斑病。

优迪 919

审定编号： 吉审玉 2016039

选育单位： 吉林省鸿翔农业集团鸿翔种业有限公司、吉林省优旗现代农业科研开发有限公司

品种来源： JL712×JL715

特征特性： 中晚熟品种，出苗至成熟 127 天，与对照先玉 335 熟期相同。幼苗叶鞘紫色，叶片绿色，叶缘绿色，花药浅紫色，颖壳绿色。株型半紧凑，株高 292 厘米，穗位高 95 厘米，成株叶片数 20 片。花丝浅紫色，果穗筒型，穗长 20.2 厘米，穗行数 16～18 行，穗轴红色，籽粒黄色、马齿型，百粒重 40.6 克。接种鉴定，感大斑病，感弯孢菌叶斑病，中抗丝黑穗病，中抗茎腐病，中抗玉米螟。籽粒容重 777 克/升，粗蛋白(干基)11.51%，粗脂肪(干基)3.46%，粗淀粉(干基)71.65%，赖氨酸(干基)0.34%。

产量表现： 2014—2015 年区域试验平均公顷产量 12534.1 千克，比对照增产 7.3%；2015 年生产试验平均公顷产量

公顷产量 12707.1 千克，比对照增产 6.2%。

栽培技术要点： 中等肥力以上地块栽培，4 月下旬至 5 月上旬播种，一般公顷保苗 5.5 万～6.0 万株。

适宜种植地区： 适宜吉林省玉米中晚熟区种植。注意防治大斑病和弯孢菌叶斑病。

科泰 928

审定编号： 吉审玉 2016041

选育单位： 吉林省科泰种业有限公司

品种来源： NH42×S164

特征特性： 中晚熟品种，出苗至成熟 126 天，比对照先玉 335 早 1 天。幼苗叶鞘紫色，叶片淡绿色，叶缘绿色，花药黄色，颖壳绿色。株型半紧凑，株高 253 厘米，穗位高 91 厘米，成株叶片数 21 片。花丝浅紫色，果穗筒型，穗长 23.0 厘米，穗行数 20～22 行，穗轴红色，籽粒黄色、马齿型，百粒重 40.2 克。接种鉴定，感大斑病，感弯孢菌叶斑病，中抗丝黑穗病，中抗茎腐病，中抗玉米螟。籽粒容重 759 克/升，粗蛋白(干基)10.16%，粗脂肪(干基)4.27%，粗淀粉(干基)72.13%，赖氨酸(基)0.32%。

产量表现： 2014—2015 年区域试验平均公顷产量 12282.1 千克，比对照增产 5.2%；2015 年生产试验平均公顷产量 12710.4 千克，比对照增产 6.2%。

栽培技术要点： 中等肥力以上地块栽培，4 月末至 5 月上旬播种，一般公顷保苗 5.0 万～5.5 万株。

适宜种植地区： 适宜吉林省玉米中晚熟区种植。注意防治大斑病和弯孢菌叶斑病。

德美 1 号

审定编号： 吉审玉 2016042

选育单位： 吉林德美种业有限公司

品种来源： D606×S202

特征特性： 中晚熟品种，出苗至成熟 128 天，比对照郑单 958 早 1 天。幼苗叶鞘紫色，叶片绿色，叶缘紫色，花药浅紫色，颖壳紫色。株型紧凑，株高 294 厘米，穗位高 116 厘米，成株叶片数 19 片。花丝浅紫色，果穗筒型，穗长 21.7 厘米，穗行数 18 行，穗轴红色，籽粒黄色、马齿型，百粒重 41.3 克。接种鉴定，感大斑病，感弯孢菌叶斑病，中抗丝黑穗病，抗茎腐病，中抗玉米螟。籽粒容重 770 克/升，粗蛋白(干基)9.86%，粗脂肪(干基)4.14%，粗淀粉(干基)74.60%，赖氨酸(干基)0.28%。

产量表现：2014—2015 年区域试验平均公顷产量 13811.4 千克，比对照增产 16.0%；2015 年生产试验平均公顷产量 11862.2 千克，比对照增产 8.1%。

栽培技术要点：中等肥力以上地块栽培，4 月下旬至 5 月上旬播种，一般公顷保苗 6.0 万～7.0 万株。

适宜种植地区：适宜吉林省玉米中晚熟区种植。注意防治大斑病和弯孢菌叶斑病。

吉农玉 387

审定编号：吉审玉 2016043

选育单位：吉林农业大学

品种来源：M54×甸 12164

特征特性：中晚熟品种，出苗至成熟 126 天，比对照郑单 958 早 3 天。幼苗叶鞘紫色，叶片浅绿色，叶缘白色，花药浅紫色，颖壳绿色。株型半紧凑，株高 306 厘米，穗位高 114 厘米，成株叶片数 20 片。花丝浅紫色，果穗筒型，穗长 19.2 厘米，穗行数 16～18 行，穗轴红色，籽粒黄色、马齿型，百粒重 40.5 克。接种鉴定，感大斑病，感弯孢菌叶斑病，感丝黑穗病，中抗茎腐病，中抗玉米螟。籽粒容重 772 克/升，粗蛋白(干基)11.27%，粗脂肪(干基)3.61%，粗淀粉(干基)73.36%，赖氨酸(干基)0.30%。

产量表现：2014—2015 年区域试验平均公顷产量 12987.1 千克，比对照增产 12.4%；2015 年生产试验平均公顷产量 12320.1 千克，比对照增产 11.2%。

栽培技术要点：中等肥力以上地块栽培，4 月下旬至 5 月上旬播种，一般公顷保苗 5.5 万～6.0 万株。

适宜种植地区：适宜吉林省玉米中晚熟区种植。注意防治大斑病、弯孢菌叶斑病和丝黑穗病。

禾育 9

审定编号：吉审玉 2016045

选育单位：四平市新禾玉米种子研究所

品种来源：S4505×S4504

特征特性：中晚熟品种，出苗至成熟 128 天，比对照郑单 958 早 1 天。幼苗叶鞘紫色，叶片绿色，叶缘绿色，花药浅紫色，颖壳绿色。株型紧凑，株高 305 厘米，穗位高 115 厘米，成株叶片数 21 片。花丝紫色，果穗筒型，穗长 20.8 厘米，穗行数 18～20 行，穗轴红色，籽粒黄色、马齿型，百粒重 40.0 克。接种鉴定，中抗大斑病，感弯孢菌叶斑病，抗丝黑穗病，抗茎腐病，中抗玉米螟。籽粒容重 751 克/升，粗蛋白(干基)10.57%，粗脂肪(干基)4.17%，粗淀粉(干基)73.08%，赖氨酸(干基)0.31%。

产量表现： 2014—2015 年区域试验平均公顷产量 13381.7 千克，比对照增产 15.8%；2015 年生产试验平均公顷产量 11798.5 千克，比对照增产 7.5%。

栽培技术要点： 中等肥力以上地块栽培，4 月下旬至 5 月上旬播种，一般公顷保苗 6.0 万株。

适宜种植地区： 适宜吉林省玉米中晚熟区种植。注意防治弯孢菌叶斑病。

吉农大 778

审定编号： 吉审玉 2016046

选育单位： 长春市茂盛玉米研究所

品种来源： P58×M77

特征特性： 中晚熟品种，出苗至成熟 127 天，比对照郑单 958 早 2 天。幼苗叶鞘紫色，叶片浓绿色，叶缘紫色，花药浅紫色，颖壳浅紫色。株型半紧凑，株高 285 厘米，穗位高 104 厘米，成株叶片数 20 片。花丝绿色，果穗筒型，穗长 22.0 厘米，穗行数 16～18 行，穗轴红色，籽粒黄色、马齿型，百粒重 37.5 克。接种鉴定，感大斑病，感弯孢菌叶斑病，抗丝黑穗病，感茎腐病，感玉米螟。籽粒容重 773 克/升，粗蛋白(干基)9.50%，粗脂肪(干基)3.91%，粗淀粉(干基)72.81%，赖氨酸(干基)0.28%。

产量表现： 2014—2015 年区域试验平均公顷产量 13682.3 千克，比对照增产 14.9%；2015 年生产试验平均公顷产量 11978.6 千克，比对照增产 9.2%。

栽培技术要点： 中等肥力以上地块栽培，4 月下旬至 5 月上旬播种，一般公顷保苗 6.0 万株。

适宜种植地区： 适宜吉林省玉米中晚熟区种植。注意防治大斑病、弯孢菌叶斑病、茎腐病和玉米螟。

天龙华玉 117

审定编号： 吉审玉 2016047

选育单位： 吉林省吉育种业有限公司

品种来源： V791×Y5109

特征特性： 中晚熟品种，出苗至成熟 128 天，比对照郑单 958 早 1 天。幼苗叶鞘紫色，叶片绿色，叶缘紫色，花药浅紫色，颖壳绿色。株型半紧凑，株高 286 厘米，穗位高 109 厘米，成株叶片数 21 片。花丝浅紫色，果穗锥型，穗长 18.0 厘米，穗行数 16～18 行，穗轴红色，籽粒黄色、马齿型，百粒重 36.4 克。接种鉴定,感大斑病,感弯孢菌叶斑病,抗丝黑穗病,中抗茎腐病,中抗玉米螟。籽粒容重 782 克/升,粗蛋白(干基)9.62%,粗脂肪(干基)3.78%, 粗淀粉(干基)74.40%, 赖氨酸(干基)0.31%。

产量表现： 2014—2015 年区域试验平均公顷产量 12704.2 千克,比对照增产 9.9%；2015 年生产试验平均公顷产量 12134.2 千克,比对照增产 9.5%。

栽培技术要点： 一般地块栽培,4 月下旬至 5 月上旬播种,一般公顷保苗 6.0 万～6.5 万株。

适宜种植地区： 适宜吉林省玉米中晚熟区种植。注意防治大斑病和弯孢菌叶斑病。

金庆 8

审定编号： 吉审玉 2016048

选育单位： 吉林省远科农业开发有限公司

品种来源： TH905×TH22A

特征特性： 中晚熟品种,出苗至成熟 126 天,比对照郑单 958 早 3 天。幼苗叶鞘紫色,叶片绿色,叶缘浅紫色,花药浅紫色,颖壳绿色。株型半紧凑,株高 273 厘米,穗位高 107 厘米,成株叶片数 19 片。花丝绿色,果穗筒型,穗长 19.6 厘米,穗行数 16～18 行,穗轴红色,籽粒黄色、马齿型,百粒重 38.4 克。接种鉴定,感大斑病,中抗弯孢菌叶斑病,中抗丝黑穗病,中抗茎腐病,中抗玉米螟。籽粒容重 771 克/升,粗蛋白(干基)8.95%,粗脂肪(干基)4.12%,粗淀粉(干基)75.03%,赖氨酸(干基)0.28%。

产量表现： 2014—2015 年区域试验平均公顷产量 13016.2 千克,比对照增产 12.6%；2015 年生产试验平均公顷产量 12237.4 千克,比对照增产 10.4%。

栽培技术要点： 中等肥力以上地块栽培,4 月下旬至 5 月上旬播种,一般公顷保苗 6.0 万株。

适宜种植地区： 适宜吉林省玉米中晚熟区种植。注意防治大斑病。

科瑞 981

审定编号： 吉审玉 2016049

选育单位： 吉林省科泰种业有限公司

品种来源： KTSH2×K463

特征特性： 中晚熟品种,出苗至成熟 126 天,比对照郑单 958 早 3 天。幼苗叶鞘紫色,叶片绿色,叶缘白色,花药浅紫色,颖壳绿色。株型半紧凑,株高 270 厘米,穗位高 110 厘米,成株叶片数 21 片。花丝浅粉色，果穗筒型，穗长 22.0 厘米，穗行数 22～24 行，穗轴红色，籽粒黄色、马齿型，百粒重 39.1 克。接种鉴定，感大斑病，感弯孢菌叶斑病，感丝黑穗病，中抗茎腐病，感玉米螟。籽粒容重 767 克/升，粗蛋白(干基)11.37%，粗脂肪(干基)3.38%，粗淀粉(干基)71.92%，赖氨酸(干基)0.29%。

产量表现：2014—2015 年区域试验平均公顷产量 12986.0 千克，比对照增产 12.3%；2015 年生产试验平均公顷产量 12108.3 千克，比对照增产 9.3%。

栽培技术要点：中等肥力以上地块栽培，4 月下旬至 5 月上旬播种，一般公顷保苗 5.5 万～6.0 万株。

适宜种植地区：适宜吉林省玉米中晚熟区种植。注意防治大斑病、弯孢菌叶斑病、丝黑穗病和玉米螟。

美联 6500

审定编号：吉审玉 2016050

选育单位：新疆美亚联达种业有限公司

品种来源：T19×D17

特征特性：中晚熟品种，出苗至成熟 126 天，比对照郑单 958 早 3 天。幼苗叶鞘紫色，叶片绿色，叶缘白色，花药黄色，颖壳绿色。株型紧凑，株高 272 厘米，穗位高 103 厘米，成株叶片数 18 片。花丝红色，果穗筒型，穗长 21.9 厘米，穗行数 16～18 行，穗轴红色，籽粒黄色、马齿型，百粒重 38.6 克。接种鉴定，感大斑病，感弯孢菌叶斑病，中抗丝黑穗病，中抗茎腐病，中抗玉米螟。籽粒容重 781 克/升，粗蛋白(干基)9.84%，粗脂肪(干基)4.20%，粗淀粉(干基)73.64%，赖氨酸(干基)0.28%。

产量表现：2014—2015 年区域试验平均公顷产量 12958.9 千克，比对照增产 12.1%；2015 年生产试验平均公顷产量 12001.4 千克，比对照增产 8.3%。

栽培技术要点：中等肥力以上地块栽培，4 月下旬至 5 月上旬播种，一般公顷保苗 6.75 万～7.5 万株。

适宜种植地区：适宜吉林省玉米中晚熟区种植。注意防治大斑病和弯孢菌叶斑病。

恒单 188

审定编号：吉审玉 2016051

选育单位：吉林省恒昌农业开发有限公司

品种来源：DX06×DX66

特征特性：中晚熟品种，出苗至成熟 128 天，比对照郑单 958 早 1 天。幼苗叶鞘紫色，叶片绿色，叶缘白色，花药紫色，颖壳绿色。株型紧凑，株高 283 厘米，穗位高 111 厘米，成株叶片数 21 片。花丝红色，果穗筒型，穗长 21.8 厘米，穗行数 18～20 行，穗轴红色，籽粒黄色、马齿型，百粒重 37.8 克。接种鉴定，中抗大斑病，感弯孢菌叶斑病，中抗丝黑穗病，高抗茎腐病，中抗玉米螟。籽粒容重 760 克/升，粗蛋白(干基)11.48%，粗脂肪(干基)3.17%，粗淀粉(干基)71.20%，赖氨酸(干基)0.31%。

产量表现： 2014—2015 年区域试验平均公顷产量 12991.7 千克，比对照增产 9.1%；2015 年生产试验平均公顷产量 11678.6 千克，比对照增产 6.4%。

栽培技术要点： 中等肥力以上地块栽培，4 月下旬至 5 月上旬播种，一般公顷保苗 5.5 万～6.0 万株。

适宜种植地区： 适宜吉林省玉米中晚熟区种植。注意防治弯孢菌叶斑病。

宏途 757

审定编号： 吉审玉 2016052

选育单位： 新疆金玉米农业科技有限公司

品种来源： H35499×H99368

特征特性： 中晚熟品种，出苗至成熟 127 天，比对照郑单 958 早 2 天。幼苗叶鞘紫色，叶片绿色，叶缘白色，花药紫色，颖壳绿色。株型紧凑，株高 284 厘米，穗位高 109 厘米，成株叶片数 21 片。花丝浅紫色，果穗筒型，穗长 20.8 厘米，穗行数 18～20 行，穗轴红色，籽粒黄色、马齿型，百粒重 38.5 克。接种鉴定，感大斑病，感弯孢菌叶斑病，感丝黑穗病，中抗茎腐病，中抗玉米螟。籽粒容重 758 克/升，粗蛋白(干基)9.96%，粗脂肪(干基)4.11%，粗淀粉(干基)72.87%，赖氨酸(干基)0.29%。

产量表现： 2014—2015 年区域试验平均公顷产量 12366.4 千克，比对照增产 8.6%；2015 年生产试验平均公顷产量 11694.4 千克，比对照增产 6.6%。

栽培技术要点： 中等肥力以上地块栽培，4 月下旬至 5 月上旬播种，一般公顷保苗 6.0 万～6.75 万株。

适宜种植地区： 适宜吉林省玉米中晚熟区种植。注意防治大斑病、弯孢菌叶斑病和丝黑穗病。

先玉 1225

审定编号： 吉审玉 2016053

选育单位： 铁岭先锋种子研究有限公司

品种来源： PHHJC×PH1CRW

特征特性：中晚熟品种，出苗至成熟 127 天，比对照郑单 958 早 2 天。幼苗叶鞘紫色，叶片绿色，叶缘红绿色，花药紫色，颖壳浅紫色。株型半紧凑，株高 330 厘米，穗位高 120 厘米，成株叶片数 20 片。花丝红色，果穗筒型，穗长 19.4 厘米，穗行数 16～18 行，穗轴红色，籽粒黄色、半马齿型，百粒重 40.3 克。接种鉴定，感大斑病，感弯孢菌叶斑病，中抗丝黑穗病，抗茎腐病，中抗玉米螟。籽粒容重 777 克/升，粗蛋白(干基)10.87%，粗脂肪(干基)3.75%，粗淀粉(干基)74.42%，赖氨酸(干基)0.28%。

产量表现：2014—2015 年区域试验平均公顷产量 13181.6 千克，比对照增产 6.1%；2015 年生产试验平均公顷产量 12002.1 千克，比对照增产 5.7%。

栽培技术要点：中等肥力以上地块栽培，4 月下旬至 5 月上旬播种，一般公顷保苗 6.0 万株。

适宜种植地区：适宜吉林省玉米中晚熟区种植。注意防治大斑病和弯孢菌叶斑病。

吉龙 2 号

审定编号：吉审玉 2016055

选育单位：黑龙江省久龙种业有限公司

品种来源：金 1131×金 6112

特征特性：中晚熟品种，出苗至成熟 128 天，比对照郑单 958 早 1 天。幼苗叶鞘浅紫色，叶片绿色，叶缘绿色，花药浅紫色，颖壳绿色。株型紧凑，株高 270 厘米，穗位高 112 厘米，成株叶片数 18 片。花丝浅紫色，果穗筒型，穗长 19.6 厘米，穗行数 18～20 行，穗轴粉色，籽粒黄色、偏硬粒型，百粒重 40.0 克。接种鉴定，感大斑病，感弯孢菌叶斑病，感丝黑穗病，中抗茎腐病，中抗玉米螟。籽粒容重 782 克/升，粗蛋白(干基)11.16%，粗脂肪(干基)3.85%，粗淀粉(干基)72.75%，赖氨酸(干基)0.30%。

产量表现：2014—2015 年区域试验平均公顷产量 12999.0 千克，比对照增产 9.2%；2015 年生产试验平均公顷产量 12069.7 千克，比对照增产 8.9%。

栽培技术要点：中等肥力以上地块栽培，4 月 25 日至 5 月 1 日播种，一般公顷保苗 5.5 万～6.0 万株。

适宜种植地区：适宜吉林省玉米中晚熟区种植。注意防治大斑病、弯孢菌叶斑病和丝黑穗病。

翔玉 211

审定编号：吉审玉 2016056

选育单位：吉林省鸿翔农业集团鸿翔种业有限公司

品种来源： M360×F39

特征特性： 中晚熟品种，出苗至成熟 127 天，与对照先玉 335 熟期相同。幼苗叶鞘紫色，叶片绿色，叶缘绿色，花药紫色，颖壳绿色。株型紧凑，株高 285 厘米，穗位高 95 厘米，成株叶片数 20 片。花丝浅紫色，果穗筒型，穗长 19.5 厘米，穗行数 16～18 行，穗轴红色，籽粒黄色、半硬粒型，百粒重 35.0 克。接种鉴定，感大斑病，感弯孢菌叶斑病，中抗丝黑穗病，中抗茎腐病，中抗玉米螟。籽粒容重 802 克/升，粗蛋白(干基)9.89%，粗脂肪(干基)3.62%，粗淀粉(干基)73.92%，赖氨酸(干基)0.32%。

产量表现： 2014—2015 年区域试验平均公顷产量 13179.3 千克，比对照增产 6.0%；2015 年生产试验平均公顷产量 10181.3 千克，比对照增产 6.2%。

栽培技术要点： 中等肥力以上地块栽培，4 月下旬至 5 月上旬播种，一般公顷保苗 5.5 万～6.0 万株。

适宜种植地区： 适宜吉林省玉米中晚熟区种植。注意防治大斑病和弯孢菌叶斑病。

宏强 717

审定编号： 吉审玉 2016057

选育单位： 丹东市振安区丹兴玉米育种研究所

品种来源： H4243×L269

特征特性： 中晚熟品种，出苗至成熟 128 天，比对照先玉 335 晚 1 天。幼苗叶鞘紫色，叶片绿色，叶缘白色，花药浅紫色，颖壳绿色。株型紧凑，株高 290 厘米，穗位高 107 厘米，成株叶片数 21 片。花丝浅紫色，果穗筒型，穗长 19.2 厘米，穗行数 16～18 行，穗轴红色，籽粒黄色、马齿型，百粒重 38.4 克。接种鉴定，感大斑病，感弯孢菌叶斑病，感丝黑穗病，高抗茎腐病，感玉米螟。籽粒容重 766 克/升，粗蛋白(干基)10.49%，粗脂肪(干基)4.55%，粗淀粉(干基)70.64%，赖氨酸(干基)0.31%。

产量表现： 2014—2015 年区域试验平均公顷产量 13253.3 千克，比对照增产 9.1%；2015 年生产试验平均公顷产量 10355.9 千克，比对照增产 8.0%。

栽培技术要点： 中等肥力以上地块栽培，4 月下旬至 5 月上旬播种，一般公顷保苗 6.0 万～6.75 万株。

适宜种植地区： 适宜吉林省玉米中晚熟区种植。注意防治大斑病、弯孢菌叶斑病、丝黑穗病和玉米螟。

宏兴 528

审定编号： 吉审玉 2016058

选育单位：吉林省宏兴种业有限公司

品种来源：Y1509×Y33-1

特征特性：中晚熟品种，出苗至成熟 127 天，与对照先玉 335 熟期相同。幼苗叶鞘紫色，叶片绿色，叶缘紫色，花药浅紫色，颖壳绿色。株型紧凑，株高 298 厘米，穗位高 124 厘米，成株叶片数 19 片。花丝浅紫色，果穗筒型，穗长 18.6 厘米，穗行数 16～18 行，穗轴红色，籽粒黄色、马齿型，百粒重 35.4 克。接种鉴定，感大斑病，感弯孢菌叶斑病，中抗丝黑穗病，抗茎腐病，感玉米螟。籽粒容重 766 克/升，粗蛋白(干基)10.55%，粗脂肪(干基)3.74%，粗淀粉(干基)74.68%，赖氨酸(干基)0.30%。

产量表现：2014—2015 年区域试验平均公顷产量 12795.7 千克，比对照增产 5.3%；2015 年生产试验平均公顷产量 10209.0 千克，比对照增产 6.4%。

栽培技术要点：中等肥力以上地块栽培，4 月下旬至 5 月上旬播种，一般公顷保苗 6.0 万～6.5 万株。

适宜种植地区：适宜吉林省玉米中晚熟区种植。注意防治大斑病、弯孢菌叶斑病和玉米螟。

金梁 199

审定编号：吉审玉 2016059

选育单位：吉林省金园种苗有限公司

品种来源：J560×J889

特征特性：中晚熟品种，出苗至成熟 126 天，比对照先玉 335 早 1 天。幼苗叶鞘紫色，叶片绿色，叶缘白色，花药黄色，颖壳绿色。株型紧凑，株高 294 厘米，穗位高 118 厘米，成株叶片数 21 片。花丝绿色，果穗筒型，穗长 17.5 厘米，穗行数 16～18 行，穗轴红色，籽粒黄色、马齿型，百粒重 38.0 克。接种鉴定，感大斑病，感弯孢菌叶斑病，抗丝黑穗病，中抗茎腐病，中抗玉米螟。籽粒容重 789 克/升，粗蛋白(干基)11.81%，粗脂肪(干基)3.51%，粗淀粉(干基)73.86%，赖氨酸(干基)0.33%。

产量表现：2014—2015 年区域试验平均公顷产量 13262.9 千克，比对照增产 6.6%；2015 年生产试验平均公顷产量 9968.9 千克，比对照增产 3.9%。

栽培技术要点：中上等肥力以上地块栽培，4 月下旬至 5 月上旬播种，一般公顷保苗 6.0 万～7.5 万株。

适宜种植地区：适宜吉林省玉米中晚熟区种植。注意防治大斑病和弯孢菌叶斑病。

亨达 366

审定编号： 吉审玉 2016060

选育单位： 吉林省亨达种业有限公司

品种来源： H08×H109

特征特性： 中晚熟品种，出苗至成熟 127 天，与对照先玉 335 熟期相同。幼苗叶鞘绿色，叶片绿色，叶缘绿色，花药黄色，颖壳绿色。株型紧凑，株高 272 厘米，穗位高 106 厘米，成株叶片数 20 片。花丝浅粉色，果穗锥型，穗长 20.0 厘米，穗行数 16～18 行，穗轴红色，籽粒黄色、半马齿型，百粒重 38.0 克。接种鉴定，感大斑病，感弯孢菌叶斑病，感丝黑穗病，抗茎腐病，中抗玉米螟。籽粒容重 789 克/升，粗蛋白(干基)10.72%，粗脂肪(干基)4.38%，粗淀粉(干基)71.20%，赖氨酸(干基)0.27%。

产量表现： 2014—2015 年区域试验平均公顷产量 12974.0 千克，比对照增产 6.8%；2015 年生产试验平均公顷产量 10150.7 千克，比对照增产 5.8%。

栽培技术要点： 中等肥力以上地块栽培，4 月下旬至 5 月上旬播种，一般公顷保苗 6 万～6.5 万株。

适宜种植地区： 适宜吉林省玉米中晚熟区种植。注意防治大斑病、弯孢菌叶斑病和丝黑穗病。

豫禾 358

审定编号： 吉审玉 2016061

选育单位： 河南省豫玉种业股份有限公司

品种来源： 甸 M383×F784

特征特性： 中晚熟品种，出苗至成熟 126 天，比对照先玉 335 早 1 天。幼苗叶鞘紫色，叶片绿色，叶缘紫色，花药紫色，颖壳绿色。株型半紧凑，株高 293 厘米，穗位高 109 厘米，成株叶片数 21 片。花丝紫色，果穗筒型，穗长 18.3 厘米，穗行数 16～18 行，穗轴红色，籽粒黄色、半马齿型，百粒重 35.4 克。接种鉴定，感大斑病，感弯孢菌叶斑病，感丝黑穗病，中抗茎腐病，感玉米螟。籽粒容重 769 克/升，粗蛋白(干基)8.92%，粗脂肪(干基)4.07%，粗淀粉(干基)72.85%，赖氨酸(干基)0.31%。

产量表现： 2014—2015 年区域试验平均公顷产量 12897.5 千克，比对照增产 6.2%；2015 年生产试验平均公顷产量 10291.6 千克，比对照增产 7.3%。

栽培技术要点： 中等肥力以上地块栽培，4 月下旬至 5 月上旬播种，一般公顷保苗 6.0 万～6.5 万株。

适宜种植地区： 适宜吉林省玉米中晚熟区种植。注意防治大斑病、弯孢菌叶斑病、丝黑穗病和玉米螟。

奥邦 A6

审定编号： 吉审玉 2016062

选育单位： 铁岭市奥邦农业科技发展有限公司

品种来源： SA57×SB437

特征特性： 中晚熟品种，出苗至成熟 126 天，比对照先玉 335 早 1 天。幼苗叶鞘浅紫色，叶片绿色，叶缘绿色，花药浅紫色，颖壳绿色。株型半紧凑，株高 290 厘米，穗位高 123 厘米，成株叶片数 21 片。花丝紫色，果穗筒型，穗长 18.3 厘米，穗行数 16～18 行，穗轴红色，籽粒黄色、马齿型，百粒重 37.3 克。接种鉴定，感大斑病，感弯孢菌叶斑病，感丝黑穗病，中抗茎腐病，中抗玉米螟。籽粒容重 794 克/升，粗蛋白(干基)11.38%，粗脂肪(干基)4.23%，粗淀粉(干基)72.60%，赖氨酸(干基)0.31%。

产量表现： 2014—2015 年区域试验平均公顷产量 12759.9 千克，比对照增产 5.0%；2015 年生产试验平均公顷产量 10180.3 千克，比对照增产 6.1%。

栽培技术要点： 中等肥力以上地块栽培，4 月下旬至 5 月上旬播种，一般公顷保苗 6.5 万～7.5 万株。

适宜种植地区： 适宜吉林省玉米中晚熟区种植。注意防治大斑病、弯孢菌叶斑病和丝黑穗病。

华美 1 号

审定编号： 吉审玉 2016063

选育单位： 甘肃恒基种业有限责任公司

品种来源： HF12202×HM12111

特征特性： 中晚熟品种，出苗至成熟 126 天，比对照先玉 335 早 1 天。幼苗叶鞘紫色，叶片深绿色，叶缘白色，花药紫色，颖壳紫色。株型半紧凑，株高 252 厘米，穗位高 96 厘米，成株叶片数 19 片。花丝绿色，果穗筒型，穗长 19.2 厘米，穗行数 16 行，穗轴粉红色，籽粒黄色、马齿型，百粒重 32.4 克。接种鉴定，感大斑病，感弯孢菌叶斑病，感丝黑穗病，中抗茎腐病，感玉米螟。籽粒容重 761 克/升，粗蛋白(干基)10.55%，粗脂肪(干基)3.39%，粗淀粉(干基)73.97%，赖氨酸(干基)0.32%。

产量表现： 2014—2015 年区域试验平均公顷产量 12614.5 千克，比对照增产 3.8%；2015 年生产试验平均公顷产量 10357.2 千克，比对照增产 8.0%。

栽培技术要点： 中高等肥力以上地块栽培，4 月下旬至 5 月上旬播种，一般公顷保苗 5.5 万～6.0 万株。

适宜种植地区： 适宜吉林省玉米中晚熟区种植。注意防治大斑病、弯孢菌叶斑病、丝黑穗病和玉米螟。

九甜粘 1 号

审定编号： 吉审玉 2016065

选育单位： 吉林市农业科学院

品种来源： 糯 2×九引 1 号

特征特性： 出苗至鲜穗成熟 86 天，比对照京花糯 2008 早 6 天。幼苗叶鞘紫色，叶片绿色，叶缘白色，花药黄色，颖壳绿色。株型半紧凑，株高 258.7 厘米，穗位高 109.7 厘米，成株叶片数 15 片。花丝黄色，果穗筒型，穗长 20.4 厘米，穗行数 16 行，穗轴白色，籽粒黄色、半马齿型，鲜籽粒百粒重 42.8 克。接种鉴定，感大斑病，感弯孢菌叶斑病，感丝黑穗病，抗茎腐病，感玉米螟。经吉林农业大学品质检测，皮渣率 5.76%，粗淀粉含量 53.85%，直链淀粉(占总淀粉)1.25%，支链淀粉(占总淀粉)98.76%；专家感官及蒸煮品质品尝鉴定得分 86.2 分，达到鲜食玉米 2 级标准。

产量表现： 2014—2015 年区域试验鲜穗平均公顷产量 16001.2 千克，比对照增产 5.4%；2015 年生产试验鲜穗平均公顷产量 14815.4 千克，比对照增产 8.89%。

栽培技术要点： 中等肥力以上地块栽培，4 月下旬至 5 月上旬播种，一般公顷保苗 4.5 万～5.0 万株，一般空间隔离要 500 米以上，时间隔离不少于 20 天。

适宜种植地区： 适宜吉林省大部分区域种植。注意防治大斑病、弯孢菌叶斑病、丝黑穗病和玉米螟。

春糯 9

审定编号： 吉审玉 2016066

选育单位： 长春市农业科学院

品种来源： 春 06×春 10

特征特性： 出苗至鲜穗成熟 93 天，比对照京花糯 2008 晚 1 天。幼苗叶鞘紫色，叶片绿色，叶缘白色，花药浅紫色，颖壳浅紫色。株型半紧凑，株高 279.6 厘米，穗位高 137.8 厘米，成株叶片数 21 片。花丝浅紫色，果穗筒型，穗长 21.3 厘米，穗行数 16 行，穗轴白色，籽粒白色、马齿型，百粒重 41.3 克。接种鉴定，高感大斑病，高感弯孢菌叶斑病，感丝黑穗病，中抗茎腐病，中抗玉米螟。经吉林农业大学品质检测，皮渣率 4.42%，粗淀粉含量 56.84%，直链淀粉(占总淀粉)1.01%，支链淀粉(占总淀粉)98.99%；专家感官及蒸煮品质品尝鉴定得分 85.2 分，达到鲜食玉米 2 级标准。

产量表现： 2014—2015 年区域试验鲜穗平均公顷产量 16648.1 千克，比对照增产 9.5%；2015 年生产试验鲜穗平均公顷产量 15099.9 千克，比对照增产 10.98%。

栽培技术要点：中等肥力以上地块栽培，4 月下旬至 5 月上旬播种，一般公顷保苗 5.5 万株。

适宜种植地区：适宜吉林省中熟—晚熟区种植。注意防治大斑病、弯孢菌叶斑病和丝黑穗病。

龙垦糯 1 号

审定编号：吉审玉 2016067

选育单位：北大荒垦丰种业股份有限公司

品种来源：K347×K426

特征特性：出苗至鲜穗成熟 89 天，比对照京花糯 2008 早 4 天。幼苗叶鞘紫色，叶片绿色，叶缘绿色，花药绿色，颖壳浅紫色。株型半紧凑，株高 255.7 厘米，穗位高 113.3 厘米，成株叶片数 19 片。花丝粉色，果穗锥型，穗长 20.3 厘米，穗行数 16 行，穗轴白色，籽粒黄色、硬粒型，百粒重 44.0 克。接种鉴定，感大斑病，感弯孢菌叶斑病，中抗丝黑穗病，抗茎腐病，中抗玉米螟。经吉林农业大学品质检测，皮渣率 3.61%，粗淀粉含量 56.30%，直链淀粉(占总淀粉)1.53%，支链淀粉(占总淀粉)98.48%；专家感官及蒸煮品质品尝鉴定得分 85.6 分，达到鲜食玉米 2 级标准。

产量表现：2014—2015 年区域试验鲜穗平均公顷产量 16350.9 千克，比对照增产 7.6%；2015 年生产试验鲜穗平均公顷产量 14870.5 千克，比对照增产 9.29%。

栽培技术要点：适宜各种地块栽培，隔离种植，4 月下旬至 6 月中旬播种，一般公顷保苗 5.0 万～5.5 万株。

适宜种植地区：适宜吉林省大部分区域种植。注意防治大斑病和弯孢菌叶斑病。

双悦 8 号

审定编号：吉审玉20170001

选育单位：牡丹江市金穗种业有限公司

品种来源：J1×M-早

特征特性：极早熟品种，出苗至成熟 114 天，比对照德美亚 1 号晚 1 天。幼苗叶鞘红色，叶片绿色，叶缘白色，花药黄色，颖壳绿色。株型半紧凑，株高 301 厘米，穗位高 123 厘米，成株叶片数 15 片。花丝绿色，果穗锥型，穗长 18.8 厘米，穗行数 14 行，穗轴白色，籽粒橙黄色、偏马齿型，百粒重 40.4 克。接种鉴定，中抗大斑病，抗弯孢菌叶斑病，抗丝黑穗病，高抗茎腐病，抗穗腐病，高抗玉米螟。籽粒容重 782 克/升，粗蛋白含量 9.57%，粗脂肪含量 4.54%，粗淀粉含量 74.2%，赖氨酸含量 0.28%。

产量表现： 2015—2016 年区域试验平均公顷产量 10828.4 千克，比对照德美亚 1 号增产 4.9%；2016 年生产试验平均公顷产量 9850.0 千克，比对照德美亚 1 号增产 9.8%。

栽培技术要点： 中等肥力以上地块栽培，4 月 25 日至 5 月 15 日播种，一般公顷保苗 6 万～6.5 万株。

适宜种植地区： 适宜吉林省玉米极早熟区种植。

源玉 9

审定编号： 吉审玉 20170002

选育单位： 敦化市新源种子有限责任公司

品种来源： XY4×XY5

特征特性： 极早熟品种，出苗至成熟 115 天，比对照德美亚 1 号晚 2 天。幼苗叶鞘紫色，叶片绿色，叶缘绿色，花药黄色，颖壳绿色。株型半紧凑，株高 291 厘米，穗位高 122 厘米，成株叶片数 17 片。花丝绿色，果穗筒型，穗长 20.6 厘米，穗行数 14～16 行，穗轴红色，籽粒橙黄色、半马齿型，百粒重 34.6 克。接种鉴定，中抗大斑病，抗弯孢菌叶斑病，抗丝黑穗病，中抗茎腐病，高抗穗腐病，抗玉米螟。籽粒容重 783 克/升，粗蛋白含量 11.19%，粗脂肪含量 3.32%，粗淀粉含量 73.7%，赖氨酸含量 0.28%。

产量表现： 2015—2016 年区域试验平均公顷产量 10634.1 千克，比对照德美亚 1 增产 9.7%；2016 年生产试验平均公顷产量 9909.0 千克，比对照德美亚 1 增产 9.6%。

栽培技术要点： 中等肥力以上地块栽培，4 月下旬至 5 月上旬播种，一般公顷保苗 5.5 万～6.0 万株。

适宜种植地区： 适宜吉林省延边州玉米极早熟区种植。

宏育 601

审定编号： 吉审玉 20170003

选育单位： 吉林市宏业种子有限公司

品种来源： HY201×HY1M

特征特性： 早熟品种，出苗至成熟 117 天，比对照德美亚 3 号早 1 天。幼苗叶鞘紫色，叶片绿色，叶缘紫色，花药浅紫色，颖壳紫色。株型半紧凑，株高 296 厘米，穗位高 128 厘米，成株叶片数 17～18 片。花丝绿色，果穗筒型，穗长 19.1 厘米，穗行数 16 行，穗轴粉色，籽粒黄色、半马齿型，百粒重 36.0 克。接种鉴定，抗大斑病，感弯孢菌叶斑病，抗丝黑穗病，中抗茎腐病，中抗穗腐病，高抗玉米螟。籽粒容重 754 克/升，粗蛋白含量 10.29%，粗脂肪含量 4.77%，粗淀粉含量 72.55%，赖氨酸含量 0.28%。

产量表现： 2015—2016 年区域试验平均公顷产量 11889.1 千克，比对照德美亚 3 号增产 6.2%；2016 年生产试验平均公顷产量 10277.9 千克，比对照德美亚 3 号增产 4.8%。

栽培技术要点： 中等肥力以上地块栽培，4 月下旬至 5 月上旬播种，一般公顷保苗 6.0 万～7.0 万株。

适宜种植地区： 适宜吉林省玉米早熟区种植。注意防治弯孢菌叶斑病。

通玉 9585

审定编号： 吉审玉20170005

选育单位： 通化市农业科学研究院

品种来源： T128×T568

特征特性： 早熟品种，出苗至成熟 118 天，与对照德美亚 3 号熟期相同。幼苗叶鞘紫色，叶片深绿色，叶缘紫色，花药浅紫色，颖壳绿色。株型半紧凑，株高 307 厘米，穗位高 114 厘米，成株叶片数 17 片。花丝浅紫色，果穗筒型，穗长 20.1 厘米，穗行数 16 行，穗轴白色，籽粒黄色、马齿型，百粒重 37.9 克。接种鉴定，中抗大斑病，抗弯孢菌叶斑病，抗丝黑穗病，高抗茎腐病，抗穗腐病，高抗玉米螟。籽粒容重 762 克/升，粗蛋白含量 9.97%，粗脂肪含量 3.62%，粗淀粉含量 73.71%，赖氨酸含量 0.3%。

产量表现： 2015—2016 年区域试验平均公顷产量 11953.8 千克，比对照德美亚 3 号增产 6.4%；2016 年生产试验平均公顷产量 10637.1 千克，比对照德美亚 3 号增产 8.4%。

栽培技术要点： 中等肥力以上地块栽培，4 月下旬至 5 月上旬播种，一般公顷保苗 6.0 万～7.0 万株。

适宜种植地区： 适宜吉林省玉米早熟区种植。

柳单 799

审定编号： 吉审玉20170006

选育单位： 柳河县吉星育种试验站

品种来源： CL53×THC49

特征特性： 中早熟品种，出苗至成熟 125 天，比对照吉单 27 晚 2 天。幼苗叶鞘紫色，叶片绿色，叶缘绿色，花药浅黄色，颖壳绿色。株型半紧凑，株高 321 厘米，穗位高 127 厘米，成株叶片数 19 片。花丝绿色，果穗筒型，穗长 19.8 厘米，穗行数 16～18 行，穗轴红色，籽粒黄色、马齿型，百粒重 37.1 克。接种鉴定，中抗大斑病，中抗弯孢菌叶斑病，抗丝黑穗病，高抗茎腐病，抗玉米螟。籽粒容重 739 克/升，粗蛋白含量 10.16%，粗脂肪含量 4.06%，粗淀粉含量 74.24%，赖氨酸含量 0.3%。

产量表现： 2014—2015 年区域试验平均公顷产量 12380.2 千克，比对照吉单 27 增产 8.3%；2016 年生产试验平均公顷产量 10136.2 千克，比对照吉单 27 增产 13.5%。

栽培技术要点： 中等肥力以上地块栽培，4 月下旬至 5 月上旬播种，一般公顷保苗 5.5 万～6.0 万株。

适宜种植地区： 适宜吉林省玉米中早熟区种植。

盛誉 14

审定编号： 吉审玉20170007

选育单位： 长春市茂盛玉米研究所

品种来源： W10×F16

特征特性： 中早熟品种，出苗至成熟 124 天，比对照吉单 27 晚 1 天。幼苗叶鞘紫色，叶片绿色，叶缘白色，花药浅紫色，颖壳绿色。株型半紧凑，株高 267 厘米，穗位高 97 厘米，成株叶片数 17 片。花丝绿色，果穗筒型，穗长 19.4 厘米，穗行数 14～16 行，穗轴粉红色，籽粒黄色、半马齿型，百粒重 42.7 克。接种鉴定，抗大斑病，中抗弯孢菌叶斑病，抗丝黑穗病，中抗茎腐病，抗玉米螟。籽粒容重 752 克/升，粗蛋白含量 9.77%，粗脂肪含量 4.44%，粗淀粉含量 70.84%，赖氨酸含量 0.28%。

产量表现： 2014—2015 年区域试验平均公顷产量 11924.6 千克，比对照吉单 27 增产 5.8%；2016 年生产试验平均公顷产量 10416.1 千克，比对照吉单 27 增产 16.7%。

栽培技术要点： 中等肥力以上地块栽培，4 月下旬至 5 月上旬播种，一般公顷保苗 6.0 万株。

适宜种植地区： 适宜吉林省玉米中早熟区种植。

吉东 66

审定编号： 吉审玉20170008

选育单位： 吉林省吉东种业有限责任公司、北大荒垦丰种业股份有限公司

品种来源： D5822×D96

特征特性：中早熟品种，出苗至成熟 123 天，与对照吉单 27 熟期相同。幼苗叶鞘紫色，叶片绿色，叶缘白色，花药浅紫色，颖壳绿色。株型半紧凑，株高 332 厘米，穗位高 130 厘米，成株叶片数 21 片。花丝绿色，果穗筒型，穗长 20.0 厘米，穗行数 18 行，穗轴红色，籽粒黄色、半马齿型，百粒重 38.3 克。接种鉴定，抗大斑病，抗弯孢菌叶斑病，抗丝黑穗病，抗茎腐病，抗穗腐病，抗玉米螟。籽粒容重 758 克/升，粗蛋白含量 9.92%，粗脂肪含量 4.60%，粗淀粉含量 73.12%，赖氨酸含量 0.28%。

产量表现：2015—2016 年区域试验平均公顷产量 12308.4 千克，比对照吉单 27 增产 12.1%；2016 年生产试验平均公顷产量 10239.3 千克，比对照吉单 27 增产 14.7%。

栽培技术要点：中等肥力以上地块栽培，4 月下旬至 5 月上旬播种，一般公顷保苗 6.0 万株。

适宜种植地区：适宜吉林省玉米中早熟区种植。

金珠 58

审定编号：吉审玉20170009

选育单位：吉林省吉利金珠种业有限公司

品种来源：JZ208×JZ23

特征特性：中早熟品种，出苗至成熟 124 天，比对照吉单 27 晚 1 天。幼苗叶鞘紫色，叶片绿色，叶缘白色，花药浅紫色，颖壳绿色。株型半紧凑，株高 291 厘米，穗位高 113 厘米，成株叶片数 21 片。花丝浅紫色，果穗筒型，穗长 22.1 厘米，穗行数 16 行，穗轴红色，籽粒黄色、马齿型，百粒重 40.1 克。接种鉴定，抗大斑病，中抗弯孢菌叶斑病，高抗丝黑穗病，高抗茎腐病，高抗玉米螟。籽粒容重 722 克/升，粗蛋白含量 10.5%，粗脂肪含量 4.07%，粗淀粉含量 72.67%，赖氨酸含量 0.3%。

产量表现：2014—2015 年区域试验平均公顷产量 12100.8 千克，比对照吉单 27 增产 7.4%；2016 年生产试验平均公顷产量 10344.4 千克，比对照吉单 27 增产 15.9%。

栽培技术要点：中等肥力以上地块栽培，4 月下旬至 5 月上旬播种，一般公顷保苗 6.0 万株。

适宜种植地区：适宜吉林省玉米中早熟区种植。

临单 23

审定编号：吉审玉20170010

选育单位：魏炳武

品种来源： L8-5×A12754

特征特性： 中早熟品种，出苗至成熟 122 天，比对照吉单 27 早 1 天。幼苗叶鞘紫色，叶片绿色，叶缘紫色，花药紫色，颖壳绿色。株型半紧凑，株高 290 厘米，穗位高 105 厘米，成株叶片数 19 片。花丝紫色，果穗锥型，穗长 19.7 厘米，穗行数 18 行，穗轴粉色，籽粒黄色、马齿型，百粒重 40.8 克。接种鉴定，抗大斑病，中抗弯孢菌叶斑病，抗丝黑穗病，抗茎腐病，抗穗腐病，高抗玉米螟。籽粒容重 729 克/升，粗蛋白含量 9.06%，粗脂肪含量 4.76%，粗淀粉含量 73.97%，赖氨酸含量 0.28%。

产量表现： 2015—2016 年区域试验平均公顷产量 12163.2 千克，比对照吉单 27 增产 10.5%；2016 年生产试验平均公顷产量 10383.0 千克，比对照吉单 27 增产 16.3%。

栽培技术要点： 中等肥力以上地块栽培，4 月下旬至 5 月上旬播种，一般公顷保苗 5.5 万～6.0 万株。

适宜种植地区： 适宜吉林省玉米中早熟区种植。

延单 28

审定编号： 吉审玉20170011

选育单位： 延边朝鲜族自治州农业科学院

品种来源： YB28-2×NKY35-6

特征特性： 中早熟品种，出苗至成熟 121 天，比对照吉单 27 早 2 天。幼苗叶鞘紫色，叶片绿色，叶缘白色，花药黄色，颖壳绿色。株型半紧凑，株高 293 厘米，穗位高 109 厘米，成株叶片数 21 片。花丝浅紫色，果穗筒型，穗长 20.2 厘米，穗行数 14～16 行，穗轴红色，籽粒黄色、马齿型，百粒重 48.1 克。接种鉴定，中抗大斑病，抗弯孢菌叶斑病，抗丝黑穗病，高抗茎腐病，中抗穗腐病，高抗玉米螟。籽粒容重 740 克/升，粗蛋白含量 9.03%，粗脂肪含量 4.28%，粗淀粉含量 74.61%，赖氨酸含量 0.29%。

产量表现： 2015—2016 年区域试验平均公顷产量 12485.8 千克，比对照吉单 27 增产 13.4%；2016 年生产试验平均公顷产量 10278.1 千克，比对照吉单 27 增产 15.1%。

栽培技术要点： 中等肥力以上地块栽培，4 月下旬至 5 月上旬播种，一般公顷保苗 5.5 万～6.0 万株。

适宜种植地区： 适宜吉林省玉米中早熟区种植。

福莱 618

审定编号： 吉审玉20170012

选育单位：吉林市福莱特种子有限公司

品种来源：C45×C337

特征特性：中早熟品种，出苗至成熟124天，比对照吉单27晚1天。幼苗叶鞘紫色，叶片绿色，叶缘绿色，花药浅紫色，颖壳浅紫色。株型半紧凑，株高302厘米，穗位高116厘米，成株叶片数19片。花丝浅紫色，果穗筒型，穗长17.5厘米，穗行数18行，穗轴红色，籽粒橙色、马齿型，百粒重39.8克。接种鉴定，抗大斑病，抗弯孢菌叶斑病，中抗丝黑穗病，高抗茎腐病，抗穗腐病，高抗玉米螟。籽粒容重744克/升，粗蛋白含量9.68%，粗脂肪含量4.29%，粗淀粉含量73.44%，赖氨酸含量0.34%。

产量表现：2015—2016年区域试验平均公顷产量11768.7千克，比对照吉单27增产7.2%；2016年生产试验平均公顷产量10386.4千克，比对照吉单27增产16.3%。

栽培技术要点：中等肥力以上地块栽培，4月下旬至5月上旬播种，一般公顷保苗6.0万～7.0万株。

适宜种植地区：适宜吉林省玉米中早熟区种植。

天和9

审定编号：吉审玉20170013

选育单位：魏巍种业（北京）有限公司

品种来源：THT81×THD12

特征特性：中早熟品种，出苗至成熟122天，比对照吉单27早1天。幼苗叶鞘绿色，叶片绿色，叶缘白色，花药浅紫色，颖壳绿色。株型半紧凑，株高291厘米，穗位高112厘米，成株叶片数20片。花丝绿色，果穗中间型，穗长20.3厘米，穗行数14～16行，穗轴白色，籽粒黄色、偏马齿型，百粒重43.4克。接种鉴定，抗大斑病，中抗弯孢菌叶斑病，抗丝黑穗病，高抗茎腐病，抗穗腐病，高抗玉米螟。籽粒容重757克/升，粗蛋白含量10.21%，粗脂肪含量4.28%，粗淀粉含量72.58%，赖氨酸含量0.31%。

产量表现：2015—2016年区域试验平均公顷产量12091.8千克，比对照吉单27增产10.1%；2016年生产试验平均公顷产量10063.4千克，比对照吉单27增产12.7%。

栽培技术要点：中等肥力以上地块栽培，4月下旬至5月上旬播种，一般公顷保苗6.5万株。

适宜种植地区：适宜吉林省玉米中早熟区种植。

蠡玉 108

审定编号： 吉审玉20170015

选育单位： 石家庄蠡玉科技开发有限公司

品种来源： L986×L1225

特征特性： 中早熟品种，出苗至成熟123天，与对照吉单27熟期相同。幼苗叶鞘紫色，叶片深绿色，叶缘绿色，花药黄色，颖壳绿色。株型紧凑，株高315厘米，穗位高117厘米，成株叶片数19片。花丝浅紫色，果穗筒型，穗长18.7厘米，穗行数18行，穗轴红色，籽粒黄色、半马齿型，百粒重39.1克。接种鉴定，中抗大斑病，抗弯孢菌叶斑病，抗丝黑穗病，高抗茎腐病，抗穗腐病，高抗玉米螟。籽粒容重739克/升，粗蛋白含量9.55%，粗脂肪含量4.52%，粗淀粉含量74.02%，赖氨酸含量0.26%。

产量表现： 2015—2016年区域试验平均公顷产量11976.4千克，比对照吉单27增产9.6%；2016年生产试验平均公顷产量10172.7千克，比对照吉单27增产13.9%。

栽培技术要点： 中等肥力以上地块栽培，4月下旬至5月上旬播种，一般公顷保苗5.5万～6.0万株。

适宜种植地区： 适宜吉林省玉米中早熟区种植。

雄玉 585

审定编号： 吉审玉20170016

选育单位： 中国科学院东北地理与农业生态研究所、南通大熊种业科技有限公司

品种来源： GAF009×GB12

特征特性： 中熟品种，出苗至成熟128天，比对照先玉335晚1天。幼苗叶鞘紫色，叶片绿色，叶缘白色，花药浅紫色，颖壳顶尖部紫色。株型半紧凑，株高319厘米，穗位高136厘米，成株叶片数20片。花丝绿色，果穗筒型，穗长20.5厘米，穗行数14～16行，穗轴黑紫色，籽粒橙黄色、马齿型，百粒重37.4克。接种鉴定，感大斑病，感弯孢菌叶斑病，中抗灰斑病，感丝黑穗病，中抗茎腐病，抗穗腐病，中抗玉米螟。籽粒容重759克/升，粗蛋白含量11.11%，粗脂肪含量4.06%，粗淀粉含量72.76%，赖氨酸含量0.3%。

产量表现： 2014—2016年区域试验平均公顷产量13264.7千克，比对照先玉335增产3.3%；2016年生产试验平均公顷产量12632.3千克，比对照先玉335增产6.0%。

栽培技术要点： 中等肥力以上地块栽培，4月下旬至5月上旬播种，一般公顷保苗6万～7万株。

适宜种植地区： 适宜吉林省玉米中熟区种植。注意防治大斑病、弯孢菌叶斑病和丝黑穗病。

辽科 38

审定编号： 吉审玉20170017

申请者： 辽源市农业科学院

选育单位： 吉林省吉东种业有限责任公司、辽源市农业科学院

品种来源： H32×H45

特征特性： 中熟品种，出苗至成熟126天，比对照先玉335早1天。幼苗叶鞘紫色，叶片绿色，叶缘紫色，花药黄色，颖壳绿色。株型半紧凑，株高332厘米，穗位高135厘米，成株叶片数21片。花丝紫色，果穗筒型，穗长20.2厘米，穗行数16行，穗轴红色，籽粒黄色、马齿型，百粒重39.1克。接种鉴定，感大斑病，感弯孢菌叶斑病，抗灰斑病，抗丝黑穗病，中抗茎腐病，中抗穗腐病，中抗玉米螟。籽粒容重778克/升，粗蛋白含量10.98%，粗脂肪含量3.84%，粗淀粉含量73.81%，赖氨酸含量0.31%。

产量表现： 2014—2016年区域试验平均公顷产量13411.6千克，比对照先玉335增产4.4%；2016年生产试验平均公顷产量12700.3千克，比对照先玉335增产6.6%。

栽培技术要点： 中等肥力以上地块栽培，4月下旬至5月上旬播种，一般公顷保苗5.5万～6.0万株。

适宜种植地区： 适宜吉林省玉米中熟区种植。注意防治大斑病和弯孢菌叶斑病。

锦华 299

审定编号： 吉审玉20170018

选育单位： 北京金色农华种业科技股份有限公司

品种来源： F0818×F0815

特征特性： 中熟品种，出苗至成熟127天，与对照先玉335熟期相同。幼苗叶鞘浅紫色，叶片绿色，叶缘紫色，花药紫色，颖壳浅紫色。株型半紧凑，株高310厘米，穗位高118厘米，成株叶片数21片。花丝绿色，果穗中间型，穗长19.9厘米，穗行数16～18行，穗轴红色，籽粒黄色、马齿型，百粒重40.2克。接种鉴定，感大斑病，感弯孢菌叶斑病，中抗灰斑病，感丝黑穗病，抗茎腐病，抗穗腐病，感玉米螟。籽粒容重751克/升，粗蛋白含量11.35%，粗脂肪含量4.27%，粗淀粉含量74.07%，赖氨酸含量0.28%。

产量表现： 2015—2016年区域试验平均公顷产量13100.2千克，比对照先玉335增产4.6%；2016年生产试验平均公顷产量12866.6千克，比对照先玉335增产8.0%。

栽培技术要点： 中等肥力以上地块栽培，4月下旬至5月上旬播种，一般公顷保苗5.5万～6.0万株。

适宜种植地区：适宜吉林省玉米中熟区种植。注意防治大斑病、弯孢菌叶斑病、丝黑穗病和玉米螟。

金园 5

审定编号：吉审玉20170019

选育单位：吉林省金园种苗有限公司

品种来源：J773×J882

特征特性：中晚熟品种，出苗至成熟127天，与对照先玉335熟期相同。幼苗叶鞘紫色，叶片绿色，叶缘紫色，花药浅紫色，颖壳绿色。株型半紧凑，株高320厘米，穗位高137厘米，成株叶片数21片。花丝浅紫色，果穗筒型，穗长19.3厘米，穗行数16～18行，穗轴红色，籽粒黄色、马齿型，百粒重43.1克。接种鉴定，感大斑病，中抗弯孢菌叶斑病，感灰斑病，中抗丝黑穗病，中抗茎腐病，抗穗腐病，中抗玉米螟。籽粒容重748克/升，粗蛋白含量10.52%，粗脂肪含量3.87%，粗淀粉含量75.43%，赖氨酸含量0.32%。

产量表现：2015—2016年区域试验平均公顷产量12795.7千克，比对照先玉335增产6.8%；2016年生产试验平均公顷产量12907.1千克，比对照先玉335增产7.8%。

栽培技术要点：中等肥力以上地块栽培，4月下旬至5月上旬播种，一般公顷保苗5.5万～6.0万株。

适宜种植地区：适宜吉林省玉米中晚熟区种植。注意防治大斑病和灰斑病。

吉农大 18

审定编号：吉审玉20170020

选育单位：吉林农大科茂种业有限责任公司

品种来源：W80×W224

特征特性：中熟品种，出苗至成熟127天，与对照先玉335熟期相同。幼苗叶鞘紫色，叶片绿色，叶缘白色，花药浅紫色，颖壳绿色。株型半紧凑，株高313厘米，穗位高126厘米，成株叶片数19片。花丝浅紫色，果穗筒型，穗长18.2厘米，穗行数16～18行，穗轴红色，籽粒黄色、半马齿型，百粒重40.2克。接种鉴定，感大斑病，中抗弯孢菌叶斑病，中抗灰斑病，抗丝黑穗病，抗茎腐病，抗穗腐病，感玉米螟。籽粒容重750克/升，粗蛋白含量8.98%，粗脂肪含量4.41%，粗淀粉含量76.44%，赖氨酸含量0.25%。

产量表现：2015—2016年区域试验平均公顷产量13209.3千克，比对照先玉335增产5.4%；2016年生产试验平均公顷产量12757.5千克，比对照先玉335增产7.1%。

栽培技术要点： 中等肥力以上地块栽培，4 月下旬至 5 月上旬播种，一般公顷保苗 6.0 万株。

适宜种植地区： 适宜吉林省玉米中熟区种植。注意防治大斑病和玉米螟。

豫禾 368

审定编号： 吉审玉20170021

选育单位： 河南省豫玉种业股份有限公司

品种来源： M287×F784

特征特性： 中熟品种，出苗至成熟 126 天，比对照先玉 335 早 1 天。幼苗叶鞘紫色，叶片绿色，叶缘紫色，花药黄色，颖壳绿色。株型半紧凑，株高 305 厘米，穗位高 116 厘米，成株叶片数 21 片。花丝浅紫色，果穗筒型，穗长 19.5 厘米，穗行数 16～18 行，穗轴红色，籽粒黄色、半马齿型，百粒重 37.6 克。接种鉴定，感大斑病，感弯孢菌叶斑病，抗灰斑病，中抗丝黑穗病，抗茎腐病，中抗穗腐病，中抗玉米螟。籽粒容重 749 克/升，粗蛋白含量 10.42%，粗脂肪含量 3.68%，粗淀粉含量 73.92%，赖氨酸含量 0.32%。

产量表现： 2015—2016 年区域试验平均公顷产量 13198.6 千克，比对照先玉 335 增产 5.5%；2016 年生产试验平均公顷产量 12693.8 千克，比对照先玉 335 增产 6.6%。

栽培技术要点： 中等肥力以上地块栽培，4 月下旬至 5 月上旬播种，一般公顷保苗 5.5 万～6.0 万株。

适宜种植地区： 适宜吉林省玉米中熟区种植。注意防治大斑病和弯孢菌叶斑病。

优旗 318

审定编号： 吉审玉20170022

选育单位： 吉林省鸿翔农业集团鸿翔种业有限公司

品种来源： M549×C81

特征特性： 中熟品种，出苗至成熟 127 天，与对照先玉 335 熟期相同。幼苗叶鞘紫色，叶片绿色，叶缘白色，花药浅紫色，颖壳绿色。株型半紧凑，株高 325 厘米，穗位高 136 厘米，成株叶片数 21 片。花丝紫色，果穗筒型，穗长 20.3 厘米，穗行数 16～18 行，穗轴红色，籽粒黄色、马齿型，百粒重 38.1 克。接种鉴定，感大斑病，感弯孢菌叶斑病，抗灰斑病，感丝黑穗病，抗茎腐病，抗穗腐病，感玉米螟。籽粒容重 745 克/升，粗蛋白含量 11.43%，粗脂肪含量 3.6%，粗淀粉含量 73.95%，赖氨酸含量 0.32%。

产量表现： 2015—2016 年区域试验平均公顷产量 13111.2 千克，比对照先玉 335 增产 4.8%；2016 年生产试验平均公顷产量 12607.3 千克，比对照先玉 335 增产 5.8%。

栽培技术要点： 中等肥力以上地块栽培，4 月下旬至 5 月上旬播种，一般公顷保苗 5.5 万～6.0 万株。

适宜种植地区： 适宜吉林省玉米中熟区种植。注意防治大斑病、弯孢菌叶斑病、丝黑穗病和玉米螟。

科泰 925

审定编号： 吉审玉 20170023

选育单位： 吉林省科泰种业有限公司

品种来源： SH64×KTL99A

特征特性： 中熟品种，出苗至成熟 126 天，比对照先玉 335 早 1 天。幼苗叶鞘紫色，叶片绿色，叶缘绿色，花药黄色，颖壳绿色。株型紧凑，株高 282 厘米，穗位高 107 厘米，成株叶片数 21 片。花丝浅紫色，果穗筒型，穗长 19.4 厘米，穗行数 16～18 行，穗轴红色，籽粒黄色、马齿型，百粒重 36.4 克。接种鉴定，感大斑病，中抗弯孢菌叶斑病，感灰斑病，抗丝黑穗病，中抗茎腐病，抗穗腐病，中抗玉米螟。籽粒容重 744 克/升，粗蛋白含量 10.87%，粗脂肪含量 4.46%，粗淀粉含量 72.97%，赖氨酸含量 0.3%。

产量表现： 2015—2016 年区域试验平均公顷产量 12823.0 千克，比对照先玉 335 增产 2.5%；2016 年生产试验平均公顷产量 12605.5 千克，比对照先玉 335 增产 5.8%。

栽培技术要点： 中等肥力以上地块栽培，4 月末至 5 月初播种，一般公顷保苗 5.5 万～6.0 万株。

适宜种植地区： 适宜吉林省玉米中熟区种植。注意防治大斑病和灰斑病。

天龙华玉 669

审定编号： 吉审玉 20170025

申请者： 吉林省吉育种业有限公司

选育单位： 吉林省吉育种业有限公司、黑龙江华邦天合农业发展股份有限公司

品种来源： X5852×Y2801

特征特性： 中熟品种，出苗至成熟 126 天，比对照先玉 335 早 1 天。幼苗叶鞘绿色，叶片深绿色，叶缘白色，花药绿色，颖壳绿色。株型紧凑，株高 295 厘米，穗位高 131 厘米，成株叶片数 19 片。花丝浅紫色，果穗筒型，穗长 18.7 厘米，穗行数 16 行，穗轴红色，籽粒黄色、马齿型，百粒重 37.6 克。接种鉴定，感大斑病，感弯孢菌叶斑病，中抗灰斑病，感丝黑穗病，中抗茎腐病，高抗穗腐病，感玉米螟。籽粒容重 789 克/

升，粗蛋白含量 9.42%，粗脂肪含量 3.83%，粗淀粉含量 73.85%，赖氨酸含量 0.31%。

产量表现： 2015—2016 年区域试验平均公顷产量 12484.0 千克，比对照先玉 335 增产 3.6%；2016 年生产试验平均公顷产量 12784.0 千克，比对照先玉 335 增产 7.3%。

栽培技术要点： 中等肥力以上地块栽培，4 月下旬至 5 月上旬播种，一般公顷保苗 6.0 万～6.5 万株。

适宜种植地区： 适宜吉林省玉米中熟区种植。注意防治大斑病、弯孢菌叶斑病、丝黑穗病和玉米螟。

泽玉 501

审定编号： 吉审玉 20170026

选育单位： 吉林省宏泽现代农业有限公司

品种来源： H02×Z879

特征特性： 中晚熟品种，出苗至成熟 127 天，与对照先玉 335 熟期相同。幼苗叶鞘紫色，叶片绿色，叶缘白色，花药紫色，颖壳绿色。株型半紧凑，株高 322 厘米，穗位高 127 厘米，成株叶片数 21 片。花丝紫色，果穗筒型，穗长 19.5 厘米，穗行数 16 行，穗轴红色，籽粒黄色、半马齿型，百粒重 38.6 克。接种鉴定，感大斑病，中抗弯孢菌叶斑病，中抗灰斑病，抗丝黑穗病，中抗茎腐病，抗穗腐病，感玉米螟。籽粒容重 749 克/升，粗蛋白含量 11.43%，粗脂肪含量 4.75%，粗淀粉含量 71.95%，赖氨酸含量 0.3%。

产量表现： 2014—2015 年区域试验平均公顷产量 12390.2 千克，比对照先玉 335 增产 6.1%；2015 年生产试验平均公顷产量 12897.0 千克，比对照先玉 335 增产 7.8%。

栽培技术要点： 中等肥力以上地块栽培，4 月下旬至 5 月上旬播种，一般公顷保苗 6.0 万株。

适宜种植地区： 适宜吉林省玉米中晚熟区种植，注意防治大斑病和玉米螟。

吉农玉 719

审定编号： 吉审玉 20170027

选育单位： 吉林农业大学

品种来源： J1490×J9D207

特征特性： 中晚熟品种，出苗至成熟 127 天，与对照先玉 335 熟期相同。幼苗叶鞘紫色，叶片绿色，叶缘紫色，花药紫色，颖壳紫色。株型紧凑，株高 324 厘米，穗位高 122 厘米，成株叶片数 20 片。花丝浅紫色，果穗筒型，穗长 19.7 厘米，穗行数 18 行，穗轴红色，籽粒黄色、马齿型，百粒重 36.9 克。接种鉴定，感大斑病，感弯孢菌叶斑病，中抗丝黑穗病，中抗茎腐病，感玉米螟。籽粒容重 769 克/升，粗蛋白含量 9.41%，粗脂肪含量 3.68%，粗淀粉含量 74.55%，赖氨酸含量 0.30%。

产量表现：2014—2015 年区域试验平均公顷产量 12715.7 千克，比对照先玉 335 增产 6.4%；2015 年生产试验平均公顷产量 13041.1 千克，比对照先玉 335 增产 9.0%。

栽培技术要点：一般地块栽培，4 月下旬至 5 月上旬播种，一般公顷保苗 5.5 万～6.0 万株。

适宜种植地区：适宜吉林省玉米中晚熟区种植。注意防治大斑病、弯孢菌叶斑病和玉米螟。

宏信 808

审定编号：吉审玉20170028

选育单位：农安县祥裕农业科技研究所

品种来源：H354991×H9899180

特征特性：中晚熟品种，出苗至成熟 127 天，与对照先玉 335 熟期相同。幼苗叶鞘紫色，叶片绿色，叶缘紫色，花药浅紫色，颖壳绿色。株型半紧凑，株高 294 厘米，穗位高 109 厘米，成株叶片数 21 片。花丝浅紫色，果穗筒型，穗长 19.8 厘米，穗行数 18 行，穗轴红色，籽粒黄色、马齿型，百粒重 37.5 克。接种鉴定，感大斑病，中抗弯孢菌叶斑病，抗灰斑病，感丝黑穗病，中抗茎腐病，抗穗腐病，中抗玉米螟。籽粒容重 784 克/升，粗蛋白含量 11.27%，粗脂肪含量 3.35%，粗淀粉含量 73.99%，赖氨酸含量 0.3%。

产量表现：2014—2016 年区域试验平均公顷产量 13275.5 千克，比对照先玉 335 增产 5.3%；2016 年生产试验平均公顷产量 12856.6 千克，比对照先玉 335 增产 7.4%。

栽培技术要点：中等肥力以上地块栽培，4 月下旬至 5 月上旬播种，一般公顷保苗 5.5 万～6.0 万株。

适宜种植地区：适宜吉林省玉米中晚熟区种植。注意防治大斑病和丝黑穗病。

奇玉 8

审定编号：吉审玉20170029

选育单位：吉林省奇丰种业有限公司

品种来源：615k×cym5

特征特性：中晚熟品种，出苗至成熟 127 天，与对照先玉 335 熟期相同。幼苗叶鞘紫色，叶片绿色，叶缘白色，花药浅紫色，颖壳绿色。株型半紧凑，株高 300 厘米，穗位高 109 厘米，成株叶片数 22 片。花丝浅紫色，果穗长锥型，穗长 19.2 厘米，穗行数 16～18 行，穗轴紫红色，籽粒黄色、马齿型，百粒重 37.5 克。接种鉴定，中抗大斑病，中抗弯孢菌叶斑病，抗灰斑病，中抗丝黑穗病，高抗茎腐病，抗穗腐病，感玉米螟。籽粒容重 767 克/升，粗蛋白含量 11.78%，粗脂肪含量 4.36%，粗淀粉含量 71.06%，赖氨酸含量 0.27%。

产量表现： 2015—2016 年区域试验平均公顷产量 12740.9 千克，比对照先玉 335 增产 5.6%；2016 年生产试验平均公顷产量 12590.7 千克，比对照先玉 335 增产 5.2%。

栽培技术要点： 中等肥力以上地块栽培，4 月下旬至 5 月上旬播种，一般公顷保苗 6.0 万株。

适宜种植地区： 适宜吉林省玉米中晚熟区种植。注意防治玉米螟。

长单 710

审定编号： 吉审玉20170030

选育单位： 长春市农业科学院

品种来源： XM01×昌 7-2

特征特性： 中晚熟品种，出苗至成熟 127 天，与对照先玉 335 熟期相同。幼苗叶鞘绿色，叶片绿色，叶缘白色，花药黄色，颖壳紫色。株型半紧凑，株高 310 厘米，穗位高 130 厘米，成株叶片数 21 片。花丝紫色，果穗筒型，穗长 19 厘米，穗行黄数 16～18 行，穗轴白色，籽粒黄色、半马齿型，百粒重 37.5 克。接种鉴定，中抗大斑病，感弯孢菌叶斑病，抗灰斑病，感丝黑穗病，高抗茎腐病，高抗穗腐病，中抗玉米螟。籽粒容重 773 克/升，粗蛋白含量 10.79%，粗脂肪含量 4.15%，粗淀粉含量 73.03%，赖氨酸含量 0.3%。

产量表现： 2015—2016 年区域试验平均公顷产量 12509.7 千克，比对照先玉 335 增产 4.5%；2016 年生产试验平均公顷产量 12841.2 千克，比对照先玉 335 增产 7.2%。

栽培技术要点： 中等肥力以上地块栽培，4 月下旬至 5 月上旬播种，一般公顷保苗 6.0 万株。

适宜种植地区： 适宜吉林省玉米中晚熟区种植。注意防治弯孢菌叶斑病和丝黑穗病。

德美 9 号

审定编号： 吉审玉20170031

选育单位： 吉林德美种业有限公司

品种来源： D909×M102

特征特性： 中晚熟品种，出苗至成熟 126 天，比对照先玉 335 早 1 天。幼苗叶鞘紫色，叶片绿色，叶缘紫色，花药紫色，颖壳紫色。株型紧凑，株高297厘米，穗位高113厘米，成株叶片数19片左右。花丝紫色，果穗筒型，穗长18.6厘米，穗行数16行，穗轴红色，籽粒黄色、马齿型，百粒重39.6克。接种鉴定，感大斑病，感弯孢菌叶斑病，感灰斑病，感丝黑穗病，中抗茎腐病，中抗穗腐病，抗玉米螟。籽粒容重744克/升，粗蛋白含量11.27%，粗脂肪含量4.57%，粗淀粉含量73.05%，赖氨酸含量0.31%。

产量表现： 2015—2016年区域试验平均公顷产量12516.9千克，比对照先玉335增产4.5%；2016年生产试验平均公顷产量12785.3千克，比对照先玉335增产6.8%。

栽培技术要点： 中等肥力以上地块栽培，4月下旬至5月上旬播种，一般公顷保苗5.5万～6.0万株。

适宜种植地区： 适宜吉林省玉米中晚熟区种植。注意防治大斑病、弯孢菌叶斑病、灰斑病和丝黑穗病。

穗育95

审定编号： 吉审玉20170032

选育单位： 长春穗丰农业科学研究所

品种来源： M216×F34-7

特征特性： 中晚熟品种，出苗至成熟127天，与对照先玉335熟期相同。幼苗叶鞘紫色，叶片绿色，叶缘紫色，花药浅紫色，颖壳浅紫色。株型紧凑，株高295厘米，穗位高116厘米，成株叶片数20片。花丝浅紫色，果穗筒型，穗长18.7厘米，穗行数18行，穗轴红色，籽粒橙黄色、马齿型，百粒重36.9克。接种鉴定，感大斑病，感弯孢菌叶斑病，抗灰斑病，抗丝黑穗病，感茎腐病，抗穗腐病，感玉米螟。籽粒容重726克/升，粗蛋白含量9.92%，粗脂肪含量3.93%，粗淀粉含量75.04%，赖氨酸含量0.27%。

产量表现： 2015—2016年区域试验平均公顷产量12676.2千克，比对照先玉335增产5.8%；2016年生产试验平均公顷产量12636.1千克，比对照先玉335增产5.5%。

栽培技术要点： 中等肥力以上地块栽培，4月下旬至5月上旬播种，一般公顷保苗6.0万株。

适宜种植地区： 适宜吉林省玉米中晚熟区种植。注意防治大斑病、弯孢菌叶斑病、茎腐病和玉米螟。

禾育301

审定编号： 吉审玉20170033

选育单位： 吉林省禾冠种业有限公司

品种来源： S463×S465

特征特性：晚熟品种，出苗至成熟127天，比对照郑单958早2天。幼苗叶鞘紫色，叶片绿色，叶缘浅紫色，花药紫色，颖壳绿色。株型半紧凑，株高299厘米，穗位高118厘米，成株叶片数21片。花丝浅紫色，果穗筒型，穗长20.5厘米，穗行数16～18行，穗轴白色，籽粒黄色、马齿型，百粒重41.9克。接种鉴定，中抗大斑病，感弯孢菌叶斑病，中抗丝黑穗病，中抗茎腐病，中抗玉米螟。籽粒容重772克/升，粗蛋白含量11.19%，粗脂肪含量3.52%，粗淀粉含量73.33%，赖氨酸含量0.29%。

产量表现：2014—2015年区域试验平均公顷产量13346.9千克，比对照郑单958增产12.1%；2016年生产试验平均公顷产量12660.6千克，比对照郑单958增产7.5%。

栽培技术要点：中等肥力以上地块栽培，4月下旬至5月上旬播种，一般公顷保苗5.5万～6.0万株。

适宜种植地区：适宜吉林省玉米晚熟区种植。注意防治弯孢菌叶斑病。

福源1号

审定编号：吉审玉20170035

申请者：吉林瓮福良种有限公司

选育单位：吉林瓮福良种有限公司、北京大德长丰农业生物技术有限公司

品种来源：THT81×THD4A

特征特性：中晚熟品种，出苗至成熟126天，比对照郑单958早3天。幼苗叶鞘紫色，叶片绿色，叶缘紫色，花药紫色，颖壳绿色。株型半紧凑，株高292厘米，穗位高120厘米，成株叶片数20片。花丝绿色，果穗筒型，穗长19.1厘米，穗行数18行，穗轴红色，籽粒黄色、半马齿型，百粒重40.6克。接种鉴定，中抗大斑病，中抗弯孢菌叶斑病，中抗灰斑病，抗丝黑穗病，中抗茎腐病，抗穗腐病，中抗玉米螟。籽粒容重726克/升，粗蛋白含量11.24%，粗脂肪含量4.27%，粗淀粉含量72.57%，赖氨酸含量0.31%。

产量表现：2015—2016年区域试验平均公顷产量13155.7千克，比对照郑单958增产12.2%；2016年生产试验平均公顷产量12781.5千克，比对照郑单958增产8.6%。

栽培技术要点：中等肥力以上地块栽培，4月下旬至5月上旬播种，一般公顷保苗6.5万～7.0万株。

适宜种植地区：适宜吉林省玉米中晚熟区种植。

吉东60

审定编号：吉审玉20170036

选育单位：吉林省吉东种业有限责任公司

品种来源：D99×DF64

特征特性：晚熟品种，出苗至成熟 128 天，比对照郑单 958 早 1 天。幼苗叶鞘紫色，叶片绿色，叶缘白色，花药浅紫色，颖壳绿色。株型紧凑，株高 295 厘米，穗位高 122 厘米，成株叶片数 21 片。花丝浅紫色，果穗筒型，穗长 19 厘米，穗行数 16～18 行，穗轴红色，籽粒黄色、马齿型，百粒重 40.9 克。接种鉴定，感大斑病，中抗弯孢菌叶斑病，抗灰斑病，中抗丝黑穗病，抗茎腐病，中抗穗腐病，中抗玉米螟。籽粒容重 735 克/升，粗蛋白含量 11.4%，粗脂肪含量 3.5%，粗淀粉含量 73.38%，赖氨酸含量 0.28%。

产量表现：2015—2016 年区域试验平均公顷产量 12735.0 千克，比对照郑单 958 增产 8.6%；2016 年生产试验平均公顷产量 11842.7 千克，比对照郑单 958 增产 6.8%。

栽培技术要点：中等肥力以上地块栽培，4 月下旬至 5 月上旬播种，一般公顷保苗 6.0 万株。

适宜种植地区：适宜吉林省玉米晚熟区种植。注意防治大斑病。

平安 177

审定编号：吉审玉20170037

申请者：吉林省平安种业有限公司

选育单位：吉林省平安种业有限公司、甘肃省敦煌种业股份有限公司

品种来源：DLA005×CLA004

特征特性：晚熟品种，出苗至成熟 128 天，比对照郑单 958 早 1 天。幼苗叶鞘紫色，叶片绿色，叶缘绿色，花药浅紫色，颖壳紫色。株型半紧凑，株高 291 厘米，穗位高 122 厘米，成株叶片数 21 片。花丝浅紫色，果穗筒型，穗长 19.4 厘米，穗行数 16～18 行，穗轴红色，籽粒黄色、马齿型，百粒重 39.1 克。接种鉴定，感大斑病，感弯孢菌叶斑病，抗丝黑穗病，中抗茎腐病，感玉米螟。籽粒容重 753 克/升，粗蛋白含量 10.65%，粗脂肪含量 4.02%，粗淀粉含量 73.62%，赖氨酸含量 0.27%。

产量表现：2014—2015 年区域试验平均公顷产量 13011.8 千克，比对照郑单 958 增产 9.3%；2016 年生产试验平均公顷产量 12870.3 千克，比对照郑单 958 增产 9.3%。

栽培技术要点：中等肥力以上地块栽培，4 月下旬至 5 月上旬播种，一般公顷保苗 5.2 万～5.5 万株。

适宜种植地区：适宜吉林省玉米晚熟区种植。注意防治大斑病、弯孢菌叶斑病和玉米螟。

翔玉 319

审定编号： 吉审玉20170038

选育单位： 吉林省鸿翔农业集团鸿翔种业有限公司

品种来源： 35342×999

特征特性： 晚熟品种，出苗至成熟126天，比对照郑单958早3天。幼苗叶鞘紫色，叶片绿色，叶缘白色，花药浅紫色，颖壳绿色。株型半紧凑，株高319厘米，穗位高132厘米，成株叶片数20片。花丝浅紫色，果穗筒型，穗长21.2厘米，穗行数16～18行，穗轴红色，籽粒黄色、马齿型，百粒重39.1克。接种鉴定，感大斑病，中抗弯孢菌叶斑病，中抗丝黑穗病，中抗茎腐病，感玉米螟。籽粒容重773克/升，粗蛋白含量11.24%，粗脂肪含量3.17%，粗淀粉含量73.06%，赖氨酸含量0.3%。

产量表现： 2014—2015年区域试验平均公顷产量13123.0千克，比对照郑单958增产13.5%；2016年生产试验平均公顷产量12033.7千克，比对照郑单958增产8.5%。

栽培技术要点： 中等肥力以上地块栽培，4月下旬至5月上旬播种，一般公顷保苗5.5万～6.0万株。

适宜种植地区： 适宜吉林省玉米晚熟区种植。注意防治大斑病和玉米螟。

金梁 218

审定编号： 吉审玉20170039

选育单位： 吉林省金园种苗有限公司

品种来源： J8735×J518

特征特性： 晚熟品种，出苗至成熟128天，比对照郑单958早1天。幼苗叶鞘紫色，叶片绿色，叶缘紫色，花药浅紫色，颖壳绿色。株型半紧凑，株高295厘米，穗位高117厘米，成株叶片数22片。花丝绿色，果穗筒型，穗长19.0厘米，穗行数18～20行，穗轴粉色，籽粒黄色、马齿型，百粒重39.0克。接种鉴定，感大斑病，感弯孢菌叶斑病，抗灰斑病，抗丝黑穗病，抗茎腐病，抗穗腐病，中抗玉米螟。籽粒容重747克/升，粗蛋白含量12.05%，粗脂肪含量4.57%，粗淀粉含量71.69%，赖氨酸含量0.28%。

产量表现： 2014—2016年区域试验平均公顷产量13858.3千克，比对照郑单958增产8.8%；2016年生产试验平均公顷产量13003.1千克，比对照郑单958增产10.5%。

栽培技术要点： 中等肥力以上地块栽培，4月下旬至5月上旬播种，一般公顷保苗5.5万～6.0万株。

适宜种植地区： 适宜吉林省玉米晚熟区种植。注意防治大斑病和弯孢菌叶斑病。

吉单 551

审定编号： 吉审玉20170041

选育单位： 吉林省农业科学院

品种来源： 吉V100×S121

特征特性： 晚熟品种，出苗至成熟129天，与对照郑单958熟期相同。幼苗叶鞘紫色，叶片绿色，叶缘紫色，花药浅紫色，颖壳绿色。株型半紧凑，株高308厘米，穗位高120厘米，成株叶片数20片。花丝浅紫色，果穗筒型，穗长19.8厘米，穗行数18～20行，穗轴粉色，籽粒黄色、马齿型，百粒重38.4克。接种鉴定，感大斑病，中抗弯孢菌叶斑病，中抗灰斑病，中抗丝黑穗病，中抗茎腐病，抗穗腐病，感玉米螟。籽粒容重750克/升，粗蛋白含量9.57%，粗脂肪含量4.5%，粗淀粉含量72.27%，赖氨酸含量0.3%。

产量表现： 2014—2016年区域试验平均公顷产量13944.0千克，比对照郑单958增产9.3%；2016年生产试验平均公顷产量12751.4千克，比对照郑单958增产8.3%。

栽培技术要点： 中等肥力以上地块栽培，4月下旬至5月上旬播种，一般公顷保苗5.5万～6.0万株。

适宜种植地区： 适宜吉林省玉米晚熟区种植。注意防治大斑病和玉米螟。

禾育 12

审定编号： 吉审玉20170042

选育单位： 四平市新禾玉米种子研究所有限公司

品种来源： S463×S4504

特征特性： 晚熟品种，出苗至成熟127天，比对照郑单958早2天。幼苗叶鞘紫色，叶片绿色，叶缘绿色，花药浅紫色，颖壳绿色。株型半紧凑，株高325厘米，穗位高129厘米，成株叶片数21片。花丝浅紫色，果穗筒型，穗长20.6厘米，穗行数16～18行，穗轴红色，籽粒黄色、马齿型，百粒重37.6克。接种鉴定，中抗大斑病，感弯孢菌叶斑病，抗灰斑病，感丝黑穗病，中抗茎腐病，抗穗腐病，感玉米螟。籽粒容重778克/升，粗蛋白含量10.66%，粗脂肪含量3.67%，粗淀粉含量73.77%，赖氨酸含量0.31%。

产量表现： 2015—2016年区域试验平均公顷产量13084.5千克，比对照郑单958增产11.6%；2016年生产试验平均公顷产量12775.5千克，比对照郑单958增产8.5%。

栽培技术要点： 中等肥力以上地块栽培，4月下旬至5月上旬播种，一般公顷保苗5.5万～6.0万株。

适宜种植地区： 适宜吉林省玉米晚熟区种植。注意防治弯孢菌叶斑病、丝黑穗病和玉米螟。

绿育 9939

审定编号：吉审玉20170043

选育单位：公主岭市绿育农业科学研究所

品种来源：922×L300

特征特性：晚熟品种，出苗至成熟127天，比对照郑单958早2天。幼苗叶鞘紫色，叶片绿色，叶缘紫色，花药浅紫色，颖壳绿色。株型半紧凑，株高326厘米，穗位高112厘米，成株叶片数21片。花丝浅紫色，果穗筒型，穗长20.4厘米，穗行数16～18行，穗轴红色，籽粒黄色、半马齿型，百粒重38.7克。接种鉴定，中抗大斑病，中抗弯孢菌叶斑病，抗灰斑病，中抗丝黑穗病，抗茎腐病，抗穗腐病，感玉米螟。籽粒容重757克/升，粗蛋白含量10.99%，粗脂肪含量3.64%，粗淀粉含量72.65%，赖氨酸含量0.31%。

产量表现：2015—2016年区域试验平均公顷产量12972.4千克，比对照郑单958增产10.6%；2016年生产试验平均公顷产量12734.5千克，比对照郑单958增产8.2%。

栽培技术要点：中等肥力以上地块栽培，4月下旬至5月上旬播种，一般公顷保苗6.0万株。

适宜种植地区：适宜吉林省玉米晚熟区种植。注意防治玉米螟。

承玉 309

审定编号：吉审玉20170045

选育单位：承德裕丰种业有限公司

品种来源：Q128-7×Y987-2

特征特性：晚熟品种，出苗至成熟128天，比对照郑单958早1天。幼苗叶鞘紫色，叶片绿色，叶缘白色，花药浅紫色，颖壳绿色。株型紧凑，株高309厘米，穗位高127厘米，成株叶片数20片。花丝浅紫色，果穗筒型，穗长20.5厘米，穗行数16～18行，穗轴红色，籽粒黄色、马齿型，百粒重42克。接种鉴定，感大斑病，中抗弯孢菌叶斑病，中抗灰斑病，中抗丝黑穗病，抗茎腐病，抗穗腐病，感玉米螟。籽粒容重775克/升，粗蛋白含量11.7%，粗脂肪含量3.03%，粗淀粉含量74.16%，赖氨酸含量0.29%。

产量表现：2015—2016年区域试验平均公顷产量12967.0千克，比对照郑单958增产10.6%；2016年生产试验平均公顷产量12697.8千克，比对照郑单958增产7.9%。

栽培技术要点：中等肥力以上地块栽培，4月下旬至5月上旬播种，一般公顷保苗5.5万～6.0万株。

适宜种植地区：适宜吉林省玉米晚熟区种植。注意防治大斑病和玉米螟。

远科 1 号

审定编号: 吉审玉20170046

选育单位: 吉林省远科农业开发有限公司

品种来源: H5×Y9

特征特性: 晚熟品种,出苗至成熟127天,比对照郑单958早2天。幼苗叶鞘绿色,叶片绿色,叶缘白色,花药浅紫色,颖壳绿色。株型紧凑,株高312厘米,穗位高139厘米,成株叶片数20片。花丝浅紫色,果穗筒型,穗长19.4厘米,穗行数14～16行,穗轴红色,籽粒黄色、马齿型,百粒重41.8克。接种鉴定,中抗大斑病,感弯孢菌叶斑病,中抗灰斑病,感丝黑穗病,抗茎腐病,抗穗腐病,中抗玉米螟。籽粒容重750克/升,粗蛋白含量11.18%,粗脂肪含量3.92%,粗淀粉含量72.18%,赖氨酸含量0.33%。

产量表现: 2015—2016年区域试验平均公顷产量12609.6千克,比对照郑单958增产8.0%;2016年生产试验平均公顷产量12252.5千克,比对照郑单958增产10.5%。

栽培技术要点: 中等肥力以上地块栽培,4月下旬至5月上旬播种,一般公顷保苗5.5万～6.0万株。

适宜种植地区: 适宜吉林省玉米晚熟区种植。注意防治弯孢菌叶斑病和丝黑穗病。

丹玉 509

审定编号: 吉审玉20170047

选育单位: 辽宁丹玉种业科技股份有限公司

品种来源: 丹L658×丹3140

特征特性: 晚熟品种,出苗至成熟129天,与对照郑单958熟期相同。幼苗叶鞘紫色,叶片绿色,叶缘紫色,花药浅紫色,颖壳紫色。株型半紧凑,株高311厘米,穗位高130厘米,成株叶片数21片。花丝浅紫色,果穗筒型,穗长20.2厘米,穗行数14～16行,穗轴红色,籽粒黄色、半马齿型,百粒重38.9克。接种鉴定,感大斑病,中抗弯孢菌叶斑病,中抗灰斑病,感丝黑穗病,抗茎腐病,抗穗腐病,中抗玉米螟。籽粒容重762克/升,粗蛋白含量11.59%,粗脂肪含量4.37%,粗淀粉含量71.98%,赖氨酸含量0.29%。

产量表现: 2015—2016年区域试验平均公顷产量12758.4千克,比对照郑单958增产9.3%;2016年生产试验平均公顷产量12000.1千克,比对照郑单958增产8.2%。

栽培技术要点: 中等肥力以上地块栽培,4月下旬至5月上旬播种,一般公顷保苗5.5万～6.0万株。

适宜种植地区: 适宜吉林省玉米晚熟区种植。注意防治大斑病和丝黑穗病。

新玉 269

审定编号： 吉审玉20170048

选育单位： 扶余市新春种业有限公司

品种来源： H368×H600

特征特性： 晚熟品种，出苗至成熟 127 天，比对照郑单 958 早 2 天。幼苗叶鞘紫色，叶片绿色，叶缘紫色，花药黄色，颖壳绿色。株型收敛，株高 310 厘米，穗位高 126 厘米，成株叶片数 22 片。花丝绿色，果穗筒型，穗长 20.2 厘米，穗行数 16 行，穗轴白色，籽粒黄色、马齿型，百粒重 43.9 克。接种鉴定，感大斑病，感弯孢菌叶斑病，中抗灰斑病，抗丝黑穗病，中抗茎腐病，抗穗腐病，中抗玉米螟。籽粒容重 730 克/升，粗蛋白含量 10.62%，粗脂肪含量 3.6%，粗淀粉含量 75.34%，赖氨酸含量 0.27%。

产量表现： 2015—2016 年区域试验平均公顷产量 12796.7 千克，比对照郑单 958 增产 9.6%；2016 年生产试验平均公顷产量 11764.2 千克，比对照郑单 958 增产 6.0%。

栽培技术要点： 中等肥力以上地块栽培，4 月下旬至 5 月上旬播种，一般公顷保苗 6.0 万株。

适宜种植地区： 适宜吉林省玉米晚熟区种植。注意防治大斑病和弯孢菌叶斑病。

先玉 1224

审定编号： 吉审玉20170049

选育单位： 铁岭先锋种子研究有限公司

品种来源： PH1CPS×PH1W8H

特征特性： 中晚熟品种，出苗至成熟 127 天，与对照先玉 335 熟期相同。幼苗叶鞘紫色，叶片绿色，叶缘紫色，花药浅紫色，颖壳绿色。株型半紧凑，株高 301 厘米，穗位高 117 厘米，成株叶片数 20 片。花丝绿色，果穗中间型，穗长 17.8 厘米，穗行数 16～18 行，穗轴红色，籽粒黄色、半马齿型，百粒重 38.4 克。接种鉴定，感大斑病，感弯孢菌叶斑病，感丝黑穗病，中抗茎腐病，中抗玉米螟。籽粒容重 745 克/升，粗蛋白含量 10.91%，粗脂肪含量 4.01%，粗淀粉含量 74.53%，赖氨酸含量 0.34%。

产量表现： 2014—2015 年区域试验平均公顷产量 13395.1 千克，比对照先玉 335 增产 7.7%；2016 年生产试验平均公顷产量 12671.9 千克，比对照先玉 335 增产 4.3%。

栽培技术要点： 中等肥力以上地块栽培，4 月下旬至 5 月上旬播种，一般公顷保苗 7.0 万株。

适宜种植地区： 适宜吉林省玉米中晚熟区种植。注意防治大斑病、弯孢菌叶斑病和丝黑穗病。

翔玉 322

审定编号： 吉审玉20170050

选育单位： 吉林省鸿翔农业集团鸿翔种业有限公司

品种来源： M158×F944

特征特性： 中晚熟品种，出苗至成熟 128 天，比对照先玉 335 晚 1 天。幼苗叶鞘紫色，叶片绿色，叶缘紫色，花药绿色，颖壳绿色。株型半紧凑，株高 290 厘米，穗位高 109 厘米，成株叶片数 21 片。花丝浅紫色，果穗筒型，穗长 19 厘米，穗行数 16～18 行，穗轴红色，籽粒黄色、马齿型，百粒重 39.2 克。接种鉴定，中抗大斑病，中抗弯孢菌叶斑病，抗灰斑病，中抗丝黑穗病，抗茎腐病，抗穗腐病，感玉米螟。籽粒容重 757 克/升，粗蛋白含量 10.03%，粗脂肪含量 4.48%，粗淀粉含量 72.07%，赖氨酸含量 0.31%。

产量表现： 2015—2016 年区域试验平均公顷产量 13402.0 千克，比对照先玉 335 增产 7.2%；2016 年生产试验平均公顷产量 13220.0 千克，比对照先玉 335 增产 8.8%。

栽培技术要点： 中等肥力以上地块栽培，4 月下旬至 5 月上旬播种，一般公顷保苗 5.5 万～6.0 万株。

适宜种植地区： 适宜吉林省玉米中晚熟区种植。注意防治玉米螟。

禾育 402

审定编号： 吉审玉20170051

选育单位： 吉林省禾冠种业有限公司

品种来源： S133×S8535

特征特性： 中晚熟品种，出苗至成熟 128 天，比对照先玉 335 晚 1 天。幼苗叶鞘紫色，叶片绿色，叶缘紫色，花药紫色，颖壳绿色。株型紧凑，株高 303 厘米，穗位高 118 厘米，成株叶片数 21 片。花丝浅紫色，果穗筒型，穗长 19.1 厘米，穗行数 16～18 行，穗轴红色，籽粒黄色、马齿型，百粒重 38.7 克。接种鉴定，感大斑病，中抗弯孢菌叶斑病，抗灰斑病，感丝黑穗病，抗茎腐病，抗穗腐病，中抗玉米螟。籽粒容重 776 克/升，粗蛋白含量 11.8%，粗脂肪含量 3.77%，粗淀粉含量 72.44%，赖氨酸含量 0.35%。

产量表现： 2015—2016 年区域试验平均公顷产量 13449.9 千克，比对照先玉 335 增产 7.6%；2016 年生产试验平均公顷产量 13176.0 千克，比对照先玉 335 增产 8.4%。

栽培技术要点： 中等肥力以上地块栽培，4 月下旬至 5 月上旬播种，一般公顷保苗 7.0 万～7.5 万株。

适宜种植地区： 适宜吉林省玉米中晚熟区种植。注意防治大斑病和丝黑穗病。

天育 108

审定编号： 吉审玉20170052

选育单位： 吉林云天化农业发展有限公司

品种来源： YTH001×TCB01

特征特性： 中熟品种，出苗至成熟 126 天，比对照先玉 335 早 1 天。幼苗叶鞘紫色，叶片绿色，叶缘绿色，花药浅紫色，颖壳绿色。株型半紧凑，株高 302 厘米，穗位高 111 厘米，成株叶片数 21 片。花丝浅紫色，果穗锥型，穗长 18.5 厘米，穗行数 16～18 行，穗轴浅红色，籽粒黄色、半马齿型，百粒重 38.4 克。接种鉴定，感大斑病，中抗弯孢菌叶斑病，中抗灰斑病，中抗丝黑穗病，中抗茎腐病，抗穗腐病，感玉米螟。籽粒容重 777 克/升，粗蛋白含量 9.9%，粗脂肪含量 4.36%，粗淀粉含量 74.62%，赖氨酸含量 0.29%。

产量表现： 2015—2016 年区域试验平均公顷产量 13563.4 千克，比对照先玉 335 增产 8.5%；2016 年生产试验平均公顷产量 13080.5 千克，比对照先玉 335 增产 7.7%。

栽培技术要点： 在水肥充足的地块栽培，4 月下旬至 5 月上旬播种，一般公顷保苗 6.5 万～7.0 万株。

适宜种植地区： 适宜吉林省玉米中熟区种植。注意防治大斑病和玉米螟。

银河 201

审定编号： 吉审玉20170053

选育单位： 吉林银河种业科技有限公司

品种来源： 04V-79×郑 58-35476W

特征特性： 中晚熟品种，出苗至成熟 128 天，比对照先玉 335 晚 1 天。幼苗叶鞘绿色，叶片绿色，叶缘绿色，花药黄色，颖壳绿色。株型紧凑，株高 292 厘米，穗位高 107 厘米，成株叶片数 15 片。花丝绿色，果穗筒型，穗长 19.7 厘米，穗行数 16 行，穗轴红色，籽粒黄色、马齿型，百粒重 41.1 克。接种鉴定，感大斑病，感弯孢菌叶斑病，中抗灰斑病，感丝黑穗病，中抗茎腐病，抗穗腐病，中抗玉米螟。籽粒容重 762 克/升，粗蛋白含量 10.51%，粗脂肪含量 3.77%，粗淀粉含量 73.33%，赖氨酸含量 0.3%。

产量表现： 2015—2016 年区域试验平均公顷产量 13050.3 千克，比对照先玉 335 增产 4.4%；2016 年生产试验平均公顷产量 12334.2 千克，比对照先玉 335 增产 1.5%。

栽培技术要点： 中等肥力以上地块栽培，4 月中下旬播种，一般公顷保苗 7.5 万株。

适宜种植地区： 适宜吉林省玉米中晚熟区种植。注意防治大斑病、弯孢菌叶斑病和丝黑穗病。

吉甜 15

审定编号： 吉审玉20170055

选育单位： 吉林农业大学

品种来源： 吉 T28×吉 T236

特征特性： 出苗至鲜穗采收 81 天，比对照吉甜 6 号晚 3 天。幼苗叶鞘绿色，叶片绿色，叶缘白色，花药绿色，颖壳绿色。株型半紧凑，株高 269 厘米，穗位高 117 厘米，成株叶片数 20 片。花丝绿色，果穗筒型，穗长 22.3 厘米，穗行数 16～18 行，穗轴白色，籽粒黄色、马齿型，鲜百粒重 36.9 克。接种鉴定，感大斑病，感丝黑穗病，中抗穗腐病。专家品尝 87.8 分，品质检测可溶性总糖含量 24.79%，其中：还原糖含量 9.51%，皮渣率 6.44%。

产量表现： 2014—2015 年区域试验平均公顷产量 14667.6 千克，比对照吉甜 6 号增产 12.7%；2015 年生产试验平均公顷产量 14162.3 千克，比对照吉甜 6 号增产 14.5%。

栽培技术要点： 中等肥力以上地块栽培，4 月下旬至 6 月中旬播种，一般公顷保苗 5.0 万～5.5 万株。

适宜种植地区： 适宜吉林省玉米中早熟区种植。注意防治大斑病和丝黑穗病。

吉农糯 111

审定编号： 吉审玉20170056

选育单位： 吉林吉农高新技术发展股份有限公司、吉林吉农高新技术发展股份有限公司金长融玉米种业分公司

品种来源： JNX6×JYX1

特征特性： 出苗至鲜穗采收 87 天，比对照京花糯 2008 早 5 天，比对照春糯 1 晚 4 天。幼苗叶鞘紫色，叶片绿色，叶缘绿色，花药黄色，颖壳绿色。株型半紧凑，株高 290 厘米，穗位高 122 厘米，成株叶片数 24 片。花丝绿色，果穗长筒型，穗长 20.2 厘米，穗行数 12～18 行，穗轴白色，籽粒黄色、马齿型，百粒重 43.1 克。接种鉴定，感丝黑穗病，抗穗腐病。专家品尝 85.2 分，皮渣率 4.13%，粗淀粉含量 53.28%，支链淀粉占粗淀粉含量 99.7%。

产量表现： 2015—2016 年区域试验平均公顷产量 14357.6 千克，比对照京花糯 2008 增产 3.2%；比对照春糯 1 增产 8.6%。2016 年生产试验平均公顷产量 14150.3 千克，比对照京花糯 2008 增产 2.3%；比对照春糯 1 增产 8.1%。

栽培技术要点： 中等肥力以上地块栽培，4 月下旬至 5 月上旬播种，一般公顷保苗 6.0 万～6.5 万株。

适宜种植地区： 适宜吉林省玉米中晚熟至晚熟区种植。注意防治丝黑穗病。

密花甜糯 3 号

审定编号： 吉审玉20170057

选育单位： 北京中农斯达农业科技开发有限公司

品种来源： S658-3×D306NT

特征特性： 出苗至鲜穗采收 86 天，比对照京花糯 2008 早 6 天，比对照春糯 1 晚 3 天。幼苗叶鞘紫色，叶片绿色，叶缘白色，花药浅紫色，颖壳绿色。株型半紧凑，株高 236 厘米，穗位高 112 厘米，成株叶片数 20 片。花丝绿色，果穗长筒型，穗长 19.2 厘米，穗行数 16 行，穗轴白色，籽粒紫白相间色、马齿型，百粒重 40.3 克。接种鉴定，抗丝黑穗病，抗穗腐病。专家品尝 89.0 分，皮渣率 3.75%，粗淀粉含量 49.46%，支链淀粉占粗淀粉含量 98.8%。

产量表现： 2015—2016 年区域试验平均公顷产量 13860.9 千克，比对照京花糯 2008 减产 0.4%，比对照春糯 1 增产 4.8%；2016 年生产试验平均公顷产量 13681.1 千克，比对照京花糯 2008 减产 1.1%，比对照春糯 1 增产 4.5%。

栽培技术要点： 中等肥力以上地块栽培，4 月下旬至 5 月上旬播种，一般公顷保苗 5.3 万～5.8 万株。需要注意掌握采收期，一般在开花授粉后 22～24 天采收较为适宜。

适宜种植地区： 适宜吉林省玉米中熟区种植。

吉糯 13

审定编号： 吉审玉20170058

选育单位： 吉林农业大学

品种来源： 吉 N115×景浚白 34

特征特性： 出苗至鲜穗采收 89 天，比对照京花糯 2008 早 3 天，比对照春糯 1 晚 6 天。幼苗叶鞘紫色，叶片绿色，叶缘白色，花药浅紫色，颖壳浅紫色。株型半紧凑，株高 259 厘米，穗位高 118 厘米，成株叶片数 21 片。花丝绿色，果穗长锥型，穗长 22.0 厘米，穗行数 12～18 行，穗轴白色，籽粒紫、白色、硬粒型，百粒重 42.6 克。接种鉴定，中抗大斑病，感丝黑穗病，抗穗腐病。专家品尝 89.8 分，皮渣率 5.06%，粗淀粉含量 51.39%，支链淀粉占粗淀粉含量的 99.1%。

产量表现：2015—2016 年区域试验平均公顷产量 15165.9 千克，比对照京花糯 2008 增产 9.0%，比对照春糯 1 增产 14.7%；2015 年生产试验平均公顷产量 15026.0 千克，比对照京花糯 2008 增产 8.6%，比对照春糯 1 增产 14.7%

栽培技术要点：中等肥力以上地块栽培，4 月下旬至 6 月上旬播种，一般公顷保苗 5.0 万～5.5 万株。

适宜种植地区：适宜吉林省玉米中熟区种植。注意防治丝黑穗病。

绿糯 9

审定编号：吉审玉20170059

选育单位：公主岭市绿育农业科学研究所

品种来源：L812-1×L12121

特征特性：出苗至鲜果穗采收 86 天，比对照京花糯 2008 早 6 天，比对照春糯 1 号晚 3 天。幼苗叶鞘紫色，叶片绿色，叶缘紫色，花药浅紫色，颖壳绿色。株型紧凑，株高 239 厘米，穗位高 105 厘米，成株叶片数 19 片。花丝紫色，果穗长锥型，穗长 20.4 厘米，穗行数 18 行，穗轴白色，籽粒白色，半马齿型，百粒重 38.5 克。接种鉴定，中抗大斑病，中抗丝黑穗病，中抗穗腐病。专家品尝 87.3 分，皮渣率 3.05%，粗淀粉含量 51.63%，支链淀粉占粗淀粉含量 99.2%。

产量表现：2015—2016 年区域试验平均公顷产量 14898.1 千克，比对照京花糯 2008 增产 7.0%，比对照春糯 1 号增产 12.7%；2016 年生产试验平均公顷产量 14800.4 千克，比对照京花糯 2008 增产 7.0%，比对照春糯 1 号增产 13.0%。

栽培技术要点：中等肥力以上地块栽培，4 月下旬至 5 月上旬播种，一般公顷保苗 5.5 万～6.0 万株。

适宜种植地区：适宜吉林省玉米中熟至晚熟区种植。

吉农糯 16 号

审定编号：吉审玉20170060

选育单位：吉林省农业科学院、吉林吉农高新技术发展股份有限公司

品种来源：JNX166×JNX162

特征特性：出苗至鲜穗采收 87 天，比对照京花糯 2008 早 5 天，比对照春糯 1 晚 4 天。幼苗叶鞘紫色，

叶片绿色，叶缘绿色，花药绿色，颖壳绿色。株型平展，株高 274 厘米，穗位高 115 厘米，成株叶片数 21 片。花丝绿色，果穗锥筒型，穗长 20.7 厘米，穗行数 14～18 行，穗轴白色，籽粒紫/白色、糯质硬粒型，百粒重 37.8 克。接种鉴定，感大斑病，感丝黑穗病，中抗穗腐病。专家品尝 85.0 分，皮渣率 3.55%，粗淀粉含量 52.28%，支链淀粉占粗淀粉含量 99.2%。

产量表现： 2015—2016 年区域试验鲜穗平均公顷产量 15107.8 千克，比对照京花糯 2008 增产 8.5%，比对照春糯 1 增产 14.3%；2016 年生产试验鲜穗平均公顷产量 14695.9 千克，比对照京花糯 2008 增产 6.2%，比对照春糯 1 增产 12.2%。

栽培技术要点： 中等肥力以上地块栽培，4 月下旬至 5 月上旬播种，一般公顷保苗 5.5 万株。

适宜种植地区： 适宜吉林省玉米中熟至晚熟区种植。注意防治大斑病和丝黑穗病。

吉农糯 24 号

审定编号： 吉审玉20170061

选育单位： 吉林省农业科学院、吉林吉农高新技术发展股份有限公司

品种来源： JNX2487×JNX2402

特征特性： 中晚熟品种，出苗至成熟 125 天，比对照先玉糯 836 早 1 天。幼苗叶鞘紫色，叶片绿色，叶缘绿色，花药绿色，颖壳绿色。株型半紧凑，株高 277 厘米，穗位高 139 厘米，成株叶片数 21 片。花丝绿色，果穗长筒型，穗长 19.8 厘米，穗行数 12～18 行，穗轴红色，籽粒黄色、糯质半马齿型，百粒重 38 克。接种鉴定，感大斑病，感弯孢菌叶斑病，中抗丝黑穗病，抗茎腐病，感玉米螟。籽粒容重 801 克/升，粗淀粉（干基）70.56%，支链淀粉（占淀粉）99.24%。

产量表现： 2014—2015 年区域试验平均公顷产量 11887.3 千克，比对照先玉糯 836 增产 7.6%；2016 年生产试验平均公顷产量 11822.3 千克，比对照先玉糯 836 增产 7.3%。

栽培技术要点： 中等肥力以上地块栽培，4 月下旬至 5 月上旬播种，一般公顷保苗 5.5 万株。

适宜种植地区： 适宜吉林省玉米中晚熟区种植。注意防治大斑病、弯孢菌叶斑病和玉米螟。

吉农大糯 603

审定编号： 吉审玉20170062

选育单位： 吉林农业大学

品种来源：ND101×ND201

特征特性：中熟品种，出苗至成熟 125 天，比对照先玉糯 836 早 1 天。幼苗叶鞘紫色，叶片绿色，叶缘绿色，花药紫色，颖壳绿色。株型半紧凑，株高 301 厘米，穗位高 139 厘米，成株叶片数 20 片。花丝浅紫色，果穗筒型，穗长 19.8 厘米，穗行数 12～18 行，穗轴粉红色，籽粒黄色、半马齿型，百粒重 38.9 克。接种鉴定，感大斑病，中抗弯孢菌叶斑病，中抗丝黑穗病，中抗玉米螟。籽粒容重 786 克/升，粗淀粉（干基）71.47%，支链淀粉占淀粉含量 99.36%。

产量表现：2014—2015 年区域试验平均公顷产量 11932.1 千克，比对照先玉糯 836 增产 8.0%；2016 年生产试验平均公顷产量 11967.7 千克，比对照先玉糯 836 增产 8.6%。

栽培技术要点：中等肥力以上地块栽培，4 月下旬至 5 月上旬播种，一般公顷保苗 5.5 万～6.0 万株。

适宜种植地区：适宜吉林省玉米中熟区种植。注意防治大斑病。

绿糯 6

审定编号：吉审玉20170063

选育单位：公主岭市绿育农业科学研究所

品种来源：L581×L721

特征特性：中晚熟加工型糯玉米品种，出苗至成熟 125 天，比对照先玉 836 早 1 天。幼苗叶鞘紫色，叶片绿色，叶缘紫色，花药浅紫色，颖壳绿色。株型半紧凑，株高 263 厘米，穗位高 113 厘米，成株叶片数 19 片。花丝浅紫色，果穗筒型，穗长 20.8 厘米，穗行数 12～18 行，穗轴白色，籽粒黄色、半马齿型，百粒重 44.1 克。接种鉴定，感大斑病，感弯孢菌叶斑病，中抗丝黑穗病，中抗玉米螟。籽粒容重 776 克/升，粗淀粉（干基）70.47%，支链淀粉占淀粉含量 99.53%。

产量表现：2014—2015 年区域试验平均公顷产量 11980.7 千克，比对照先玉 836 增产 8.3%；2016 年生产试验平均公顷产量 11783.6 千克，比对照先玉 836 增产 6.9%。

栽培技术要点：中等肥力以上地块栽培，4 月下旬至 5 月上旬播种，一般公顷保苗 5.5 万～6.0 万株。

适宜种植地区：适宜吉林省玉米中晚熟区种植。注意防治大斑病和弯孢菌叶斑病。

富民 985

审定编号：吉审玉20176001

申请者：吉林省吉东种业有限责任公司

选育单位：吉林省吉东种业有限责任公司、吉林省富民种业有限公司

品种来源：M801×FM1101

特征特性：晚熟品种，出苗至成熟 128 天。比对照郑单 958 早 1 天。幼苗叶鞘紫色，叶片绿色，叶缘紫色，花药紫色，花丝浅紫色。株型紧凑，株高 265 厘米，穗位高 100 厘米，成株叶片数 19 片，穗长 17.5 厘米左右，穗行数 18 行，穗轴粉色，籽粒黄色、马齿型，百粒重 37.2 克。接种鉴定，感大斑病，感弯孢菌叶斑病，中抗灰斑病，抗丝黑穗病，中抗茎腐病，抗穗腐病，感玉米螟。籽粒容重 743 克/升，粗蛋白含量 10.46%，粗脂肪含量 5.20%，粗淀粉含量 71.06%。

产量表现：2015—2016 年参加绿色通道试验，两年区域试验平均公顷产量 12345.8 千克，比对照郑单 958 增产 14.5%；2016 年生产试验平均公顷产量 12109.9 千克，比对照郑单 958 增产 8.4%。

栽培技术要点：中等肥力以上地块栽培，4 月下旬至 5 月上旬播种；一般公顷保苗 6.0 万～6.5 万株。

适宜种植地区：适宜吉林省玉米晚熟区种植。注意防治大斑病、弯孢菌叶斑病和玉米螟。

吉单 96

审定编号：吉审玉20176002

选育单位：吉林省农业科学院、吉林吉农高新技术发展股份有限公司

品种来源：吉 A961×L269

特征特性：中晚熟品种，出苗至成熟 128 天，比对照先玉 335 晚 1 天。幼苗叶鞘紫色，叶片绿色，叶缘白色，花药黄色，颖壳绿色。株型紧凑，株高 302 厘米，穗位高 113 厘米，成株叶片数 21 片。花丝绿色，果穗筒型，穗长 18.3 厘米，穗行数 16～18 行，穗轴红色，籽粒黄色、马齿型，百粒重 35 克。接种鉴定，中抗大斑病，中抗弯孢菌叶斑病，感丝黑穗病，抗茎腐病，中抗穗腐病，抗灰斑病，中抗玉米螟。籽粒容重 765 克/升，粗蛋白含量 11.53%，粗脂肪含量 4.64%，粗淀粉含量 70.11%，赖氨酸含量 0.32%。

产量表现：2015—2016 年参加绿色通道试验，两年区域试验平均公顷产量 11903.3 千克，比对照先玉 335 增产 4.3%；2016 年生产试验平均公顷产量 11829.9 千克，比对照先玉 335 增产 8.5%。

栽培技术要点：中等肥力以上地块栽培，4 月下旬至 5 月上旬播种，一般公顷保苗 8.5 万株。

适宜种植地区：适宜吉林省玉米中晚熟区种植。注意防治丝黑穗病。

吉单 95

审定编号： 吉审玉 20176003

选育单位： 吉林省农业科学院、吉林吉农高新技术发展股份有限公司

品种来源： XL21×吉 A952

特征特性： 晚熟品种，出苗至成熟 129 天，与对照郑单 958 熟期相同。幼苗叶鞘紫色，叶片绿色，叶缘浅紫色，花药紫色，颖壳紫色。株型半紧凑，株高 288 厘米，穗位高 120 厘米，成株叶片数 21 片。花丝紫色，果穗筒型，穗长 17.6 厘米，穗行数 16～18 行，穗轴红色，籽粒黄色、马齿型，百粒重 38.1 克。接种鉴定，中抗大斑病，感弯孢菌叶斑病，感丝黑穗病，抗茎腐病，抗穗腐病，中抗灰斑病，感玉米螟。籽粒容重 773 克/升，粗蛋白含量 11.01%，粗脂肪含量 3.76%，粗淀粉含量 72.49%，赖氨酸含量 0.28%。

产量表现： 2015—2016 年参加绿色通道试验，两年区域试验平均公顷产量 12010.5 千克，比对照郑单 958 增产 11.4%；2016 年生产试验平均公顷产量 11976.2 千克，比对照郑单 958 增产 7.2%。

栽培技术要点： 中等肥力以上地块栽培，4 月下旬至 5 月上旬播种，一般公顷保苗 6.0 万株。

适宜种植地区： 适宜吉林省玉米晚熟区种植。注意防治弯孢菌叶斑病、丝黑穗病和玉米螟。

吉单 56

审定编号： 吉审玉 20176005

选育单位： 吉林省农业科学院、吉林吉农高新技术发展股份有限公司

品种来源： 吉 A5601×昌 7-2

特征特性： 晚熟品种，出苗至成熟 128 天，比对照郑单 958 早 1 天。幼苗叶鞘紫色，叶片绿色，叶缘浅绿色，花药浅紫色，颖壳浅紫色。株型半紧凑，株高 273 厘米，穗位高 118 厘米，成株叶片数 21 片。花丝紫色，果穗筒型，穗长 16.9 厘米，穗行数 16～18 行，穗轴白色，籽粒黄色、偏硬粒型，百粒重 36.5 克。接种鉴定，中抗大斑病，感弯孢叶斑病，中抗丝黑穗病，抗茎腐病，抗穗腐病，感灰斑病，中抗玉米螟。籽粒容重 762 克/升，粗蛋白含量 9.59%，粗脂肪含量 4.63%，粗淀粉含量 73.91%，赖氨酸含量 0.28%。

产量表现： 2015—2016 年参加绿色通道试验，两年区域试验平均公顷产量 11531.7 千克，比对照郑单 958 增产 7.0%；2016 年生产试验平均公顷产量 11746.7 千克，比对照郑单 958 增产 5.2%。

栽培技术要点： 中等肥力以上地块栽培，4 月下旬至 5 月上旬播种，一般公顷保苗 6.0 万株。

适宜种植地区： 适宜吉林省玉米晚熟区种植。注意防治弯孢叶斑病和灰斑病。

第三部分 附 录

泉州食暗三策

编号	引物名称	染色体位置	引物序列
P01	bnlg439w1	1.03	上游：AGTTGACATCGCCATCTTGGTGAC 下游：GAACAAGCCCTTAGCGGGTTGTC
P02	umc1335y5	1.06	上游：CCTCGTTACGGTTACGCTGCTG 下游：GATGACCCCGCTTACTTCGTTTATG
P03	umc2007y4	2.04	上游：TTACACAACGCAACACGAGGC 下游：GCTATAGGCCGTAGCTTGGTAGACAC
P04	bnlg1940k7	2.08	上游：CGTTTAAGAACGGTTGATTGCATTCC 下游：GCCTTTATTTCTCCCTTGCTTGCC
P05	umc2105k3	3.00	上游：GAAGGGCAATGAATAGAGCCATGAG 下游：ATGGACTCTGTGCGACTTGTACCG
P06	phi053k2	3.05	上游：CCCTGCCTCTCAGATTCAGAGATTG 下游：TAGGCTGGCTGGAAGTTTGTTGC
P07	phi072k4	4.01	上游：GCTCGTCTCCTCCAGGTCAGG 下游：CGTTGCCCATACATCATGCCTC
P08	bnlg2291k4	4.06	上游：GCACACCCGTAGTAGCTGAGACTTG 下游：CATAACCTTGCCTCCCAAACCC
P09	umc1705w1	5.03	上游：GGAGGTCGTCAGATGGAGTTCG 下游：CACGTACGGCAATGCAGACAAG
P10	bnlg2305k4	5.07	上游：CCCCTCTTCCTCAGCACCTTG 下游：CGTCTTGTCTCCGTCCGTGTG
P11	bnlg161k8	6.00	上游：TCTCAGCTCCTGCTTATTGCTTTCG 下游：GATGGATGGAGCATGAGCTTGC
P12	bnlg1702k1	6.05	上游：GATCCGCATTGTCAAATGACCAC 下游：AGGACACGCCATCGTCATCA
P13	umc1545y2	7.00	上游：AATGCCGTTATCATGCGATGC 下游：GCTTGCTGCTTCTTGAATTGCGT
P14	umc1125y3	7.04	上游：GGATGATGGCGAGGATGATGTC 下游：CCACCAACCCATACCCATACCAG
P15	bnlg240k1	8.06	上游：GCAGGTGTCGGGGATTTTCTC 下游：GGAACTGAAGAACAGAAGGCATTGATAC
P16	phi080k15	8.08	上游：TGAACCACCCGATGCAACTTG 下游：TTGATGGGCACGATCTCGTAGTC
P17	phi065k9	9.03	上游：CGCCTTCAAGAATATCCTTGTGCC 下游：GGACCCAGACCAGGTTCCACC
P18	umc1492y13	9.04	上游：GCGGAAGAGTAGTCGTAGGGCTAGTGTAG 下游：AACCAAGTTCTTCAGACGCTTCAGG
P19	umc1432y6	10.02	上游：GAGAAATCAAGAGGTGCGAGCATC 下游：GGCCATGATACAGCAAGAAATGATAAGC
P20	umc1506k12	10.05	上游：GAGGAATGATGTCCGCGAAGAAG 下游：TTCAGTCGAGCGCCCAACAC

编号	引物名称	染色体位置	引物序列
P21	umc1147y4	1.07	上游：AAGAACAGGACTACATGAGGTGCGATAC 下游：GTTTCCTATGGTACAGTTCTCCCTCGC
P22	bnlg1671y17	1.10	上游：CCCGACACCTGAGTTGACCTG 下游：CTGGAGGGTGAAACAAGAGCAATG
P23	phi96100y1	2.00	上游：TTTTGCACGAGCCATCGTATAACG 下游：CCATCTGCTGATCCGAATACCC
P24	umc1536k9	2.07	上游：TGATAGGTAGTTAGCATATCCCTGGTATCG 下游：GAGCATAGAAAAAGTTGAGGTTAATATGGAGC
P25	bnlg1520K1	2.09	上游：CACTCTCCCTCTAAAATATCAGACAACACC 下游：GCTTCTGCTGCTGTTTTGTTCTTG
P26	umc1489y3	3.07	上游：GCTACCCGCAACCAAGAACTCTTC 下游：GCCTACTCTTGCCGTTTTACTCCTGT
P27	bnlg490y4	4.04	上游：GGTGTTGGAGTCGCTGGGAAAG 下游：TTCTCAGCCAGTGCCAGCTCTTATTA
P28	umc1999y3	4.09	上游：GGCCACGTTATTGCTCATTTGC 下游：GCAACAACAAATGGGATCTCCG
P29	umc2115k3	5.02	上游：GCACTGGCAACTGTACCCATCG 下游：GGGTTTCACCAACGGGGATAGG
P30	umc1429y7	5.03	上游：CTTCTCCTCGGCATCATCCAAAC 下游：GGTGGCCCTGTTAATCCTCATCTG
P31	bnlg249k2	6.01	上游：GGCAACGGCAATAATCCACAAG 下游：CATCGGCGTTGATTTCGTCAG
P32	phi299852y2	6.07	上游：AGCAAGCAGTAGGTGGAGGAAGG 下游：AGCTGTTGTGGCTCTTTGCCTGT
P33	umc2160k3	7.01	上游：TCATTCCCAGAGTGCCTTAACACTG 下游：CTGTGCTCGTGCTTCTCTCTGAGTATT
P34	umc1936k4	7.03	上游：GCTTGAGGCGGTTGAGGTATGAG 下游：TGCACAGAATAAACATAGGTAGGTCAGGTC
P35	bnlg2235y5	8.02	上游：CGCACGGCACGATAGAGGTG 下游：AACTGCTTGCCACTGGTACGGTCT
P36	phi233376y1	8.09	上游：CCGGCAGTCGATTACTCCACG 下游：CAGTAGCCCCTCAAGCAAAACATTC
P37	umc2084w2	9.01	上游：ACTGATCGCGACGAGTTAATTCAAAC 下游：TACCGAAGAACAACGTCATTTCAGC
P38	umc1231k4	9.05	上游：ACAGAGGAACGACGGGACCAAT 下游：GGCACTCAGCAAAGAGCCAAATTC
P39	phi041y6	10.00	上游：CAGCGCCGCAAACTTGGTT 下游：TGGACGCGAACCAGAAACAGAC
P40	umc2163w3	10.04	上游：CAAGCGGGAATCTGAATCTTTGTTC 下游：CTTCGTACCATCTTCCCTACTTCATTGC

Panel 编号	荧光类型	引物编号（等位变异范围，bp）		
		1	2	3
Q1	FAM	P20（166~196）	P03（238~298）	
	VIC	P11（144~220）	P09（266~335）	P08（364~420）
	NED	P13（190~248）	P01（319~382）	P17（391~415）
	PET	P16（200~233）	P05（287~354）	
Q2	FAM	P25（157~211）	P23（244~278）	
	VIC	P33（198~254）	P12（263~327）	P07（409~434）
	NED	P10（243~314）	P06（332~367）	
	PET	P34（153~186）	P19（216~264）	P04（334~388）
Q3	FAM	P22（173~255）		
	VIC	P30（119~155）	P35（168~194）	P31（260~314）
	NED	P21（152~172）	P24（212~242）	P27（265~332）
	PET	P36（202~223）	P02（232~257）	P39（294~333）
Q4	FAM	P28（175~201）	P38（227~293）	
	VIC	P14（144~174）	P32（209~256）	P29（270~302）
	NED	P37（176~216）	P26（230~271）	P40（278~361）
	PET	P15（220~246）	P18（272~302）	

注：以上为本书图谱采纳的 40 个玉米 SSR 引物的十重电泳 Panel 组合。

品种名称	图谱页码	审定公告页码	品种名称	图谱页码	审定公告页码
H600	38	321	福莱 618		497
KX3564	93	363	福莱 818	246	474
奥邦 368	106	373	福源 1 号	281	508
奥邦 818	136	395	富民 58	217	457
奥邦 A6	274	490	富民 985	290	521
波玉 3	5	296	富友 968	92	362
博纳 688	236	469	海禾 558	95	365
博泰 737	253	478	禾育 12		511
博玉 24	68	343	禾玉 33	69	345
长大 19	35	319	禾育 35	176	426
长单 710		506	禾育 47	170	421
长单 916	109	375	禾育 89		395
长丰 59	100	368	禾育 203	211	452
晨强 808	134	393	禾育 301		507
承玉 309		512	禾育 402		515
赤早 5	3	295	禾育 9	258	481
春糯 9	277	491	和育 187	81	354
大民 899	181	429	和育 189	247	475
丹玉 509		513	亨达 366	272	489
德单 129	98	367	亨达 802	47	328
德单 1002	133	392	亨达 903	76	351
德单 1108	174	424	恒单 188	264	484
德美 1 号		480	恒宇 619	17	306
德美 9 号		506	恒宇 709	54	333
德美 111	226	463	恒育 218	94	364
德美亚 1 号	114	378	恒育 398	102	370
德美亚 3 号	115	379	恒育 598	123	385
德禹 101	249	476	恒育 898	197	441
德育 817	99	368	宏强 717	269	487
德育 919	172	423	宏硕 313	248	476
迪锋 128	34	318	宏途 757	265	485
迪卡 159	208	450	宏信 808		505
迪卡 516	60	338	宏兴 1 号	129	389
东金 6	51	331	宏兴 528	270	487
东农 252	41	324	宏育 415	9	301
东润 188	221	460	宏育 416	10	301
东裕 108	25	312	宏育 466	154	409
飞天 358	163	416	宏育 601		493
丰泽 118	192	438	华鸿 39	7	297
丰泽 127		464	华科 100	110	375
凤田 29	45	327	华科 3A2000	160	413
凤田 111		466	华科 3A308	182	430
凤田 308	200	444	华科 425	141	399
凤田 8	20	309	华美 1 号	275	490
福莱 2	232	467	华旗 255	15	305

品种名称	图谱页码	审定公告页码	品种名称	图谱页码	审定公告页码
华旗 338	32	317	吉农大 928	171	422
辉煌 3 号	239	471	吉农大 935	67	343
吉爆 5	71	347	吉农大 988	215	455
吉程 1 号		444	吉农大糯 603	288	520
吉大 101	22	310	吉农糯 8 号	145	402
吉大糯 2 号	187	434	吉农糯 14 号	184	432
吉单 33	46	328	吉农糯 16 号	286	519
吉单 441	73	348	吉农糯 24 号	287	520
吉单 47	104	371	吉农糯 111	283	517
吉单 50	30	316	吉农玉 367	138	397
吉单 53	202	446	吉农玉 387	257	481
吉单 56		523	吉农玉 719		504
吉单 66	233	468	吉农玉 833	214	455
吉单 95	292	523	吉农玉 876	75	350
吉单 96	291	522	吉农玉 898	57	336
吉单 503	8	299	吉糯 6	185	432
吉单 550	66	342	吉糯 13	284	518
吉单 551		511	吉糯 863	70	346
吉单 558	91	361	吉品 704	112	377
吉单 612		299	吉平 1	14	304
吉单 631	80	353	吉平 8	33	318
吉德 89	64	341	吉甜 10 号	191	437
吉德 359	44	326	吉甜 15	282	517
吉第 57	65	341	吉兴 86	84	356
吉第 67	59	337	吉洋 306	190	436
吉第 816	108	374	稷秾 107	82	355
吉东 38	11	302	稷秾 108	243	473
吉东 54	55	334	稷秾 1205	254	479
吉东 56	231	467	加美 2 号	240	471
吉东 59	63	340	佳糯 26	186	433
吉东 60		508	佳玉 538	27	313
吉东 66		495	杰尼 336	53	333
吉东 705	225	462	金产 5	74	349
吉亨 26	234	468	金花糯 1 号	189	435
吉科玉 12	13	304	金辉 98	219	458
吉龙 2 号	267	486	金辉 185	135	394
吉农大 2 号	153	408	金凯 7 号		415
吉农大 5 号	151	406	金梁 199	271	488
吉农大 6 号	198	442	金梁 218		510
吉农大 17	223	461	金庆 121	90	360
吉农大 18		501	金庆 1 号	213	454
吉农大 709	24	311	金庆 8	261	483
吉农大 778	259	482	金庆 202	175	425
吉农大 819	128	389	金庆 707	61	338
吉农大 889	88	359	金庆 801	147	404

品种名称	图谱页码	审定公告页码	品种名称	图谱页码	审定公告页码
金玉 100	235	469	龙垦糯 1 号	278	492
金园 130	216	456	龙生 668	205	448
金园 5		501	绿糯 5 号	144	401
金园 15	167	419	绿糯 6	289	521
金园 50	16	306	绿糯 9	285	519
金正 891	96	366	绿糯 9934	37	321
金正泰 1 号	241	472	绿育 4118	4	295
金珠 58	279	496	绿育 9935	173	423
锦华 299		500	绿育 9936	230	466
晋单 73	139	398	绿育 9939		512
京花糯 2008	146	403	美联 6500	263	484
景糯 318	188	435	密花甜糯 3 号		518
九单 100	28	314	明凤 159	156	410
九单 318	207	449	摩甜 520		346
九甜粘 1 号	276	491	南北 79	42	325
军单 23	119	382	嫩单 13	39	323
军丰 6	137	396	嫩单 14	40	324
军育 288	245	474	宁玉 524	87	358
军育 535	86	358	农华 206	120	383
君达 6	43	326	鹏诚 216	155	409
俊单 128	168	420	鹏诚 8 号	152	407
科瑞 981	262	483	平安 134	58	336
科泰 217	56	335	平安 169	125	386
科泰 881	252	478	平安 177		509
科泰 925		503	平安 180	79	353
科泰 928	256	480	平安 186	178	427
科玉 15	242	472	平安 188	62	339
科育 186	161	414	平安 194	165	417
莱科 818	164	417	平安 998	250	477
蠡玉 108		499	奇玉 8		505
利合 16	31	316	强盛 16	19	308
利民 33	140	398	桥峰 617	111	376
利民 618	21	309	瑞秋 113	85	357
联创 1	36	320	省原 78	78	352
良科 1008	159	412	省原 80	130	390
良玉 66	222	461	省原 85	12	303
辽吉 577	162	414	盛伊 8	229	465
辽吉 939	101	369	盛誉 14		495
辽科 38		500	双玉 99	107	373
临单 23		496	双悦 8 号		492
临单 789	201	445	松玉 108	148	404
柳单 301	6	297	松玉 419	83	355
柳单 799		494	松玉 656	116	380
龙单 59	113	378	绥玉 10		298
龙单 63	117	380	穗禾 369	77	351

品种名称	图谱页码	审定公告页码	品种名称	图谱页码	审定公告页码
穗育 75	49	330	雄玉 585		499
穗育 85	121	383	延单 23		300
穗育 95		507	延单 28		497
天成 103	150	406	雁玉 1 号	224	462
天和 22	227	463	伊单 9		322
天和 2 号	193	439	伊单 26	118	381
天和 9		498	伊单 31	132	392
天龙华玉 117	260	482	伊单 48	196	441
天龙华玉 669	280	503	益农玉 1 号	183	431
天农九	48	329	银河 110	23	311
天育 108		516	银河 126	103	370
通单 248	18	307	银河 158	127	388
通单 258	126	387	银河 160	169	420
通科 007	157	411	银河 165	212	453
通玉 9582	194	439	银河 170	195	440
通玉 9585		494	银河 201		516
通育 1101	238	470	优迪 919	255	479
巍丰 6	29	315	优旗 318		502
五谷 704	158	411	禹盛 256	199	443
五瑞 605	89	360	豫禾 358	273	489
西旺 3008	97	366	豫禾 368		502
先科 1	124	386	豫禾 863	131	391
先玉 023	122	384	原玉 10	149	405
先玉 1111	209	451	源玉 7	72	348
先玉 1224		514	源玉 9		493
先玉 1225	266	485	源玉 13	228	465
先玉 716	52	332	远科 1 号		513
先玉糯 836	142	400	远科 105	177	426
先正达 408	50	331	远科 107	244	473
翔玉 198	206	449	远科 706	220	459
翔玉 211	268	486	云玉 66	179	428
翔玉 319		510	泽尔沣 99	203	446
翔玉 322		515	泽玉 501		504
翔玉 998	180	429	正泰 101	218	458
翔玉 T68		344	正泰 3 号	251	477
新玉 269		514	中江玉 5 号	237	470
鑫海 985	166	418	中良 916		363
信玉 168	210	452	中玉 990	105	372
信玉 9	26	313	中玉糯 8 号	143	401
雄玉 581	204	447			